普通高等教育"十三五"规划教材
普通高等教育智能建筑规划教材

建筑电工学

第 2 版

主　编　王　佳
副主编　王晓辉
参　编　谢雨飞　辛　山　肖　宁
　　　　刘辛国　文晓燕

机械工业出版社

本书是一本具有鲜明土木类专业特色的电工学教材，适合建筑类院校的电工学课程和少学时建筑电气与设备等相关课程使用，专业性强，行业特色突出，符合目前电工学相关课程的教改思路。

本书将电工学的基本知识与建筑行业特色相结合，采用模块化体系，便于读者学习使用。电工技术基础和电子技术基础部分，主要介绍了电路理论和电子技术中的基本知识，内容力求少而精，以够用为尺度，降低了难度；电气设备与控制部分的内容包括变压器、常用低压电器和三相异步电动机及典型控制，结合建筑行业特点，介绍了三相变压器和建筑机械等特色内容；建筑电气应用部分的内容包括建筑供配电、安全用电、建筑防雷、建筑照明、识图和智能建筑的基本知识。每章后面附有本章小结和适量习题，便于学生了解本章内容和重点。

图书在版编目（CIP）数据

建筑电工学/王佳主编. —2 版. —北京：机械工业出版社，2016.12
（2022.7 重印）

普通高等教育智能建筑规划教材　普通高等教育"十三五"规划教材
ISBN 978-7-111-55403-5

Ⅰ.①建…　Ⅱ.①王…　Ⅲ.①建筑工程 – 电工 – 高等学校 – 教材
Ⅳ.①TU85

中国版本图书馆 CIP 数据核字（2016）第 276495 号

机械工业出版社（北京市百万庄大街 22 号　邮政编码 100037）
策划编辑：贡克勤　责任编辑：贡克勤　刘丽敏
责任校对：张　征　封面设计：张　静
责任印制：孙　炜
北京虎彩文化传播有限公司印刷
2022 年 7 月第 2 版第 3 次印刷
184mm×260mm 21.25·印张·510 千字
标准书号：ISBN 978-7-111-55403-5
定价：46.00 元

电话服务　　　　　　　　　　网络服务
客服电话：010-88361066　　机 工 官 网：www.cmpbook.com
　　　　　010-88379833　　机 工 官 博：weibo.com/cmp1952
　　　　　010-68326294　　金 书 网：www.golden-book.com
封底无防伪标均为盗版　　　机工教育服务网：www.cmpedu.com

序

　　20 世纪，电子技术、计算机网络技术、自动控制技术和系统工程技术获得了空前的高速发展，并渗透到各个领域，深刻地影响着人类的生产方式和生活方式，给人类带来了前所未有的方便和利益。建筑领域也未能例外，智能化建筑便是在这一背景下走进了人们的生活。智能化建筑充分应用各种电子技术、计算机网络技术、自动控制技术和系统工程技术，并加以研发和整合成智能装备，为人们提供安全、便捷、舒适的工作条件和生活环境，并日益成为主导现代建筑的主流。近年来，人们不难发现，凡是按现代化、信息化运作的机构与行业，如政府、金融、商业、医疗、文教、体育、交通枢纽、法院、工厂等，他们所建造的新建筑物，都已具有不同程度的智能化。

　　智能化建筑市场的拓展为建筑电气工程的发展提供了宽广的天地。特别是建筑电气工程中的弱电系统，更是借助电子技术、计算机网络技术、自动控制技术和系统工程技术在智能建筑中的综合利用，使其获得了日新月异的发展。智能化建筑也为设备制造、工程设计、工程施工、物业管理等行业创造了巨大的市场，促进了社会对智能建筑技术专业人才需求的急速增加。令人高兴的是，众多院校顺应时代发展的要求，调整教学计划、更新课程内容，致力于培养建筑电气与智能建筑应用方向的人才，以适应国民经济高速发展的需要。这正是这套建筑电气与智能建筑系列教材的出版背景。

　　我欣喜地发现，参加这套建筑电气与智能建筑系列教材编撰工作的有近 20 个姐妹学校，不论是主编者还是主审者，均是这个领域有突出成就的专家。因此，我深信这套系列教材将会反映各姐妹学校在为国民经济服务方面的最新研究成果。系列教材的出版还说明了一个问题，即时代需要协作精神，时代需要集体智慧。我借此机会感谢所有作者，是你们的辛劳为读者提供了一套好的教材。

吴启迪

写于同济园

前　言

在建筑类院校中，电工学课程不仅是一门技术基础课程，它还承担着培养学生电气方面的基本工程能力的重任。对于土木类专业学生而言，无论是从事施工管理，还是从事项目管理，都离不开建筑工程中所要求电气的相关知识，因此，适合土木类专业学生使用的电工学教材，不但应包含电路分析等基本理论，还应包含电气的基本常识、建筑中电气的基本要求、基本设备等，并应着重职业技术能力的培训。《建筑电工学》就是这样一本具有鲜明土木类专业特色的电工学教材，非常适合建筑类院校的电工学课程和少学时建筑电气与设备等相关课程使用，专业性强，行业特色突出，符合目前电工学相关课程的教改思路。

本书将电工学的基本知识与建筑行业特色相结合，在对基本概念做系统介绍之后，还加入了建筑电气、设备和智能建筑的相关知识。采用模块化体系，便于读者学习使用。在电工技术基础和电子技术基础部分，主要介绍了电路理论和电子技术中的基本知识，内容力求少而精，以够用为尺度，降低了难度；电气设备与控制部分的内容包括变压器、常用低压电器和三相异步电动机及典型控制，结合建筑行业特点，介绍了三相变压器和建筑机械等特色内容；建筑电气应用部分的内容包括建筑供配电、安全用电、建筑防雷、建筑照明、识图和智能建筑的基础知识，以强电为主，兼顾弱电。每章后面附有本章小结和适量习题，便于学生了解本章内容和重点。书中打 * 的内容，任课老师可根据情况选讲。

本书由王佳主编，负责全书的策划、组织和统稿工作，并编写了第 1、2、15 章和附录部分，参加编写工作的有肖宁（第 3 章），谢雨飞（第 4、5、6 章），文晓燕（第 7 章），辛山（第 8、9 章），王晓辉（第 10、13、14 章），刘辛国（第 11、12 章），北京理工大学的刘蕴陶教授对全书进行了认真细致的审查，并提出了很多宝贵的建议。在本书编写过程中，得到了邢汉峰、赵连玺和张培华三位老师的大力支持和帮助，在此一并表示衷心感谢！

由于水平有限，经验不足，疏漏和不当之处在所难免，恳请使用本书的教师和读者不吝指正。

编　者

目　　录

第1章　电　路　基　础

本章重点介绍电路的基本概念、基本定律，并以直流电路为分析对象，着重讨论了常用的几种电路的计算方法，这些方法只要稍加扩展，原则上也适用于交流电路的分析和计算，因此，本章内容是建筑电工学的基础，建立正确的基本概念，掌握计算电路的基本方法，是本章的主要任务。

1.1　电路的基本概念

1.1.1　电路的组成

电路也称作网络，它是电流的通路，是由一些电路元件和设备组成，能够实现能量的传输和转换，或者实现信号的传递和处理的功能的总体。

电路构成的目的多种多样，因而有的形式很简单，有的很复杂，为了用电路的方法进行分析，从能量转换的角度，可以将电路的组成分为三部分：即电源、负载和中间环节。例如，常用的手电筒就是一个很简单的电路，它的实际电路元件有干电池、电珠、开关和筒体。

电源：是将机械能、化学能等其他形式的能转化为电能的设备或元件，如手电筒中的干电池。常用的电源还有发电机等。

负载：即用电设备，是将电能转化成其他形式的能的设备或元件，如手电筒中的电珠，以及电灯、电动机和电炉等设备。

中间环节：是指连接导线以及控制、保护和测量的电气设备和元件，它将电能安全地输送和分配到负载，如手电筒中的开关和筒体。

为了对实际电路进行分析和数学描述，可以将实际的电路元件抽象为理想的电路元件，这样实际的电路就可以概括为电路模型，如前面说过的手电筒，图 1-1a 是实际的电路示意图，图 1-1b 是经科学抽象的电路模型。电珠是电阻元件，其参数为电阻 R，干电池是电源元件，其参数为电动势 E 和内阻 R_0，开关和筒体是连接干电池与电珠的中间环节，其电阻忽略不计。

今后进行电路分析的对象，都是指理想元件组成的电路模型，在电路图中，各种电路元件均采用我国的国家标准规定的电路图形符号表示。

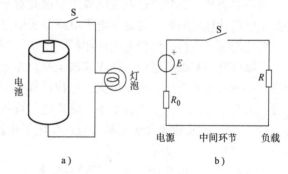

图 1-1　手电筒的电路模型

1.1.2   基本物理量

电路中的基本物理量包括电流、电位、电压及电动势，在物理学中接触过它们，但在电工学中对这些电量分析的侧重点不同，还应予以注意。下面进行逐一介绍。

1. 电流

电流是电荷（带电粒子）有规则的定向运动而形成的，因此电流的方向是客观存在的，一般习惯上规定正电荷运动的方向或负电荷运动的相反方向为电流的实际方向。在分析较为复杂的电路时，往往很难实现判断某支路中电流的实际方向，而且对交流电路而言，电流的方向随时间而变，更无法在电路图中标注出它的实际方向。但是在应用数学方程式对电路进行分析时，又需要根据电流的方向确定每一运算项的符号，因此，在对电路进行分析之初，需先任意规定一个电流的正方向，即参考方向（不一定与实际方向一致），以此为依据对电路进行分析和计算，若计算的数值为正值，则表明电路中该处的电流的实际方向与规定的正方向一致，否则，若计算的数值为负值，则表明电路中该处的电流的实际方向与规定的正方向相反。建立正方向的概念非常重要，它使电路分析上升到理论的高度，从而使分析的范围更广，层次更加深入。

若电流是时间的函数，随时间而变化，则电流表示为

$$i = \frac{\mathrm{d}q}{\mathrm{d}t} \tag{1-1}$$

若电流是恒定的，即直流，则电流表示为

$$I = \frac{Q}{t} \tag{1-2}$$

在这里应对电路中物理量的写法加以注意，通常表示恒定的量用大写字母表示，而随时间变化的量用小写字母表示。

我国的法定计量单位是以国际单位制（SI）为基础的，在国际单位制中，电流的单位是安培（A），表示符号为 I 或 i；计量微小的电流时，以毫安（mA）或微安（μA）为单位。

2. 电位

在中学物理中就介绍过电位的概念，因此对于它的定义就不作具体介绍了，这里的重点是关于电位计算的问题，这是在电子电路分析中经常会遇到的。

电位即电势高低，单位与电压相同，是伏〔特〕（V），表示符号为 φ 或 V。

计算电路中某点的电位，首先应选定一个参考点，参考点的电位为零，则该点的电位即为该点到参考点的电压。由此可见，电位计算实为电压计算。应注意的是电位的计算结果与参考点的选择有关。在电工技术中，常将电气设备的机壳与大地相连，即接地，接地点用符号"⊥"表示，故常选大地为参考点；在电子电路中，一般选多条导线的公共连接点为参考点，用符号"⊥"表示。

例如在图 1-2 电路中，选定不同的参考点，电位的计算结果不同。

若选 A 为参考点，则

$V_A = 0\text{V}$，$V_B = -30\text{V}$，$V_C = -90\text{V}$

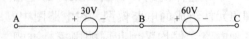

图 1-2   电位计算的电路模型

若选 B 为参考点，则

$$V_A = 30V, \quad V_B = 0V, \quad V_C = -60V$$

3. 电压

电压即两点之间的电位差，符号为 U（或 u），单位为是伏特（V），计量微小的电压时，以毫伏（mV）或微伏（μV）为单位，计量高电压时，则以千伏（kV）为单位。

一般电压的方向规定为由高电位（"＋"极）端指向低电位（"－"极）端，即电位降低的方向。同电流相同，有时电压的实际方向也难以确定，为了便于电路分析和计算，也要首先假定电压的参考方向，即规定电压的正方向，再根据计算结果的正负，来确定电压的实际方向。

电压的参考方向表示可以有三种方法，如图 1-3 所示。

电压的计算结果与参考点的选择无关，如在图 1-2 中，选择以 A 为参考点或以 B 为参考点，A 点与 B 点之间的电压 U_{AB} 都是 30V。

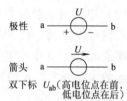

图 1-3　电压参考方向的三种表示方法

4. 电动势

电动势是指电源内部借助外力推动电荷运动的能力，符号为 E，单位与电压和电位相同。因为电动势的实际方向与电压相反，且数值与电压相同，因此为避免混淆，一般在电路分析中，多借助电压进行分析，而不去过多地考虑电动势的问题。

1.1.3　电路的基本状态

前面已经讲过，电路可以分为电源、负载和中间环节三部分。电路在实际工作中，电源可能是带负载工作，或负载与电源之间开路，也可能发生电源短路，因此在实际工程中，电路可能处于有载工作、空载和短路三种状态。下面以最简单的单回路电路为例，分别对这三种电路的基本状态进行讨论，并对几个相关概念进行介绍。

1. 有载工作状态

图 1-4 的电路并不陌生，就是前面介绍的手电筒的电路模型。如果将开关 S 闭合，电源接通负载，电珠发光，这就是电路的有载工作状态。

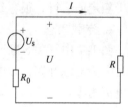

图 1-4　有载工作状态

（1）电压电流的关系　根据欧姆定律可以列出电路中的电流即流过负载电阻的负载电流：

$$I = \frac{U_s}{R + R_0} \tag{1-3}$$

$$U = U_s - IR_0 \tag{1-4}$$

$$U = IR \tag{1-5}$$

式（1-4）表明电源的端电压等于电源上的端电压值与其内阻上的电压降之差，当电流增大时，电源的端电压随之下降。如果将电源的端电压 U 与输出的负载电流 I 之间的关系用曲线表示，即为电源的外特性曲线，如图 1-5 所示，其斜率与电源的内阻有关，电源内阻越小，曲线越平直，表明当负载变动时，电源的端电压变化不大，即电源带负载的能力强。

（2）功率与功率平衡　式（1-4）等式两边的各项都乘以电流 I，则得到功率平衡式

$$UI = U_s I - R_0 I^2 \qquad (1-6)$$

即
$$P = P_E - \Delta P \qquad (1-7)$$

式中，P_E 为电源产生的电功率，$P_E = U_s I$；ΔP 为电源内阻上消耗的电功率，$\Delta P = R_0 I^2$；P 为电源输出的电功率即负载取用的电功率，$P = UI$。

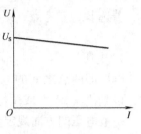

图 1-5　电源的外特性曲线

式（1-7）说明，在一个电路中，电源产生的电功率和负载取用的电功率及电源内阻上消耗的电功率永远是平衡的，这也符合能量守恒定律。

（3）电源与负载的判定　根据上面对功率平衡概念的论述，我们可以发现，作为理想的电路元件，电源一定是输出电功率的元件，负载一定是取用电功率的，因此可以根据电压电流的实际方向，来确定电路中某一元件是电源还是负载，如图1-6所示。

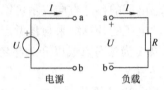

图 1-6　电源与负载上电压
电流的实际方向比较

电源：U 和 I 的实际方向相反，发出功率；

负载：U 和 I 的实际方向相同，取用功率。

（4）额定值　各种电气设备的电压、电流以及电功率等都有额定值。例如一支白炽灯上标着220V、40W，这就是它的额定值，即额定电压是220V，额定功率是40W。额定值是制造厂家为了使产品能在给定的工作条件下正常运行而规定的正常容许值。通常用 I_N、U_N 和 P_N 表示，标注在设备的铭牌上。额定值是根据设备的绝缘强度等安全指标，以及经济性、可靠性和使用寿命等因素而规定的，因此在使用任何电气设备时，应注意看清设备的额定值，设备按额定值运行时是最经济可靠的，低于额定值运行，设备的效能不能充分发挥，若高于额定值运行，很容易引起设备的损坏。因此在实际工程中，应尽量接近额定工作状态。

2. 空载状态

图1-7中开关S断开的状态称为空载状态，也叫开路状态。此时，因为电源开路，外电阻对电源来说相当于无穷大，因此电路中的电流为零。

即
$$I = 0$$
$$U = U_s \qquad (1-8)$$
$$P = P_E = \Delta P = 0$$

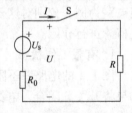

图 1-7　空载状态

从式（1-8）可以看出，当电源空载时，因为电路中没有电流，因此亦无能量的传输和转换。这是电源开路的特征。

3. 短路状态

在图1-8中，由于某种原因使电源的两端连在一起，从而发生了电源短路，此时，外电阻被短路，电流将不流过负载，而是通过短路处形成回路。由于外电路的电阻为零，回路中只有很小的电源内阻，所以此时电流将很大，一般称之为短路电流 I_s 电源的端电压也为零，电源的能量全部消耗在电源内阻 R_0 上了。电源短路时的电路特征可由下列各式表示：

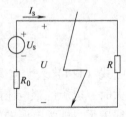

图 1-8　短路状态

$$\left.\begin{array}{l} U = 0 \\[2mm] I = I_{\mathrm{s}} = \dfrac{U_{\mathrm{s}}}{R_0} \\[3mm] P_{\mathrm{E}} = \Delta P = I^2 R_0 \\[2mm] P = 0 \end{array}\right\} \tag{1-9}$$

电源短路会产生很大的电流，从而产生巨大的热量，造成火灾、人员伤亡和设备损坏等重大事故，因此应采取安全防范措施。通常在电路中接入熔断器或自动断路器，以便在发生短路时，迅速地将故障电路自动切除。

【例 1-1】 若电源的开路电压 $U_0 = 12\mathrm{V}$，其短路电流 $I_{\mathrm{s}} = 30\mathrm{A}$，试问该电源的电动势和内阻各为多少？

【解】 电源的电动势

$$E = U_0 = 12\mathrm{V}$$

电源的内阻

$$R_0 = \frac{E}{I_{\mathrm{s}}} = \frac{U_0}{I_{\mathrm{s}}} = \frac{12}{30}\Omega = 0.4\Omega$$

提示：本题的思路是通过电源的开路电压和短路电流计算电源的电动势和内阻。

【练习与思考】

（1）在图 1-9 所示的电路中：

1）试求开关 S 闭合前后电路中的电流 I_1、I_2、I 及电源端电压 U；当 S 闭合时，I_1 是否被分去一些？

2）如果电源的内阻 R_0 不能忽略不计，则闭合 S 时，60W 电灯中的电流是否有所变动？

3）计算 60W 和 100W 电灯在 220V 电压下工作时的电阻，哪个的电阻大？

4）100W 的电灯每秒钟消耗多少电能？

5）设电源的额定功率为 125kW，端电压为 220V，当只接上一个 220V 60W 的电灯时，电灯会不会被烧毁？

6）电流流过电灯后，会不会减少一点？

7）如果由于接线不慎，100W 电灯的两接线柱碰触（短路），当闭合 S 时，后果如何？100W 电灯的灯丝是否被烧断？

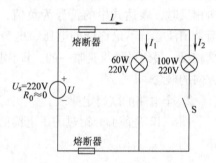

图 1-9 练习与思考（1）的图

（2）在图 1-10 所示的电路中，方框代表电源或负载。已知 $U = 220\mathrm{V}$，$I = -1\mathrm{A}$，试问哪些方框是电源，哪些是负载？

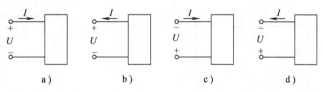

图 1-10 练习与思考（2）的图

（3）有一台直流发电机，其铭牌上标有 40kW 230V 174A。试问什么是发电机的空载运行、轻载运行、满载运行和过载运行？负载的大小一般指什么而言？

（4）一个电热器从 220V 的电源取用的功率为 1000W，如将它接到 110V 的电源上，则取用的功率为多少？

（5）根据日常观察，电灯在深夜要比黄昏时亮一些，为什么？

1.2　电路的基本定律

1.2.1　欧姆定律

1. 无源支路的欧姆定律

"源"是指电源，如图 1-11 所示，在不含电源的电阻支路中，流过电阻的电流与电阻两端的电压成正比，这是欧姆定律最简单的形式，也是大家最熟悉的，但应注意，用欧姆定律列方程时，一定要在图中标明电压、电流的正方向。

根据电路图中所选的电压、电流的正方向不同，欧姆定律的表达式中的正负号不同，当二者的正方向一致时，表达式中的符号为正值，如图 1-11a 所示；当二者的正方向相反时，表达式中的符号为负值，如图 1-11b、c 所示。但是请注意，不论你选的电压、电流的正方向，是一致还是相反，最终的结果是唯一的，即你所得到的电压或电流是相同的。这就是前面介绍过的正方向的概念。

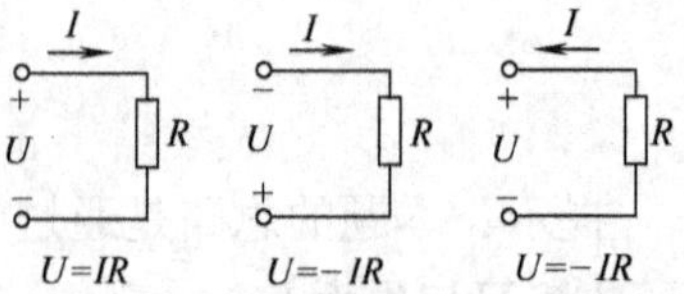

$U=IR$　$U=-IR$　$U=-IR$

a) 符号为正　b) 符号为负　c) 符号为负

图 1-11　无源支路的欧姆定律

2. 全电路的欧姆定律

图 1-12 是前面介绍过的手电筒的电路模型，电源和负载通过中间环节组成了一个全电路，则

$$I=\frac{U_s}{R_0+R} \tag{1-10}$$

3. 含源支路的欧姆定律

图 1-13 所示是一个含有电源的支路，也可以根据欧姆定律列出方程，首先应在图中标明电压电流的正方向，则

$$U_{ab}=IR+U_s$$
$$I=\frac{U_{ab}-U_s}{R} \tag{1-11}$$

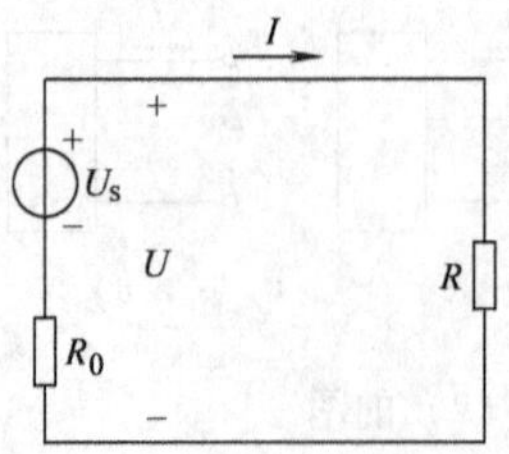

图 1-12　全电路的欧姆定律 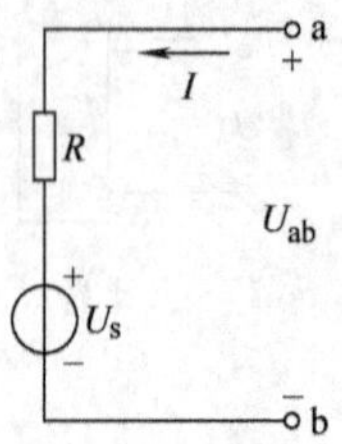　　　　图 1-13　含源支路的欧姆定律

1.2.2 基尔霍夫定律

基尔霍夫定律旧译为克希荷夫定律，是分析与计算电路的基本定律，在电路分析中具有非常重要的地位，很多电路的分析方法都是根据它设计的。在介绍这个重要的定律之前，先对一些名词进行解释。

1. 名词解释

（1）支路和支路电流　电路中的每一个分支即为支路，一条支路中只流过同一个电流，称为支路电流。

（2）结点　电路中汇聚三条或三条以上支路的点称为结点。

（3）回路　是指电路中的任意闭合路径，电路中的单孔回路称为网孔。

根据以上定义，在图1-14中，共有3条支路，I_1、I_2、I_3为支路电流；结点数为两个，是a点和b点；并有3个回路，分别是adbca、abca和abda，其中adbca和abda是网孔。

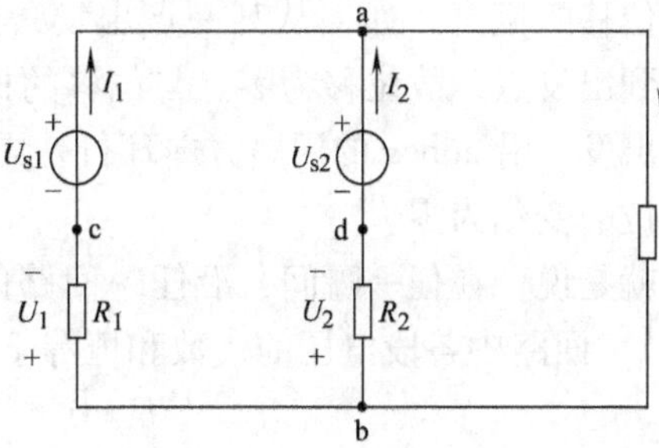

基尔霍夫定律又分为第一定律和第二定律，下面分别加以介绍。

图 1-14　基尔霍夫定律的结点、回路和网孔

2. 基尔霍夫第一定律——基尔霍夫电流定律（Kirchhoff's Current Law，KCL）

基尔霍夫电流定律又称结点电流定律，顾名思义，它主要是说明电路中任一结点上的电流关系的基本规律。由于电流具有连续性，流入任意结点的电流之和必定等于流出该结点的电流之和。

例如对于图1-14所示电路的结点a，可以列出电流方程式

$$I_1 + I_2 = I_3$$

或

$$I_1 + I_2 - I_3 = 0$$

即

$$\sum I = 0 \tag{1-12}$$

式（1-12）说明，在任一瞬间，任一结点上的电流的代数和恒等于零。因为电流就像生活中源源不断的水流一样，不会停留在任一点上，也就是说电路中的任何一点上都不会堆积电荷，这一点很容易理解。这一规律不仅适用于直流电流，同样也适用于交流电流，即在任一瞬间汇交于某一结点的交流电流的代数和恒等于零。用公式表示，则

$$\sum i = 0 \tag{1-13}$$

为了便于记忆，一般规定流入结点的电流为正，流出结点的电流为负。

基尔霍夫电流定律是分析电路的得力工具，它不仅适用于电路中的任一结点，还可以推广应用于广义结点，所谓广义结点就是电路中的任意假设闭合面。

例如在图1-15所示的晶体管中，点画线包围的假设闭合面就是一个广义结点，三个电极的电流之和等于零，即

$$I_C + I_B - I_E = 0$$

【例1-2】　在图1-16的部分电路中，已知$I_1 = 3A$，$I_2 = 4A$，试求I_3。

【解】 圆圈内的部分可以看作是广义结点，根据基尔霍夫电流定律可以列出电流方程式

$$I_1 + I_2 - I_3 = 0$$

求得

$$I_3 = 7A$$

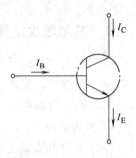

3. 基尔霍夫第二定律——基尔霍夫电压定律（Kirchhoff's Voltage Law, KVL）

基尔霍夫电压定律又称回路电压定律，顾名思义，它主要是说明电路中任一回路中各段电压之间关系的基本规律。在物理中，大家学过位移的概念，如果从某一点出发，虽经过很长的路途，但最终还是回到出发点，故位移为零。与位移的概念类似，在图1-13中，若从a点出发，沿adbca的回路方向环行一周，又回到a点，在这个过程中，电位的变化为零。

图1-15 广义结点

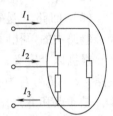

这就是说，在任一瞬间，沿任一回路的循行方向（顺时针或逆时针方向），回路中各段电压的代数和恒等于零。即

$$\sum U = 0 \qquad\qquad (1\text{-}14)$$

图1-16 例1-2的电路

通常将与回路循行方向一致的电压前面取正号，与回路循行方向相反的电压前面取负号。这一结论适用于任何电路的任一回路，包括直流电路，也包括交流电路。对于交流电路的任一回路，在同一瞬间，电路中某一回路的各段瞬间电压的代数和为

$$\sum u = 0 \qquad\qquad (1\text{-}15)$$

基尔霍夫电压定律不仅适用于电路中的任一闭合的回路，而且还可以推广到开口电路，只要在任一开口电路中，找到一个闭合的电压回路，即可应用基尔霍夫电压定律列出回路电压方程。

图1-17是一开口电路，但是按照所选的回路方向，可以找到一个闭合的电压回路，因此可以根据KVL列出回路电压方程式

$$U_{ab} + IR - U_s = 0$$

或

$$U_{ab} = U_s - IR$$

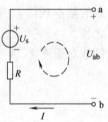

图1-17 KVL推广到开口电路

大家可以发现，此式与用欧姆定律所列的式子一致。

【例1-3】 在图1-18所示的电路中，已知 $U_{s1} = 20V$，$U_{s2} = 10V$，$U_{ab} = 4V$，$U_{cd} = -6V$，$U_{ef} = 5V$，试求 U_{ed} 和 U_{ad}。

【解】 由回路abcdefa，根据KVL可列出

$$U_{ab} + U_{cd} - U_{de} + U_{ef} = U_{s1} - U_{s2}$$

求得

$$U_{de} = U_{ab} + U_{cd} + U_{ef} - U_{s1} + U_{s2}$$
$$= [4 + (-6) + 10]V = 8V$$

由假想的回路abcda，根据KVL可列出

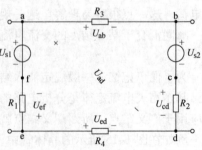

图1-18 例1-3的电路

$$U_{ab} + U_{cd} - U_{ad} = -U_{s2}$$

求得

$$U_{ad} = U_{ab} + U_{cd} + U_{s2}$$

【练习与思考】

图 1-19 中 a、b、c、d 是 4 条含源支路，请分别根据欧姆定律和 KVL 列出电压方程式，看看两种方法得到的结论是否一致。

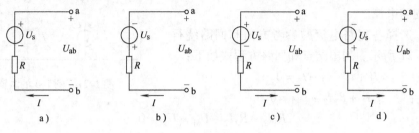

图 1-19　练习与思考电路图

1.3　支路电流法

在学习电工学以前，大家已经能够利用电阻的串并联关系，根据欧姆定律求解简单的电路。对于那些不能用电阻的串并联关系等效化简的电路，称之为复杂电路，从现在开始，给大家介绍几种复杂电路的分析方法。

支路电流法是求解复杂电路的最根本的方法，它的求解对象是支路电流。大家知道，可以通过列方程组求解一组未知数，根据线性代数的知识，有 n 个线性无关的方程组，就可以对应有 n 个唯一解。联系到在电路中，若有 n 条支路，必定有 n 个支路电流，要想求这 n 个未知数，就应有 n 个线性无关的线性方程，这就是支路电流法的基本思路，列写线性方程组的有力武器就是基尔霍夫第一和第二定律。现以图1-20所示电路为例，介绍支路电流法解题的一般步骤。

1）确定支路数，并规定各支路电流的正方向。

图 1-20 所示电路中有 3 条支路，即有 3 个待求的支路电流，也就是说需要列写 3 个独立的方程式。

2）确定结点数，并根据 KCL 列出（结点数 – 1）个独立的结点电流方程式。

图 1-20 所示电路中有 a、b 两个结点，只能列出 1 个独立的结点电流方程式，即

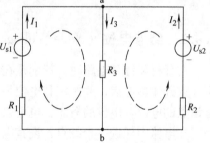

图 1-20　支路电流法解题步骤举例

$$I_1 + I_2 - I_3 = 0$$

3）确定余下所需的方程式数，再根据 KVL 列出独立的回路电压方程式。

本题共有 3 条支路，也就是有 3 个未知的支路电流，已列出了 1 个独立的结点电流方程式，余下的两个方程式可用 KVL 列出。

图 1-20 所示电路中共有 3 个回路，可以从中任选出两个来列写回路方程，但应注意为使所列出的回路方程一定是独立的，应使每次所选的回路至少包含一条前面未曾用过的新支路。通常选用网孔所列的回路方程式必定是独立的。

在图1-20所示电路中，选择两个网孔来列写回路方程

左网孔：$\qquad\qquad\qquad\qquad R_1 I_1 + R_3 I_3 = U_{s1}$

右网孔：$\qquad\qquad\qquad\qquad R_2 I_2 + R_3 I_3 = U_{s2}$

4）求解联立的方程组，解出各支路电流。

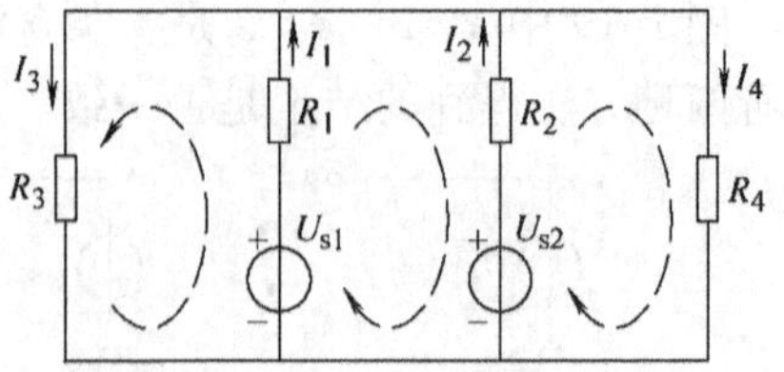

【例1-4】　在图1-21所示电路中，已知 U_{s1} = 12V，U_{s2} = 12V，$R_1 = 1\Omega$，$R_2 = 2\Omega$，$R_3 = 2\Omega$，$R_4 = 4\Omega$，求各支路电流。

【解】　选择各支路电流的参考方向和回路绕行方向如图1-21所示。列出结点和回路方程式如下：

上结点：$\qquad I_1 + I_2 - I_3 - I_4 = 0$

左网孔：$\qquad R_1 I_1 + R_3 I_3 - U_{s1} = 0$

中网孔：$\qquad\qquad R_1 I_1 - R_2 I_2 - U_{s1} + U_{s2} = 0$

右网孔：$\qquad\qquad R_2 I_2 + R_4 I_4 - U_{s2} = 0$

代入数据

$$I_1 + I_2 - I_3 - I_4 = 0$$
$$I_1 + 2I_3 - 12 = 0^{\ominus}$$
$$I_1 - 2I_3 - 12 + 12 = 0$$
$$2I_2 + 4I_4 - 12 = 0$$

最后解得

$$I_1 = 4A,\ I_2 = 2A,\ I_3 = 4A,\ I_4 = 2A$$

图1-21　例1-4的电路

【练习与思考】　列独立的回路方程式时，是否一定要选用网孔？

1.4　结点电位法

1.4.1　结点电位（Node Voltage）的概念

在分析和计算电路时，特别是在电子技术中，通常要用到电位的概念。常常将电路中的某一点选作参考点，并规定其电位为零，于是电路中其他任何一点与参考点之间的电压，便是该点的电位。电位的概念，也可以用于电路的分析和计算。

在电路中任选一个结点，设其电位为0，此点即为参考电位点，其他各结点对参考点间的电压，便是该结点的电位。

1.4.2　结点电位方程的推导过程

含电压源的电路中，列写结点电位方程时的一般规律如下。

$\ominus$　本书述及的方程在运算过程中，为使运算简洁便于阅读，如对量的单位无标注及特殊说明，此方程均为数值方程，而方程中的物理量均采用SI单位，如电压 $U(u)$ 的单位为V；电流 $I(i)$ 的单位为A；功率 P 的单位为W；无功功率 Q 的单位为var，视在功率 S 的单位为 $V \cdot A$；电阻 R 的单位为 Ω；电导 G 的单位为S；电感 L 的单位为H；电容 C 的单位为F；时间 t 的单位为s等。

下面以图 1-22 所示的电路为例，说明结点电位方程的推导过程。

图 1-22 中共有 A、B 两个结点，取 B 点为参考电位点（即 $V_B = 0V$）。各支路电流的假设正方向如图 1-22 所示。

结点电流方程为

A 点： $\qquad I_3 = I_1 + I_2 + I_4 \qquad$ (1-16)

各支路电流和电路参数的关系为

$$I_1 = \frac{U_{s1} + V_A}{R_1} \qquad (1-17)$$

$$I_2 = \frac{V_A}{R_2}$$

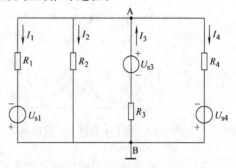

图 1-22 结点电位法推导结点电位方程

$$I_3 = \frac{U_{s3} - V_A}{R_3}$$

$$I_4 = \frac{U_{s4} + V_A}{R_4}$$

将各电流代入式（1-16）和式（1-17）两式，然后加以整理，便得出 A 上结点的电位方程为

$$V_A = \frac{-\dfrac{U_{s1}}{R_1} + \dfrac{U_{s3}}{R_3} - \dfrac{U_{s4}}{R_4}}{\dfrac{1}{R_1} + \dfrac{1}{R_2} + \dfrac{1}{R_3} + \dfrac{1}{R_4}} \qquad (1-18)$$

观察这两个方程，可总结出其一般规律，方程的分母是各支路电阻的倒数和，分母各项均为正值；分子是各支路电动势与支路电阻的比值，分子各项有正有负，当电压源的电压方向与结点电位方向相同时，取正号；反之，取负号。

式（1-18）适用于当电路中只有两个结点时的特殊情况，该式又称为弥尔曼定理（Millman），利用该定理解题十分方便。

1.4.3 结点电位法小结

（1）结点电位法的解题步骤

1）选择参考电位点，并加上"⊥"标记。

2）列写除参考点之外的结点的电位方程。

3）根据结点电位求各支路上的电压或电流。

（2）结点电位法适用于支路多、结点少的电路。因为结点少，列写的方程数目就少，因而求解方便。弥尔曼定理适用于只有两个结点的电路。

【例 1-5】 将【例 1-4】用结点电位法进行分析。

图 1-23 所示电路中，已知 $U_{s1} = 12V$，$U_{s2} = 12V$，$R_1 = 1\Omega$，$R_2 = 2\Omega$，$R_3 = 2\Omega$，$R_4 = 4\Omega$，求各支路电流。

【解】 （1）选择参考电位点，并加上"⊥"标记，如图 1-24 所示。

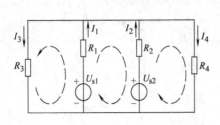

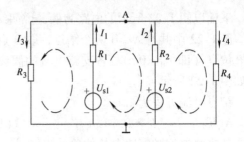

图 1-23　例 1-4 和例 1-5 的电路　　　　　　图 1-24　选择参考电位点

（2）利用弥尔曼定理列写结点的电位方程。

$$V_A = \dfrac{\dfrac{U_{s1}}{R_1} + \dfrac{U_{s2}}{R_2}}{\dfrac{1}{R_1} + \dfrac{1}{R_2} + \dfrac{1}{R_3} + \dfrac{1}{R_4}}$$

$$= \dfrac{\dfrac{12\,V}{1\,\Omega} + \dfrac{12\,V}{2\,\Omega}}{\dfrac{1}{1\,\Omega} + \dfrac{1}{2\,\Omega} + \dfrac{1}{2\,\Omega} + \dfrac{1}{4\,\Omega}} = 8\,V$$

（3）根据结点电位求各支路上的电压或电流。

$$I_1 = \dfrac{U_{s1} - V_A}{R_1} = \dfrac{12\,V - 8\,V}{1\,\Omega} = 4\,A$$

$$I_2 = \dfrac{U_{s2} - V_A}{R_2} = \dfrac{12\,V - 8\,V}{2\,\Omega} = 2\,A$$

$$I_3 = \dfrac{V_A}{R_3} = \dfrac{8\,V}{2\,\Omega} = 4\,A$$

$$I_4 = \dfrac{V_A}{R_4} = \dfrac{8\,V}{4\,\Omega} = 2\,A$$

【本题分析】

1）两种方法结论是完全一样的。

2）用支路电流法解题，方程列写时，思路很简单，但计算很烦琐，而且，需要把所有支路的电流都求出来。

3）结点法首先要求出结点电位，然后可以任意地去求每一条支路的电流，计算量相对降低了。

两种方法各有优缺点，可以根据实际题目选择合适的方法。

1.5　理想电源模型及等效电源定理

理想电源元件是从实际电源元件中抽象出来的。当实际电源本身的功率损耗可以忽略不计，而只起产生电能的作用时，这种电源便可以用一个理想电源元件来表示。理想电源元件分理想电压源和理想电流源两种。

1.5.1　理想电源模型

1. 理想电压源

理想电压源简称恒压源。符号如图 1-25a 所示，它的输出电压与输出电流之间的关系，如图 1-25b 所示，称为伏安特性。理想电压源的特点是：输出电压 U 是由它本身确定的定值，与输出电流和外电路的情况无关，而输出电流 I 不是定值，由外电路的情况决定。例如空载时，输出电流 $I = 0$，短路时，$I \to \infty$，输出端接有电阻 R 时，$I = U/R$，电压 U 是定值，始终保持不变，而电流 I 由

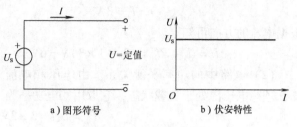

a) 图形符号　　　　b) 伏安特性

图 1-25　理想电压源

电阻 R 的大小决定。因此，凡是与理想电压源并联的元件（包括下面即将叙述的理想电流源在内），其两端的电压都等于理想电压源的电压。

实际的电源，例如大家熟悉的干电池和蓄电池，在其内部功率损耗可以忽略不计时，即电池的内电阻可以忽略不计时，便可以用理想电压源来代替。其输出电压 U 就等于电池的电动势 E。

2. 理想电流源

理想电流源简称恒流源。图形符号如图 1-26a 所示，图 1-26b 是它的伏安特性。理想电流源的特点是：输出电流 I 是由它本身所确定的定值，与输出电压和外电路的情况无关，而输出电压 U 不是定值，与外电路的情况有关。例如短路时，输出电压 $U = 0$，空载时，$U \to \infty$，输出端接有电阻 R 时，$U = IR$，电流 I 是定值，始终保持不变，而电压 U 由电阻 R 的大小决定。因此，凡是与理想电流源串联的元件（包括理想电压源在内），其电流都等于理想电流源的电流。

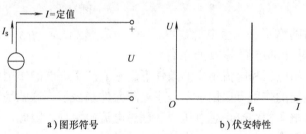

a) 图形符号　　　　b) 伏安特性

图 1-26　理想电流源

实际的电源，例如光电池在一定的光线照射下，能产生一定的电流，称为电激流。在其内部的功率损耗可以忽略不计时，便可以用理想电流源来代替，其输出电流就等于电池的电激流。

实际电源元件，例如蓄电池，它既可以用做电源，将化学能转换成电能供给负载，而充电时，它又是负载，输入电能并转换成化学能。

【例 1-6】　在图 1-27 所示直流电路中，已知理想电压源的电压 $U_s = 3\text{V}$，理想电流源的电流 $I_s = 3\text{A}$，电阻 $R = 1\Omega$。试求：

（1）流过理想电压源的电流和理想电流源的电压。

（2）讨论电路的功率平衡关系。

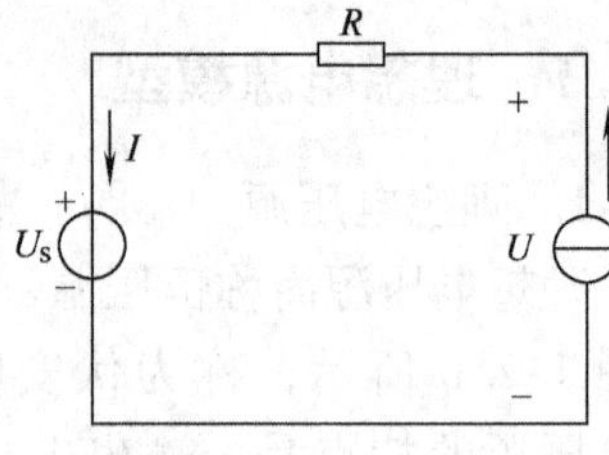

【解】 （1）理想电压源的电流和理想电流源的电压。由于理想电压源与理想电流源串联，故

$$I = I_s = 3A$$

根据电流的方向可知

$$U = U_s + RI_s = (3 + 1 \times 3)V = 6V$$

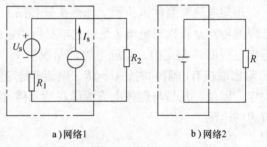

图 1-27　例 1-6 的电路

（2）电路中的功率平衡关系。由电压和电流的方向可知，理想电压源处于负载状态，它取用的电功率为

$$P_L = U_s I = 3 \times 3W = 9W$$

理想电流源处于电源状态，它输出的电功率为

$$P_O = UI_s = 6 \times 3W = 18W$$

电阻 R 消耗的电功率为

$$P_R = RI_s^2 = 1 \times 3^2 W = 9W$$

可见，$P_O = P_L + P_R$，电路中的功率是平衡的。

1.5.2　等效电源定理

凡是只有一个输入或输出端口的电路都称为**一端口网络**。内部不含电源的称为无源一端口网络，含有电源的称为有源一端口网络。例如图 1-28a 所示电路，若将 R_2 所在支路提出来，剩下点画线方框内的部分就是一个有源一端口网络。对 R_2 而言，有源一端口网络相当于它的电源。任何实际的电源，例如电池，如图 1-28b 所示，也是一个有源一端口网络。

这些有源一端口网络不仅产生电能，本身还消耗电能。在对外部电路等效的条件

a）网络1　　　　　　b）网络2

图 1-28　有源一端口网络

下，即保持它们的输出电压和电流不变的条件下，它们产生电能的作用可以用一个理想电源模型来表示，消耗电能的作用可以用一个理想电阻元件来表示，这就是等效电源定理所要叙述的内容。由于理想电源模型有理想电压源和理想电流源两种，因此，等效电源定理又分为戴维南定理和诺顿定理。

1. 戴维南定理

对外部电路而言，任何一个线性有源一端口网络，都可以用一个理想电压源与电阻串联的电路模型来代替。这个电路模型称为电压源模型，简称电压源。电压源中理想电压源的电压等于原有源一端口网络的开路电压；电压源的内阻 R_0 等于原有源一端口网络内部除源（即将所有理想电压源短路，所有理想电流源开路）后，在端口处得到的等效电阻。这就是戴维南定理。

现以图 1-29 所示有源一端口网络为例来说明这一定理的内容。代替前后的电路如图 1-30 所示。由于代替的条件是对外等效，因此在同一工作状态下，它们输出的电压和电流应

该相同。

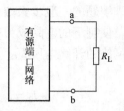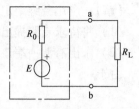

输出端开路时，两者的开路电压 U_{OC} 应该相等，由图 1-30b 可知，$E = U_{OC}$，即等效电压源中的理想电压源的电动势 E 等于原有源一端口网络的开路电压 U_{OC}。对于图 1-30a 来讲，可得

图 1-29　戴维南定理

$$U_{OC} = R_1 I_s + U_s$$

电压源的内阻 R_0 等于原有源一端口网络内部除源（即将所有理想电压源短路，所有理想电流源开路）后，在端口处得到的等效电阻 R_1。

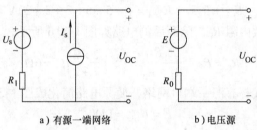

a）有源一端网络　　　　　b）电压源

图 1-30　戴维南定理说明电路

利用戴维南定理可以将一个复杂电路简化成一个简单电路，尤其是只需要计算复杂电路中某一支路的电流或电压时，应用这一定理比较方便，而待求支路为无源支路或有源支路均可以。

【**例 1-7**】　在图 1-31 所示电路中，已知 $U_{s1} = 8V$，$U_{s2} = 5V$，$I_s = 3A$，$R_1 = 2\Omega$，$R_2 = 5\Omega$，$R_3 = 2\Omega$，$R_4 = 8\Omega$，试用戴维南定理求通过 R_4 的电流。

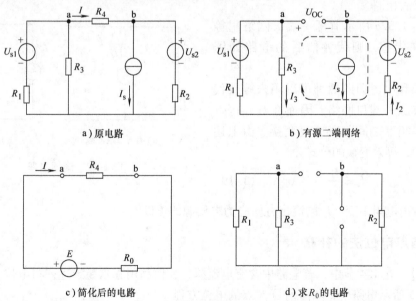

a）原电路　　　　　　　　　b）有源二端网络

c）简化后的电路　　　　　　d）求 R_0 的电路

图 1-31　例 1-7 的电路

【解】 利用戴维南定理解题的一般步骤如下:

(1) 将待求支路提出,使剩下的电路成为有源—端口网络,如图 1-31b 所示。

(2) 求出有源—端口网络的开路电压 U_{OC}。

由于

$$I_2 = I_s = 3\text{A}$$

$$I_3 = \frac{U_{s1}}{R_1 + R_3} = \frac{8}{2+2}\text{A} = 2\text{A}$$

选图中虚线所示回路,由 KVL 得

$$U_{OC} + U_{s2} - R_2 I_2 - R_3 I_3 = 0$$

$$U_{OC} = -U_{s2} + R_2 I_2 + R_3 I_3 = (-5 + 5 \times 3 + 2 \times 2)\text{V} = 14\text{V}$$

(3) 用除源法求等效内阻 R_0,除源后的电路如图 1-31d 所示,求得

$$R_0 = R_2 + \frac{R_1 R_3}{R_2 + R_3} = \left(5 + \frac{2 \times 2}{2+2}\right)\Omega = 6\Omega$$

(4) 用等效电压源代替有源—端口网络,使原电路简化成图 1-31c 所示,其中

$$E = U_{OC} = 14\text{V}$$

由简化后的电路求出待求电流

$$I = \frac{E}{R_0 + R_4} = \left(\frac{14}{8+6}\right)\text{A} = 1\text{A}$$

2. 诺顿定理

诺顿定理指出:对外部电路而言,任何一个线性有源—端口网络,都可以用一个理想电流源与电阻并联的电路模型来代替。这个电路模型称为电流源模型,简称电流源。电流源中理想电流源的电流等于原有源—端口网络的短路电流,电流源的内阻的求法则与等效电压源的内电阻求法相同。

若将图 1-32a 所示有源—端口网络用等效电流源来代替,则代替前后的电路如图 1-32b所示。

电压源和电流源既然都可以用来等效代替同一个有源—端口网络,因而在对外等效的条件下,相互之间可以等效变换。由上述两定理可知,等效变换的公式为

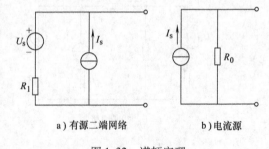

a) 有源二端网络　　b) 电流源

图 1-32　诺顿定理

$$I_s = \frac{E}{R_0} \tag{1-19}$$

变换时内电阻不变,I_s 的流出方向应为电压源的正极。

1.5.3　结点电位法的补充

【问题】 在 1.4 节中,若电路中含有电流源,如何利用弥尔曼定理列写电位方程?

图 1-33 所示电路中,如何列写 A 点的电位方程。

注意因为 R_3 串接在电流源支路中,而电流源中的电流是恒定的,串联任何电路元件对外电路都不起作用,因此,可以把 R_3 短路。

在含有电流源的电路中，列写结点电位方程的一般规律是：在式（1-15）的分子中取电流源的代数和。电流方向指向未知电位结点时，电流源取正；否则取负。

图 1-33 所示的电路中 A 点电位方程的正确写法为

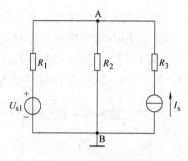

图 1-33 含电流源的电路

$$V_A = \frac{\dfrac{U_{s1}}{R_1} + I_s}{\dfrac{1}{R_1} + \dfrac{1}{R_2}}$$

【分析与思考】

1）有些读者常常把理想电流源两端的电压认作零，其理由是理想电流源内部不含电阻，这种看法错在哪里？

2）凡是与理想电压源并联的理想电流源其电压是一定的，因而后者在外电路中不起作用；凡是与理想电流源串联的理想电压源其电流是一定的，因而后者在外电路中也不起作用。这种观点是否正确？

3）有源一端口网络用电压源或电流源代替时，为什么要对外等效？对内是否也等效？

4）电压源与电流源之间可以等效变换，那么理想电压源与理想电流源之间是否也可以等效变换？

5）在利用支路电流法解题时，如果电路中含有已知的理想电流源时，该如何列写方程？

1.6 叠加原理

叠加原理是分析与计算线性问题的普遍原理，是复杂电路最基本的分析方法之一。

在图 1-34a 所示的电路图中有两个电源，各支路中的电流或电压都是由这两个电源共同作用产生的。在含有多个电源的线性电路中，任一支路的电流和电压等于电路中各个电源分别作用时，在该电路中产生的电流和电压的代数和。这就是叠加原理。

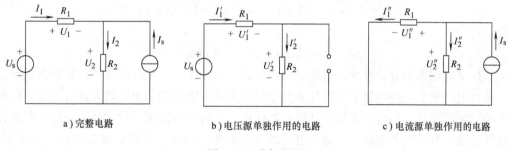

a）完整电路   b）电压源单独作用的电路   c）电流源单独作用的电路

图 1-34 叠加原理

应用叠加原理的一般解题步骤：

1）在多个电源共同作用的原电路中，标出各支路电流的正方向；

2）根据原电路画出电源单独作用时的电路图，在考虑某一或某些电源单独作用时，其余的电源做零值处理，即理想电压源短路，理想电流源开路，所有的电阻都保留在原来的位置上；

3）应用欧姆定律求出各电源单独作用时电路中各支路电流；

4）应用叠加原理求出原复杂电路中各支路电流。

【**例1-8**】 在图1-35所示的电路中，已知 $U_s = 10\text{V}$，$I_s = 2\text{A}$，$R_1 = 4\Omega$，$R_2 = 1\Omega$，$R_3 = 5\Omega$，$R_4 = 3\Omega$，试用叠加原理求 I_5 和 U_6。

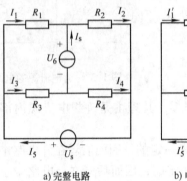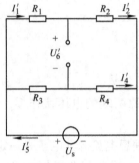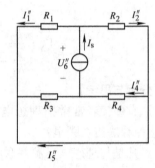

a) 完整电路   b) 电压源单独作用的电路   c) 电流源单独作用的电路

图 1-35 例 1-8 的电路

【**解**】 理想电压源单独作用时，电路如图1-35b所示，求得

$$I'_5 = I'_2 + I'_4 = \frac{U_s}{R_1 + R_2} + \frac{U_s}{R_3 + R_4} = \left(\frac{10}{4+1} + \frac{10}{5+3}\right)\text{A} = 3.25\text{A}$$

$$U'_6 = R_2 I'_2 - R_4 I'_4 = \left(1 \times \frac{10}{4+1} - 3 \times \frac{10}{5+3}\right)\text{V} = -1.75\text{V}$$

理想电压源单独作用时，电路如图1-35c所示，求得

$$I''_2 = \frac{R_1}{R_1 + R_2} I_s = \left(\frac{4}{4+1} \times 2\right)\text{A} = 1.6\text{A}$$

$$I''_4 = \frac{R_3}{R_3 + R_4} I_s = \left(\frac{5}{5+3} \times 2\right)\text{A} = 1.25\text{A}$$

$$I''_5 = I''_2 - I''_4 = (1.6 - 1.25)\text{A} = 0.35\text{A}$$

$$U''_6 = R_2 I''_2 + R_4 I''_4 = (1 \times 1.6 + 3 \times 1.25)\text{V} = 5.35\text{V}$$

最后求得

$$I_5 = I'_5 + I''_5 = (3.25 + 0.35)\text{A} = 3.6\text{A}$$

从数学的观点上看，叠加原理就是线性方程的可加性，应用叠加原理计算复杂电路，实际上就是把一个多电源的复杂电路化为几个单电源或少电源的简单电路来进行计算，因此为使复杂问题简单化，却付出了增大计算量的代价，有时并不简便。但它作为一种重要的概念和计算方法，有时却非常有用，如在电子放大电路中，电源是直流，被放大的信号是交流，分析时通常将电路分解为交流通路和直流通路，分别计算，这样可以方便电路的分析和计算。但是叠加原理也不是全能的，在应用时应注意以下几个问题：

1）叠加原理只适用于线性电路，即电路中的电压和电流时成正比的，不能用于非线性电路。

2）叠加原理只适于计算电压和电流，不能用于计算功率，因为功率与电流或电压的关系是二次函数，不是线性关系。例如，图1-34中的电阻 R_1 消耗的功率为

$$P_1 = R_1 I_1^2 = R_1 (I'_1 - I''_1)^2 \neq R_1 I'^2_1 - R_1 I''^2_1$$

【分析与思考】

1）叠加原理可否用于将多电源电路（例如有 4 个电源）看成是几组电源（例如两组电源）分别单独作用的叠加？

2）利用叠加原理可否说明在单电源电路中，各处的电压和电流随电源电压或电流成比例地变化？

本 章 小 结

本章是学习电工及电子技术的基础知识，因此，其中的基本概念一定要搞清，基本定律和电路的基本分析方法必须要熟练掌握。

下面把本章的几个知识点重点总结一下。

1）"正方向"的概念。"正方向"是电路分析中的重要问题，解题之前，必须首先假设个物理量的正方向，然后在此前提下进行求解，由此获得正确的分析结论。

2）电路的基本定律——基尔霍夫定律。基尔霍夫定律是电路的基本定律，包括基尔霍夫电流定律 KCL 和基尔霍夫电压定律 KVL。需要注意的是基尔霍夫定律只与电路的连接方式有关，而与电路元件的性质无关，即在任意时刻，对任一结点，通过它的所有支路电流的代数和恒为零（KCL）；在任意时刻，沿任一回路，电路中各段电压的代数和恒为零（KVL），基尔霍夫定律和欧姆定律一起构成了电路的两大约束，是分析和计算电路的基础。

3）电路的分析方法。本章介绍了 5 种电路的分析方法：支路电流法、结点电位法、叠加原理、两种电源互换，以及等效电源定理。解题过程中，要注意各自的特点，合理地选择解题方法，用最快最便捷的方法解决问题。除此以外，还有一些其他的解题方法，需要时请读者参阅其他教材和资料。

习　题

1-1　电路如图 1-36 所示，试求 A 点的电位 V_A。

1-2　电路如图 1-37 所示，在开关 S 断开和闭合两种情况下试求 A 点的电位 V_A。

1-3　电路如图 1-38 所示，试求 A 点的电位 V_A。

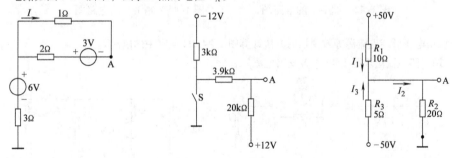

图 1-36　题 1-1 的电路图　　图 1-37　题 1-2 的电路图　　图 1-38　题 1-3 的电路图

1-4　在图 1-39 中的 5 个元件代表电源或负载。电流和电压的参考方向如图中所示。今通过实验测量得知：$I_1 = 4A$，$I_2 = 6A$，$I_3 = 10A$，$U_1 = 140V$，$U_2 = 90V$，$U_3 = 60V$，$U_4 = 80V$，$U_5 = 30V$。

(1) 试标出各电流的实际方向和各电压的实际极性（可另画一图）。

(2) 判断哪些元件是电源？哪些是负载？

(3) 计算各元件的功率，电源发出的功率和负载取用的功率是否平衡？

1-5 电路图 1-40 所示。已知 $I_1 = 3\text{mA}$，$I_2 = 1\text{mA}$。试确定 I_3 和 U_3，并说明电路元件 3 是电源还是负载。校验整个电路的功率是否平衡。

1-6 电路如图 1-41 所示，是用变阻器 R 调节直流电动机励磁电流的电路。设电动机的励磁绕组的电阻为 315Ω，其额定电压为 220V，如果要求励磁电流在 $0.35 \sim 0.7\text{A}$ 的范围内变动，试在下列三个变阻器重选择一个合适的：

(1) 1000Ω，0.5A；

(2) 200Ω，1.0A；

(3) 350Ω，1.0A。

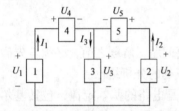
图 1-39 题 1-4 的电路图

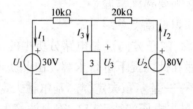
图 1-40 题 1-5 的电路图

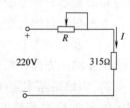
图 1-41 题 1-6 的电路图

1-7 电路如图 1-42 所示，已知 $U_1 = 10\text{V}$，$E_1 = 4\text{V}$，$E_2 = 2\text{V}$，$R_1 = 4\Omega$，$R_2 = 2\Omega$，1、2 两点间处于开路状态，试计算开路电压 U_2。

1-8 如图 1-43 所示，$R_1 = R_2 = R_3 = R_4 = 300\Omega$，$R_5 = 600\Omega$，求开关 S 断开和闭合时 a 和 b 之间的电阻。

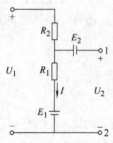
图 1-42 题 1-7 的电路图

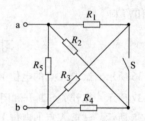
图 1-43 题 1-8 的电路图

1-9 试用电压源与电流源等效变换的方法计算图 1-44 2Ω 电阻中的电流 I。

1-10 用支路电流法求图 1-45 中各支路电流。

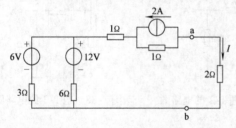
图 1-44 题 1-9 的电路图

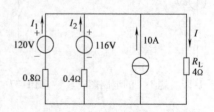
图 1-45 题 1-10 的电路图

1-11　用结点电压法求解求图 1-45 中各支路电流。

1-12　在图 1-46 示电路中：

（1）当开关 S 合在 a 点时求电流 I_1、I_2、I_3。

（2）当开关 S 合在 b 点时利用（1）的结果用叠加原理求解电流 I_1、I_2、I_3。

1-13　用戴维南定理求图中 1-47 1Ω 电阻中的电流 I。

1-14　用戴维南定理求解图 1-48 中 R_1 电阻中的电流 I_1。

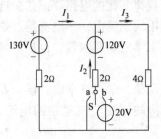

图 1-46　题 1-12 的电路图　　　图 1-47　题 1-13 的电路图　　　图 1-48　题 1-14 的电路图

第2章 正弦交流电路

正弦交流电路是指电路中的电动势、电流和电压都是按正弦规律变化的电路。正弦交流电是由交流发电机或正弦信号发生器产生的。在生产和生活中所用的交流电，一般都是正弦交流电。正弦交流电的基本概念、基本理论和基本分析方法是电工学的重要内容，也是学习交流电机、电器和电子技术的理论基础。

正弦交流电路具有用直流电路的概念无法分析和计算的物理现象，学习本章的时候，要特别留意"交流"这些概念，学会分析和计算不同参数不同结构的正弦交流电路的电流、电压和功率。

2.1 正弦交流电的基本概念及相量表示法

2.1.1 正弦交流电的基本概念

在正弦交流电路中，电压 u 或电流 i 都可以用时间 t 的正弦函数来表示

$$\left.\begin{array}{l} u = U_{\mathrm{m}} \sin(\omega t + \varphi_{\mathrm{u}}) \\ i = I_{\mathrm{m}} \sin(\omega t + \varphi_{\mathrm{i}}) \end{array}\right\} \tag{2-1}$$

在式（2-1）中，u、i 表示在某一瞬时正弦交流电量的值，称为瞬时值，式（2-1）称为瞬时表达式；U_{m} 和 I_{m} 表示变化过程中出现的最大瞬时值，称为最大值，或称幅值；ω 为正弦交流电的角频率；φ_{u}、φ_{i} 为正弦交流电的初相位。知道了最大值、角频率和初相位，则可写出正弦交流电的瞬时表达式，因此，最大值、角频率和初相位称为正弦交流电的三个特征量，或称之为三要素。

正弦交流电还可以用波形图表示，如图 2-1 所示。

1. 正弦交流电的周期、频率和角频率

正弦交流电是时间的周期函数。时间每增加 T，正弦交流电的瞬时值重复出现一次。T 即称为正弦交流电的周期，如图 2-1 所示，它是正弦交流电量重复变化一次所需的时间，单位是秒（s），或者是毫秒（ms）和微秒（μs）。$1\mathrm{ms} = 10^{-3}\mathrm{s}$，$1\mu\mathrm{s} = 10^{-6}\mathrm{s}$。

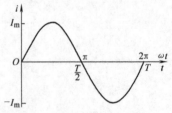

图 2-1　正弦交流电的波形图

正弦交流电在每秒钟内变化的周期数称为频率，用 f 表示，单位是赫［兹］（Hz），1Hz 表示每秒变化一个周期，周期和频率的关系是

$$f = \frac{1}{T} \tag{2-2}$$

交流电变化快慢除用周期和频率表示外，还可以用角频率表示，就是每秒钟内正弦交流电变化的电角度，用 ω 表示，单位是弧度每秒（rad/s）。因为交流电一个周期内变化的电角度相当于 2π 电弧度（见图 2-1），所以 ω 与 T 和 f 的关系为

$$\omega = \frac{2\pi}{T} = 2\pi f \qquad\qquad (2-3)$$

图 2-1 正弦交流电的周期正弦交流电的波形图中，可以用时间 t 作横坐标，也可用电角度 ωt 作横坐标。

【例 2-1】 我国工农业生产及人民生活用正弦交流电的频率为 50Hz（称为工频），飞机上常用 400Hz 的交流电，试计算它们的周期和角频率。

【解】 设 $f_1 = 50$Hz，$f_2 = 400$Hz，则

$$T_1 = \frac{1}{f_1} = \frac{1}{50}\text{s} = 0.02\text{s}$$

$$T_2 = \frac{1}{f_2} = \frac{1}{400}\text{s} = 25 \times 10^{-4}\text{s}$$

$$\omega_1 = 2\pi f_1 = (2 \times 3.14 \times 50)\text{rad/s} = 314\text{rad/s}$$

$$\omega_2 = 2\pi f_2 = (2 \times 3.14 \times 400)\text{rad/s} = 2512\text{rad/s}$$

2. 正弦交流电的相位与相位差

在正弦交流电的表示式 $i = I_\text{m}\sin(\omega t + \varphi_\text{i})$ 中，$(\omega t + \varphi_\text{i})$ 就称为正弦交流电的相位，它是正弦交流电随时间变化的电角度。相位的单位是弧度（rad），也可以用度表示。对于每一个给定的时间，都对应一个一定的相位。对应于 $t = 0$ 时（即开始计时瞬间）的相位就称为初相位 φ。计时起点不同，同一正弦量的初相位不同，例如在图 2-2 中，图 a ~ 图 d 的初相位不同。

任何两个同频率正弦量之间的相位之差简称为相位差，用字母 ψ 表示。

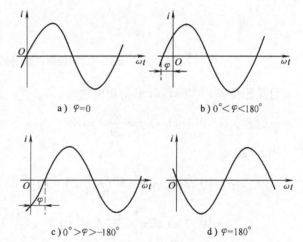

a) $\varphi = 0$ b) $0 < \varphi < 180°$

c) $0° > \varphi > -180°$ d) $\varphi = 180°$

图 2-2 不同初相的正弦交流电

相位差是表达两个同频率正弦量相互之间的相位关系的重要物理量，任何两个同频率正弦量的相位差在任何时刻都是不变的。初相位不同，即相位不同，说明它们随时间变化的步调不一致。例如当 $0 < \psi = \varphi_\text{u} - \varphi_\text{i} < 180°$，波形如图 2-3a 所示，$u$ 总要比 i 先经过相应的最大值和零值，这时就称在相位上 u 是超前于 i 一个 ψ 角的，或者称 i 是滞后于 u 一个 ψ 角的。当 $-180° < \psi < 0°$ 时，波形如图 2-3b 所示，u 与 i 的相位关系正好倒过来。当 $\psi = 0°$ 时，波形如图 2-3c 所示，这时就称 u 与 i 相位相同，或者说 u 与 i 同相。当 $\psi = 180°$ 时，波形如图 2-3d 所示，这时，就称 u 与 i 相位相反，或者说 u 与 i 反相。

【例 2-2】 已知 $i_1 = 10\sqrt{2}\sin(314t + \pi/4)$A，$i_2 = 5\sqrt{2}\sin(314t - \pi/6)$A，试求 i_1 与 i_2 的相位差，并求 $t = 20$ms 时两交流电的瞬时值。

【解】 i_1 的相位是 $314t + \dfrac{\pi}{4}$，i_2 的相位是 $314t - \dfrac{\pi}{6}$，两者的相位差为

$$\left(314t + \frac{\pi}{4}\right) - \left(314 - \frac{\pi}{6}\right) = \frac{\pi}{4} + \frac{\pi}{6} = \frac{5}{12}\pi$$

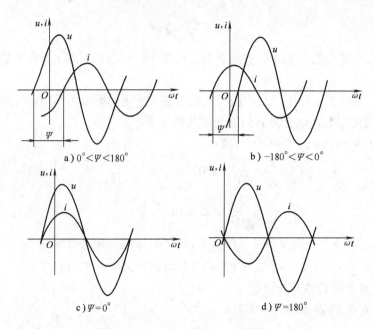

图 2-3　同频率正弦量的相位关系

可见相位差，实际就等于初相位之差。

依题意，$\omega = 314\text{rad}/\text{s}$，$f = \dfrac{\omega}{2\pi} = 50\text{Hz}$

当 $t = 20\text{ms}$ 时

$$i_1 = 10\sqrt{2}\sin\left(2\pi \times 50t + \frac{\pi}{4}\right)\text{A} = 10\sqrt{2}\sin\left(2\pi \times 50 \times 20 \times 10^{-3} + \frac{\pi}{4}\right)\text{A}$$

$$= 10\sqrt{2}\sin\left(2\pi + \frac{\pi}{4}\right)\text{A} = \left(10\sqrt{2} \times \frac{\sqrt{2}}{2}\right)\text{A} = 10\text{A}$$

$$i_2 = 5\sqrt{2}\sin\left(2\pi \times 50t - \frac{\pi}{6}\right)\text{A} = 5\sqrt{2}\sin\left(2 \times 50\pi \times 20 \times 10^{-3} - \frac{\pi}{6}\right)\text{A}$$

$$= 5\sqrt{2}\sin\left(2\pi - \frac{\pi}{6}\right)\text{A} = -\frac{1}{2}5\sqrt{2}\text{A} \approx -3.535\text{A}$$

3. 正弦交流电的瞬时值、最大值和有效值

交流电的瞬时值用小写字母表示，如 i、u 和 e 等，它是随时间在变化的。最大值又称幅值，用带有下标 m 的大写字母来表示，如 I_m、U_m 和 E_m 等。

正弦量的幅值和瞬时值，虽然能表明一个正弦量在某一特定时刻的量值，但是不能用它来衡量整个正弦量的实际作用效果。常引出另一个物理量"有效值"，来衡量整个正弦量的实际作用效果。有效值是用电流的热效应来规定的，即：如果一个交流电流 i 通过某一电阻 R 在一个周期内产生的热量，与一个恒定的直流电流 I 通过同一电阻在相同的时间内产生的热量相等，就用这个直流电的量值 I 作为交流电的量值，称为交流电的有效值。

根据焦耳-楞次定律，在一个周期 T 内正弦交流电 $i = I_m\sin\omega t$ 通过电阻产生的热量为

$$\int_0^T Ri^2\,\mathrm{d}t = \int_0^T RI_m^2\sin^2\omega t\,\mathrm{d}t$$

$$= RI_m^2 \int_0^T \frac{1 - \cos 2\omega t}{2} dt$$

$$= RI_m^2 \frac{T}{2} - 0 = \frac{1}{2} RI_m^2 T$$

而在相同的时间内直流 I 通过 R 产生的热量为 $RI^2 T$

根据定义有 $\qquad\qquad\qquad\qquad RI^2 T = \frac{1}{2} RI_m^2 T$

即 $\qquad\qquad\qquad\qquad I = \frac{I_m}{\sqrt{2}} = 0.707 I_m \qquad\qquad\qquad (2-4)$

同理 $\qquad\qquad\qquad\qquad U = \frac{1}{\sqrt{2}} U_m = 0.707 U_m \qquad\qquad\qquad (2-5)$

式（2-4）和式（2-5）说明正弦交流电的有效值等于它的最大值的 0.707。通常所说的交流电压多少伏、交流电流多少安，都是指有效值。例如交流电压 220V 或 380V，交流电流 5A、10A 等都是有效值。

【例 2-3】　已知交流电压有效值 $U_1 = 220V$，$U_2 = 380V$，试求其最大值。

【解】　根据式（2-5）

$$U_{1m} = \sqrt{2} U_1 = (1.41 \times 220)V \approx 311V$$

$$U_{2m} = \sqrt{2} U_2 = (1.41 \times 380)V \approx 536V$$

2.1.2　正弦交流电的相量表示

正弦交流电的三角函数式表示和波形图表示虽然有简明直观的优点，但若进行数学运算却十分不便。为了解决求解复杂交流电路的困难，首先想到用旋转矢量表示，然后应用数学中的欧拉公式，将矢量、复数和正弦量联系起来，这就是相量法，用相量法可以很方便地利用解析的方法来计算正弦交流电路。

1. 正弦交流电的旋转矢量表示法

从直角坐标的原点画一矢量，其长度等于正弦交流电最大值 I_m（或 U_m），它与横轴的正方向所夹的角等于正弦交流电的初相位 φ_i（或 φ_u），以坐标横轴逆时钟方向旋转为正，顺时针方向旋转为负，这个矢量绕原点按逆时针方向旋转的角速度等于正弦交流电的角频率 ω。显然，这个矢量任何时刻在纵轴的投影就等于这个正弦交流电压同一时刻的瞬时值，正弦量的旋转矢量表示，如图 2-4 所示。

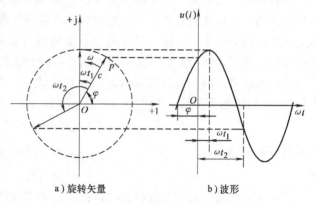

a) 旋转矢量　　　　　　　b) 波形

图 2-4　正弦量的旋转矢量表示

这样，若求几个正弦量的和与差，则只要按初相位画出它们的矢量（坐标轴可以不画），求它们的矢量和或差即可，这种表示几个同频率正弦量的矢量的整体称为矢量图，矢量图也可以用有效值来画，这样只不过使所有矢量的长度都缩小了 $1/\sqrt{2}$，并不影响它们的相对关系。

2. 正弦交流电的相量表示法

设一个复数的实部为 a，虚部为 b，则该复数可以写成

$$A = a + jb \tag{2-6}$$

式中，算符 $j = \sqrt{-1}$ 就是数学中的虚数单位 i，为区别于电流 i 而改用 j。式（2-6）称为复数的代数形式。

复数可以用复数平面内一个几何有向线段 $\boldsymbol{A}$（即矢量）来表示，如图 2-5 所示。显然，矢量 $\boldsymbol{A}$ 的模（即矢量 $\boldsymbol{A}$ 的长度）$|A|$ 为

$$|A| = \sqrt{a^2 + b^2} \tag{2-7}$$

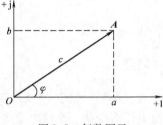

图 2-5　复数图示

式中，a 为 $\boldsymbol{A}$ 在实轴上的投影；b 为 $\boldsymbol{A}$ 在虚轴上的投影。显然有

$$\begin{cases} a = A\cos\varphi \\ b = A\sin\varphi \end{cases} \tag{2-8}$$

由此式（2-6）可写成

$$A = |A|\cos\varphi + j|A|\sin\varphi = |A|(\cos\varphi + j\sin\varphi) \tag{2-9}$$

这是复数的三角形表示式。φ 为复数 A 的幅角，根据欧拉公式，

$$\cos\varphi + j\sin\varphi = e^{j\varphi} \tag{2-10}$$

故式（2-9）可写成

$$A = |A|e^{j\varphi} \tag{2-11}$$

这是复数的指数型表示式。在电工技术中习惯上将 $\angle\varphi$ 代替 $e^{j\varphi}$，这样式（2-11）可写成

$$A = |A|\angle\varphi \tag{2-12}$$

式（2-12）复数的极坐标形表示式。该式的特点是采用复数的模和辐角这两个要素来表示一个复数。

要表示一个正弦量，通常需要表述其三要素，即幅值（或有效值）、初相位和角频率。但是，在同一个正弦交流电路中，电源频率确定后，电路中各处的电流电压都是同一频率，因此频率可视为已知。这样，只要能表示出幅值（或有效值）和相位，一个正弦量的特征就可表示出来了。因为复数不但可以表示正弦量的这两个要素，而且还能将矢量和正弦量的代数式联系起来，因此可以用复数表示正弦交流电。复数的模即为正弦量的幅值（或有效值），复数的辐角是正弦交流电的初相位。例如，将正弦电流

$$i = I_m \sin(\omega t + \varphi)$$

写成复数形式为

$$\dot{I}_m = I_m e^{j\varphi} = I_m \angle\varphi$$

或

$$\dot{I} = I e^{j\varphi} = I\angle\varphi$$

表示正弦交流电量的复数称为相量；在复平面内的矢量表示称为相量图，只有同频的周期正弦量才能画在同一复平面内。几个同频率正弦量相加减，可以表示成相量后用相量（复数）的加减规则进行加减，也可以表示成相量图，按矢量的加减规则进行加减。

【**例 2-4**】　已知两个正弦电流 $i_1 = 5\sqrt{2}\sin(\omega t + 30°)$ A，$i_2 = 10\sqrt{2}\sin(\omega t - 45°)$ A 求合

成电流 $i = i_1 + i_2$。

【解】　方法 1　用相量式求合成电流的幅值和辐角。

先将两个正弦量表示成相量

$$\dot{I}_1 = 5\angle 30°\,\text{A} = (5\cos 30° + 5\text{j}\sin 30°)\,\text{A} = (4.33 + \text{j}2.5)\,\text{A}$$

$$\dot{I}_2 = 10\angle -45°\,\text{A} = [10\cos(-45°) + 10\text{j}\sin(-45°)]\,\text{A} = (7.07 - \text{j}7.07)\,\text{A}$$

合成电流的相量为

$$\dot{I} = \dot{I}_1 + \dot{I}_2 = (5\angle 30° + 10\angle -45°)\,\text{A} = [(4.33 + 7.07) + \text{j}(2.5 - 7.07)]\,\text{A}$$

$$= \sqrt{11.4^2 + 4.53^2}\angle\arctan\frac{-4.53}{11.4}\,\text{A} = 12.27\angle -21.65°\,\text{A}$$

即合成电流的有效值为 12.27A，初相位为 -21.65°，而合成电流的角频率不会变，故可写出其瞬时值表示式。

$$i = 12.25\sqrt{2}\sin(\omega t - 21.65°)\,\text{A}$$

需要说明的是，在求出辐角后要判断它所在的象限。本例因 $\tan\varphi$ 和 $\sin\varphi$ 均为负值，故在第四象限内，即 $\varphi = 360° - 21.65° = 338.35°$ 或 $\varphi = -21.65°$，电工学中 φ 的主值区间在 ±180°之间，故采用后一角度。

方法 2　用相量图求合成电流的幅值和辐角，作图如图 2-6
所示，合成电流是 $\dot{I}_1$ 和 $\dot{I}_2$，两相量所作平行四边形的对角线，它与横轴正方向的夹角即为初相位。

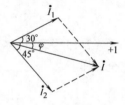

图 2-6　例 2-4 相量图

2.2　单一参数交流电路

单一参数交流电路是指由理想电路元件纯电阻、纯电感和纯电容各自组成的交流电路（线性电路）。掌握了单一参数交流电路的规律，就为研究复杂交流电路打下了基础。

2.2.1　纯电阻电路

如果电路中电阻作用突出，其他参数的影响可忽略不计，则此电路称为纯电阻电路。

1. 电压和电流的关系

将纯电阻接入交流电源，并设电流和电压的正方向相同，如图 2-7 所示。为方便起见，现选择电流为参考量，即设

$$i = I_\text{m}\sin\omega t$$

由欧姆定律，在图 2-7a 所示参考方向一致的情况下，电阻两端电压为

$$u = Ri = RI_\text{m}\sin\omega t = U_\text{m}\sin\omega t$$

式中，$U_\text{m} = RI_\text{m}$，两边除以 $\sqrt{2}$ 得有效值关系

$$U = RI \text{ 或 } I = \frac{U_\text{R}}{R} \tag{2-13}$$

式（2-13）表明，在纯电阻电路中，电压与电流的幅值或有效值符合欧姆定律关系；在相位上，电压与电流同相。用相量式表示为

$$\begin{cases} \dot{U} = R\,\dot{I} \\ \dot{U}_m = R\,\dot{I}_m \end{cases} \text{或} \begin{cases} \dot{I} = \dfrac{\dot{U}}{R} \\ \dot{I}_m = \dfrac{\dot{U}_m}{R} \end{cases}$$

波形图和相量图如图 2-7b 和图 2-7c 所示。

2. 功率

电路在某一瞬时消耗或产生的功率称为瞬时功率。电阻电路的瞬时功率 p 等于该瞬时电流与电压的瞬时值乘积，即

$$p = ui = U_m I_m \sin^2 \omega t = 2UI \sin^2 \omega t \tag{2-14}$$

式（2-14）表明电阻上消耗的功率是变化的，且在一个周期两次出现最大值，在整个周期内任何瞬间 p 均为正值，即电阻是一个耗能元件。

电阻上瞬时功率和平均功率的波形如图 2-7d 所示。

电路中通常所说的功率是指瞬时功率在一个周期内的平均值，称为平均功率，简称功率，又称有功功率，单位为瓦［特］（W）。

纯电阻电路的平均功率为

$$P = \frac{1}{T} \int_0^T p\,dt = \frac{1}{T} \int_0^T UI(1 - \cos 2\omega t)\,dt = UI = RI^2 \tag{2-15}$$

式（2-15）表明，交流电路中电阻上消耗功率与电流电压有效值的关系同直流电路中的完全一样。

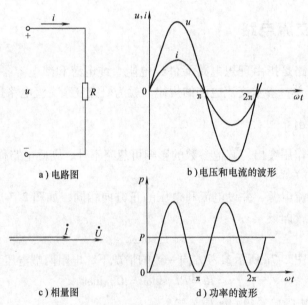

a）电路图　　　　b）电压和电流的波形

c）相量图　　　　d）功率的波形

图 2-7　纯电阻电路

【例 2-5】　一个额定功率为 100W，额定电压为 220V 的白炽灯，试求该灯的额定电流及在额定工作状态下的电阻 R。

【解】　额定电流

$$I_N = \frac{P_N}{U_N} = \frac{100}{220}\text{A} \approx 0.455\text{A}$$

在额定工作状态下的电阻

$$R = \frac{U_N^2}{P_N} = \frac{220^2}{100}\Omega = 484\Omega$$

2.2.2　纯电感电路

在交流电路中，若电感的作用突出，其他电路参数的影响可忽略，则称为纯电感电路。例如一个线圈的电阻和电容相对于电感可忽略不计时，即可视为一纯电感电路。

1. 电压和电流的关系

电路如图 2-8a 所示。选择电流为参考量，设

$$i = I_m \sin\omega t$$

则在图示参考方向下，有

$$u = L\frac{\mathrm{d}i}{\mathrm{d}t} = L\frac{\mathrm{d}}{\mathrm{d}t}(I_m \sin\omega t)$$

$$= \omega L I_m \sin(\omega t + \frac{\pi}{2}) = U_m \sin(\omega t + 90°) \tag{2-16}$$

从式（2-16）可以看出，纯电感电路中的电流 i、端电压 u 都是同频率的正弦量，但是它们的相位不同，u 超前 i $90°$。

电感线圈的电流 i 及电压 u 的波形图及相量图如图 2-8b 和 c 所示。

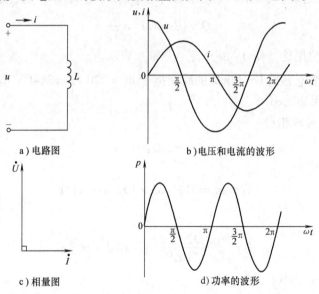

a) 电路图　　　　b) 电压和电流的波形

c) 相量图　　　　d) 功率的波形

图 2-8　纯电感电路

式（2-16）中，$U_m = \omega L I_m = X_L I_m$，两边除以 $\sqrt{2}$ 得

$$U = \omega L I = X_L I \quad 或 \quad I = \frac{U}{X_L} \tag{2-17}$$

式中

$$X_L = \omega L = 2\pi f L \tag{2-18}$$

比较式（2-13）与式（2-17），它们具有相似的形式，X_L 与 R 相对应，两者具有同一量纲（伏/安＝欧）。但两者在性质上有所区别，称 X_L 为感抗，单位欧［姆］。L 是自感系数，单位是亨利（H）或毫亨［利］（mH）。f 是频率，单位是赫［兹］（Hz）。

用相量表示电压和电流的关系为

$$\dot{U}_L = X_L \dot{I} \angle 90° = j X_L \dot{I} \quad \text{或} \quad \dot{I} = \frac{\dot{U}}{j X_L} = -j \frac{\dot{U}}{X_L} \tag{2-19}$$

2. 功率

纯电感的瞬时功率为

$$p = ui = U_m \sin\left(\omega t + \frac{\pi}{2}\right) I_m \sin\omega t = UI\sin 2\omega t \tag{2-20}$$

式（2-20）说明，纯电感电路中的功率以两倍于电流的频率变化着，如图 2-8d 所示。从图 2-8d 中可以看到，在第一及第三个 1/4 周期中，$p > 0$，即电感从电源吸取能量；在第二和第四个 1/4 周期中，$p < 0$，即电感将电能送回电源。其平均功率为

$$P = \frac{1}{T}\int_0^T p\,dt = \frac{1}{T}\int_0^T X_L I^2 \sin 2\omega t\,dt = 0$$

可见，在交流电路中，纯电感不消耗电能，它只是不断地和电源"交换"着电能，所以电感被称储能元件。即在第一和第三个 1/4 周期中将从电源吸收的电能转换成磁场能；而在第二和第四个 1/4 周期中将磁场能变为电能送回给电源。因此，电感与电源之间有能量的往返互换，其能量互换的规模就用电路中瞬时功率的最大值表示，把它定义为无功功率

$$Q = UI = X_L I^2 = \frac{U^2}{X_L} \tag{2-21}$$

无功功率的单位用乏（var），或千乏（kvar）表示。

【例2-6】　一个电感量 $L = 35\text{mH}$ 的线圈接于 $u_L = 220\sqrt{2}\sin 314t$ V 电源上，求流过线圈的电流 i 及线圈的无功功率。

【解】　将电压写成相量

$$\dot{U}_L = 220\angle 0° \text{ V}$$

电感线圈的感抗为

$$X_L = \omega L = 314 \times 35 \times 10^{-3}\Omega \approx 11\Omega$$

根据式（2-19）

$$\dot{I} = \frac{\dot{U}_L}{j X_L} = \frac{220\angle 0°}{11\angle 90°}\text{A} = 20\angle -90°\text{A}$$

所以 $i = 20\sqrt{2}\sin(314t - 90°)$ A

电感的无功功率

$$Q_L = I^2 X_L = 20^2 \times 11\text{var} = 4400\text{var}$$

2.2.3　纯电容电路

如果电路中除电容参数外其他参数可忽略不计，即可称为纯电容电路。例如一个电感值及介质损耗均可忽略不计的电容器接于交流电路中，就可视为纯电容电路。

1. 电压和电流的关系

电路如图 2-9a 所示。

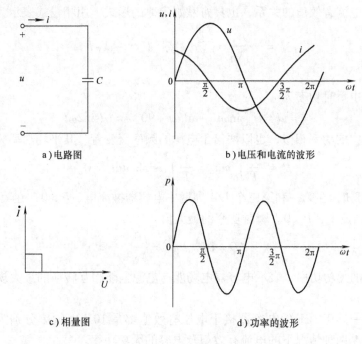

a）电路图　　　　　　　　　b）电压和电流的波形

c）相量图　　　　　　　　　d）功率的波形

图 2-9　纯电容电路

选择电压为参考量，设

$$u = U_m \sin \omega t$$

则在图 2-9a 所示参考方向下，有

$$i = C \frac{\mathrm{d}u}{\mathrm{d}t} = \omega C U_m \sin \left(\omega t + \frac{\pi}{2} \right) = I_m \sin \left(\omega t + 90° \right) \tag{2-22}$$

电压 u 与电流 i 波形图及相量图示于图 2-9b、c 中。电流 i 是由于电容的充放电形成的：在第一个和第三个 1/4 周期中，电压上升，极板上电荷增加，电容器被充电，导线中有充电电流；在第二个和第四个 1/4 周期中，电压下降，极板上电荷减少，电容器放电，导线中有放电电流，充放电电流的方向是相反的。

由式（2-22）可以看出，纯电容电路施加正弦电压时，其电流是同频率的正弦波，且它的相位超前电压 $\pi/2$ 弧度，因为电流正比于电压的变化率。

为了便于与电感电路进行比较，根据式（2-22）推出电压与电流的关系为

$$U_m = \frac{1}{\omega C} I_m = X_C I_m$$

两边除以 $\sqrt{2}$ 得

$$U = \frac{1}{\omega C} I = X_C I \quad 或 \quad I = \frac{U}{X_C} \tag{2-23}$$

式中

$$X_C = \frac{1}{\omega C} = \frac{1}{2\pi f C} \tag{2-24}$$

比较式（2-13）与式（2-24），它们具有相似的形式，X_C 与 R 相对应，两者具有同一量纲（伏/安＝欧），X_C 称为容抗单位为 Ω，容抗与频率 f 及电容量 C 有关，引入容抗后，电容上的电压与电流有效值的关系，也具有欧姆定律的形式。用相量式表示为

$$\dot{I} = \frac{\dot{U}}{-jX_C} = j\frac{\dot{U}}{X_C} \quad 或 \quad \dot{U} = -jX_C\dot{I} \tag{2-25}$$

2. 功率

纯电容电路中瞬时功率为

$$p = ui = U_m\sin\omega t I_m\sin(\omega t + 90°) = UI\sin2\omega t \tag{2-26}$$

与电感电路中的功率相似，也以两倍于电源的频率交变着。其平均功率为

$$P = \frac{1}{T}\int_0^T p\,\mathrm{d}t = \frac{1}{T}\int_0^T I\sin2\omega t\,\mathrm{d}t = 0$$

由图 2-9d 可知，在第一和第三个 1/4 周期中电容器被充电，$P>0$；在第二和第四个 1/4 周期中，电容器放电，$P<0$。瞬时功率的最大值

$$Q = UI = X_CI^2 = \frac{U^2}{X_C} \tag{2-27}$$

Q 称为电容的无功功率，表示电容器电场能与电源电能相互转换的最大规模，单位也是乏（var）。

【例2-7】 一只 $0.2\mu\mathrm{F}$ 的电容器接于电压有效值都是 10V 而频率分别为 50Hz 和 5kHz 的电源上，试计算两种情况下的电流有效值及电容的无功功率。

【解】 依题意 $U_C = 10\mathrm{V}$

$$X_{C1} = \frac{1}{2\pi f_1 C} = \frac{1}{2\times3.14\times50\times0.2\times10^{-6}}\Omega \approx 15.9\mathrm{k}\Omega$$

$$X_{C2} = \frac{1}{2\pi f_2 C} = \frac{1}{2\times3.14\times50\times10^3\times0.2\times10^{-6}}\Omega \approx 159\Omega$$

$$I_1 = \frac{U_C}{X_{C1}} = \frac{10\mathrm{V}}{15.9\mathrm{k}\Omega} \approx 0.63\mathrm{mA}$$

$$I_2 = \frac{U_C}{X_{C2}} = \frac{10\mathrm{V}}{159\Omega} \approx 63\mathrm{mA}$$

$$Q_{C1} = U_C I_1 = 10\times0.63\times10^{-3}\mathrm{var} = 0.63\times10^{-2}\mathrm{var}$$

$$Q_{C2} = U_C I_2 = 10\times63\times10^{-3} = 63\times10^{-2}\mathrm{var}$$

【分析与思考】

（1）判断下列各式的正、误：

$$i = \frac{u}{R} \quad i = \frac{u}{X_C} \quad i = \frac{u}{X_L}$$

$$I = \frac{U}{R} \quad I = \frac{U}{X_C} \quad I = \frac{U}{X_L}$$

$$\dot{I} = \frac{\dot{U}}{R} \quad \dot{I} = \frac{\dot{U}}{X_C} \quad \dot{I} = \frac{\dot{U}}{X_L}$$

（2）试将三种单一参数交流电路的主要结论列于表 2-1 中以供学习时参考。

表 2-1　三种单一参数交流电路的主要结论

项目		参数		
		电阻	电容	电感
电阻或电抗				
电压与电流的 关系	频率			
	相位			
	有效值			
	相量式			
功率	有功功率			
	无功功率			

2.3　交流电路的分析

　　一般而言，正弦交流电路是由电阻、电感和电容元件组成，通常可分为串联、并联和复杂交流电路。在这种多参数的正弦交流电路中，各个电阻、电感和电容两端的电压和通过它们的电流之间的关系是由各个元件本身的性质决定的，并不受电路结构的影响。因此，前面所讲的单一参数交流电路的分析是本节的基础，现在采用相量法对多参数的正弦交流电路进行讨论，重点是电路中电压和电流的关系及功率的计算问题。从上一节的讨论中可以知道，无论是电阻、电感或电容，它们在交流电路中工作时，电压和电流的频率总是相同的，因此在下面的讨论中，就不再对频率相同的问题进行重复，而是集中讨论它们的相位关系和大小关系。

2.3.1　RLC 串联交流电路

　　1. 电压和电流的关系

　　RLC 串联交流电路如图 2-10 所示。当电路两端施加电压为正弦电压 u 时，电路中有正弦电流 i 流过，同时在各元件上分别产生电压 u_R、u_L 和 u_C。它们的参考方向如图 2-10 所示。根据 KVL，

$$u = u_R + u_L + u_C$$

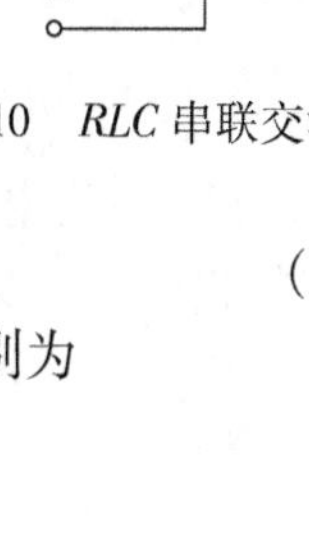

用相量表示，则

图 2-10　RLC 串联交流电路

$$\dot{U} = \dot{U}_R + \dot{U}_L + \dot{U}_C \tag{2-28}$$

根据单一参数交流电路的性质，可以写出各元件上的电压相量，它们分别为

$$\left.\begin{aligned} \dot{U}_R &= \dot{I} R \\ \dot{U}_L &= jX_L \dot{I} \\ \dot{U}_C &= -jX_C \dot{I} \end{aligned}\right\} \tag{2-29}$$

将式（2-29）代入式（2-28）中，则

$$\dot{U} = \dot{U}_R + \dot{U}_L + \dot{U}_C$$

$$= \dot{I}R + jX_L \dot{I} - jX_C \dot{I}$$

$$= \dot{I}[R + j(X_L - X_C)]$$

$$= \dot{I}(R + jX) = \dot{I}Z \tag{2-30}$$

式（2-30）中，$X = X_L - X_C$ 称为串联交流电路的电抗；$Z = R + jX$ 称为串联交流电路的复阻抗，它只是一般的复数计算量，不是相量，因此注意它的写法仅是大写字母，顶部不加小圆点。与其他复数一样，复阻抗 Z 也可以写成如下的形式：

$$Z = R + jX = |Z|(\cos\varphi + j\sin\varphi) = |Z|\cos\varphi + |Z|\sin\varphi$$

式（2-30）非常完整地表明了这个交流电路中电压电流之间的关系，即在大小和相位上的关系，此式称为相量形式的欧姆定律。

在交流电路的分析中，相量图是非常重要的分析工具，它可以使抽象的问题变得直观，并能使复杂的问题变得简单，因此一定要养成利用相量图分析交流电路的习惯。上述电压与电流的关系也可以通过相量图来分析。在画图之前，应先选定一个参考相量，如果没有明确要求，一般在串联电路中习惯于选支路电流为参考相量（设电流的初相位为零），而在交流电路中显然就应选并联支路的电压为参考相量，读者不妨动一下脑筋，想一想这是为什么？

根据单一参数正弦电路的性质可知，电阻电压 $\dot{U}_R$ 与电流 $\dot{I}$ 同相；电感电压 $\dot{U}_L$ 超前电流 $\dot{I}$ 90°；电容电压 $\dot{U}_C$ 滞后于电流 $\dot{I}$ 90°。假设 $\dot{U}_L > \dot{U}_C$，则总电压 $\dot{U}$ 与各部分电压之间的关系如图 2-11a 所示。

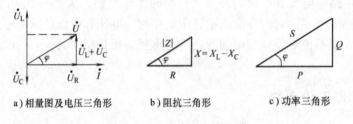

a）相量图及电压三角形　　b）阻抗三角形　　c）功率三角形

图 2-11　RLC 串联交流电路

2. 电路参数复阻抗 Z 的讨论

由式（2-30）可得

$$Z = \frac{\dot{U}}{\dot{I}} = \frac{U\angle\varphi_u}{I\angle\varphi_i} = |Z|\angle\varphi = \frac{U}{I}\angle\varphi_u - \varphi_i$$

Z 的模 $|Z|$ 为电路总电压和总电流有效值之比，简称阻抗，而 Z 的辐角 φ 则为总电压和总电流的相位差，又称阻抗角，如图 2-11b 所示为一阻抗三角形，由图可见，

$$\varphi = \varphi_u - \varphi_i = \arctan\frac{X_L - X_C}{R}$$

$$|Z| = \sqrt{R^2 + (X_L - X_C)^2}$$

由式 $Z = |Z|\angle\varphi = R + j(X_L - X_C)$ 可知，当 ω 一定时，电路的性质由电路的参数 Z 决定，当 $X_L > X_C$，此时 $\varphi > 0$，电压超前电流 φ 角，即电感作用大于电容作用，整个电路为电感性负载，称为电感性电路；当 $X_L < X_C$，即 $\varphi < 0$ 电流超前于电压 φ 角，即电容作用大于电感作用，整个电路为电容性负载，称为电容性电路；若 $X_L = X_C$，$\varphi = 0$，电压与电流相位

相同，表现为纯电阻性负载，称为纯电阻性电路。

3. 功率计算

通过单一参数交流电路的分析已经知道，电阻是消耗能量的，而电感和电容是不消耗能量的，电源和电感、电容之间进行能量的交换，因此有下面的结论：

（1）瞬时功率　在任一瞬间，电路中都有

$$p = ui = p_R + p_L + p_C$$

（2）有功功率　瞬时功率在一个周期内的平均值即为平均功率，又名有功功率，单位是瓦〔特〕（W）

$$
\begin{aligned}
P &= \frac{1}{T} \int_0^T p \mathrm{d}t \\
&= \frac{1}{T} \int_0^T (p_R + p_L + p_C) \mathrm{d}t \\
&= P_R = U_R I = I^2 R
\end{aligned}
\tag{2-31}
$$

（3）无功功率　在 R、L、C 串联的电路中，储能元件 L、C 虽然不消耗能量，但它们与电源之间存在能量吞吐，吞吐的规模用无功功率来表示。其大小为

$$
\begin{aligned}
Q &= Q_L + Q_C \\
&= U_L I + (-U_C I) \\
&= (U_L - U_C) I \\
&= IU \sin \varphi
\end{aligned}
\tag{2-32}
$$

无功功率的单位是乏（var）。

（4）视在功率　视在功率是电路中总电压与总电流有效值的乘积，它可以用来衡量发电机或变压器可能提供的最大功率，是电源输出的重要指标。视在功率用 S 来表示，单位是伏安（V·A）或千伏安（kV·A）。

$$S = UI \tag{2-33}$$

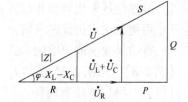

图 2-12　阻抗三角形、电压三角形和功率三角形的相似关系

有功功率、无功功率和视在功率之间的关系构成了一个功率三角形，如图 2-11c 所示，阻抗三角形、电压三角形和功率三角形都是直角三角形，且都有一个角是 φ，因此三个三角形相似，如图 2-12 所示，这一点对于正弦交流电路的分析极为有用。

2.3.2　交流电路的一般分析方法

交流电路的分析方法其实与直流电路的分析思路相同，因此在直流电路中用于分析电路的方法在交流电路的分析中同样适用，但应注意，在交流电路中的各物理量与直流不同，它们既有大小的变化，又有相位的变化，因此直流中的实数运算，在交流电路中就得是复数的运算。

1. 简单的阻抗串并联电路

如图 2-13 所示，这是一个简单的阻抗串联电路，为便于计算，将电路中的电压、电流用相量表示，根据分压公式，Z_2 上的电压 $\dot{U}_2$ 为

$$\dot{U}_2 = \frac{Z_2}{Z_1 + Z_2}\dot{U} = U_2 \angle \varphi$$

最后可根据电压的相量形式写出其瞬时值表达式。

$$u_2 = U_{2m}\sin(\omega t + \varphi)$$

如图 2-14 所示，这是一个简单的阻抗并联电路，为便于计算，将电路中的电压、电流用相量表示，根据电压电流的关系为

$$\dot{I} = \dot{I}_1 + \dot{I}_2 = \frac{\dot{U}}{Z_1} + \frac{\dot{U}}{Z_2} = \dot{U}\left(\frac{1}{Z_1} + \frac{1}{Z_2}\right)$$

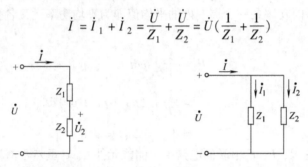

图 2-13　简单的串联电路　　　图 2-14　简单的阻抗并联电路

2. 一般正弦交流电路的解题步骤

1）据原电路图画出相量模型图（电路结构不变）。

$$R \rightarrow R \text{、} L \rightarrow jX_L \text{、} C \rightarrow -jX_C$$

$$u \rightarrow \dot{U} \text{、} i \rightarrow \dot{I} \text{、} e \rightarrow \dot{E}$$

2）根据相量模型列出相量方程式或画相量图。

3）用相量法或相量图求解。

4）将结果变换成要求的形式。

【例 2-8】　由图 2-15 已知 $I_1 = 10A$，$U_{AB} = 100V$，求：电流表 A 和电压表 V 的读数。

【解】　解题方法有两种。

（1）用相量法进行运算　设 $\dot{U}_{AB}$ 为参考相量，即

$\dot{U}_{AB} = 100 \angle 0° $ V，则

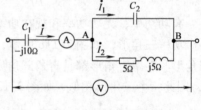

图 2-15　例 2-8 的电路

$$\dot{I}_2 = 100/(5 + j5) A = 10\sqrt{2} \angle -45° A$$

$$\dot{I}_1 = 10 \angle 90° A = j10A$$

$$\dot{I} = \dot{I}_1 + \dot{I}_2 = 10 \angle 0° A$$

电流表 A 的读数是有效值，因此读数为 10A。

$$\dot{U}_{C1} = \dot{I}(-j10) = -j100 \text{ V}$$

$$\dot{U}_o = \dot{U}_{C1} + \dot{U}_{AB} = 100 - j100$$

$$= 100\sqrt{2} \angle -45° \text{ V}$$

因此 V 读数为 141V。

（2）利用相量图求结果　设 $\dot{U}_{AB} = 100 \angle 0°$ V 为参考相量，相量图如图 2-16 所示。由已知条件得

$$I_1 = 10\text{A}$$

超前参考电压 $90°$，$\dot{I}_1$ 和 $\dot{I}$ 构成一个等腰直角三角形，所以

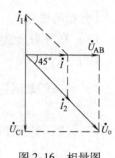

$$I = 10\text{A}$$

$$I_2 = 100/\sqrt{5^2 + 5^2}\text{A} = 10\sqrt{2}\text{A}$$

$\dot{I}_2$ 滞后于 $\dot{U}_{AB}$ $45°$

$$U_{C1} = I\,X_{C1} = 10 \times 10\text{V} = 100\text{V}$$

$\dot{U}_{C1}$ 落后于 $\dot{I}$ $90°$

图 2-16　相量图

由图 2-16 可见：$U_{C1} = U_{AB}$，因此 $U_o = 141\text{V}$

所以 A、V 的读数分别为 10A 和 141V。

【**例 2-9**】　在图 2-17a 所示交流电路中，已知 $U = 200\text{V}$，$R_1 = 20\Omega$，$R_2 = 40\Omega$，$X_L = 157\Omega$，$X_C = 114\Omega$，试求电路的总电流。

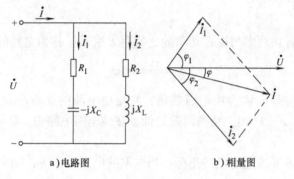

a) 电路图　　　　　　　　　b) 相量图

图 2-17　例 2-9 图

【**解**】　方法 1　由支路电流求总电流。

选择总电压为参考相量，即 $\dot{U} = 200\angle 0°\text{ V}$，由此求得

$$\dot{I}_1 = \frac{\dot{U}}{Z_1} = \frac{220\angle 0°}{20 - \text{j}114}\text{A} = \frac{220\angle 0°}{116\angle -80°}\text{A} = 1.90\angle 80°\text{A}$$

$$\dot{I}_2 = \frac{\dot{U}}{Z_2} = \frac{220\angle 0°}{40 + \text{j}157}\text{A} = \frac{220\angle 0°}{162\angle 75.7°}\text{A} = 1.36\angle -75.7°\text{A}$$

$$\dot{I} = \dot{I}_1 + \dot{I}_2 = (1.90\angle 80° + 1.36\angle -75.7°)\text{A}$$
$$= [(0.33 + \text{j}1.87) + (0.334 - \text{j}1.32)]\text{A}$$
$$= (0.664 + \text{j}0.55)\text{A} = 0.862\angle 39.6°\text{A}$$

方法 2　由并联等效阻抗求总电流。

$$Z = \frac{Z_1 Z_2}{Z_1 + Z_2} = \frac{116\angle -80° \times 162\angle 75.7°}{20 - \text{j}114 + 40 + \text{j}157}\Omega$$

$$= \frac{18800\angle -4.3°}{60 + \text{j}43}\Omega = \frac{18800\angle -4.3°}{73.8\angle 35.3°}\Omega = 255\angle -39.6°\Omega$$

$$\dot{I} = \frac{\dot{U}}{Z} = \frac{220\angle 0°}{255\angle -39.6°}\text{A} = 0.862\angle 39.6°\text{A}$$

【分析与思考】

(1) 在并联交流电路中,支路电流是否有可能大于总电流?

(2) 在 R、L、C 三者并联的交流电路中,下列各式或说法是否正确:

1) 并联等效阻抗 $Z = R + j\left(\omega L - \dfrac{1}{\omega C}\right)$。

2) 并联等效阻抗的阻抗模 $|Z| = \sqrt{R^2 + \left(\omega L - \dfrac{1}{\omega C}\right)^2}$。

3) $X_C > X_L$ 时,电路呈电容性;$X_C < X_L$ 时,电路呈电感性。

4) 两阻抗串联时,在什么情况下 $|Z| = |Z_1| + |Z_2|$?

两个阻抗并联时,在什么情况下 $\dfrac{1}{|Z|} = \dfrac{1}{|Z_1|} + \dfrac{1}{|Z_2|}$?

2.4　电路的功率因数

在交流电路中,有功功率与视在功率的比值用 λ 表示,称为电路的功率因数,即

$$\lambda = \frac{P}{S} = \cos\varphi$$

电压与电流的相位差 φ 称为功率因数角,它是由电路的参数决定的。在纯电容和纯电感电路中,$P = 0$,$Q = S$,$\lambda = 0$,功率因数最低;在纯电阻电路中,$Q = 0$,$P = S$,$\lambda = 1$,功率因数最高。

功率因数是一项重要的电能经济指标。当电网的电压一定时,功率因数太低,会引起下述三方面的问题:

1) 降低了供电设备的利用率。容量 S 一定的供电设备能够输出的有功功率为

$$P = S\cos\varphi$$

$\cos\varphi$ 越低,P 越小,设备越得不到充分利用。

2) 增加了供电设备和输电线路的功率损耗。负载从电源取用的电流为

$$I = \frac{P}{U\cos\varphi}$$

在 P 和 U 一定的情况下,$\cos\varphi$ 越低,I 就越大,供电设备和输电线路的功率损耗也就越多。

3) 输电线上的线路压降大,因此负载端的电压低,从而使线路上的用电设备不能正常工作,甚至损坏。

提高电感性电路的功率因数会带来显著的经济效益。目前,在各种用电设备中,属电感性的居多。例如,工农业生产中广泛应用的异步电动机和日常生活中大量使用的荧光灯等都属于电感性负载,而且它们的功率因数往往比较低,有时甚至到 0.2 ~ 0.3。供电部门对工业企业单位的功率因数要求是在 0.85 以上,如果用户的负载功率因数低,则需采取措施提高功率因数。提高功率因数的原则是必须保证原负载的工作状态不变,即加至负载上的电压和负载的有功功率不变。

电路的功率因数低,是因为无功功率多,使得有功功率与视在功率的比值小。由于电感性无功功率可以由电容性无功功率来补偿,所以提高电感性电路的功率因数除尽量提高负载本身的功率因数外,还可以采取与电感性负载并联适当电容的办法。这时电路的工作情况可

以通过图 2-18 所示电路图和相量图来说明。并联电容前，电路的总电流就是负载的电流 $\dot{I}_L$，电路的功率因数就是负载的功率因数 $\cos\varphi_L$。并联电容后，电路总电流为 $\dot{I}$，电路的功率因数变为 $\cos\varphi$，$\cos\varphi > \cos\varphi_L$。只要 C 值选得恰当，便可将电路的功率因数提高到希望的数值。并联电容后，负载的工作未受影响，它本身的功率因数并没有提高，提高的是整个电路的功率因数。

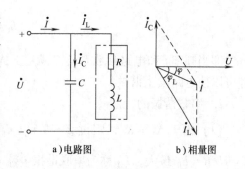

a）电路图　　b）相量图

图 2-18　功率因数的提高

由图 2-18b 的相量图，可得到电流的有效值关系为

$$I_C = I_L \sin\varphi_L - I\sin\varphi$$

因为

$$P = UI_L \cos\varphi_L = UI\cos\varphi$$

$$I_C = U/X_C = U\omega C$$

所以

$$U\omega C = \frac{P}{U\cos\varphi_L}\sin\varphi_L - \frac{P}{U\cos\varphi}\sin\varphi$$

故所需补偿的电容为

$$C = \frac{P}{\omega U^2}\left(\tan\varphi_L - \tan\varphi\right) \tag{2-34}$$

式（2-34）可以作为公式直接使用。

【分析与思考】

1）电感性负载串联电容能否提高电路的功率因数，能否采用这种方法？

2）电感性负载并联电阻能否提高电路的功率因数，能否采用这种方法？

*2.5　电路的谐振现象

在含有电感和电容的电路中，如果出现了总电流与总电压同相位现象，就称电路发生了谐振。谐振发生在串联电路中称为串联谐振，谐振发生在并联电路中称为并联谐振。谐振现象是电路的一种客观存在的现象，研究它的目的是充分认识它之后，在生产实践中尽可能多地利用它，并预防它所产生的危害。

2.5.1　串联谐振

1. 串联谐振的条件及谐振频率

串联谐振的 电路如图 2-19a 所示，相量图如图 2-19b 所示。当 $X_L = X_C$ 时电路将呈现纯电阻性质，即电路发生了谐振，因此谐振的条件就是

$$X_L = X_C \quad 或 \quad 2\pi fL = \frac{1}{2\pi fC}$$

发生谐振时的频率 f_0，就称为谐振频率。

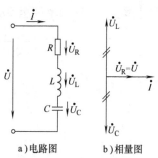

a）电路图　　b）相量图

图 2-19　串联谐振

$$f_0 = \frac{1}{2\pi \sqrt{LC}}$$

即当频率 f 和电路参数 L 及 C 满足上式时，电路就会发生谐振。或者说，调节 f、L 或 C 都可以使电路发生谐振。

2. 串联谐振的特征

（1）由于 $X_L = X_C$，阻抗 $Z = R + j(X_L - X_C) = R$ 具有最小值，因此谐振的电流 $\dot{I} = \dot{U}/Z = \dot{U}/R = \dot{I}_0$ 最大，$\dot{I}_0$ 称为串联谐振电流。

（2）由于 $\dot{U}_L = jX_L \dot{I}_0$，$\dot{U}_C = -jX_C \dot{I}_0$，而 $X_L = X_C$ 所以 $\dot{U}_L + \dot{U}_C = 0$，即 $\dot{U}_L = -\dot{U}_C$，电感上的电压与电容上的电压大小相等相位相反；电路端电压 $\dot{U} = Z\dot{I}_0 = R\dot{I}_0 = \dot{U}_R$，即 $\dot{U}$ 与 $\dot{I}$ 同相，总电压全部降在电阻上。

（3）串联谐振时，如果电路的电阻较小，则有 $X_L = X_C \gg R$，$U_L = U_C \gg U_R = U$，即电感或电容上的电压可以大大地超过电路的端电压。这种过分升高的电压会破坏这些元件的绝缘。所以在电力电路中选择电路元件时应特别注意避免发生谐振，造成元件绝缘损坏。但是在无线电通信技术中却常用串联谐振来选择所需信号。

由于串联谐振会引起高电压，所以串联谐振又称电压谐振。

串联谐振时的电感电压或电容电压的有效值对电路端电压的有效值之比称为谐振电路的品质因数，用 Q 表示：

$$Q = \frac{U_L}{U} = \frac{U_C}{U} = \frac{\omega_0 L}{R} = \frac{1}{R\omega_0 C}$$

（4）由于谐振电路呈纯电阻性，所以电路的总无功功率 $Q = Q_L - Q_C = 0$。即电感 L 的瞬时功率和电容 C 的瞬时功率在任何瞬间数值相等而符号相反。也就是说，电感 L 和电容 C 与电源之间无能量交换，只是在它们之间互相吞吐能量。电源只需供给 R 所需的热能。

串联谐振是串联电路的一种特殊工作状态。

【例 2-10】 已知一线圈的直流电阻为 20Ω，将它与一个 $C = 200\text{pF}$ 的电容器串联后接于电压为 30V 的交流电源上，当电源频率调至 500kHz 时测得电容上的电压最大。试求：

（1）求线圈的电感 L 及电路中的电流和电容上的电压。

（2）求频率增加 20% 时的电流及电容上的电压。

【解】 （1）频率调至 500kHz 时电容上电压最大，说明电路已发生谐振，此时有

$$X_C = \frac{1}{2\pi f_0 C} = \frac{1}{2\pi \times 500 \times 10^3 \times 200 \times 10^{-12}}\Omega = 1592\Omega$$

$$X_L = 2\pi f L = X_C = 1592\Omega$$

$$L = \frac{X_L}{2\pi f} = \frac{1592}{2\pi \times 500 \times 10^3}\text{H} = 0.5\text{mH}$$

$$I_0 = \frac{U}{R} = \frac{30}{20}\text{A} = 1.5\text{A}$$

$$U_C = X_C I_0 = 1592 \times 1.5\text{V} = 2388\text{V}$$

（2）当 f 增加 20% 时

$$f_1 = 500 \times 10^3 (1 + 20\%) \, \text{Hz} = 600 \text{kHz}$$

$$X_{C1} = \frac{1}{2\pi f_1 C} = \frac{1}{2\pi \times 600 \times 10^3 \times 200 \times 10^{-12}} \Omega = 1327 \Omega$$

$$X_{L1} = 2\pi f_1 L = 2\pi \times 600 \times 10^3 \times 0.5 \times 10^{-3} \Omega = 1884 \Omega$$

$$|Z| = \sqrt{R^2 + (X_{L1} - X_{C1})^2} = \sqrt{20^2 + (1884 - 1327)^2} \Omega \approx 557 \Omega$$

$$I_1 = \frac{U}{|Z|} = \frac{30}{557} \text{A} = 0.05 \text{A}$$

$$U_{C1} = X_{C1} I = 1327 \times 0.05 \text{V} = 71 \text{V}$$

可见，偏离谐振频率 20% 后，电流和电容上的电压就下降很多。

2.5.2 并联谐振

并联谐振是并联电路的一种特殊工作状态。当含有电感和电容的并联电路出现了总电流与总电压同相位的情况，就说电路发生了谐振。下面以图 2-20a 所示电路为例来分析并联谐振的条件及特征。

1. 谐振条件及谐振频率

图 2-20 示电路的等效阻抗为

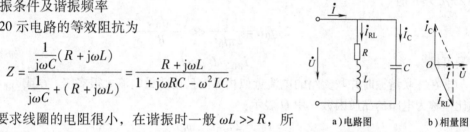

a) 电路图   b) 相量图

图 2-20 并联谐振

$$Z = \frac{\frac{1}{\text{j}\omega C}(R + \text{j}\omega L)}{\frac{1}{\text{j}\omega C} + (R + \text{j}\omega L)} = \frac{R + \text{j}\omega L}{1 + \text{j}\omega RC - \omega^2 LC}$$

通常要求线圈的电阻很小，在谐振时一般 $\omega L \gg R$，所以上式可写成

$$Z \approx \frac{\text{j}\omega L}{1 + \text{j}\omega RC - \omega^2 LC} = \frac{1}{\frac{RC}{L} + \text{j}\left(\omega C - \frac{1}{\omega L}\right)} \tag{2-35}$$

谐振时阻抗的虚部应为零，即

$$\omega C - \frac{1}{\omega L} = 0$$

得谐振条件

$$\omega_0 C = \frac{1}{\omega_0 L}$$

由此得谐振频率

$$\omega_0 = \frac{1}{\sqrt{LC}} \quad \text{或} \quad f_0 = \frac{1}{2\pi\sqrt{LC}}$$

2. 并联谐振的特征

（1）由式（2-35）可知，谐振时电路的阻抗为

$$|Z_0| = \frac{1}{\dfrac{RC}{L}} = \frac{L}{RC}$$

其值将达到最大。在电源电压 U 一定的情况下，电路中的电流在谐振时则是最小。

$$I_0 = \frac{U}{\dfrac{L}{RC}} = \frac{U}{|Z_0|}$$

（2）由于谐振时电流与电压同相，因此电路对电源呈现纯电阻性质，$|Z_0|$ 相当于一个电阻。

（3）谐振时并联支路的电流为

$$I_C = \frac{U}{\dfrac{1}{2\pi f_0 C}} \qquad I_{RL} = \frac{U}{\sqrt{R^2 + (2\pi f_0 L)^2}} \approx \frac{U}{2\pi f_0 L}$$

$$|Z_0| = \frac{L}{RC} = \frac{2\pi f_0 L}{R(2\pi f_0 C)} = \frac{(2\pi f_0 L)^2}{R}$$

总电流可写成

$$I_0 = \frac{U}{|Z_0|} = \frac{U}{\dfrac{(2\pi f_0 L)^2}{R}}$$

当 $2\pi f L \gg R$ 时

$$2\pi f_0 L = \frac{1}{2\pi f_0 C} \ll \frac{(2\pi f_0 L)^2}{R}$$

于是可得 $\qquad\qquad\qquad\qquad I_{RL} \approx I_C \gg I_0$

即在并联谐振时并联支路的电流近似相等而且比总量电流大很多倍。I_C 或 I_{RL} 与总电流 I 的比值称为电路的品质因数，用 Q 表示：

$$Q = \frac{I_{RL}}{I_0} = \frac{2\pi f_0 L}{R} = \frac{\omega_0 L}{R} = \frac{1}{\omega_0 CR}$$

即支路电流是总电流的 Q 倍，并联谐振又称电流谐振。

并联谐振在无线电通信和工业电子技术中都有广泛的应用。例如，利用并联谐振高阻抗的特点来选择信号和消除干扰。

并联谐振时的相量图如图 2-20b 所示。

【例 2-11】 图 2-20 中，已知 $L = 0.1\text{mH}$，$R = 20\Omega$，$C = 100\text{pF}$，试求谐振角频率 ω_0，品质因数 Q 及谐振时电路的阻抗 $|Z_0|$。

【解】

$$\omega_0 = \frac{1}{\sqrt{LC}} = \frac{1}{\sqrt{0.1 \times 10^{-3} \times 100 \times 10^{-12}}}\text{rad/s} = 10^7\,\text{rad/s}$$

$$Q = \frac{\omega_0 L}{R} = \frac{10^7 \times 0.1 \times 10^{-3}}{20} = 50$$

$$|Z_0| = \frac{L}{RC} = \frac{0.1 \times 10^{-3}}{20 \times 100 \times 10^{-12}}\Omega = 50\text{k}\Omega$$

本 章 小 结

（1）有效值、频率和初相位是描述正弦交流电量的三要素。相位在正弦交流电路中是个重要的概念，在若干个相同频率的正弦信号之间，同相、反相、超前、滞后这些概念一定要搞清楚。

（2）正弦交流电量可用瞬时值表达式、波形图和相量式、相量图表示。瞬时值表达式和相量式概念不同，两者之间不能画等号，更不能混在一起运算。在分析交流电路时，要注意不同表示法的书写方式及各种字母符号大小写的规定。

（3）相量的复数运算是交流电路的主要运算手段，是本章中的学习重点之一，一定要掌握。同时要特别注意，只有相同频率的正弦交流电路才能一起用相量运算。

（4）电路参数 R、L 和 C 的交流特性和直流特性有所不同，要熟悉它们所在交流电路中电压、电流、功率间的关系以及表示方法。将它们的电路特征总结列表，见表 2-2。

表 2-2　R、L 和 C 的电路特征

电路参数		R	L	C
电压电流关系	瞬时值	$u_R = Ri = RI_m \sin \omega t$	$u_L = L \dfrac{\mathrm{d}i}{\mathrm{d}t}$ $= X_L I_m \sin(\omega t + 90°)$	$u_C = \dfrac{1}{C}\int i\,\mathrm{d}t$ $= X_C I_m \sin(\omega t - 90°)$
	有效值	$U_R = IR$	$U_L = I\omega L = IX_L$	$U_C = I\dfrac{1}{\omega C} = IX_C$
	相量式	$\dot{U}_R = \dot{I}R$	$\dot{U}_L = \mathrm{j}\dot{I}X_L$	$\dot{U}_C = -\mathrm{j}\dot{I}X_C$
	相量图			
	相位差	u_R 和 i 同相	u_L 超前 i 90°角	u_C 滞后 i 90°角
有功功率		$P_R = UI = I^2R = \dfrac{U^2}{R}$	0	0
无功功率		0	$Q_L = U_L I$ $= I^2 X_L = \dfrac{U_L^2}{X_L}$	$Q_C = -U_C I$ $= -I^2 X_C = -\dfrac{U_C^2}{X_C}$

（5）正弦交流电路的分析计算是本章的另一个重点。只要将各正弦量用相量表示，电路参数用复阻抗表示，再结合第 1 章介绍的基本定理、定律和分析方法，很容易求解各种正弦交流电路。

（6）要弄清正弦交流电路中的有功功率、无功功率和视在功率的含义和三者间的关系。提高功率因数是个有实用价值的概念，其基本措施就是在负载端并联电容。

（7）正弦交流电路的另一个特点是电路的输入、输出关系会随频率的变化而改变。串、并联谐振就是典型的例子。通过学习，应了解谐振电路发生的条件和特点。

习　题

2-1　判断下面的表达式是否正确，若不正确，请说明原因，并改正。

（1）$u = 100\sin\omega t = \dot{U}$

（2）$\dot{U} = 50\mathrm{e}^{\mathrm{j}15°} = 50\sqrt{2}\sin(\omega t + 15°)$

（3）已知 $i = 10\sin(\omega t + 45°)$，所以 $\dot{I} = \dfrac{10}{\sqrt{2}} \angle 45°$ 或 $\dot{I}_{\text{m}} = 10e^{45°}$。

（4）已知 $\dot{I} = 100 \angle 50°$，则 $i = 100\sin(\omega t + 50°)$。

2-2　图 2-21 所示的是时间 $t = 0$ 时电压和电流的相量图，并已知 $U = 220\text{V}$，$I_1 = 10\text{A}$，$I_2 = 5\sqrt{2}\text{A}$，试分别用三角函数式及复数式表示各正弦量。

2-3　已知通过线圈的电流 $i = 10\sqrt{2}\sin 314t$ A，线圈的电感 $L = 70\text{mH}$（电阻忽略不计），设电源电压 u、电流 i 及感应电动势 e_{L} 的参考方向如图 2-22 所示，试分别计算在 $t = T/6$，$t = T/4$ 和 $t = T/2$ 瞬间的电流、电压及电动势的大小，并在电路图上标出它们在该瞬间的实际方向，同时用正弦波形表示出三者之间的关系。

图 2-21　题 2-2 图　　　　　　图 2-22　题 2-3 图

2-4　在图 2-23 所示的各电路图中，除 A_0 和 V_0 外，其余电流表和电压表的读数在图上都已标出（都是正弦量的有效值），试求电流表 A_0 或电压表 V_0 的读数。

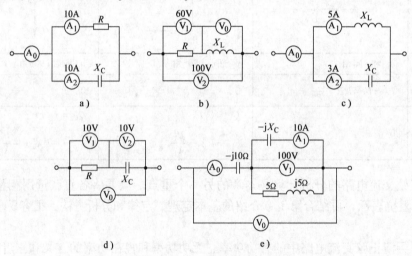

图 2-23　题 2-4 图

2-5　图 2-24 中，$I_1 = 10\text{A}$，$I_2 = 10\sqrt{2}\text{A}$，$U = 220\text{V}$，$R = 5\Omega$，$R_2 = X_{\text{L}}$，试求 I、X_{C}、X_{L} 及 R_2。

2-6　在图 2-25 中，$I_1 = I_2 = 10\text{A}$，$U = 100\text{V}$，u 与 i 同相，试求 I、R、X_{C} 及 X_{L}。

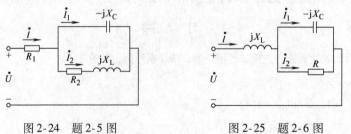

图 2-24　题 2-5 图　　　　　　图 2-25　题 2-6 图

2-7 荧光灯管与镇流器串联接到交流电压上，可看作 RL 串联电路。如已知某灯管的等效电阻 $R_1 = 280\Omega$，镇流器的电阻和电感分别为 $R_2 = 20\Omega$，$L = 1.65H$，电源电压 $U = 220V$，试求电路中的电流和灯管两端与镇流器上的电压。这两个电压加起来是否等于 220V？电源频率为 50Hz。

2-8 在图 2-26 中，已知 $u = 220\sqrt{2}\sin 314t$ V，$i_1 = 22\sin (314t - 45°)$ A，$i_2 = 11\sqrt{2}\sin (314t + 90°)$ A，试求各仪表读数及电路参数 R、L 和 C。

2-9 在图 2-27 中，已知 $R_1 = 3\Omega$，$X_1 = 4\Omega$，$R_2 = 8\Omega$，$X_2 = 6\Omega$，$u = 220\sqrt{2}\sin 314t$ V，试求 i_1、i_2 和 i。

2-10 在图 2-28 中，已知 $U = 220V$，$R = 22\Omega$，$X_L = 22\Omega$，$X_C = 11\Omega$，试求电流 I_R、I_L、I_C 及 I。

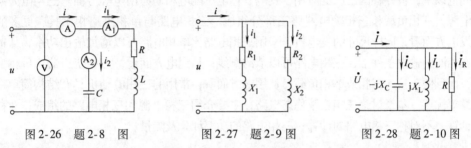

图 2-26 题 2-8 图   图 2-27 题 2-9 图   图 2-28 题 2-10 图

2-11 今有 40W 的荧光灯一个，使用时灯管与镇流器（可近似地把镇流器看作纯电感）串联后接在电压为 220V、频率为 50Hz 的电源上。已知灯管工作时属于纯电阻负载，灯管两端的电压等于 110V，试求镇流器的感抗与电感。这时电路的功率因数等于多少？若将功率因数提高到 0.8，问应并联多大电容？

第3章 三相电路

前面所介绍的电路都是单相电路。在实际应用中，三相电路的应用更为广泛。三相制自19世纪末问世以来，世界各国已广泛应用于发电、输电、配电和动力用电等方面。三相电力系统是由三相电源、三相负载和三相输电线路三部分组成。三相电路与单相电路相比具有更多的优越性。从发电方面看，同样尺寸的发电机，采用三相电路比单相电路可以增加输出功率；从输电方面看，在相同的输电条件下，三相电路可以节约铜线；从配电方面看，三相变压器比单相变压器更经济，而且便于接入三相或单相负载；从用电方面看，常用的三相电动机具有结构简单、运行平稳可靠等优点。本章讨论三相正弦稳态电路，主要介绍三相电源和三相电路的组成；对称三相电路的计算；不对称三相电路的计算；三相电路的功率计算及测量。

3.1　三相电源

三相制是由三个频率相同、幅值相同而相位不同的电压源作为电源供电的体系，是目前电力系统所采用的主要的供电方式。

对称三相电源是由三个等幅值、同频率、初相位依次相差120°的正弦电压源按照不同的联结方式而组成的电源，如图3-1所示。

这三个电源依次称为A相、B相和C相，A、B、C分别为这三个电源的首端，X、Y、Z分别为这三个电源的尾端，它们的电压分别为

$$u_A = U_m \sin\omega t$$
$$u_B = U_m \sin(\omega t - 120°)$$
$$u_C = U_m \sin(\omega t - 240°) = U_m \sin(\omega t + 120°)$$

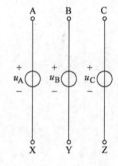

图3-1　三相电源

式中，以A相电压u_A作为参考正弦量。它们对应的相量形式为

$$\dot{U}_A = U\angle 0°$$
$$\dot{U}_B = U\angle -120° = a^2 \dot{U}_A$$
$$\dot{U}_C = U\angle 120° = a\dot{U}_A$$

式中，$a = 1\angle 120°$，它是工程上为了方便而引入的单位相量算子。

对称三相电源的波形图和相量图分别如图3-2a、b所示。

对称三相电源中，我们把各相电源电压达到正幅值的顺序称为相序。图3-2a中各相电压达到正幅值的顺序依次为A相、B相、C相，即相序为A→B→C，则$\dot{U}_A$、$\dot{U}_B$、$\dot{U}_C$在相量图中的次序是顺时针的，如图3-2b所示，此时称该相序为顺序或正序。如果u_A、u_B、u_C达到正幅值的顺序依次为A相、C相、B相，即相序为A→C→B，则$\dot{U}_A$、$\dot{U}_B$、$\dot{U}_C$在相量

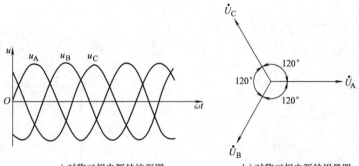

a）对称三相电源的波形图　　　　b）对称三相电源的相量图

图 3-2　对称三相电源的波形图和相量图

图中的次序是逆时针的，此时称该相序为逆序或负序。无特殊说明时，三相电源的相序均是正序。

显然，对称三相电源的电压瞬时值之和或相量之和均为零，即

$$u_A + u_B + u_C = 0$$

$$\dot{U}_A + \dot{U}_B + \dot{U}_C = 0$$

将对称三相电源按照不同的联结方式联结起来，可以为负载供电。三相电源的联结方式有两种——星形联结和三角形联结。如果把三相电源的尾端 X、Y、Z 联结在一起，首端 A、B、C 引出三根导线以联结负载或电力网，则这种联结方式称为三相电源的星形联结，如图 3-3 所示。三相电源的尾端联结在一起的点（N 点）称为中性点，从中性点 N 引出的导线称为中性线（或零线），从首端 A、B、C 引出的三根导线称为相线（或端线），俗称火线。相线与相线之间的电压（u_{AB}，u_{BC}，u_{CA}）称为线电压，其有效值一般用 U_l 表示。相线与中性线之间的电压（u_A，u_B，u_C）称为相电压，其有效值一般用 U_p 表示。

由图 3-3 可以看出，对称三相电源做星形联结时，线电压与相电压之间有下列关系：

$$\left.\begin{array}{l} \dot{U}_{AB} = \dot{U}_A - \dot{U}_B = U\angle 0° - U\angle -120° = \sqrt{3}\dot{U}_A\angle 30° \\[2mm] \dot{U}_{BC} = \dot{U}_B - \dot{U}_C = U\angle -120° - U\angle 120° = \sqrt{3}\dot{U}_B\angle 30° \\[2mm] \dot{U}_{CA} = \dot{U}_C - \dot{U}_A = U\angle 120° - U\angle 0° = \sqrt{3}\dot{U}_C\angle 30° \end{array}\right\}$$

由上式可以看出线电压与相电压的大小与相位关系。当三相相电压对称时，三相线电压也对称。线电压有效值是相电压有效值的 $\sqrt{3}$ 倍，线电压在相位上超前对应的相电压 30°。可以画出对称三相电源做星形联结时线电压与相电压的相量图，如图 3-4 所示。

如果把对称三相电源的首、尾端依次相接形成闭合的三角形，即 X 接 B，Y 接 C，Z 接 A，再从三个联结点引出端线以联结负载或电力网，则这种联结方式称为对称三相电源的三角形联结，如图 3-5 所示。

从图 3-5 可以看出，当对称三相电源做三角形联结时，线电压就等于相电压，即

$$\left.\begin{array}{l} \dot{U}_{AB} = \dot{U}_A \\[2mm] \dot{U}_{BC} = \dot{U}_B \\[2mm] \dot{U}_{CA} = \dot{U}_C \end{array}\right\}$$

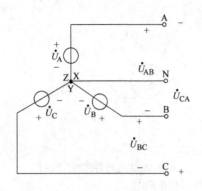 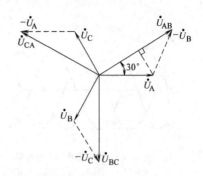

图3-3　三相电源的星形联结　　　　　图3-4　对称三相电源做星形联结时
　　　　　　　　　　　　　　　　　　　　　　　　线电压与相电压的相量图

其电压相量图如图3-6所示。值得注意的是，三角形联结的对称三相电源只能提供一种电压，而星形联结的对称三相电源却能同时提供两种不同的电压，即线电压与相电压。另外，当对称三相电源做三角形联结时，如果任何一相电源接反，三个相电压之和将不为零，会在三角形联结的闭合回路中产生很大的环形电流，造成严重后果。

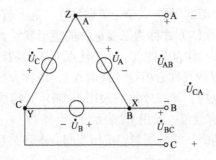 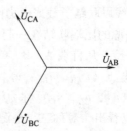

图3-5　对称三相电源的三角形联结　　　　图3-6　对称三相电源做
　　　　　　　　　　　　　　　　　　　　　　　三角形联结时的电压相量图

3.2　负载星形联结的三相电路

三相电源有两种联结方式——星形联结和三角形联结，同样，负载也有两种联结方式——星形联结和三角形联结，三个阻抗联结成星形（或三角形）就构成星形（或三角形）负载，如图3-7所示。当这三个阻抗相等时，就称为对称三相负载。三相负载的相电压和相电流是指各阻抗的电压和电流。三相负载的三个端子 A′、B′、C′ 向外引出的导线中的电流称为负载的**线电流**，每相负载中的电流称为**相电流**，任两个端子之间的电压则称为负载的**线电压**。

在三相电路中，将三个单相负载的末端联结在一起，并将其始端分别接到三相电源的三根相线上，就构成负载的星形联结。若三相电源和三相负载都联结成星形，就形成三相电路的 Yy 联结方式。在 Yy 联结中，若把三相电源中性点和负载中性点用一根中性线联结起来，这种方式称为三相四线制供电方式，否则为三相三线制供电方式。

三相电路也是正弦交流电路，因此，正弦交流电路的分析方法同样适用于三相电路。当

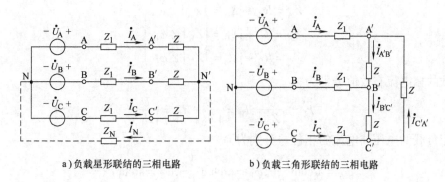

a) 负载星形联结的三相电路　　　　b) 负载三角形联结的三相电路

图 3-7　三相电路

电源为对称三相电源，负载为对称三相负载时，就形成对称三相电路。在 Yy 联结的三相四线制电路中，由结点电压法可求出中性点电压：

$$\dot{U}_{N'N} = \frac{\dfrac{\dot{U}_A}{Z_A} + \dfrac{\dot{U}_B}{Z_B} + \dfrac{\dot{U}_C}{Z_C}}{\dfrac{1}{Z_A} + \dfrac{1}{Z_B} + \dfrac{1}{Z_C} + \dfrac{1}{Z_N}}$$

式中，Z_N 为中性线阻抗；相线阻抗忽略不计。

在电源对称，负载不对称的 Yy 不对称三相电路（见图 3-8）中，由于负载不对称，计算时应该一相一相进行计算。

设电源电压 $\dot{U}_A$ 为参考相量，则

$$\dot{U}_A = U\angle 0°$$

$$\dot{U}_B = U\angle -120°$$

$$\dot{U}_C = U\angle 120°$$

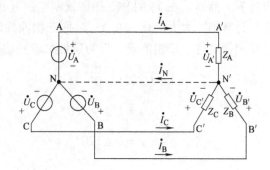

图 3-8　负载不对称的 Yy 不对称三相电路

若忽略相线阻抗与中性线阻抗，则电源的相电压即为负载的相电压。由于电源的相电压对称，因此负载的相电压也对称，故负载的相电流可求得为

$$\dot{I}_A = \frac{\dot{U}_A}{Z_A} = \frac{U\angle 0°}{|Z_A|\angle\varphi_A} = I_A\angle -\varphi_A$$

$$\dot{I}_B = \frac{\dot{U}_B}{Z_B} = \frac{U\angle -120°}{|Z_B|\angle\varphi_B} = I_B\angle -120° -\varphi_B$$

$$\dot{I}_C = \frac{\dot{U}_C}{Z_C} = \frac{U\angle 120°}{|Z_C|\angle\varphi_C} = I_C\angle 120° -\varphi_C$$

其中，

$$Z_A = R_A + jX_A = |Z_A| \angle \varphi_A$$
$$Z_B = R_B + jX_B = |Z_B| \angle \varphi_B$$
$$Z_C = R_C + jX_C = |Z_C| \angle \varphi_C$$

负载的相电流有效值分别为

$$I_A = \frac{U}{|Z_A|}, I_B = \frac{U}{|Z_B|}, I_C = \frac{U}{|Z_C|}$$

各相负载的电压与电流的相位差分别为

$$\varphi_A = \arctan\frac{X_A}{R_A}, \varphi_B = \arctan\frac{X_B}{R_B}, \varphi_C = \arctan\frac{X_C}{R_C}$$

中性线电流

$$\dot{I}_N = \dot{I}_A + \dot{I}_B + \dot{I}_C$$

电压与电流的相量图如图 3-9 所示。在作相量图时，先画出以 $\dot{U}_A$ 为参考相量的电源相电压 $\dot{U}_A$、$\dot{U}_B$、$\dot{U}_C$ 的相量，而后逐相画出各相电流 $\dot{I}_A$、$\dot{I}_B$、$\dot{I}_C$ 的相量，最后画出中性线电流 $\dot{I}_N$ 的相量。

在 Yy 不对称三相四线制电路中，计算时必须逐相加以计算。然而，在 Yy 对称三相四线制电路（见图 3-10）中，计算则可大大简化。在 Yy 对称三相四线制电路中，三相电源对称，三相负载（设为感性负载）也对称，即

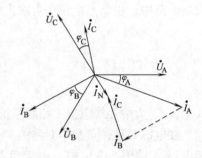

图 3-9　电压与电流的相量图

$$\dot{U}_A = U \angle 0°$$

$$\dot{U}_B = U \angle -120°$$

$$\dot{U}_C = U \angle 120°$$

$$Z_A = Z_B = Z_C = Z = R + jX$$

$$|Z_A| = |Z_B| = |Z_C| = |Z|$$
$$\varphi_A = \varphi_B = \varphi_C = \varphi = \arctan\frac{X}{R}$$

由于电源电压对称，负载对称，所以负载的相电流也是对称的，即

$$I_A = I_B = I_C = I_p = \frac{U}{|Z|}$$

$$\varphi_A = \varphi_B = \varphi_C = \varphi = \arctan\frac{X}{R}$$

因此，这时中性线电流等于零，即

$$\dot{I}_N = \dot{I}_A + \dot{I}_B + \dot{I}_C = 0$$

电压与电流的相量图如图 3-11 所示。

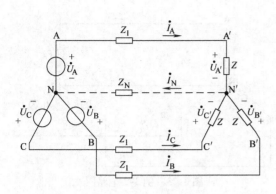

图 3-10　Yy 对称三相四线制电路

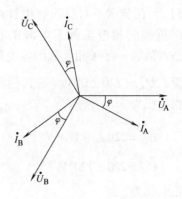

图 3-11　电压与电流的相量图

由于中性线电流为零，因此在 Yy 对称三相电路中，中性线就不需要了，去掉中性线的电路即变为三相三线制电路，如图 3-12 所示。三相三线制电路在生产上应用极为广泛，因为生产上的三相负载一般都是对称的。

在 Yy 对称三相电路中，由于负载的相电压、相电流均对称，因此可把三相电路的计算化简为单相来计算。只要求出其中一相负载的相电压与相电流，其他两相的电压与电流可根据对称性依次写出。这样就大大减轻了三相电路计算的工作量。

【例 3-1】　有一星形联结的三相负载，每相的电阻 $R = 6\Omega$，感抗 $X_L = 8\Omega$。电源电压对称，设 $u_{AB} = 380\sqrt{2}\sin(\omega t + 30°)\,\text{V}$，试求电流。

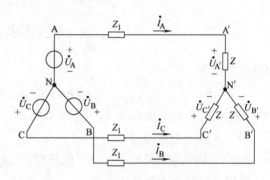

图 3-12　三相三线制电路

【解】　因为负载对称，只需计算一相（A 相）即可。

由题意可知：$\dot{U}_{AB} = 380\angle 30°\,\text{V}$，则 $\dot{U}_A = \dfrac{380}{\sqrt{2}}\angle 0°\,\text{V} = 220\angle 0°\,\text{V}$。

A 相电流 $\dot{I}_A = \dfrac{\dot{U}_A}{Z_A} = \dfrac{\dot{U}_A}{R + jX_L} = \dfrac{220\angle 0°}{6 + j8}\,\text{A} = 22\angle -53°\,\text{A}$

根据对称性可知 $\dot{I}_B = \dot{I}_A\angle -120° = 22\angle -173°\,\text{A}$

$$\dot{I}_C = \dot{I}_A\angle 120° = 22\angle 67°\,\text{A}$$

所以 $i_A = 22\sqrt{2}\sin(\omega t - 53°)\,\text{A}$

$i_B = 22\sqrt{2}\sin(\omega t - 173°)\,\text{A}$

$i_C = 22\sqrt{2}\sin(\omega t + 67°)\,\text{A}$

【例 3-2】　图 3-13 中，电源电压对称，每相电压 $U_p = 220\text{V}$，负载为电灯组，在额定电压下其电阻分别为 $R_A = 5\Omega$、$R_B = 10\Omega$、$R_C = 20\Omega$。试求负载相电压、负载电流及中性线电流。电灯的额定电压为 220V。

【解】 在负载不对称而有中性线的情况下，负载的相电压等于电源的相电压，也是对称的。设 A 相负载的相电压为参考相量，$\dot{U}_A = 220\angle 0° \text{V}$。则其他两相负载的相电压为

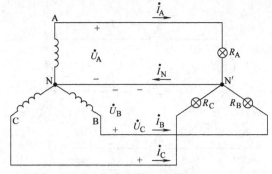

$$\dot{U}_B = 220\angle -120° \text{V}$$

$$\dot{U}_C = 220\angle 120° \text{V}$$

负载的相电流为

图 3-13　例 3-2 电路图

$$\dot{I}_A = \frac{\dot{U}_A}{R_A} = \frac{220\angle 0°}{5}\text{A} = 44\angle 0° \text{A}$$

$$\dot{I}_B = \frac{\dot{U}_B}{R_B} = \frac{220\angle -120°}{10}\text{A} = 22\angle -120° \text{A}$$

$$\dot{I}_C = \frac{\dot{U}_C}{R_C} = \frac{220\angle 120°}{20}\text{A} = 11\angle 120° \text{A}$$

中性线电流为

$$\dot{I}_N = \dot{I}_A + \dot{I}_B + \dot{I}_C = (44\angle 0° + 22\angle -120° + 11\angle 120°)\text{A} = 29.1\angle -19° \text{A}$$

【例 3-3】 如图 3-14 所示，在上例中：

（1）A 相负载短路时；

（2）A 相负载短路而中性线又断开时。

试求各相负载上的相电压。

【解】（1）此时 A 相短路电流很大，将 A 相中的熔断器熔断，而 B 相和 C 相未受影响，其相电压仍为 220V。

（2）此时负载中性点即为 A，因此负载各相电压为

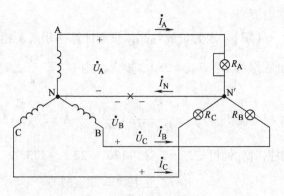

$$U'_A = 0$$

$$U'_B = U_{BA} = 380\text{V}$$

$$U'_C = U_{CA} = 380\text{V}$$

在这种情况下，B 相和 C 相的电灯组上所加的电压都超过电灯的额定电压（220V），这是不允许的。

图 3-14　例 3-3 电路图

【例 3-4】 如图 3-15 所示，在例 3-2 中：

（1）A 相断开时；

（2）A 相断开而中性线又断开时。

试求 B 相与 C 相负载上的相电压。

【解】　（1）此时 B 相和 C 相未受影响，其相电压仍为 220V。

（2）这时电路已成为单相电路。

$$U'_B = \frac{R_B}{R_B + R_C} \times U_{BC} = \frac{10}{10+20} \times 380V = 127V$$

$$U'_C = U_{BC} - U'_B = 380V - 127V = 253V$$

在这种情况下，C 相的电灯组上所加的电压超过电灯的额定电压（220V），而 B 相的电灯组上所加的电压低于电灯的额定电压（220V），这是不允许的。

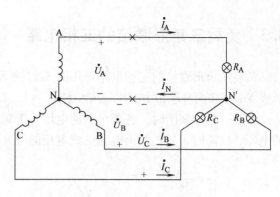

图 3-15　例 3-4 电路图

从上面所举的几个例题可以看出：

（1）负载不对称而又没有中性线时，负载的相电压就不对称。当负载的相电压不对称时，势必引起有的相的电压过高，高于负载的额定电压；有的相的电压过低，低于负载的额定电压。这都是不允许的。三相负载的相电压必须对称。

（2）中性线的作用就在于使星形联结的不对称负载获得相同的相电压。为了保证相电压必须对称，就不应让中性线断开。因此，中性线上不允许接入熔断器或刀开关。

【例3-5】　在图 3-16 所示电路是用于测定对称三相电源相序的相序指示器电路。相序指示器电路是用来测定电源的相序 A、B、C 的。试证明：如果电容 C 接在 A 相上，则接在 B 相上的灯泡较亮。

【解】　由结点电压法，得

$$\dot U_{N'N} = \frac{\dfrac{\dot U_A}{Z_A} + \dfrac{\dot U_B}{Z_B} + \dfrac{\dot U_C}{Z_C}}{\dfrac{1}{Z_A} + \dfrac{1}{Z_B} + \dfrac{1}{Z_C}}$$

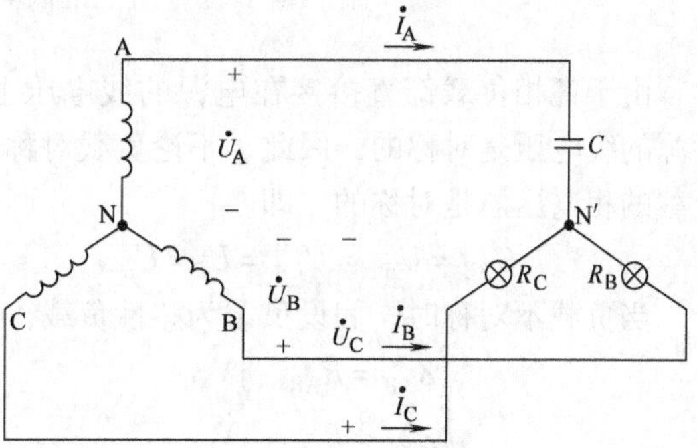

图 3-16　例 3-5 电路图

设 $X_C = R_B = R_C = R$，$\dot U_A = U_p \angle 0°$，代入给定参数关系，经计算得

$$\dot U_{N'N} = 0.63 U_p \angle 108.43°$$

应用 KVL，得 B 相和 C 相电压为

$$\dot U_{BN'} = \dot U_B - \dot U_{N'N} = U_p \angle -120° - (-0.2 + j0.6)U_p = 1.5U_p \angle -101.53°$$

所以

$$U_{BN'} = 1.5U_p$$

$$\dot U_{CN'} = \dot U_C - \dot U_{N'N} = U_p \angle 120° - (-0.2 + j0.6)U_p = 0.4U_p \angle 138.44°$$

$$U_{CN'} = 0.4U_p$$

计算结果 $U_{BN'} > U_{CN'}$。可见如果电容 C 接在 A 相上，B 相电压比 C 相电压高，则接在 B 相上的灯泡较亮，C 相上的较暗。

3.3　负载三角形联结的三相电路

负载三角形联结的三相电路可用图 3-17 所示电路来表示。根据三相电源的不同联结可形成 Yd、Dd 两种联结方式的三相电路。

负载三角形联结时，各相负载的电压等于对应的电源的线电压，因此，在计算各相负载的电压、电流时，只要知道电源的线电压即可，不必追究电源的具体接法，如图 3-18 所示。

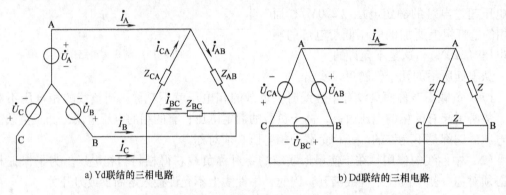

a) Yd联结的三相电路　　　　　　　　　　b) Dd联结的三相电路

图 3-17　Yd、Dd 两种联结方式的三相电路

由于各相负载都直接接在电源的线电压上，而电源的线电压是对称的，因此，不论负载对称与否，负载的相电压总是对称的，即

$$U_{AB} = U_{BC} = U_{CA} = U_l = U_p$$

当负载不对称时，假设负载为感性负载，令

$$\begin{cases} Z_{AB} = R_{AB} + jX_{AB} \\ Z_{BC} = R_{BC} + jX_{BC} \\ Z_{CA} = R_{CA} + jX_{CA} \end{cases}$$

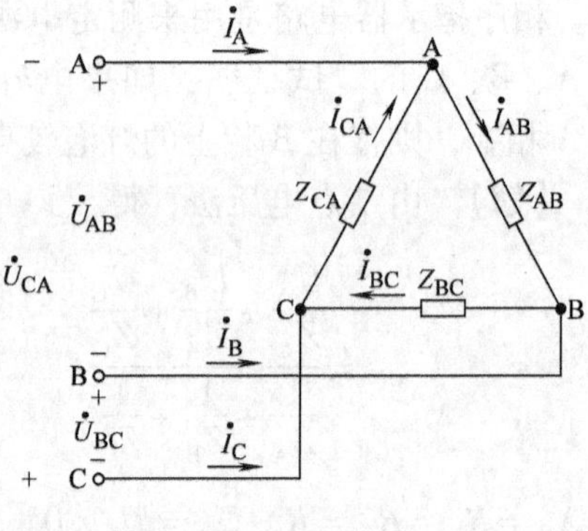

各相负载中电流的有效值为

$$\begin{cases} I_{AB} = \dfrac{U_{AB}}{|Z_{AB}|} = \dfrac{U_l}{|Z_{AB}|} \\[2mm] I_{BC} = \dfrac{U_{BC}}{|Z_{BC}|} = \dfrac{U_l}{|Z_{BC}|} \\[2mm] I_{CA} = \dfrac{U_{CA}}{|Z_{CA}|} = \dfrac{U_l}{|Z_{CA}|} \end{cases}$$

图 3-18　负载三角形联结的三相电路

各相负载的电压与电流之间的相位差分别为

$$\varphi_{AB} = \arctan \frac{X_{AB}}{R_{AB}}, \; \varphi_{BC} = \arctan \frac{X_{BC}}{R_{BC}}, \; \varphi_{CA} = \arctan \frac{X_{CA}}{R_{CA}}$$

由于负载不对称，因此负载的相电流也不对称，由图 3-18 电路可知，线电流和相电流是不一样的，由基尔霍夫电流定律可求出如图 3-18 所示参考方向下线电流和相电流的关系：

$$\left.\begin{array}{l} \dot{I}_A = \dot{I}_{AB} - \dot{I}_{CA} \\ \dot{I}_B = \dot{I}_{BC} - \dot{I}_{AB} \\ \dot{I}_C = \dot{I}_{CA} - \dot{I}_{BC} \end{array}\right\}$$

因此，当负载不对称时，负载的相电流不对称，电路的线电流也不对称。

如果负载对称，即

$$Z_{AB} = Z_{BC} = Z_{CA} = Z = R + jX$$

$$|Z_{AB}| = |Z_{BC}| = |Z_{CA}| = |Z|$$

$$\varphi_{AB} = \varphi_{BC} = \varphi_{CA} = \varphi$$

则负载的相电流的有效值为

$$I_{AB} = I_{BC} = I_{CA} = I_p = \frac{U_l}{|Z|}$$

各相负载的电压与电流的相位差为

$$\varphi_{AB} = \varphi_{BC} = \varphi_{CA} = \varphi = \arctan \frac{X}{R}$$

因此，当负载对称时，负载的相电流是对称的，即

$$\dot{I}_{AB} = \frac{\dot{U}_{AB}}{Z_{AB}} = \frac{\dot{U}_{AB}}{Z}$$

$$\dot{I}_{BC} = \frac{\dot{U}_{BC}}{Z} = \dot{I}_{AB} \angle -120°$$

$$\dot{I}_{CA} = \frac{\dot{U}_{CA}}{Z} = \dot{I}_{AB} \angle 120°$$

电路的线电流为

$$\dot{I}_A = \dot{I}_{AB} - \dot{I}_{CA} = \dot{I}_{AB} - \dot{I}_{AB} \angle 120° = \sqrt{3} \dot{I}_{AB} \angle -30°$$

$$\dot{I}_B = \dot{I}_{BC} - \dot{I}_{AB} = \dot{I}_{BC} - \dot{I}_{BC} \angle 120° = \sqrt{3} \dot{I}_{BC} \angle -30°$$

$$\dot{I}_C = \dot{I}_{CA} - \dot{I}_{BC} = \dot{I}_{CA} - \dot{I}_{CA} \angle 120° = \sqrt{3} \dot{I}_{CA} \angle -30°$$

这就是对称负载三角形联结的一般关系式。可见，相电流对称时，线电流也对称。在幅值上，线电流是相电流的 $\sqrt{3}$ 倍，即 $I_l = \sqrt{3} I_p$；在相位上，线电流滞后于相应的相电流 30°。由线电流与相电流的关系可画出对称负载三角形联结的三相电路的线电流与相电流的相量图，如图 3-19 所示。

对称负载三角形联结的三相电路的计算可归结为一相的计算。只要分析计算三相负载中的任一相负载电流及对应的线电流，其他两相负载的电流及对应的线电流就可按对称顺序依次写出。

【例 3-6】 如图 3-20 所示对称三相电路中，已知：$Z = (6 + j8)\Omega$，$u_{AB} = 380\sqrt{2}\cos \omega t \mathrm{V}$，求各相电流和线电流。

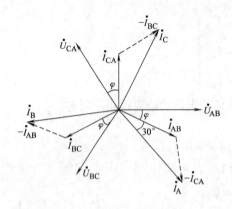

图 3-19　对称负载三角形联结的三相
　　　电路的线电流与相电流的相量图

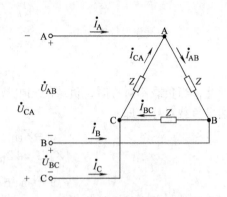

图 3-20　例 3-6 电路图

【解】　由于负载对称，因此只需计算一相。已知 $\dot{U}_{AB} = 380\angle 0°\text{V}$，则

$$\dot{I}_{AB} = \frac{\dot{U}_{AB}}{Z} = \frac{380\angle 0°}{6+\text{j}8}\text{A} = 38\angle -53.13°\text{A}$$

$$\dot{I}_{A} = \sqrt{3}\dot{I}_{AB}\angle -30°\text{A} = 65.8\angle -83.13°\text{A}$$

根据对称性，得

$$\dot{I}_{BC} = 38\angle -173.13°\text{A}$$

$$\dot{I}_{CA} = 38\angle 66.87°\text{A}$$

$$\dot{I}_{B} = 65.8\angle 156.87°\text{A}$$

$$\dot{I}_{C} = 65.8\angle 36.87°\text{A}$$

3.4　三相电路的功率

3.4.1　三相功率的计算

在三相电路中，不论负载是星形联结还是三角形联结，不论负载是对称负载还是不对称负载，总的有功功率必定等于各相有功功率之和，总的无功功率必定等于各相无功功率之和。当负载不对称时，三相负载总的有功功率为

$$P = P_A + P_B + P_C = U_A I_A \cos\varphi_A + U_B I_B \cos\varphi_B + U_C I_C \cos\varphi_C$$

式中，P_A、P_B、P_C 分别为 A 相、B 相、C 相负载所吸收的有功功率；U_A、U_B、U_C 分别为 A 相、B 相、C 相负载的相电压；I_A、I_B、I_C 分别为 A 相、B 相、C 相负载的相电流；φ_A、φ_B、φ_C 分别为 A 相、B 相、C 相负载的相电压与相电流之间的相位差。

当负载不对称时，三相负载总的无功功率为

$$Q = U_A I_A \sin\varphi_A + U_B I_B \sin\varphi_B + U_C I_C \sin\varphi_C$$

总的视在功率为

$$S = \sqrt{P^2 + Q^2}$$

在对称三相电路中，有 $P_A = P_B = P_C$，$Q_A = Q_B = Q_C$，因此，三相负载总的有功功率为

$$P = P_A + P_B + P_C = 3P_A = 3U_p I_p \cos\varphi$$

式中，U_p、I_p 分别为负载的相电压与相电流；φ 是负载的相电压与相电流之间的相位差。

当对称负载是星形联结时

$$U_l = \sqrt{3}U_p, \quad I_l = I_p$$

当对称负载是三角形联结时

$$U_l = U_p, \quad I_l = \sqrt{3}I_p$$

不论对称负载是星形联结还是三角形联结，三相负载总的有功功率均为

$$P = \sqrt{3}U_l I_l \cos\varphi$$

同理，可得出三相负载总的无功功率与视在功率为

$$Q = 3U_p I_p \sin\varphi = \sqrt{3}U_l I_l \sin\varphi$$

$$S = 3U_p I_p = \sqrt{3}U_l I_l$$

【例3-7】　有一个电路的三相负载对称，每相的 $R = 6\Omega$，$X_L = 8\Omega$，电源线电压为 380V。

试求：

（1）负载星形联结时，求三相电路的三相平均功率、三相无功功率和三相视在功率。

（2）负载三角形联结时，求三相电路的三相平均功率、三相无功功率和三相视在功率。

【解】（1）负载星形联结时

$$U_p = \frac{U_l}{\sqrt{3}} = \frac{380}{\sqrt{3}}V = 220V$$

每相负载的阻抗模

$$|Z| = \sqrt{R^2 + X_L^2} = \sqrt{6^2 + 8^2}\Omega = 10\Omega$$

则

$$I_p = I_l = \frac{U_p}{|Z|}A = 22A$$

$$\cos\varphi = \frac{R}{|Z|} = \frac{6}{10} = 0.6$$

$$\sin\varphi = 0.8$$

所以

$$P = \sqrt{3}U_l I_l \cos\varphi = \sqrt{3} \times 380 \times 22 \times 0.6W \approx 8.69kW$$

$$Q = \sqrt{3}U_l I_l \sin\varphi = \sqrt{3} \times 380 \times 22 \times 0.8var \approx 11.58kvar$$

$$S = \sqrt{3}U_l I_l = \sqrt{3} \times 380 \times 22V \cdot A \approx 14.48kV \cdot A$$

（2）负载三角形联结时

$$U_l = U_p = 380\text{V}$$

$$I_p = \frac{U_p}{|Z|} = \frac{380}{10}\text{A} = 38\text{A}$$

$$I_l = \sqrt{3}I_p = \sqrt{3} \times 38\text{A} \approx 66\text{A}$$

所以

$$P = \sqrt{3}U_lI_l\cos\varphi = \sqrt{3} \times 380 \times 66 \times 0.6\text{W} = 26.06\text{kW}$$

$$Q = \sqrt{3}U_lI_l\sin\varphi = \sqrt{3} \times 380 \times 66 \times 0.8\text{var} = 34.75\text{kvar}$$

$$S = \sqrt{3}U_lI_l = \sqrt{3} \times 380 \times 66\text{V} \cdot \text{A} = 43.44\text{kV} \cdot \text{A}$$

上述计算表明，在相同的线电压下，负载三角形联结时的功率是星形联结时的 3 倍。

【例 3-8】 线电压为 380V 的三相电源上接有两组对称三相负载：一组是三角形联结的电感性负载，每相阻抗 $Z_\triangle = 36.3\angle37°\Omega$；另一组是星形联结的电阻性负载，每相电阻 $R = 10\Omega$，如图 3-21 所示。试求：

（1）各相负载的相电流。

（2）电路的线电流。

（3）三相有功功率。

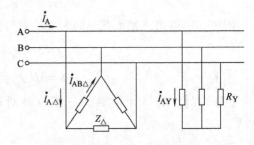

图 3-21 例 3-8 电路图

【解】 设线电压 $\dot{U}_{AB} = 380\angle0°\text{V}$，则相电压 $\dot{U}_A = 220\angle-30°\text{V}$。

（1）由于三相负载对称，所以计算一相即可，其他两相可以推知。对于三角形联结的负载，其相电流为

$$\dot{I}_{AB\triangle} = \frac{\dot{U}_{AB}}{Z_\triangle} = \frac{380\angle0°}{36.3\angle37°}\text{A} = 10.47\angle-37°\text{A}$$

对于星形联结的负载，其相电流即为线电流

$$\dot{I}_{AY} = \frac{\dot{U}_A}{R_Y} = \frac{220\angle-30°}{10}\text{A} = 22\angle-30°\text{A}$$

（2）先求三角形联结的电感性负载的线电流

$$\dot{I}_{A\triangle} = 10.47\sqrt{3}\angle-37°-30°\text{A} = 18.13\angle-67°\text{A}$$

$$\dot{I}_A = \dot{I}_{A\triangle} + \dot{I}_{AY} = 18.13\angle-67° + 22\angle-30°\text{A} = 38\angle-46.7°\text{A}$$

电路线电流也是对称的。

（3）三相有功功率为

$$P = P_\triangle + P_Y = \sqrt{3}U_lI_{A\triangle}\cos\varphi_\triangle + \sqrt{3}U_lI_{AY}$$

$$= (\sqrt{3} \times 380 \times 18.13 \times 0.8 + \sqrt{3} \times 380 \times 22)\text{W}$$

$$= 9546\text{W} + 14480\text{W} = 24\text{kW}$$

3.4.2　三相功率的测量

在三相三线制电路中，不论负载联结成星形还是三角形，也不论负载对称与否，都可以使用两个功率表来测量三相功率。两个功率表的一种联结方式如图 3-22 所示。两个功率表的电流线圈分别串接在任意两根相线中（图 3-22 所示为 A、B 两相线），两个功率表的电压线圈的非电源端（非·端）联结到非电流线圈所在的第 3 条相线上（图 3-22 所示为 C 相线），两个电压线圈的另一端（·端）分别与电流线圈的 * 端相联结。在这种测量方法

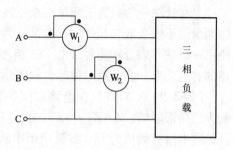

图 3-22　二瓦计法测量线路图

中，功率表的接线只触及相线而与负载和电源的联结方式无关。此时，两个功率表读数的代数和等于三相负载的平均功率之和。我们将这种方法称为二瓦计法（或两表法）。

可以证明图 3-22 中两个功率表读数的代数和为三相三线制中右侧电路吸收的平均功率。

设两个功率表的读数分别为 P_1 和 P_2，则

$$P_1 = \frac{1}{T}\int_0^T u_{AC} i_A \mathrm{d}t$$

$$P_2 = \frac{1}{T}\int_0^T u_{BC} i_B \mathrm{d}t$$

式中，T 为周期。

由于

$$u_{AC} = u_A - u_C, \quad u_{BC} = u_B - u_C, \quad i_A + i_B = -i_C$$

故

$$P_1 + P_2 = \frac{1}{T}\int_0^T (u_{AC} i_A + u_{BC} i_B)\mathrm{d}t$$

$$= \frac{1}{T}\int_0^T \left[(u_A - u_C) i_A + (u_B - u_C) i_B \right]\mathrm{d}t$$

$$= \frac{1}{T}\int_0^T \left[u_A i_A + u_B i_B - u_C(i_A + i_B) \right]\mathrm{d}t$$

$$= \frac{1}{T}\int_0^T (u_A i_A + u_B i_B + u_C i_C)\mathrm{d}t$$

$$= \frac{1}{T}\int_0^T (p_A + p_B + p_C)\mathrm{d}t$$

$$= P$$

可见，两个功率表读数的代数和就等于三相电路的三相平均功率之和。

可以证明，在对称三相三线制电路中，两个功率表的读数分别为

$$P_1 = U_{AC} I_A \cos(\varphi - 30°)$$

$$P_2 = U_{BC} I_B \cos(\varphi + 30°)$$

式中的 φ 为负载的阻抗角。应当注意，在一定的条件下（例如 $\varphi > 60°$），两个功率表之

一的读数可能为负，求代数和时该读数应取负值。一般来讲，单独一个功率表的读数是没有意义的。

二瓦计法一般只适于测量三相三线制电路的有功功率。对于三相四线制电路的有功功率的测量则不能采取二瓦计法，这是因为在一般情况下，$i_A + i_B + i_C \neq 0$。当负载不对称时，可使用一只功率表分别测量 A 相、B 相和 C 相电路的有功功率，取其总和就是三相四线制电路的有功功率。当负载对称时，只需测量单相功率，三相功率为单相功率的 3 倍。

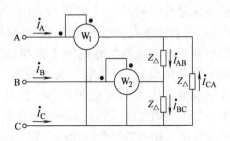

【例 3-9】 对称三相电路如图 3-23 所示，负载为三角形联结，$Z = Z_\triangle = |Z| \angle \varphi$，三相对称电压源的线电压有效值为 U_l。试证明图中两个功率表的读数之和等于负载的三相有功功率。

【解】 设 $\dot{U}_{AB} = U_l \angle 0° \text{ V}$，则 $\dot{U}_{BC} = U_l \angle -120° \text{V}$，$\dot{U}_{CA} = U_l \angle 120° \text{V}$。

$$\dot{U}_{AC} = U_l \angle -60° \text{V}$$

各相负载的相电流为

图 3-23 例 3-9 的图

$$\dot{I}_{AB} = \frac{\dot{U}_{AB}}{Z} = \frac{U_l}{|Z|} \angle -\varphi = I_p \angle -\varphi$$

$$\dot{I}_{BC} = \frac{\dot{U}_{BC}}{Z} = \frac{U_l}{|Z|} \angle -120° -\varphi$$

$$\dot{I}_{CA} = \frac{\dot{U}_{CA}}{Z} = \frac{U_l}{|Z|} \angle 120° -\varphi$$

电路的线电流为

$$\dot{I}_A = \sqrt{3} I_p \angle -30° -\varphi$$

$$\dot{I}_B = \sqrt{3} I_p \angle -120° -\varphi -30° = \sqrt{3} I_p \angle -150° -\varphi$$

$$\dot{I}_C = \sqrt{3} I_p \angle 120° -\varphi -30° = \sqrt{3} I_p \angle 90° -\varphi$$

两只功率表的读数分别为

$$P_1 = U_{AC} I_A \cos(-60° + 30° + \varphi) = U_{AC} I_A \cos(\varphi - 30°) = U_l I_l \cos(\varphi - 30°)$$

$$P_2 = U_{BC} I_B \cos(-120° + 150° + \varphi) = U_{BC} I_B \cos(\varphi + 30°) = U_l I_l \cos(\varphi + 30°)$$

$$P_1 + P_2 = U_l I_l [\cos(\varphi - 30°) + \cos(\varphi + 30°)] = \sqrt{3} U_l I_l \cos\varphi$$

可见，两个功率表的读数之和就等于负载的三相有功功率。

本 章 小 结

三相制是目前我国电力系统采用的主要供电方式。三相对称电源是由三个频率相同、幅值相同、初相位依次相差 120° 的电压源组成的，将三相对称电源按照一定的联结方式联结起来就形成了三相对称电源的星形联结和三角形联结。三相电路中负载的联结方式也分为两种——星形联结和三角形联结。三相电路按照负载对称与否分为对称三相电路与不对称三相电路，按照负载的联结方式分为负载星形联结的三相电路和负载三角形联结的三相电路。

在负载星形联结的三相电路中，如果负载对称，则线电压在幅值上是相电压的 $\sqrt{3}$ 倍，线电压在相位上超前于相电压 30°，线电流等于相电流，由于电源相电压对称，因此负载的相电压也对称，负载的相电流也对称，所以可以把三相电路的计算化为单相来计算，只需计算出其中一相负载的相电压、相电流，其他两相负载的相电压、相电流可根据对称性依次写出，这样就大大地减轻了计算的工作量；如果负载不对称，则负载的相电流不对称，计算时必须一相一相地计算。在负载星形联结的三相电路中，如果负载不对称，则中性线就起着至关重要的作用。如果没有中性线，则三相负载中只要有一相负载发生故障，就会影响到其他两相负载的正常工作；但是，只要保留中性线，则任意一相负载发生故障都不会影响到其他两相负载的正常工作。中性线的作用就在于能够保证负载的相电压对称。

在负载三角形联结的三相电路中，不管负载对称与否，负载的相电压总是等于电源的线电压，只要电源的线电压对称，则负载的相电压总是对称的。如果负载对称，则线电流在幅值上是相电流的 $\sqrt{3}$ 倍，线电流在相位上滞后于相电流 30°，电源的线电压等于负载的相电压，由于电源的线电压对称，因此负载的相电压也对称，负载的相电流也对称，所以可以把三相电路的计算化为单相来计算，只需计算出其中一相负载的相电压、相电流，其他两相负载的相电压、相电流可根据对称性依次写出；如果负载不对称，则负载的相电流不对称，计算时必须一相一相地计算。

在三相电路中，不管负载的联结方式如何，三相负载吸收的总的有功功率总是等于每相负载吸收的有功功率之和，三相负载的总的无功功率总是等于每相负载的无功功率之和。

在对称三相电路中，不管负载的联结方式如何，由于负载的相电压对称、相电流对称，每一相负载的相电压与相电流之间的相位差相同，所以每一相负载吸收的有功功率相同，在计算三相负载吸收的总的有功功率时，只需计算出一相负载吸收的有功功率，然后乘以 3 就得到了三相负载吸收的总的有功功率。同理，在对称三相电路中，在计算三相负载的总的无功功率时，只需计算出一相负载的无功功率，然后乘以 3 就得到了三相负载的总的无功功率。

在三相电路中，功率的测量也是非常重要的。对于三相三线制电路来说，可以用两表法（二瓦计法）来测量三相负载吸收的总的有功功率。可以证明，两只功率表的读数之和就等于三相负载吸收的总的有功功率。对于三相四线制电路来说，则不能用两表法（二瓦计法）来测量三相负载吸收的总的有功功率，必须用功率表将每一相负载吸收的有功功率测量出来，然后进行代数相加，才能得到三相负载吸收的总的有功功率。

习　题

3-1　有一个三相对称负载，其每相的电阻 $R = 8\Omega$，感抗 $X_l = 6\Omega$。如将负载联结成星形电路接于线电压为 380V 的三相电源上，求相电压、相电流及线电流。

3-2　如图 3-13 所示三相四线制电路，线电压为 380V。其电阻为 $R_A = 11\Omega$，$R_B = R_C = 22\Omega$。试求：

（1）求负载的相电压、相电流及中性线电流，并做出它们的相量图。

（2）如无中性线，求负载的相电压及中性点电压。

（3）如无中性线，且 A 相短路时求各相电压及电流，并做出它们的相量图。

(4) 如无中性线，且 A 相断路时求另外两相的电压及电流。

(5) 在（3）和（4）中如有中性线，则又如何？

3-3 有一个三相对称负载，其每相的电阻 $R = 8\Omega$，感抗 $X_l = 6\Omega$。如将负载联结成三角形接于线电压为 220V 的三相电源上，求相电压、相电流及线电流。

3-4 在线电压为 380V 的三相电源上，接两组电阻性负载，如图 3-24 所示，求线路电流 I。

3-5 有一台三相异步电动机，其绕组为三角形联结，接在线电压为 380V 的电源上，从电源取用的功率 $P_1 = 11.43\text{kW}$，功率因数 $\cos\varphi = 0.87$，求电动机的相电流和线电流。

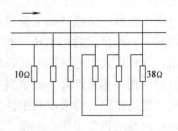

图 3-24 题 3-4 电路

3-6 已知不对称三相四线制系统中的对称三相电源的线电压 $U_l = 380\text{V}$，不对称的星形联结负载分别是 $Z_A = (3 + j2)\Omega$，$Z_B = (4 + j4)\Omega$，$Z_C = (2 + j1)\Omega$。试求：

(1) 当中性线阻抗 $Z_N = (4 + j3)\Omega$ 时的中性点电压、线电流和负载吸收的总功率。

(2) 当 $Z_N = 0$ 时，A 相开路时的线电流。如果无中性线又会怎样？

3-7 已知电路如图 3-25 所示。电源电压 $U_L = 380\text{V}$，每相负载的阻抗为 $R = X_L = X_C = 10\Omega$。

(1) 该三相负载能否称为对称负载？为什么？

(2) 计算中性线电流和各相电流，画出相量图。

(3) 求三相总功率。

3-8 电路如图 3-26 所示的三相四线制电路，三相负载联结成星形，已知电源线电压 380V，负载电阻 $R_a = 11\Omega$，$R_b = R_c = 22\Omega$，试求：

(1) 负载的各相电压、相电流、线电流和三相总功率。

(2) 中性线断开，A 相又短路时的各相电流和线电流。

(3) 中性线断开，A 相断开时的各相电流和线电流。

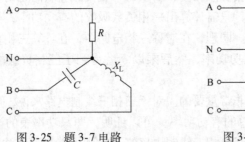

图 3-25 题 3-7 电路　　　　图 3-26 题 3-8 电路

3-9 已知对称三相电路的线电流 $\dot{I}_A = 5\angle 10°\text{A}$，线电压 $\dot{U}_{AB} = 380\angle 75°\text{V}$。

(1) 画出用二瓦计法测量三相功率的接线图并求出两个功率表的读数。

(2) 根据功率表的读数，能否求出三相无功功率和功率因数（指对称情况下）。

第4章 半导体二极管和晶体管

4.1 半导体导电特性

半导体器件是用半导体材料制成的电子器件。常用的半导体器件有二极管、晶体管、场效应晶体管等。半导体器件是构成各种电子电路最基本的元件。

半导体：导电性能介于导体和绝缘体之间的物质，如硅（Si）、锗（Ge）。硅和锗是四价元素，原子的最外层轨道上有4个价电子。

4.1.1 半导体的导电特征

热激发产生自由电子和空穴：每个原子周围有4个相邻的原子，原子之间通过共价键紧密结合在一起。两个相邻原子共用一对电子。在室温下，由于热运动，少数价电子挣脱共价键的束缚成为自由电子，同时在共价键中留下一个空位，这个空位称为空穴。失去价电子的原子成为正离子，就好像空穴带正电荷一样。在电子技术中，将空穴看成带正电荷的载流子。

空穴运动（与自由电子的运动不同）：有了空穴，邻近共价键中的价电子很容易过来填补这个空穴，这样空穴便转移到邻近共价键中。新的空穴又会被邻近的价电子填补。带负电荷的价电子依次填补空穴的运动，从效果上看，相当于带正电荷的空穴作相反方向的运动。

本征半导体中有两种载流子：带负电荷的自由电子和带正电荷的空穴。热激发产生的自由电子和空穴是成对出现的，电子和空穴又可能重新结合而成对消失，称为复合。在一定温度下自由电子和空穴维持一定的浓度。

在纯净半导体中掺入某些微量杂质，其导电能力将大大增强。

（1）N型半导体　在纯净半导体硅或锗中掺入磷、砷等五价元素，由于这类元素的原子最外层有5个价电子，故在构成的共价键结构中，由于存在多余的价电子而产生大量自由电子。这种半导体主要靠自由电子导电，称为电子半导体或N型半导体，其中自由电子为多数载流子，热激发形成的空穴为少数载流子。

自由电子：多数载流子（简称多子）；

空穴：少数载流子（简称少子）。

（2）P型半导体　在纯净半导体硅或锗中掺入硼、铝等三价元素，由于这类元素的原子最外层只有3个价电子，故在构成的共价键结构中，由于缺少价电子而形成大量空穴。这类掺杂后的半导体其导电作用主要靠空穴运动，称为空穴半导体或P型半导体，其中空穴为多数载流子，热激发形成的自由电子是少数载流子。

空穴：多数载流子（简称多子）；

自由电子：少数载流子（简称少子）。

半导体结构示意图如图4-1所示。

无论是 P 型半导体还是 N 型半导体都是中性的，对外不显电性。

掺入的杂质元素的浓度越高，多数载流子的数量越多。少数载流子是热激发而产生的，其数量的多少决定于温度。

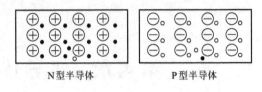

图 4-1　半导体结构示意图

4.1.2　PN 结及其单向导电性

1. PN 结的形成

半导体中载流子有扩散运动和漂移运动两种运动方式。载流子在电场作用下的定向运动称为漂移运动。在半导体中，如果载流子浓度分布不均匀，因为浓度差，载流子将会从浓度高的区域向浓度低的区域运动，这种运动称为扩散运动。

将一块半导体的一侧掺杂成 P 型半导体，另一侧掺杂成 N 型半导体，在两种半导体的交界面处将形成一个特殊的薄层——PN 结。半导体的 PN 结的形成如图 4-2 所示。

扩散与漂移达到动态平衡形成一定宽度的 PN 结，其过程为多子扩散→阻止→形成空间电荷区产生内电场→促使→少子漂移。

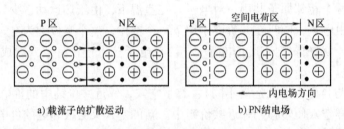

图 4-2　半导体的 PN 结的形成

2. PN 结的单向导电性

（1）PN 结外加正向电压（也叫正向偏置）　电路如图 4-3 所示。

外加电场与内电场方向相反，内电场削弱，扩散运动大大超过漂移运动，N 区电子不断扩散到 P 区，P 区空穴不断扩散到 N 区，形成较大的正向电流 I_F，这时称 PN 结处于导通状态。

（2）PN 结外加反向电压（也叫反向偏置）　电路如图 4-4 所示。

外加电场与内电场方向相同，增强了内电场，多子扩散难以进行，少子在电场作用下形成反向电流 I_R，因为是少子漂移运动产生的，I_R 很小，这时称 PN 结处于截止状态。

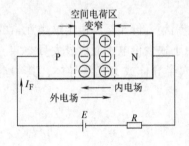

图 4-3　PN 结的正向偏置

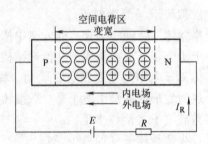

图 4-4　PN 结的反向偏置

4.2　半导体二极管

4.2.1　半导体二极管的结构与符号

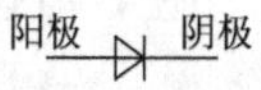

阳极 ▷|◁ 阴极

图 4-5　二极管
的图形符号

一个 PN 结加上相应的电极引线并用管壳封装起来，就构成了半导体二极管，简称二极管。二极管的图形符号如图 4-5 所示。

二极管按其结构不同可分为点接触型和面接触型两类。

点接触型二极管 PN 结面积很小，结电容很小，多用于高频检波及脉冲数字电路中的开关元件。

面接触型二极管 PN 结面积大，结电容也小，多用在低频整流电路中。

4.2.2　半导体二极管的伏安特性曲线

1. 正向特性

当外加正向电压较小时，外电场不足以克服内电场对多子扩散的阻力，PN 结仍处于截止状态。

正向电压大于死区电压后，正向电流随着正向电压增大迅速上升。通常死区电压硅管约为 0.5V，锗管约为 0.2V。

2. 反向特性

当外加反向电压时，PN 结处于截止状态，反向电流很小。反向电压大于击穿电压时，反向电流急剧增加。

二极管的伏安特性曲线如图 4-6 所示。

4.2.3　半导体二极管的主要参数

1）最大整流电流 I_F：指管子长期运行时，允许通过的最大正向平均电流。

2）反向击穿电压 U_B：指管子反向击穿时的电压值。

3）反向工作电压 U_{DRM}：二极管运行时允许承受的最大反向电压（约为 U_B 的一半）。

4）反向电流 I_R：指管子未击穿时的反向电流，其值越小，则管子的单向导电性越好。

5）最高工作频率 f_m：主要取决于 PN 结结电容的大小。

理想二极管的特性：正向电阻为零，正向导通时为短路特性，正向压降忽略不计；反向电阻为无穷大，反向截止时为开路特性，反向漏电流忽略不计。

【例 4-1】　在图 4-7a、b 所示的两个电路中，已知 $u_i = 30\sin\omega t$ V，二极管的正向压降

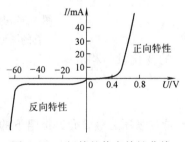

图 4-6　二极管的伏安特性曲线

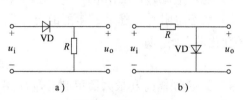

图 4-7　例 4-1 图

可忽略不计，试分别画出输出电压 u_o 的波形。

【解】 根据题意知：当二极管加正偏电压时，可近似视为短路；加反偏电压时，可近似开路。即用二极管的理想模型分析问题，所以有：

图4-7a 输出电压 u_o 的表达式：

$$u_o = u_i = 30\sin\omega t \text{ V} \qquad u_i \geqslant 0$$
$$u_o = 0 \qquad\qquad\qquad u_i < 0$$

画出输出电压 u_o 的波形如图4-8a 所示

图4-7b 输出电压 u_o 的表达式：

$$u_o = 0 \qquad\qquad\qquad u_i \geqslant 0$$
$$u_o = u_i = 30\sin\omega t \text{ V} \qquad u_i < 0$$

画出输出电压 u_o 的波形如图4-8b 所示

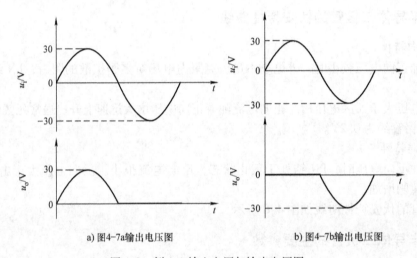

a) 图4-7a输出电压图 　　　　　　b) 图4-7b输出电压图

图4-8 例4-1 输入电压与输出电压图

4.3 稳压二极管

稳压二极管是一种用特殊工艺制造的半导体二极管，稳压管的稳定电压就是反向击穿电压。稳压二极管的稳压作用在于：电流增量很大，只引起很小的电压变化。

稳压二极管的图形符号如图4-9 所示。

稳压二极管的主要参数：

1）稳定电压 U_Z：反向击穿后稳定工作的电压。

2）稳定电流 I_Z：工作电压等于稳定电压时的电流。

3）动态电阻 r_Z：稳定工作范围内，管子两端电压的变化量与相应电流的变化量之比。即

$$r_Z = \Delta U_Z / \Delta I_Z$$

阳极 ▷|− 阴极

图4-9 稳压二极管的图形符号

4）额定功率 P_Z 和最大稳定电流 I_{ZM}：额定功率 P_Z 是在稳压二极管允许结温下的最大功率损耗，最大稳定电流 I_{ZM} 是指稳压管允许通过的最大电流，它们之间的关系是

$$P_Z = U_Z I_{ZM}$$

【例 4-2】　已知图 4-10 所示电路中稳压管的稳定电压 $U_Z = 6V$，最小稳定电流 $I_{Zmin} = 5mA$，最大稳定电流 $I_{Zmax} = 25mA$。

（1）分别计算 U_I 为 10V、15V、35V 三种情况下输出电压 U_O 的值。

（2）若 $V_I = 35V$ 时负载开路，则会出现什么现象？为什么？

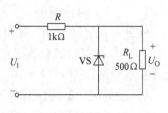

图 4-10　例 4-2 图

【解】　（1）当 $U_I = 10V$ 时，若 $U_O = U_Z = 6V$，则稳压管的电流为 4mA，小于其最小稳定电流，所以稳压管未击穿。故

$$U_O = \frac{R_L}{R + R_L} U_I \approx 3.33V$$

当 $U_I = 15V$ 时，$U_O = \frac{R_L}{R + R_L} U_I = 5V$，没有被击穿。

$$U_O = 5V$$

同理，当 $U_I = 35V$ 时，$U_O = U_Z = 6V$。

（2）$I_{VS} = (U_I - U_Z)/R = 29mA > I_{ZM} = 25mA$，稳压管将因功耗过大而损坏。

4.4　晶体管

晶体管也叫作半导体三极管，它是放大器重要的器件。

4.4.1　晶体管的结构及类型

晶体管是由两个背靠背的 PN 结构成的。在工作过程中，两种载流子（电子和空穴）都参与导电，故又称为双极型晶体管，简称晶体管或三极管。

两个 PN 结，把半导体分成三个区域。这三个区域的排列，可以是 N – P – N，也可以是 P – N – P。因此，晶体管有两种类型：NPN 型如图 4-11a 所示，PNP 型如图 4-11b 所示。图 4-11 中符号箭头方向表示发射结加正向电压时的电流方向。

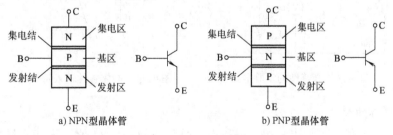

a) NPN 型晶体管　　　　　　　　b) PNP 型晶体管

图 4-11　半导体结构

4.4.2　电流分配和电流放大作用

（1）产生放大作用的条件

内部：1）发射区杂质浓度 >> 基区 >> 集电区；

2）基区很薄。

外部：发射结正偏，集电结反偏。

（2）晶体管内部载流子的传输过程，以及电流分配关系示意图如图4-12所示。

1）发射区向基区注入电子，形成发射极电流 I_E；

2）电子在基区中的扩散与复合，形成基极电流 I_B；

3）集电区收集扩散过来的电子，形成集电极电流 I_C。

（3）电流分配关系：$I_E = I_B + I_C$。

实验表明 I_C 比 I_B 大数十至数百倍。I_B 虽然很小，但对 I_C 有控制作用，I_C 随 I_B 的改变而改变，即基极电流较小的变化可以引起集电极电流较大的变化，表明基极电流对集电极具有小量控制大量的作用，这就是晶体管的电流放大作用。

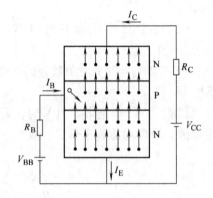

图4-12 电流分配关系示意图

4.4.3 晶体管的特性曲线

图4-13所示为测量晶体管特性的实验电路，可分别测试输入、输出回路的电压与电流的数据。

1. 输入特性曲线

当 U_{CE} 电压大于1V时，测量 U_{CE} 和 I_B 的数据，按此数据画在伏安平面上，就得到了输入特性曲线，如图4-14所示。

死区电压：PNP型晶体管约为0.2V，NPN型晶体管约为0.6V。

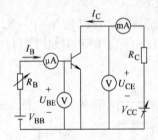

图4-13 测量晶体管特性的实验电路

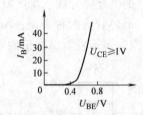

图4-14 晶体管的输入特性曲线

2. 输出特性曲线

先确定一个 I_B 值，测量出一组 U_{CE} 和 I_C，然后再换一个 I_B 值，重新测量另一组 U_{CE} 和 I_C 的数值，这就得到了一族曲线，如图4-15所示的晶体管输出特性曲线。

输出特性曲线分为三个区域：放大区、截止区和饱和区。

1）放大区：发射极正向偏置，集电结反向偏置，$i_C = \beta i_B$。

2）截止区：发射结反向偏置，集电结反向偏置，$i_B \leq 0$，$i_C \approx 0$。

3）饱和区：发射结正向偏置，集电结正向偏置，$i_B > 0$，$u_{BE} > 0$，$u_{CE} \leqslant u_{BE}$。此时 $i_C \neq \beta i_B$。

4.4.4　晶体管的主要参数

1）电流放大系数 β：$i_C = \beta i_B$。

2）极间反向电流 i_{CEO}、i_{CBO}：$i_{CEO} = (1 + \beta) i_{CBO}$。

3）极限参数

① 集电极最大允许电流 I_{CM}：β 下降到额定值的 2/3 时所允许的最大集电极电流。

② 反向击穿电压 $U_{(BR)CEO}$：基极开路时，集电极、发射极间的最大允许电压。

③ 集电极最大允许功耗 P_{CM}。

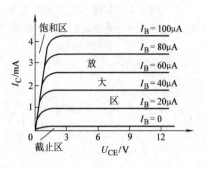

图 4-15　晶体管输出特性曲线

本 章 小 结

本章介绍了半导体二极管的内部构造和外部特性。半导体两种类型的载流子、自由电子和空穴。

本征半导体是纯净半导体，进行掺杂形成自由电子型半导体 N 型和空穴型半导体 P 型。在一纯净半导体上分别掺杂形成 N 型和 P 型半导体，在 N 型和 P 型半导体的交接面上形成 PN 结，它的特性决定了二极管的外部特性。

二极管具有单向导电的特性，即二极管阳极高电位，阴极加低电位，二极管呈低阻性，导通；反之呈高阻性，截止。

稳压二极管是利用二极管反向特性的击穿特性，进行稳定电压。

本章还介绍了晶体管构成。晶体管内部结构有 NPN 型和 PNP 型两种，分别有集电区、基区和发射区，两个 PN 结，发射结和集电结。集电区引出端为集电极，基区引出端为基极，发射区引出端为发射极。

当发射结正向偏置，集电结反向偏置，晶体管处于放大状态；当发射结正向偏置，集电结正向偏置时，晶体管处于饱和状态；当发射结反向偏置，集电结反向偏置时，晶体管处于截止状态。

习 题

4-1　把一个 PN 结接成图 4-16 所示的三种电路，试说明这三种情况下电流表的读数有什么不同？为什么？

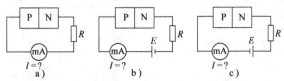

图 4-16　题 4-1 图

4-2 图 4-17a 是输入电压 u_i 的波形。试画出对应于 u_i 的输出电压 u_o，电阻 R 上电压 u_R 和二极管 VD 上电压 u_D 的波形，并用基尔霍夫定律检验各电压之间的关系。二极管的正向压降可忽略不计。

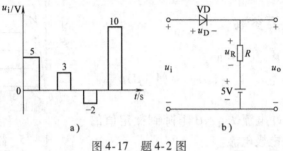

图 4-17 题 4-2 图

4-3 在图 4-18 的各电路图中，$E = 5V$，$u_i = 10\sin\omega t$ V，二极管的正向压降可忽略不计。试分别画出输出电压 u_o 的波形。

4-4 在图 4-19 中，试求下列几种情况下输出端 Y 的电位 V_Y 及各元器件（R、VD_A、VD_B）中通过的电流（二极管的正向压降可忽略不计）：

(1) $V_A = V_B = 0V$；

(2) $V_A = +3V$，$V_B = 0V$；$V_A = V_B = +3V$。

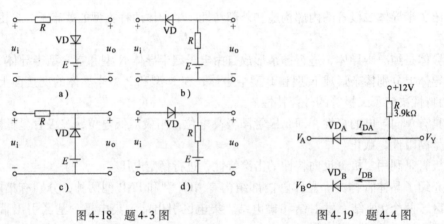

图 4-18 题 4-3 图 图 4-19 题 4-4 图

4-5 在图 4-20 中，试求下列几种情况下输出端电位 V_Y 及各元器件中通过的电流：

(1) $V_A = +10V$，$V_B = 0V$；

(2) $V_A = +6V$，$V_B = +5.8V$；

(3) $V_A = V_B = +5V$。

设二极管的正向电阻为零，反向电阻为无穷大。

4-6 图 4-21 中，$E = 10V$，$e = 30\sin\omega t$ V，试用波形图表示二极管上电压 u_D。

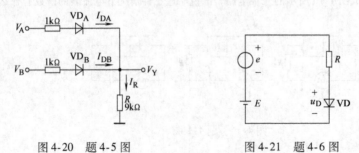

图 4-20 题 4-5 图 图 4-21 题 4-6 图

4-7　测得工作在放大电路中的晶体管的 1、2、3 三个电极对地电压为 U_1、U_2、U_3，对应数值分别为

（1）$U_1 = 3.5\text{V}$，$U_2 = 2.8\text{V}$，$U_3 = 12\text{V}$；

（2）$U_1 = 3\text{V}$，$U_2 = 2.8\text{V}$，$U_3 = 6\text{V}$；

（3）$U_1 = 6\text{V}$，$U_2 = 11.3\text{V}$，$U_3 = 12\text{V}$；

（4）$U_1 = 6\text{V}$，$U_2 = 11.8\text{V}$，$U_3 = 12\text{V}$。

判断它们是 PNP 型还是 NPN 型？是硅管还是锗管？同时确定三个电极 E、B、C。

4-8　N 型半导体中的多数载流子是电子，P 型半导体中的多数载流子是空穴，能否说 N 型半导体带负电，P 型半导体带正电？为什么？

4-9　扩散电流是由什么载流子运动而形成的？漂移电流又是由什么载流子在何种作用下而形成的？

4-10　试判断图 4-22 中各电路能否放大交流信号，为什么？

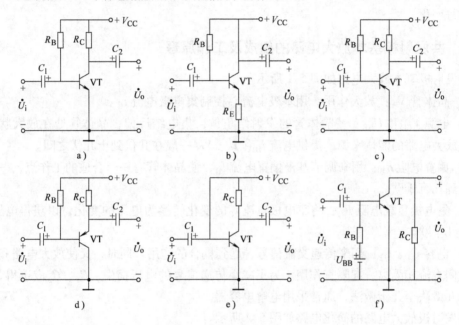

图 4-22　题 4-10 图

第5章 晶体管基本放大电路

5.1 晶体管单管放大电路

晶体管放大电路能将弱小电信号进行放大。所谓"放大"是用较小的信号变化控制较大的信号变化。

5.1.1 共发射极基本放大电路的组成及工作原理

共发射极基本放大电路如图 5-1 所示。

1）晶体管 VT：放大作用，用基极电流 i_B 控制集电极电流 i_C。

2）电源 V_{CC} 和 U_{BB}：使晶体管的发射结正偏，集电结反偏，晶体管处在放大状态，同时也是放大电路的能量来源，提供电流 i_B 和 i_C。V_{CC} 一般在几伏到十几伏之间。

3）偏置电阻 R_B：用来调节基极偏置电流 I_B，使晶体管有一个合适的工作点，一般为几十千欧到几百千欧。

4）集电极负载电阻 R_C：将集电极电流 i_C 的变化转换为电压的变化，以获得电压放大，一般为几千欧。

5）电容 C_1、C_2：用来传递交流信号，起到耦合的作用。同时，又使放大电路和信号源及负载间直流相隔离，起隔直作用。为了减小传递信号的电压损失，C_1、C_2 应选得足够大，一般为几微法至几十微法，通常采用电解电容器。

共发射极放大电路的简化电路如图 5-2 所示。

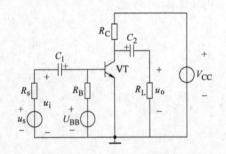

图 5-1 共发射极基本放大电路

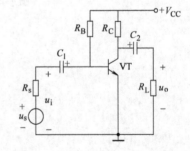

图 5-2 共发射极放大电路的简化电路

5.1.2 共发射极基本放大电路的静态分析

静态分析是指在无交流信号输入时，电路中的电流、电压都不随时间变化的状态下的分析。静态时晶体管的电流和电压值称为静态工作点 Q（主要指 I_{BQ}、I_{CQ} 和 U_{CEQ}）。静态分析主要是确定放大电路中的静态值 I_{BQ}、I_{CQ} 和 U_{CEQ}。常用分析方法有估算法和图解法。

1. 估算法

直流通路：将放大电路中的输入/输出耦合电容视为开路，形成直流通路，如图 5-3 所示。

由图 5-3 可得

$$I_{BQ} = \frac{V_{CC} - U_{BEQ}}{R_B}$$

$$I_{CQ} = \beta I_{BQ}$$

$$U_{CEQ} = V_{CC} - I_{CQ} R_C$$

2. 图解法

图解法是利用晶体管的输出特性曲线和放大电路的参数，求解静态工作点 Q 值。

图解步骤如下：

1）用估算法求出基极电流 I_{BQ}（如 40μA）。

2）根据 I_{BQ} 在输出特性曲线中找到对应的曲线。

3）作直流负载线。根据集电极电流 I_C 与电压 U_{CE} 的关系式 $U_{CE} = V_{CC} - I_C R_C$ 可画出一条直线，该直线在纵轴上的截距为 V_{CC}/R_C，在横轴上的截距为 V_{CC}，其斜率为 $-1/R_C$，只与集电极负载电阻 R_C 有关，称为直流负载线。

4）求静态工作点 Q，并确定 U_{CEQ}、I_{CQ} 的值。晶体管的 I_{CQ} 和 U_{CEQ} 既要满足 $I_B = 40μA$ 的输出特性曲线，又要满足直流负载线，因而晶体管必然工作在它们的交点 Q，该点就是静态工作点。由 $U_{CE} = V_{CC} - I_C R_C$ 所决定的直流负载线两者的交点 Q 就是静态工作点，如图5-4 所示。由静态工作点 Q 便可在坐标上查得静态值 I_{CQ} 和 U_{CEQ}。

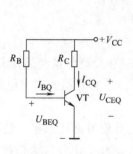

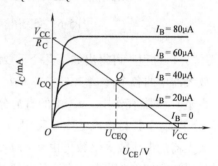

图 5-3　共发射极放大电路的直流通路　　　　图 5-4　输出特性曲线中的静态工作点 Q

图 5-4 中的，$I_B = 40μA$ 的输出特性曲线，过 Q 点作水平线，在纵轴上的截距即为 I_{CQ} 过 Q 点作垂线，在横轴上的截距即为 U_{CEQ}。

5.1.3　共发射极基本放大电路的动态分析

动态：是指有交流信号输入时，电路中的电流、电压随输入信号作相应变化的状态。由于动态时放大电路是在直流电源 V_{CC} 和交流输入信号 u_i 共同作用下工作，电路中的电压 u_{CE}、电流 i_B 和 i_C 均包含两个分量。

交流通路（u_i 单独作用下的电路）：由于电容 C_1、C_2 足够大，容抗近似为零（相当于短路），直流电源 U_{CC} 去掉（短接），如图 5-5 所示。

1. 图解法

通过在晶体管的输入/输出特性曲线上的作图，求解放大电路交流参数。交流图解法输入/输出信号波形如图5-6所示。

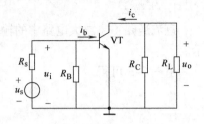

图5-5　放大电路的交流通路

图解步骤：

1）根据静态分析方法，求出静态工作点 Q。

2）根据 u_i 在输入特性上求 u_{BE} 和 i_B（见图5-6a 中的1、2）。

3）作交流负载线。

4）由输出特性曲线和交流负载线求 i_C 和 u_{CE}（见图5-6b 中的3、4）。

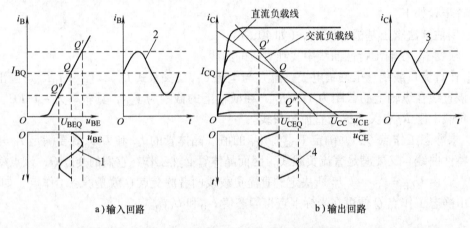

a）输入回路　　　　　　　　　　　　b）输出回路

图5-6　交流图解法输入/输出信号波形

从图解分析过程，可得出如下几个重要结论：

1）放大器中的各个量 u_{BE}、i_B、i_C 和 u_{CE} 都由直流分量和交流分量两部分组成。

2）由于 C_2 的隔直作用，u_{CE} 中的直流分量 U_{CEQ} 被隔开，放大器的输出电压 u_o 等于 u_{CE} 中的交流分量 u_{ce}，且与输入电压 u_i 反相。

3）放大器的电压放大倍数可由 u_o 与 u_i 的幅值之比或有效值之比求出。负载电阻 R_L 越小，交流负载电阻 R'_L 也越小，交流负载线就越陡，使 U_{om} 减小，电压放大倍数下降。

4）静态工作点 Q 设置得不合适，会对放大电路的性能造成影响。若 Q 点偏高，当 i_b 按正弦规律变化时，Q' 进入饱和区，造成交流分量 i_c 和 u_{ce} 的波形与 i_b（或 u_i）的波形不一致，输出电压 u_o（即 u_{ce}）的负半周出现平顶畸变，称为饱和失真；若 Q 点偏低，则 Q'' 进入截止区，输出电压 u_o 的正半周出现平顶畸变，称为截止失真。饱和失真和截止失真统称为非线性失真，如图5-7所示。

2. 微变等效电路法

（1）基本方法　把非线性元件晶体管所组成的放大电路等效成一个线性电路，就是放大电路的微变等效电路，然后用线性电路的分析方法来分析，这种方法称为微变等效电路分析法。

等效的条件：晶体管在小信号（微变量）情况下工作。这样就能在静态工作点附近的

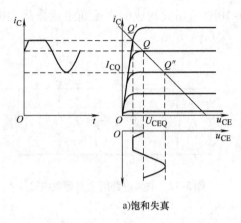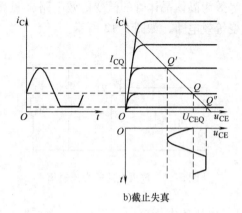

a)饱和失真　　　　　　　　　　　　b)截止失真

图 5-7　波形失真图形

小范围内，用直线段近似地代替晶体管的特性曲线。

（2）晶体管微变等效电路　输入回路特性如图 5-8 所示。

输入特性曲线在 Q 点附近的微小范围内可以认为是线性的。当 u_{BE} 有一微小变化 ΔU_{BE} 时，基极电流变化 ΔI_B，两者的比值称为晶体管的动态输入电阻，用 r_{be} 表示，即

$$r_{be} = \frac{\Delta U_{BE}}{\Delta I_B} = \frac{u_{be}}{i_b}$$

$$r_{be} = 300 + (1 + \beta)\frac{26\text{mV}}{I_{EQ}}$$

式中，I_{EQ} 的单位为 mA。

输出回路特性如图 5-9 所示。

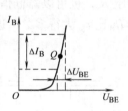　　　　　　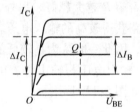

图 5-8　输入回路特性　　　　　图 5-9　输出回路特性

输出特性曲线在放大区域内可认为呈水平线，集电极电流的微小变化 ΔI_C 仅与基极电流的微小变化 ΔI_B 有关，而与电压 u_{CE} 无关，故集电极和发射极之间可等效为一个受 i_b 控制的电流源，即

$$i_c = \beta i_b$$

晶体管交流等效电路如图 5-10 所示。

（3）放大电路微变等效电路　放大电路的交流通道，即将输入、输出电容和直流电源短路，如图 5-11 所示。

放大电路的微变等效电路：当晶体管用于小信号放大时，可将其线性化处

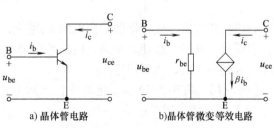

a)晶体管电路　　　　b)晶体管微变等效电路

图 5-10　晶体管交流等效电路

理，等效为晶体晶体管的微变等效电路（见图5-10b），用此构成的交流通道就是放大电路的微变等效电路，如图5-12所示。

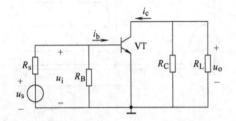 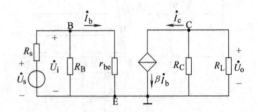

图5-11　放大电路的交流通道　　　　　图5-12　放大电路的微变等效电路

1）电压放大倍数

$$\dot{A}_u = \frac{\dot{U}_o}{\dot{U}_i} = \frac{-R'_L \dot{I}_C}{r_{be} \dot{I}_b} = \frac{-R'_L \beta \dot{I}_b}{r_{be} \dot{I}_b} = \frac{-\beta R'_L}{r_{be}}$$

式中，$R'_L = R_C // R_L$。

当 $R_L = \infty$（开路）时

$$\dot{A}_u = -\frac{\beta R_C}{r_{be}}$$

2）输入电阻：输入电压与输入电流的比值。即在放大电路的输入端有

$$R_i = \frac{\dot{U}_i}{\dot{I}_i} = R_B // r_{be}$$

输入电阻 R_i 的大小决定了放大电路从信号源吸取电流（输入电流）的大小。为了减轻信号源的负担，总希望 R_i 越大越好。另外，较大的输入电阻 R_i，也可以降低信号源内阻 R_s 的影响，使放大电路获得较高的输入电压。在上式中由于 R_B 比 r_{be} 大得多，R_i 近似等于 r_{be}，在几百欧到几千欧，因此一般认为是较低的，并不理想。

3）输出电阻：输出电压与输出电流的比值。求输出电阻的电路如图5-13所示。

R_o 的计算方法是：信号源 $\dot{U}_s$ 短路，断开负载 R_L，在输出端加电压 $\dot{U}$，求出由 $\dot{U}$ 产生的电流 $\dot{I}$，则输出电阻 R_o 为

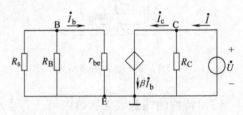

图5-13　求输出电阻的电路

$$R_o = \frac{\dot{U}}{\dot{I}} = R_C$$

对于负载而言，放大器的输出电阻 R_o 越小，负载电阻 R_L 的变化对输出电压的影响就越小，表明放大器带负载能力越强，因此总希望 R_o 越小越好。上式中 R_o 在几千欧到几十千欧，一般认为是较大的，也不理想。

【例5-1】　在图5-14所示电路中，已知 $V_{CC} = 12V$，$R_B = 300k\Omega$，$R_C = 3k\Omega$，$R_L = 3k\Omega$，$R_s = 3k\Omega$，$\beta = 50$，试求：

（1）R_L 接入和断开两种情况下电路的电压放大倍数 $\dot{A}_u$；

（2）输入电阻 R_i 和输出电阻 R_o；

（3）输出端开路时的源电压放大倍数 $\dot{A}_{us} = \dot{U}_o / \dot{U}_s$。

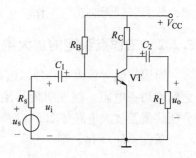

图 5-14　例 5-1 放大电路

【解】　先求静态工作点，通过图 5-15，可得：

$$I_{BQ} = \frac{V_{CC} - U_{BEQ}}{R_B} \approx \frac{V_{CC}}{R_B} = \frac{12}{300}\text{mA} = 40\mu\text{A}$$

$$I_{CQ} = \beta I_{BQ} = 50 \times 0.04\text{mA} = 2\text{mA}$$

$$U_{CEQ} = V_{CC} - I_{CQ} R_C = (12 - 2 \times 3)\text{V} = 6\text{V}$$

再画出放大电路微变等效电路，如图 5-16 所示。
晶体管的动态输入电阻

$$r_{be} = 300 + (1 + \beta)\frac{26\text{mV}}{I_{EQ}} = \left[300 + (1 + 50)\frac{26}{2}\right]\Omega = 963\Omega = 0.963\text{k}\Omega$$

（1）R_L 接入时的电压放大倍数 $\dot{A}_u$ 为

$$\dot{A}_u = -\frac{\beta R_L'}{r_{be}} = -\frac{50 \times \dfrac{3 \times 3}{3 + 3}}{0.963} \approx -78$$

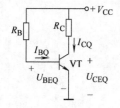

图 5-15　求静态工作点

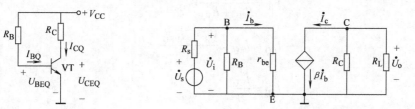

图 5-16　放大电路微变等效电路

R_L 断开时的电压放大倍数 $\dot{A}_u$ 为

$$\dot{A}_u = -\frac{\beta R_C}{r_{be}} = -\frac{50 \times 3}{0.963} \approx -156$$

（2）输入电阻 R_i 为

$$R_i = R_B // r_{be} = (300 // 0.963)\text{k}\Omega \approx 0.96\text{k}\Omega$$

输出电阻 R_o 为

$$R_o = R_C = 3\text{k}\Omega$$

（3）输出端端开路时的源电压放大倍数 $\dot{A}_{us}$ 为

$$\dot{A}_{us} = \frac{\dot{U}_o}{\dot{U}_s} = \frac{\dot{U}_i}{\dot{U}_s}\frac{\dot{U}_o}{\dot{U}_i} = \frac{R_i}{R_s + R_i}\dot{A}_u = \frac{1}{3 + 1} \times (-156) = -39$$

*5.2　工作点稳定的放大电路

5.2.1　温度对工作点的影响

当晶体管的温度升高时，U_{BE} 减小、I_{CBO} 增大、β 增大，都会使得 I_C 增大。如不加以遏制，放大器就无法正常工作。

5.2.2 工作点稳定的放大电路

对固定偏置放大电路加以改造，在晶体管基极与地之间增加一电阻，在发射极与地之间加一电阻和电容。分压式偏置放大电路如图 5-17 所示。

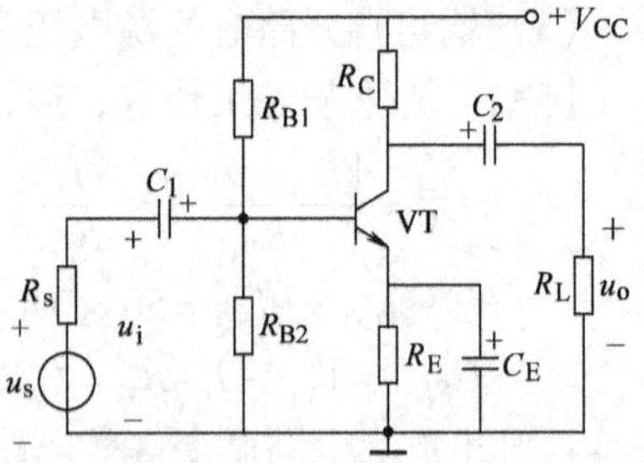

条件：$I_2 \gg I_B$，则

$$V_B = \frac{R_{B2}}{R_{B1} + R_{B2}} V_{CC}$$

与温度基本无关。

调节过程：

温度 $t \uparrow \rightarrow I_C \uparrow \rightarrow I_E \uparrow \rightarrow V_E \ (= I_E R_E) \ \uparrow \rightarrow U_{BE} \ (= V_B - I_E R_E) \ \downarrow \rightarrow I_B \downarrow$

$\qquad\qquad I_C \downarrow$

图 5-17　分压式偏置放大电路

（1）静态分析　分压式偏置放大电路的直流通道电路如图 5-18 所示。

$$V_B = \frac{R_{B2}}{R_{B1} + R_{B2}} V_{CC}$$

$$I_{CQ} \approx I_{EQ} = \frac{V_B - U_{BEQ}}{R_E}$$

$$I_{BQ} = \frac{I_{CQ}}{\beta}$$

$$U_{CEQ} \cong V_{CC} - I_{CQ}(R_C + R_E)$$

（2）动态分析

$$\dot{A}_u = -\frac{\beta R'_L}{r_{be}}$$

$$R_i = R_{B1} // R_{B2} // r_{be}$$

$$R_o = R_C$$

【例 5-2】 图 5-19 所示电路（各电容器电容值足够大），已知 $V_{CC} = 12V$，$R_{B1} = 20k\Omega$，$R_{B2} = 10k\Omega$，$R_C = 3k\Omega$，$R_E = 2k\Omega$，$R_L = 3k\Omega$，$\beta = 50$。试估算静态工作点，并求电压放大倍数、输入电阻和输出电阻。

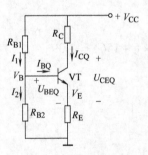

图 5-18　分压式偏置放大
电路的直流通道电路

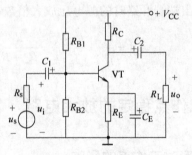

图 5-19　例 5-2 电路图

【解】　（1）用估算法计算静态工作点。

$$V_B = \frac{R_{B2}}{R_{B1} + R_{B2}} V_{CC} = \frac{10}{20 + 10} \times 12\text{V} = 4\text{V}$$

$$I_{CQ} \approx I_{EQ} = \frac{V_B - U_{BEQ}}{R_E} = \frac{4 - 0.7}{2}\text{mA} = 1.65\text{mA}$$

$$I_{BQ} = \frac{I_{CQ}}{\beta} = \frac{1.65}{50}\text{mA} = 33\mu\text{A}$$

$$U_{CEQ} = V_{CC} - I_{CQ}(R_C + R_E) = [12 - 1.65 \times (3 + 2)]\text{V} = 3.75\text{V}$$

（2）求电压放大倍数。

$$r_{be} = 300 + (1 + \beta)\frac{26\text{mV}}{I_{EQ}} = \left[300 + (1 + 50)\frac{26}{1.65}\right]\Omega = 1100\Omega = 1.1\text{k}\Omega$$

$$\dot{A}_u = -\frac{\beta R'_L}{r_{be}} = -\frac{50 \times \frac{3 \times 3}{3 + 3}}{1.1} = -68$$

（3）求输入电阻和输出电阻

$$R_i = R_{B1} // R_{B2} // r_{be} = (20 // 10 // 1.1)\text{k}\Omega \approx 0.994\text{k}\Omega$$

$$R_o = R_C = 3\text{k}\Omega$$

*5.3　其他基本放大电路

在前两节中介绍的放大电路，都是以发射极作为输入回路、输出回路的公共端，称为共射基本放大电路。除此之外，晶体管基本放大电路还有另外两种组态：当晶体管的集电极作为输入回路、输出回路的公共端时，称为共集基本放大电路；当晶体管的基极作为输入回路、输出回路的公共端时，称为共基基本放大电路。

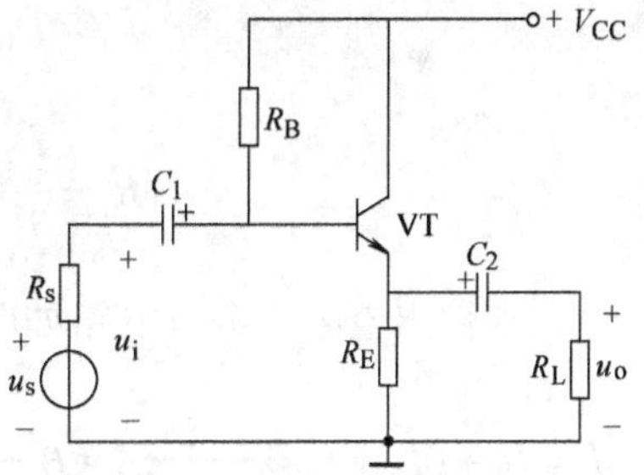

图 5-20　共集基本放大电路
（射极输出器）的结构

5.3.1　共集基本放大电路

共集基本放大电路也叫射极输出器，其放大电路的结构如图 5-20 所示。

1. 静态分析

共集基本放大电路直流通道如图 5-21 所示。

$$V_{CC} = I_{BQ}R_B + U_{BEQ} + I_{EQ}R_E = I_{BQ}R_B + U_{BEQ} + (1 + \beta)I_{BQ}R_E$$

$$I_{BQ} = \frac{V_{CC} - U_{BEQ}}{R_B + (1 + \beta)R_E}$$

$$I_{CQ} = \beta I_{BQ}$$

$$U_{CEQ} = V_{CC} - I_{EQ}R_E \approx V_{CC} - I_{CQ}R_E$$

2. 动态分析

共集基本放大电路交流微变等效电路如图 5-22 所示。

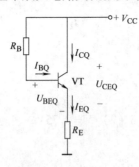
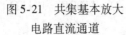
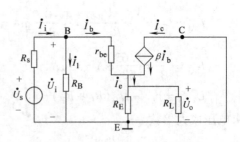

图 5-21　共集基本放大
电路直流通道

图 5-22　共集基本放大电路交流微变等效电路

（1）求电压放大倍数

$$\dot{U}_o = \dot{I}_e R'_L = (1+\beta)\dot{I}_e R'_L$$

$$\dot{U}_i = \dot{I}_b r_{be} + \dot{U}_o = \dot{I}_b r_{be} + (1+\beta)\dot{I}_b R'_L$$

$$\dot{A}_u = \frac{\dot{U}_o}{\dot{U}_i} = \frac{(1+\beta)R'_L}{r_{be} + (1+\beta)R'}$$

（2）求输入电阻

$$\dot{I}_i = \dot{I}_1 + \dot{I}_b = \frac{\dot{U}_i}{R_B} + \frac{\dot{U}_i}{r_{be} + (1+\beta)R'_L}$$

$$R_i = \frac{\dot{U}_i}{\dot{I}_i} = R_B // [r_{be} + (1+\beta)R'_L]$$

（3）求输出电阻　等效电路如图 5-23 所示。

$$\dot{I} = \dot{I}_b + \beta\dot{I}_b + \dot{I}_e = \frac{\dot{U}}{r_{be} + R'_s} + \beta\frac{\dot{U}}{r_{be} + R'_s} + \frac{\dot{U}}{R_E}$$

$$R_o = \frac{\dot{U}}{\dot{I}} = R_E // \frac{r_{be} + R'_s}{1+\beta}$$

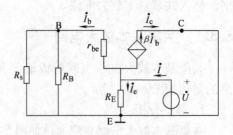

图 5-23　计算输出电阻等效电路

共集基本放大电路的特点有

1）电压放大倍数小于 1，但约等于 1，即电压
跟随。

2）输入电阻较高。

3）输出电阻较低。

共集基本放大电路具有较高的输入电阻和较低的输出电阻，这是共集基本放大电路最突出的优点。共集基本放大电路常用做多级放大器的第一级或最末级，也可用于中间隔离级。

用做输入级时,其高的输入电阻可以减轻信号源的负担,提高放大器的输入电压。用做输出级时,其低的输出电阻可以减小负载变化对输出电压的影响,并易于与低阻负载相匹配,向负载传送尽可能大的功率。

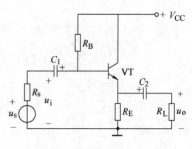

图 5-24　例 5-3 电路

【例 5-3】　电路如图 5-24 所示,已知 $V_{CC} = 12V$, $R_B = 200k\Omega$, $R_E = 2k\Omega$, $R_L = 3k\Omega$, $R_s = 100\Omega$, $\beta = 50$。试估算静态工作点,并求电压放大倍数、输入电阻和输出电阻。

【解】　(1) 用估算法计算静态工作点。

(2) 求电压放大倍数 $\dot{A}_u$、输入电阻 R_i 和输出电阻 R_o。

$$r_{be} = 300 + (1+\beta)\frac{26mV}{I_{EQ}} = \left[300 + (1+50)\frac{26}{1.87}\right]\Omega = 1009\Omega \approx 1k\Omega$$

$$\dot{A}_u = \frac{\dot{U}_o}{\dot{U}_i} = \frac{(1+\beta)R'_L}{r_{be}+(1+\beta)R'_L} = \frac{(1+50)\times 1.2}{1+(1+50)\times 1.2} \approx 0.98$$

式中, $R'_L = R_E // R_L = (2//3)k\Omega = 1.2k\Omega$。

$$R_i = R_B // [r_{be} + (1+\beta)R'_L] = \{200 // [1+(1+50)\times 1.2]\}k\Omega \approx 47.4k\Omega$$

$$R_o \approx \frac{r_{be} + R'_s}{\beta} = \frac{1000 + 100}{50}\Omega = 22\Omega$$

式中, $R'_s = R_B // R_s = (200\times 10^3 // 100)\Omega \approx 100\Omega$。

$$I_{BQ} = \frac{V_{CC} - U_{BEQ}}{R_B + (1+\beta)R_E} = \frac{12 - 0.7}{200 + (1+50)\times 2}mA \approx 0.0374mA = 37.4\mu A$$

$$I_{CQ} = \beta I_{BQ} = 50\times 0.0374mA = 1.87mA$$

$$U_{CEQ} \approx V_{CC} - I_{CQ}R_E = (12 - 1.87\times 2)V = 8.26V$$

5.3.2　共基基本放大电路

共基基本放大电路如图 5-25 所示,从晶体管的发射极输入信号,从晶体管的集电极输出信号。对于交流信号,电容 C_1 相当于短路,则晶体管的基极作为输入回路和输出回路的公共端,因此称为共基基本放大电路。

1. 静态分析

共基基本放大电路直流通路如图 5-26a 所示,其电路结构与分压式偏置共射基本放大电路的直流通路完全相同,可参见 5.2.2 节的分析,此处从略。

2. 动态分析

共基基本放大电路的微变等效电路如图 5-26b 所示。

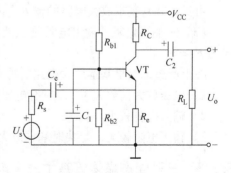

图 5-25　共基基本放大电路

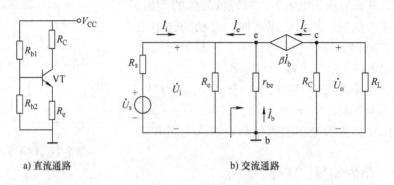

a) 直流通路　　　　　　　　b) 交流通路

图 5-26　共基基本放大电路直流通路和微变等效电路

（1）求电压放大倍数

由输入回路得

$$\dot{A}_u = \frac{\dot{U}_o}{\dot{U}_i} = \frac{-\dot{I}_c(R_c//R_L)}{-\dot{I}_b r_{be}} = \frac{\beta(R_c//R_L)}{r_{be}}$$

可见，共基基本放大电路的输入信号与输出信号相位相同；放大倍数 $|\dot{A}_u| > 1$，说明电路具有电压放大能力；由于 $\dot{I}_c < \dot{I}_e$，所以电路无电流放大能力。

（2）求输入电阻　　输入电阻是从放大电路的输入端看进去的等效电阻，其表达式为

$$R_i = \frac{\dot{U}_i}{\dot{I}_i} = R_e // R_i'$$

式中，$R_i' = \dfrac{\dot{U}_i}{\dot{I}_e} = \dfrac{\dot{U}}{(1+\beta)\dot{I}_b} = \dfrac{\dot{U}_i}{(1+\beta)\dfrac{\dot{U}_i}{r_{be}}} = \dfrac{r_{be}}{1+\beta}$。

则 $R_i = R_e // \dfrac{r_{be}}{1+\beta}$。

可见，共基基本放大电路的输入电阻小，通常为几十欧。

（3）求输出电阻　　输出电阻是从放大电路的输出端看进去的信号源等效内阻，其表达式为 $R_o = R_c$。

综上所述，共集基本放大电路的特点有

1）电压放大倍数大于1，具有电压放大能力，且输入信号和输出信号相位相同。

2）输入电阻较小。

3）输出电阻较大，与共射基本放大电路的输出电阻相同。

5.3.3　三种组态晶体管基本放大电路的性能比较

晶体管基本放大电路分为三种组态：共射基本放大电路、共集基本放大电路和共基基本放大电路。晶体管基本放大电路的比较见表 5-1。

表 5-1　晶体管基本放大电路的比较

类型	共射基本放大电路	共集基本放大电路	共基基本放大电路
电压放大倍数	高	低	高
电流放大倍数	高	高	低
输入电阻	小	大	小
输出电阻	大	小	大
通频带	窄	较宽	宽
应用范围	一般放大	输入级，输出级，中间级	高频，宽频带放大

*5.4　多级放大电路

5.4.1　阻容耦合多级放大电路

当单管放大不能满足放大要求时，可采用多级放大。阻容耦合多级放大电路如图 5-27 所示。放大电路的各级之间通过耦合电容及下级输入电阻连接。

优点：各级静态工作点互不影响，可以单独调整到合适位置；且不存在零点漂移问题。

缺点：不能放大变化缓慢的信号和直流分量变化的信号；且由于需要大容量的耦合电容，因此不能在集成电路中采用。

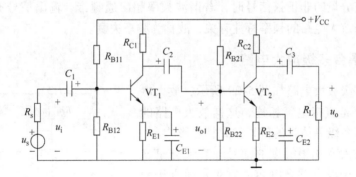

图 5-27　阻容耦合多级放大电路

1. 阻容耦合多级放大电路分析

1）静态分析：各级单独计算。

2）动态分析：

① 电压放大倍数等于各级电压放大倍数的乘积。

$$\dot{A}_u = \frac{\dot{U}_o}{\dot{U}_1} = \frac{\dot{U}_{o1}}{\dot{U}_i} \frac{\dot{U}_o}{\dot{U}_{o1}} = \dot{A}_{u1} \dot{A}_{u2}$$

注意：计算前级的电压放大倍数时必须把后级的输入电阻考虑到前级的负载电阻之中。如计算第一级的电压放大倍数时，其负载电阻就是第二级的输入电阻。

② 输入电阻就是第一级的输入电阻。

③ 输出电阻就是最后一级的输出电阻。

2. 阻容耦合多级放大的频率特性和频率失真

放大电路的频率特性分幅频特性和相频特性。图 5-28 为放大电路的幅频特性。

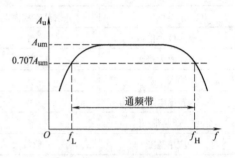

图 5-28　放大电路的幅频特性

中频段：电压放大倍数近似为常数。

低频段：耦合电容和发射极旁路电容的容抗增大，以致不可视为短路，因而造成电压放大倍数减小。

高频段：晶体管的结电容及电路中的分布电容等的容抗减小，以致不可视为开路，也会使电压放大倍数降低。

除了电压放大倍数会随频率而改变外，在低频和高频段，输出信号对输入信号的相位移也要随频率而改变。所以在整个频率范围内，电压放大倍数和相位移都将是频率的函数。电压放大倍数与频率的函数关系称为幅频特性，相位移与频率的函数关系称为相频特性，两者统称为频率特性或频率响应。放大电路呈现带通特性。图 5-28 中 f_H 和 f_L 为电压放大倍数下降到中频段电压放大倍数的 0.707 时所对应的两个频率，分别称为上限频率和下限频率，其差值称为通频带。

一般情况下，放大电路的输入信号都是非正弦信号，其中包含有许多不同频率的谐波成分。由于放大电路对不同频率的正弦信号放大倍数不同，相位移也不一样，所以当输入信号为包含多种谐波分量的非正弦信号时，若谐波频率超出通频带，输出信号 u_o 波形将产生失真。这种失真与放大电路的频率特性有关，故称为频率失真。

5.4.2　直接耦合多级放大电路

直接耦合多级放大电路如图 5-29 所示，放大电路的各级的耦合是直接电气相连，这样放大电路的低频特性较好。各级晶体管的偏置彼此相互影响。

优点：能放大变化很缓慢的信号和直流分量变化的信号；且由于没有耦合电容，故非常适宜于大规模集成。

缺点：各级静态工作点互相影响；且存在零点漂移问题。

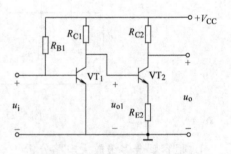

图 5-29　直接耦合多级放大电路

零点漂移：放大电路在无输入信号的情况下，输出电压 u_o 却出现缓慢、不规则波动的现象。产生零点漂移的原因很多，其中最主要的是温度影响。

*5.5　差动放大电路

抑制零点漂移的方法有多种，如采用温度补偿电路、稳压电源以及精选电路元件等方法。最有效且广泛采用的方法是输入级采用差动放大电路。

5.5.1　差动放大电路的工作原理

差动放大电路的构成如图 5-30 所示。由图可知，$u_i = u_{i1} - u_{i2}$，$u_o = u_{o1} - u_{o2}$。

1. 抑制零点漂移的原理

温度变化时两个单管放大电路的工作点都要发生变动，分别产生输出漂移 Δu_{o1} 和 Δu_{o2}。由于电路是对称的，所以 $\Delta u_{o1} = \Delta u_{o2}$，差动放大电路的输出漂移 $\Delta u_o = \Delta u_{o1} - \Delta u_{o2} = 0$，即消除了零点漂移。

2. 差模输入

差模信号：两输入端加的信号大小相等、极性相反

$$u_{i1} = \frac{1}{2}u_i$$

$$u_{i2} = -\frac{1}{2}u_i$$

因两侧电路对称，放大倍数相等，电压放大倍数用 A_d 表示，则

$$u_{o1} = A_d u_{i1}$$

$$u_{o2} = A_d u_{i2}$$

$$u_o = u_{o1} - u_{o2} = A_d(u_{i1} - u_{i2}) = A_d u_i$$

差模电压放大倍数

$$A_d = \frac{u_o}{u_i} = A_u$$

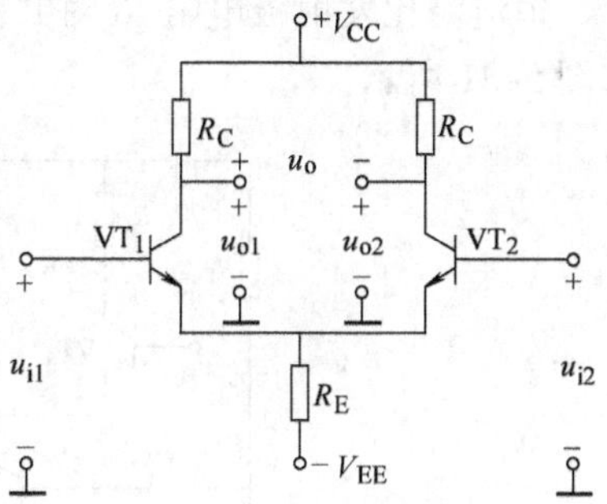

图 5-30　差动放大电路的构成

可见差模电压放大倍数等于单管放大电路的电压放大倍数。差动放大电路用多一倍的元件为代价，换来了对零点漂移的抑制能力。

3. 共模输入

共模信号：两输入端的信号大小相等、极性相同

$$u_{i1} = u_{i2} = u_i$$

$$u_{o1} = u_{o2} = A_u u_i$$

$$u_o = u_{o1} - u_{o2} = 0$$

共模电压放大倍数

$$A_c = \frac{u_o}{u_i} = 0$$

说明电路对共模信号无放大作用，即完全抑制了共模信号。实际上，差动放大电路对零点漂移的抑制就是该电路抑制共模信号的一个特例。所以差动放大电路对共模信号抑制能力的大小，也就是反映了它对零点漂移的抑制能力。

共模抑制比

$$K_{CMR} = 20\lg\left|\frac{A_d}{A_c}\right|$$

共模抑制比越大，表示电路放大差模信号和抑制共模信号的能力越强。

在发射极电阻 R_E 的作用：是为了提高整个电路以及单管放大电路对共模信号的抑制能力。

负电源 V_{EE} 的作用：是为了补偿 R_E 上的直流压降，使发射极基本保持零电位。

恒流源比发射极电阻 R_E 对共模信号具有更强的抑制作用。具有恒流源的差动放大电路如图5-31所示。

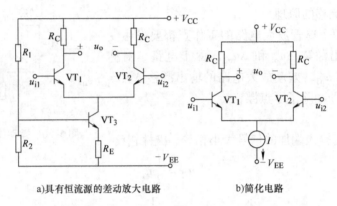

a)具有恒流源的差动放大电路　　　　　b)简化电路

图5-31　具有恒流源的差动放大电路

5.5.2　差动放大电路的输入/输出方式

差动放大电路的输入/输出有4种不同方式，如图5-32所示。

双端输入双端输出式电路如图5-32a所示，其输出 u_o 与输入 u_{i1} 极性（或相位）相反，而与 u_{i2} 极性（或相位）相同。所以 u_{i1} 输入端称为反相输入端，而 u_{i2} 输入端称为同相输入端。

双端输入单端输出式是集成运算放大器的基本输入输出方式，如图5-32b所示。

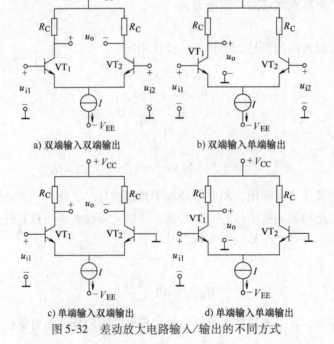

a) 双端输入双端输出　　　　　　　　b) 双端输入单端输出

c) 单端输入双端输出　　　　　　　　d) 单端输入单端输出

图5-32　差动放大电路输入/输出的不同方式

　　单端输入双端输出式差动放大电路如图 5-32c 所示，其输入信号只加到放大器的一个输入端，另一个输入端接地。由于两个晶体管发射极电流之和恒定，所以当输入信号使一个晶体管发射极电流改变时，另一个晶体管发射极电流必然随之作相反的变化，情况和双端输入时相同。此时由于恒流源等效电阻或发射极电阻 R_E 的耦合作用，两个单管放大电路都得到了输入信号的一半，但极性相反，即为差模信号。所以，单端输入属于差模输入。

　　单端输入单端输出式差动电路如图 5-32d 所示，其输出减小了一半，所以差模放大倍数亦减小为双端输出时的 1/2。此外，由于两个单管放大电路的输出漂移不能互相抵消，所以零漂比双端输出时大一些。由于恒流源或发射极电阻 R_E 对零点漂移有极强烈的抑制作用，零漂仍然比单管放大电路小得多。所以单端输出时仍常采用差动放大电路，而不采用单管放大电路。

5.6　互补对称功率放大电路

5.6.1　功率放大电路的特点及类型

　　1. 功率放大电路的特点

　　功率放大电路的任务是向负载提供足够大的功率，这就要求：

　　1）功率放大电路不仅要有较高的输出电压，还要有较大的输出电流。因此功率放大电路中的晶体管通常工作在高电压大电流状态，晶体管的功耗也比较大。对晶体管的各项指标必须认真选择，且尽可能使其得到充分利用。因为功率放大电路中的晶体管处在大信号极限运用状态。

　　2）非线性失真也要比小信号的电压放大电路严重得多。此外，功率放大电路从电源取用的功率较大，以提高电源的利用率。

　　3）必须尽可能提高功率放大电路的效率。放大电路的效率是指负载得到的交流信号功率与直流电源供出功率的比值。

　　2. 功率放大电路的类型

　　功率放大电路分甲类、乙类和甲乙类三种类型，分别如图 5-33 所示。

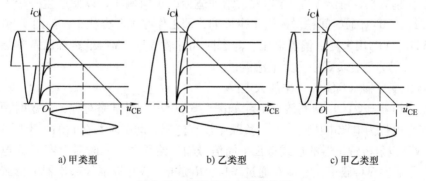

a) 甲类型　　　　　　　　b) 乙类型　　　　　　　　c) 甲乙类型

图 5-33　功率放大电路的类型

5.6.2 互补对称功率放大电路

1. 无输出电容（OCL）功率放大电路

无输出电容 OCL 功率放大电路如图 5-34 所示。

静态（$u_i = 0$）时，$U_B = 0$、$U_E = 0$，偏置电压为零，VT_1、VT_2 均处于截止状态，负载中没有电流，电路工作在乙类状态。

动态（$u_i \neq 0$）时，在 u_i 的正半周 VT_1 导通而 VT_2 截止，VT_1 以射极输出器的形式将正半周信号输出给负载；在 u_i 的负半周 VT_2 导通而 VT_1 截止，VT_2 以射极输出器的形式将负半周信号输出给负载。可见在输入信号 u_i 的整个周期内，VT_1、VT_2 两管轮流交替地工作，互相补充，使负载获得完整的信号波形，故称互补对称电路。

由于 VT_1、VT_2 都工作在共集电极接法，输出电阻极小，可与低阻负载 R_L 直接匹配。

从图 5-35 工作波形可以看到，在波形过零的一个小区域内输出波形产生了失真，这种失真称为交越失真。产生交越失真的原因是由于 VT_1、VT_2 发射结静态偏压为零，放大电路工作在乙类状态。当输入信号 u_i 小于晶体管的发射结死区电压时，两个晶体管都截止，在这一区域内输出电压为零，使波形失真。

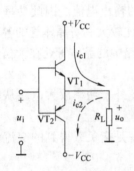

图 5-34 无输出电容（OCL）
功率放大电路

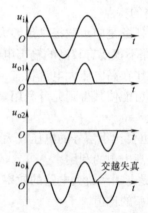

图 5-35 OCL 功率放大电路工作波形

为减小交越失真，可给 VT_1、VT_2 发射结加适当的正向偏压，以便产生一个不大的静态偏流，使 VT_1、VT_2 导通时间稍微超过半个周期，即工作在甲乙类状态，如图 5-36 所示。图中二极管 VD_1、VD_2 用来提供偏置电压。静态时晶体管 VT_1、VT_2 虽然都已基本导通，但因它们对称，U_E 仍为零，负载中仍无电流流过。

2. 无输出变压器（OTL）功率放大电路

无输出变压器（OTL）功率放大电路如图 5-37 所示。因电路对称，静态时两个晶体管发射极连接点电位为电源电压的一半，负载中没有电流。动态时，在 u_i 的正半周 VT_1 导通而 VT_2 截止，VT_1 以射极输出器的形式将正半周信号输出给负载，同时对电容 C 充电；在 u_i 的负半周 VT_2 导通而 VT_1 截止，电容 C 通过 VT_2、R_L 放电，VT_2 以射极输出器的形式将负半周信号输出给负载，电容 C 在这时起到负电源的作用。为了使输出波形对称，必须保持电容 C 上的电压基本维持在 $V_{CC}/2$ 不变，因此 C 的容量必须足够大。

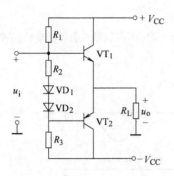

图 5-36 OCL 功率放大加二极管电路

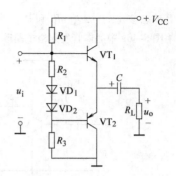

图 5-37 无输出变压器（OTL）功率放大电路

本 章 小 结

晶体管基本放大电路就是设置放大电路使得晶体管处于放大状态。直流负载线的调整保证晶体管处于放大状态。交流负载线调整交流放大参数，并且使得交流信号放大不失真。

单管放大电路的分析包括直流分析和交流分析，以及解析方法和图解分析。直流通道用于直流分析，交流通道用于交流分析。在交流分析半导体晶体管电路时可由微变等效电路构成。在交流小信号时晶体管可看作为受控电流源所构成的电路。

反馈是将输出信号通过反馈电路引回到输入端，对输入信号进行影响。如反馈信号与输入信号极性相反，抵消输入信号，则称为负反馈。反之为正反馈。通过负反馈改善放大器的工作特性。

直流负反馈稳定静态工作点，减少温度对放大电路的影响。交流负反馈改善交流放大参数。

差动放大器抑制零点漂移，改善低频特性。

互补对称功率放大电路有甲类、乙类和甲乙类三种类型之分。

习 题

5-1 在图 5-38 中晶体管是 PNP 型锗管：

（1）在图上标出 V_{CC} 和 C_1、C_2 的极性。

（2）设 $V_{CC} = -12V$，$R_C = 3k\Omega$，$\beta = 75$，如果静态值 $I_C = 1.5mA$，R_B 应调到多大？

（3）在调整静态工作点时，如果不慎将 R_B 调到零，对晶体管有无影响？为什么？通常采用何种措施来防止这种情况发生？

（4）如果静态工作点调整合适后，保持 R_B 固定不变，当温度变化时，静态工作点将如何变化？这种电路能否稳定静态工作点？

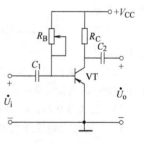

图 5-38 题 5-1 图

5-2 在图 5-39a 所示电路中，输入正弦信号如图 5-39b 所示，输出波形如图 5-39c、d 所示，则波形 u_{ce1} 和 u_{ce2} 各产生了何种失真？怎样才能消除失真？

5-3 在图 5-40a 所示电路中，已知晶体管的 $U_{BE} = 0.7V$，$\beta = 50$，$r_{bb'} = 100\Omega$。

（1）计算静态工作点 Q。

（2）计算动态参数 $\dot{A}_u$、$\dot{A}_{us}$、R_i 和 R_o。

（3）若将图 5-40a 中晶体管发射极电路改为图 5-40b，则（2）中参数哪些会发生变化？并计算之。

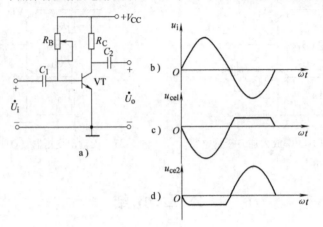

图 5-39　题 5-2 图

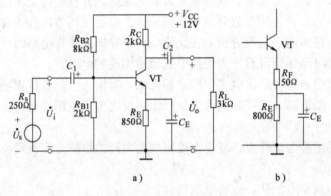

图 5-40　题 5-3 图

5-4　放大电路如图 5-41 所示，已知晶体管的 $\beta = 60$，输入电阻 $r_{be} = 1.8k\Omega$，$U_i = 15mV$，其他参数如图中所示。试求：

（1）放大电路的输入电阻 R_i、输出电阻 R_o 和电压放大倍数 $\dot{A}_u$。

（2）信号源内阻 $R_s = 0$，分别计算放大电路带负载和不带负载时的输出电压 U_o、U_{o0}。

（3）设 $R_s = 0.85k\Omega$，求带负载时的输出电压 U_o。

5-5　某放大电路不带负载时测得输出电压 $U_{o0} = 2V$，带负载 $R_L = 3.9k\Omega$ 后，测得输出电压降为 $U_o = 1.5V$，试求放大电路的输出电阻 R_o。

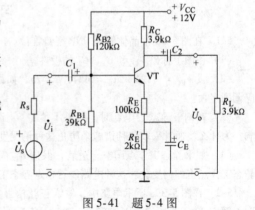

图 5-41　题 5-4 图

5-6　某放大电路的输出电阻 $R_o = 7.5k\Omega$，不带负载时测得输出电压 $U_{o0} = 2V$，则该放大电路带 $R_L = 2.5k\Omega$ 的负载电阻时，输出电压将下降为多少？

5-7　画出图 5-42 所示放大电路的直流通路和微变等效电路。

（1）计算电压放大倍数 $\dot{A}_u$。

（2）求输入电阻 R_i、输出电阻 R_o。

5-8 共集电极放大电路如图 5-43 所示，已知 $V_{CC} = 12V$，$R_B = 220k\Omega$，$R_E = 2.7k\Omega$，$R_L = 2k\Omega$，$\beta = 80$，$r_{be} = 1.5k\Omega$，$U_s = 200mV$，$R_s = 500\Omega$。

（1）画出直流通路并求静态工作点（I_{BQ}、I_{CQ}、U_{CEQ}）。

（2）画出放大电路的微变等效电路。

（3）计算电压放大倍数 $\dot{A}_u$、输入电阻 R_i、输出电阻 R_o 和源电压放大倍数 $\dot{A}_{us}$。

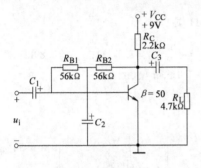

图 5-42 题 5-7 图

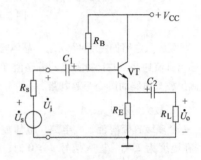

图 5-43 题 5-8 图

5-9 放大电路如图 5-44 所示，已知 $U_{BE} = 0.6V$，$\beta = 40$。试求：

（1）静态工作点（I_{BQ}、I_{CQ}、U_{CEQ}）。

（2）电压放大倍数 $\dot{A}_u$。

（3）输入电阻 R_i 和输出电阻 R_o。

5-10 两级阻容耦合放大电路如图 5-45 所示，晶体管的 $\beta_1 = \beta_2 = 100$，计算 R_i、R_o 和 $\dot{A}_u$。

5-11 在如图 5-46 所示电路中，晶体管的 $r_{be1} = 0.6k\Omega$，$r_{be2} = 1.8k\Omega$。

（1）画出放大电路的微变等效电路。

（2）求电压放大倍数 $\dot{A}_u$。

（3）求输入电阻 R_i 和输出电阻 R_o。

（4）如将两级对调，再求（2）、（3）项并比较两结果。

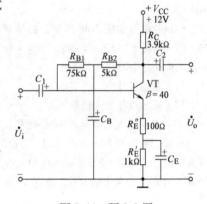

图 5-44 题 5-9 图

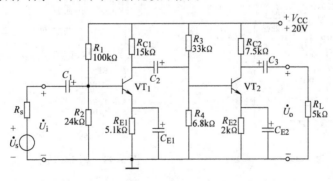

图 5-45 题 5-10 图

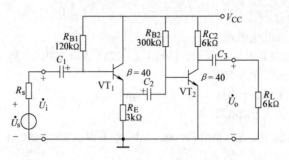

图 5-46　题 5-11 图

5-12　两级放大电路如图 5-47 所示，晶体管的 $\beta_1 = \beta_2 = 40$，$r_{be1} = 1.37\text{k}\Omega$，$r_{be2} = 0.89\text{k}\Omega$。

(1) 画出直流通路，并计算各级的静态值（计算 U_{CE1} 时可忽略 I_{B2}）。

(2) 画出放大电路的微变等效电路。

(3) 求电压放大倍数 $\dot{A}_{u1}$、$\dot{A}_{u2}$ 和 $\dot{A}_u$。

5-13　一个多级直接耦合放大电路，电压放大倍数为 250，在温度为 25℃，输入信号 $u_i = 0$ 时，输出端口电压为 5V，当温度升高到 35℃时，输出端口电压为 5.1V。试求放大电路折合到输入端的温度漂移（μV/℃）。

5-14　电路如图 5-48 所示，晶体管的 $\beta_1 = \beta_2 = 60$，输入电阻 $r_{be1} = r_{be2} = 1\text{k}\Omega$，$U_{BE} = 0.7\text{V}$，电位器的滑动触头在中间位置。试求：

(1) 静态工作点。

(2) 差模电压放大倍数 A_d。

(3) 差模输入电阻 R_{id} 和输出电阻 R_o。

5-15　图 5-49 所示是单端输入 - 单端输出差动放大电路，已知 $\beta = 50$，$U_{BE} = 0.7\text{V}$，试计算差模电压放大倍数 A_d、共模电压放大倍数 A_c 和共模抑制比 K_{CMR}。

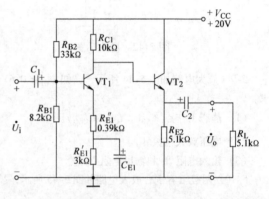

图 5-47　题 5-12 图

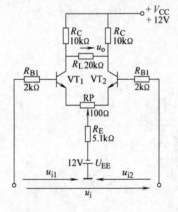

图 5-48　题 5-14 图

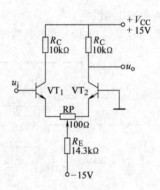

图 5-49　题 5-15 图

5-16　图 5-50 是 OTL（无变压器耦合）乙类互补对称功率放大电路。试求：

(1) 忽略管 VT_1、VT_2 的饱和压降 U_{CES} 时的最大输出信号功率 P_{om}。

（2）若 $U_{CES} = 1V$，为保证 $P_{om} = 8W$，电源 V_{CC} 应为多少？

（3）将该电路改为 OCL（无输出电容）功放，且令 $+V_{CC} = 24V$，$-V_{CC} = -24V$，忽略 U_{CES} 时的 P_{om}。

5-17　图 5-51 是什么电路？VT_4 和 VT_5 是如何连接的，起什么作用？在静态时，$V_A = 0$，VT_3 的集电极电位 V_{C3} 应调到多少？设各管的 $U_{BE} = 0.7V$。

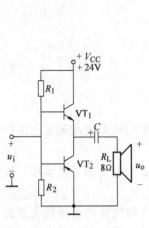

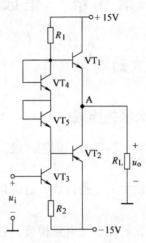

图 5-50　题 5-16 图　　　　　图 5-51　题 5-17 图

5-18　一个放大电路的 $\dot{A}_{um} = -10^3$，$f_L = 10Hz$，$f_H = 1MHz$。试画出它的伯德图（用折线表示的幅频特性曲线）。

5-19　已知放大电路的 $\dot{A}_{um} = -10$，$f_L = 50Hz$，$f_H = 100kHz$。试画出对应图 5-52 所示输入信号 u_{i1} 和 u_{i2} 的幅度为 1V 时的输出波形（标出幅度）。

5-20　已知两级放大电路的总幅频响应曲线如图 5-53 所示。由图确定 f_L、f_H 和 A_{um} 各为多少？

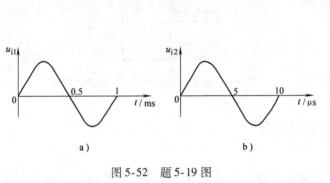

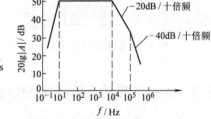

图 5-52　题 5-19 图　　　　　图 5-53　题 5-20 图

第 6 章　集成运算放大器

6.1　集成运算放大器简介

6.1.1　集成运算放大器的组成

集成运算放大器主要由四部分，即输入级、输出级、中间放大级和偏置电路构成，如图 6-1 所示。

输入级：通常由差动放大电路构成，目的是为了减小放大电路的零点漂移、提高输入阻抗。

中间级：通常由共发射极放大电路构成，目的是为了获得较高的电压放大倍数。

输出级：通常由互补对称电路构成，目的是为了减小输出电阻，提高电路的带负载能力

偏置电路：一般由各种恒流源电路构成，作用是为上述各级电路提供稳定、合适的偏置电流，决定各级的静态工作点。

集成运算放大器的电路图形符号如图 6-2 所示。它有两个输入端，标" + "的输入端称为同相输入端，输入信号由此端输入时，输出信号与输入信号相位相同；标" – "的输入端称为反相输入端，输入信号由此端输入时，输出信号与输入信号相位相反。

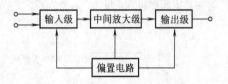
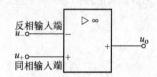

图 6-1　集成运算放大器的组成　　　　图 6-2　集成运算放大器的电路图形符号

6.1.2　集成运算放大器的主要参数及种类

1. 集成运算放大器的主要参数

1）差模开环电压放大倍数 A_{do}：指集成运算放大器本身（无外加反馈回路）的差模电压放大倍数，即 $A_{do} = u_o / (u_+ - u_-)$。它体现了集成运算放大器的电压放大能力，一般在 $10^4 \sim 10^7$ 之间。A_{do} 越大，电路越稳定，运算精度也越高。

2）共模开环电压放大倍数 A_{co}：指集成运算放大器本身的共模电压放大倍数，它反映集成运算放大器抗温漂、抗共模干扰的能力，优质的集成运算放大器 A_{co} 应接近于零。

3）共模抑制比 K_{CMR}：用来综合衡量集成运算放大器的放大能力和抗温漂、抗共模干扰的能力，一般应大于 80dB。

4）差模输入电阻 r_{id}：指差模信号作用下集成运算放大器的输入电阻。

5）输入失调电压 U_{io}：指为使输出电压为零，在输入级所加的补偿电压值。它反映差

动放大部分参数的不对称程度，显然越小越好，一般为毫伏级。

6）失调电压温度系数 $\Delta U_{io}/\Delta T$：是指温度变化 ΔT 时所产生的失调电压变化 ΔU_{io} 的大小，它直接影响集成运算放大器的精确度，一般为几十 $\mu V/℃$。

7）转换速率 S_R：衡量集成运算放大器对高速变化信号的适应能力，一般为几 $V/\mu s$，若输入信号变化速率大于此值，输出波形会严重失真。

2. 集成运算放大器的种类

1）通用型：性能指标适合一般性使用，其特点是电源电压适应范围广，允许有较大的输入电压等，如 CF741 等。

2）低功耗型：静态功耗小于等于 2mW，如 XF253 等。

3）高精度型：失调电压温度系数在 $1\mu V/℃$ 左右，能保证组成的电路对微弱信号检测的准确性，如 CF75、CF7650 等。

4）高阻型：输入电阻可达 $10^{12}\Omega$，如 F55 系列等。

还有宽带型、高压型等。使用时须查阅集成运算放大器手册，详细了解它们的各种参数，作为使用和选择的依据。

6.1.3　集成运算放大器的理想模型

1. 集成运算放大器的理想化参数

集成运算放大器的理想化参数：$A_{do} = \infty$、$r_{id} = \infty$、$r_o = 0$、$K_{CMR} = \infty$ 等，理想运算放大器符号和传输特性如图 6-3 所示。

非线性区分析依据：

当 $u_i > 0$，即 $u_+ > u_-$ 时，$u_o = +U_{OM}$

当 $u_i < 0$，即 $u_+ < u_-$ 时，$u_o = -U_{OM}$

$\pm u_{OM}$ 为正负饱和输出电压。

2. 理想运算放大器在线性区分析依据

1）虚断：由 $r_{id} = \infty$，得 $i_+ = i_- = 0$，即理想运算放大器两个输入端的输入电流为零。

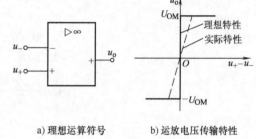

a) 理想运算符号　　b) 运放电压传输特性

图 6-3　运算放大器传输特性

2）虚短：由 $A_{do} = \infty$，得 $u_+ = u_-$，即理想运算放大器两个输入端的电位相等。若信号从反相输入端输入，而同相输入端接地，则 $u_- = u_+ = 0$，即反相输入端的电位为地电位，通常称为虚地。

6.2　模拟运算电路

6.2.1　比例运算电路

1. 反相输入比例运算电路

反相输入比例运算电路如图 6-4 所示。

根据运算放大器工作在线性区的两条分析依据可知：$i_1 = i_f$，$u_- = u_+ = 0$。而

$$i_1 = \frac{u_i - u_-}{R_1} = \frac{u_i}{R_1}$$

$$i_f = \frac{u_- - u_o}{R_F} = -\frac{u_o}{R_F}$$

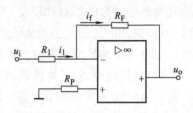

图 6-4 反相输入比例运算电路

由此可得

$$u_o = -\frac{R_F}{R_1} u_i$$

式中的负号表示输出电压与输入电压的相位相反。

闭环电压放大倍数为

$$A_{uf} = \frac{u_o}{u_i} = -\frac{R_F}{R_1}$$

当 $R_F = R_1$ 时，$u_o = -u_i$，即 $A_{uf} = -1$，该电路就成了反相器。

图 6-4 中电阻 R_p 称为平衡电阻，通常取 $R_p = R_1 // R_F$，以保证其输入端的电阻平衡，从而提高差动电路的对称性。

2. 同相输入比例运算电路

同相输入比例运算电路如图 6-5 所示。

根据运算放大器工作在线性区的两条分析依据可知：

$$i_1 = i_f, \quad u_- = u_+ = u_i$$

而

$$i_1 = \frac{0 - u_-}{R_1} = -\frac{u_i}{R_1}$$

$$i_f = \frac{u_- - u_o}{R_F} = -\frac{u_i - u_o}{R_F}$$

由此可得

$$u_o = \left(1 + \frac{R_F}{R_1}\right) u_i$$

输出电压与输入电压的相位相同。

同反相输入比例运算电路一样，为了提高差动电路的对称性，平衡电阻 $R_P = R_1 // R_F$。

闭环电压放大倍数为

$$A_{uf} = \frac{u_o}{u_i} = 1 + \frac{R_F}{R_1}$$

3. 电压跟随器

电压跟随器电路就是将同相输入比例运算电路中的 R_1 断开，R_F，R_P 短路构成的，电路如图 6-6 所示。

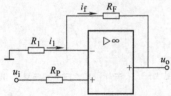

图 6-5 同相输入比例运算电路

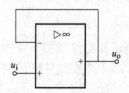

图 6-6 电压跟随器

可见同相比例运算电路的闭环电压放大倍数必定大于或等于 1。当 $R_f = 0$ 或 $R_1 = \infty$ 时，$u_o = u_i$，即 $A_{uf} = 1$，这时输出电压跟随输入电压作相同的变化，称为电压跟随器。

6.2.2　加法和减法运算电路

1. 加法运算电路

加法运算电路如图 6-7 所示。

根据运算放大器工作在线性区的两条分析依据可知：

$$i_f = i_1 + i_2$$

$$i_1 = \frac{u_{i1}}{R_1}, \quad i_2 = \frac{u_{i2}}{R_2}, \quad i_f = -\frac{u_o}{R_F}$$

由此可得

$$u_o = -\left(\frac{R_F}{R_1} u_{i1} + \frac{R_F}{R_2} u_{i2}\right)$$

若 $R_1 = R_2 = R_F$，则

$$u_o = -(u_{i1} + u_{i2})$$

可见输出电压与两个输入电压之间是一种反相输入加法运算关系。这一运算关系可推广到有更多个信号输入的情况。平衡电阻 $R_P = R_1 // R_2 // R_F$。

2. 减法运算电路

减法运算电路如图 6-8 所示。

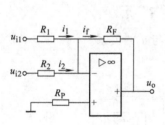

图 6-7　加法运算电路

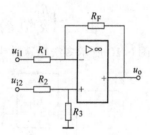

图 6-8　减法运算电路

由叠加定理可知：

u_{i1} 单独作用时为反相输入比例运算电路，其输出电压为

$$u_o' = -\frac{R_F}{R_1} u_{i1}$$

u_{i2} 单独作用时为同相输入比例运算，其输出电压为

$$u_o'' = \left(1 + \frac{R_F}{R_1}\right) \frac{R_3}{R_2 + R_3} u_{i2}$$

u_{i1} 和 u_{i2} 共同作用时，输出电压为

$$u_o = u_o' + u_o'' = -\frac{R_F}{R_1} u_{i1} + \left(1 + \frac{R_F}{R_1}\right) \frac{R_3}{R_2 + R_3} u_{i2}$$

若 $R_3 = \infty$（断开），则

$$u_o = -\frac{R_F}{R_1}u_{i1} + \left(1 + \frac{R_F}{R_1}\right)u_{i2}$$

若 $R_1 = R_2$，且 $R_3 = R_F$，则

$$u_o = \frac{R_F}{R_1}\ (u_{i2} - u_{i1})$$

若 $R_1 = R_2 = R_3 = R_F$，则

$$u_o = u_{i2} - u_{i1}$$

由此可见，输出电压与两个输入电压之差成正比，实现了减法运算。该电路又称为差动输入运算电路或差动放大电路。

【例 6-1】 求图 6-9 所示二级运算放大电路中 u_o 与 u_{i1}、u_{i2} 的关系。

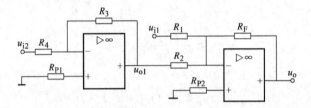

图 6-9　例 6-1 图

【解】 电路由第一级的反相器 N_1 和第二级 N_2 的加法运算电路级联而成。

$$u_{o1} = -u_{i2}$$

$$u_o = -\left(\frac{R_F}{R_1}u_{i1} + \frac{R_F}{R_2}u_{o1}\right) = \frac{R_F}{R_2}u_{i2} - \frac{R_F}{R_1}u_{i1}$$

【例 6-2】 求图 6-10 所示多级运算放大电路中 u_o 与 u_i 的关系。

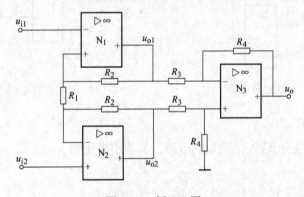

图 6-10　例 6-2 图

【解】 电路由两级放大电路组成。第一级由运算放大器 N_1、N_2 组成，它们都是同相输入，输入电阻很高，并且由于电路结构对称，可抑制零点漂移。根据运算放大器工作在线性区的两条分析依据可知：

$$u_{1-} = u_{1+} = u_{i1}$$

$$u_{2-} = u_{2+} = u_{i2}$$

$$u_{i1} - u_{i2} = u_{1-} - u_{2-} = \frac{R_1}{R_1 + 2R_2}(u_{o1} - u_{o2})$$

故
$$u_{o1} - u_{o2} = \left(1 + \frac{2R_2}{R_1}\right)(u_{i1} - u_{i2})$$

第二级是由运算放大器 N_3 构成的差动放大电路，其输出电压为

$$u_o = \frac{R_4}{R_3}(u_{o2} - u_{o1}) = -\frac{R_4}{R_3}\left(1 + \frac{2R_2}{R_1}\right)(u_{i1} - u_{i2})$$

电压放大倍数为

$$A_{uf} = \frac{u_o}{u_{i1} - u_{i2}} = -\frac{R_4}{R_3}\left(1 + \frac{2R_2}{R_1}\right)$$

6.2.3　积分和微分运算电路

1. 积分运算电路

积分运算电路如图 6-11a 所示。

由于反相输入端虚地，且 $i_+ = i_-$，由图可得

$$i_R = i_C$$

$$i_R = \frac{u_i}{R}, \quad i_C = C\frac{du_C}{dt} = -C\frac{du_o}{dt}$$

由此可得

$$u_o = -\frac{1}{RC}\int u_i dt$$

输出电压与输入电压对时间的积分成正比。

若 u_i 为恒定电压 U，则输出电压 u_o 为

$$u_o = -\frac{U}{RC}t$$

u_i 为恒定电压时积分电路 u_o 的波形如图 6-11b 所示。

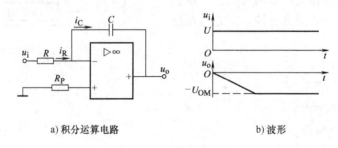

a) 积分运算电路　　　　　　　　b) 波形

图 6-11　积分运算电路

2. 微分运算电路

微分运算电路如图 6-12a 所示。由于反相输入端虚地，且 $i_+ = i_-$，由图可得

$$i_R = i_C$$

$$i_R = -\frac{u_o}{R}, \quad i_C = C\frac{du_C}{dt} = C\frac{du_i}{dt}$$

由此可得

$$u_o = -RC \frac{\mathrm{d}u_i}{\mathrm{d}t}$$

输出电压与输入电压对时间的微分成正比。

若 u_i 为恒定电压 U，则在 u_i 作用于电路的瞬间，微分电路输出一个尖脉冲电压，波形如图 6-12b 所示。

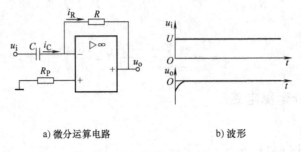

a) 微分运算电路　　　　　　　　b) 波形

图 6-12　微分运算电路

*6.3　放大电路中的负反馈

6.3.1　反馈的基本概念

反馈概念是将放大电路输出信号（电压或电流）的一部分或全部，通过某种电路（反馈电路）回送到输入回路，使电路的输出信号作用于输入信号的过程。反馈原理框图如图 6-13 所示。

输出信号引回到输入回路的信号称为反馈信号。根据反馈信号对输入信号作用的不同，反馈可以分为正反馈和负反馈两大类型。反馈信号减弱原输入信号的为负反馈，反之为正反馈。

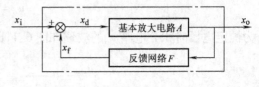

图 6-13　反馈原理框图

信号分析如下：

$$x_d = x_i - x_f$$

$$x_o = Ax_d$$

$$x_f = Fx_o$$

若 x_i、x_f 和 x_d 三者同相，则 $x_d > x_i$，即反馈信号起了削弱输入信号的作用，所以是负反馈。

反馈放大电路的放大倍数为

$$A_f = \frac{x_o}{x_i} = \frac{x_o}{x_d + x_f} = \frac{A}{1 + AF}$$

通常称 A_f 为反馈放大器的闭环放大倍数，A 为开环放大倍数，$|1 + AF|$ 为反馈深度。从上式可知，若 $|1 + AF| > 1$，则 $A_f < A$，说明引入反馈后，由于净输入信号的减小，使放

大倍数降低了，引入的是负反馈，且反馈深度的值越大（即反馈深度越深），负反馈的作用越强，A_f 也越小。若 $|1+AF|<1$，则 $A_f>A$，说明引入反馈后，由于净输入信号的增强，使放大倍数增大了，引入的是正反馈。

　　反馈的正、负极性通常采用瞬时极性法判别。晶体管、场效应晶体管及集成运算放大器的瞬时极性如图 6-14 所示。晶体管（或场效应晶体管）的基极（或栅极）和发射极（或源极）瞬时极性相同，而与集电极（或漏极）瞬时极性相反。集成运算放大器的同相输入端与输出端瞬时极性相同，而反相输入端与输出端瞬时极性相反。

　　【例 6-3】　判断图 6-15 所示电路的反馈极性。

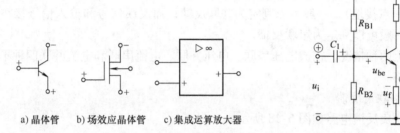

　　　a) 晶体管　　　b) 场效应晶体管　　　c) 集成运算放大器

图 6-14　晶体管、场效应晶体管及集成运算放大电路的图形符号　　　　图 6-15　例 6-3 图

　　【解】　设基极输入信号 u_i 的瞬时极性为正，则发射极反馈信号 u_f 的瞬时极性亦为正，发射结上实际得到的信号 u_{be}（净输入信号）与没有反馈时相比减小了，即反馈信号削弱了输入信号的作用，故可确定为负反馈。

　　【例 6-4】　判断图 6-16 所示电路的反馈极性。

　　【解】　设输入信号 u_i 瞬时极性为正，则输出信号 u_o 的瞬时极性为负，经 R_F 返送回同相输入端，反馈信号 u_f 的瞬时极性为负，净输入信号 u_d 与没有反馈时相比增大了，即反馈信号增强了输入信号的作用，故可确定为正反馈。

　　【例 6-5】　判断图 6-17 所示电路的反馈极性。

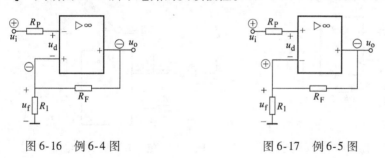

图 6-16　例 6-4 图　　　　　　　　　　　图 6-17　例 6-5 图

　　【解】　设输入信号 u_i 瞬时极性为正，则输出信号 u_o 的瞬时极性为正，经 R_F 返送回反相输入端，反馈信号 u_f 的瞬时极性为正，净输入信号 u_d 与没有反馈时相比减小了，即反馈信号削弱了输入信号的作用，故可确定为负反馈。

6.3.2　反馈的类型及判别

　　根据反馈信号是取自输出电压还是取自输出电流，可以分为电压反馈和电流反馈。

电压反馈的反馈信号 x_f 取自输出电压 u_o，x_f 与 u_o 成正比。

电流反馈的反馈信号 x_f 取自输出电流 i_o，x_f 与 i_o 成正比。

电压反馈和电流反馈的判别，通常是将放大电路的输出端交流短路（即令 $u_o = 0$），若反馈信号消失，则为电压反馈，否则为电流反馈。

根据反馈网络与基本放大电路在输入端的连接方式，可以分为串联反馈和并联反馈。

串联反馈的反馈信号和输入信号以电压串联方式叠加，$u_d = u_i - u_f$，以得到基本放大电路的输入电压 u_d。并联反馈的反馈信号和输入信号以电流并联方式叠加，$i_d = i_i - i_f$，以得到基本放大电路的输入电流 i_i。

串联反馈和并联反馈可以根据电路结构判别。当反馈信号和输入信号接在放大电路的同一点（另外一点接地），一般可以判定为并联反馈；而反馈信号和输入信号接在放大电路的不同点处，一般可以判定为串联反馈。

综合以上两种情况，构成电压串联、电压并联、电流串联和电流并联四种不同类型的负反馈放大电路。

1. 电压串联负反馈

电压串联负反馈电路如图 6-18 所示。

分析图 6-18 电路如下：

1）设输入信号 u_i 瞬时极性为正，则输出信号 u_o 的瞬时极性为正，经 R_F 返送回反相输入端，反馈信号 u_f 的瞬时极性为正，净输入信号 u_d 与没有反馈时相比减小了，即反馈信号削弱了输入信号的作用，故为负反馈。

2）将输出端交流短路，R_F 直接接地，反馈电压 $u_f = 0$，即反馈信号消失，故为电压反馈。

3）输入信号 u_i 加在集成运算放大器的同相输入端和地之间，而反馈信号 u_f 加在集成运算放大器的反相输入端和地之间，不在同一点，故为串联反馈。

2. 电压并联负反馈

电压并联负反馈电路如图 6-19 所示。

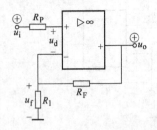

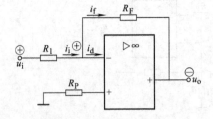

图 6-18　电压串联负反馈电路　　　图 6-19　电压并联负反馈电路

分析过程如下：

1）设输入信号 $u_i(i_i)$ 瞬时极性为正，则输出信号 u_o 的瞬时极性为负，流经 R_F 的电流（反馈信号）i_f 的方向与图示参考方向相同，即 i_f 瞬时极性为正，净输入信号 i_d 与没有反馈时相比减小了，即反馈信号削弱了输入信号的作用，故为负反馈。

2）将输出端交流短路，R_F 直接接地，反馈电流 $i_f = 0$，即反馈信号消失，故为电压反馈。

3）输入信号 i_i 加在集成运算放大器的反相输入端和地之间，而反馈信号 i_f 也加在集成运算放大器的反相输入端和地之间，在同一点，故为并联反馈。

3. 电流串联负反馈

电流串联负反馈电路如图6-20所示。

电路分析如下：

1）设输入信号 u_i 瞬时极性为正，则输出信号 u_o 的瞬时极性为正，经 R_F 返送回反相输入端，反馈信号 u_f 的瞬时极性为正，净输入信号 u_d 与没有反馈时相比减小了，即反馈信号削弱了输入信号的作用，故为负反馈。

2）将输出端交流短路，尽管 $u_o = 0$ ，但输出电流 i_o 仍随输入信号而改变，在 R 上仍有反馈电压 u_f 产生，故可判定不是电压反馈，而是电流反馈。

3）输入信号 u_i 加在集成运算放大器的同相输入端和地之间，而反馈信号 u_f 加在集成运算放大器的反相输入端和地之间，不在同一点，故为串联反馈。

4. 电流并联负反馈

电流并联负反馈电路如图6-21所示。

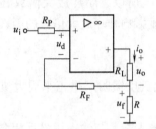

图 6-20　电流串联负反馈电路

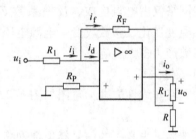

图 6-21　电流并联负反馈电路

电路分析如下：

1）设输入信号 u_i（i_i）瞬时极性为正，则输出信号 u_o 的瞬时极性为负，流经 R_F 的电流（反馈信号）i_f 的方向与图示参考方向相同，即 i_f 瞬时极性为正，净输入信号 i_d 与没有反馈时相比减小了，即反馈信号削弱了输入信号的作用，故为负反馈。

2）将输出端交流短路，尽管 $u_o = 0$，但输出电流 i_o 仍随输入信号而改变，在 R 上仍有反馈电压 u_f 产生，故可判定不是电压反馈，而是电流反馈。

3）输入信号 i_i 加在集成运算放大器的反相输入端和地之间，而反馈信号 i_f 也加在集成运算放大器的反相输入端和地之间，在同一点，故为并联反馈。

6.3.3　负反馈对放大电路性能的影响

1. 稳定放大倍数

$$A_f = \frac{A}{1 + AF}$$

$$\frac{\mathrm{d}A_f}{\mathrm{d}A} = \frac{1 + AF - AF}{(1 + AF)^2} = \frac{1}{(1 + AF)^2} = \frac{1}{1 + AF} \frac{A_f}{A}$$

$$\frac{\mathrm{d}A_f}{A_f} = \frac{1}{1 + AF} \frac{\mathrm{d}A}{A}$$

式中，dA_f/A_f 为闭环放大倍数的相对变化率；dA/A 为开环放大倍数的相对变化率。

对负反馈放大器，由于 $1 + AF > 1$，所以 $dA_f/A_f < dA/A$。上述结果表明，由于外界因素的影响，使开环放大倍数 A 有一个较大的相对变化率时，由于引入负反馈，闭环放大倍数的相对变化率只有开环放大倍数相对变化率的 $1/(1 + AF)$，即闭环放大倍数的稳定性优于开环放大倍数。

如某放大器的开环放大倍数 $A = 1000$，由于外界因素（如温度、电源波动、更换元件等）使其相对变化了 $dA/A = 10\%$，若反馈系数 $F = 0.009$，则闭环放大倍数的相对变化为 $dA_f/A_f = 10\%/(1 + 1000 \times 0.009) = 1\%$，可见放大倍数的稳定性大大提高了。但此时的闭环放大倍数为 $A_f = 1000/(1 + 1000 \times 0.009) = 100$，比开环放大倍数显著降低，即用降低放大倍数的代价换取提高放大倍数的稳定性。

负反馈越深，放大倍数越稳定。在深度负反馈条件下，即 $1 + AF \gg 1$ 时，有

$$A_f = \frac{A}{1 + AF} \approx \frac{1}{F}$$

上式表明深度负反馈时的闭环放大倍数仅取决于反馈系数 F，而与开环放大倍数 A 无关。通常反馈网络仅由电阻构成，反馈系数 F 十分稳定。所以，闭环放大倍数必然是相当稳定的，诸如温度变化、参数改变、电源电压波动等明显影响开环放大倍数的因素，都不会对闭环放大倍数产生多大影响。

2. 减小非线性失真

开环放大电路非线性失真示意图如图 6-22 所示。无负反馈时产生正半周大负半周小的失真。

引入负反馈后，失真了的信号经反馈网络又送回到输入端，与输入信号反相叠加，得到的净输入信号为正半周小而负半周大。这样正好弥补了放大器的缺陷，使输出信号比较接近于正弦波。图 6-23 所示为引入反馈后信号变化的情况。

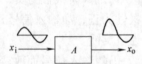

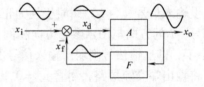

图 6-22　开环放大电路非线性失真示意图　　图 6-23　引入反馈后信号变化的情况

3. 拓宽通频带

引入负反馈可以拓宽放大电路的通频带。这是因为放大电路在中频段的开环放大倍数 A 较高，反馈信号也较大，因而净输入信号降低得较多，闭环放大倍数 A_f 也随之降低较多；而在低频段和高频段，A 较低，反馈信号较小，因而净输入信号降低得较少，闭环放大倍数 A_f 也降低较少。这样使放大倍数在比较宽的频段上趋于稳定，即展宽了通频带。引入负反馈后放大电路的通频带变化的情况如图 6-24 所示。

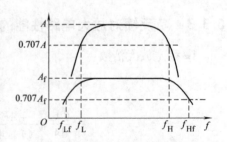

图 6-24　引入负反馈放大电路
的通频带变化的情况

4. 改变输入电阻

对于串联负反馈，由于反馈网络和输入回路串联，总输入电阻为基本放大电路本身的输入电阻与反馈网络的等效电阻两部分串联相加，故可使放大电路的输入电阻增大。

对于并联负反馈，由于反馈网络和输入回路并联，总输入电阻为基本放大电路本身的输入电阻与反馈网络的等效电阻两部分并联，故可使放大电路的输入电阻减小。

5. 改变输出电阻

对于电压负反馈，由于反馈信号正比于输出电压，反馈的作用是使输出电压趋于稳定，使其受负载变动的影响减小，即使放大电路的输出特性接近理想电压源特性，故而使输出电阻减小。

对于电流负反馈，由于反馈信号正比于输出电流，反馈的作用是使输出电流趋于稳定，使其受负载变动的影响减小，即使放大电路的输出特性接近理想电流源特性，故而使输出电阻增大。

*6.4　信号处理电路

6.4.1　有源滤波器

滤波器作用是选出所需要的频率范围内的信号，使其顺利通过；而对于频率超出此范围的信号，使其不易通过。

不同的滤波器具有不同的频率特性，大致可分为低通、高通、带通和带阻 4 种。

无源滤波器是由无源元件 R、C 构成的滤波器。无源滤波器的带负载能力较差，这是因为无源滤波器与负载间没有隔离，当在输出端接上负载时，负载也将成为滤波器的一部分，这必然导致滤波器频率特性的改变。此外，由于无源滤波器仅由无源元件构成，无放大能力，所以对输入信号总是衰减的。

有源滤波器由无源元件 R、C 和放大电路构成的滤波器。放大电路广泛采用带有深度负反馈的集成运算放大器。由于集成运算放大器具有高输入阻抗、低输出阻抗的特性，使滤波器输出和输入间有良好的隔离，便于级联，以构成滤波特性好或频率特性有特殊要求的滤波器。

图 6-25 所示为一个一阶低通滤波器。

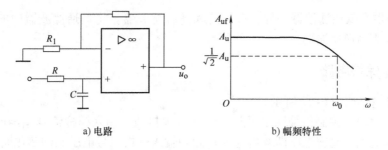

a) 电路　　　　　　　　　　　　　b) 幅频特性

图 6-25　一阶低通滤波器

根据 6-25a 的电路图可以分析如下：

$$\dot{U}_+ = \dot{U}_C = \frac{\dfrac{1}{\mathrm{j}\omega C}}{R + \dfrac{1}{\mathrm{j}\omega C}}\dot{U}_i = \frac{\dot{U}_i}{1 + \mathrm{j}\omega RC}$$

$$\dot{U}_o = \left(1 + \frac{R_F}{R_1}\right)\dot{U}_+ = \left(1 + \frac{R_F}{R_1}\right)\frac{\dot{U}_i}{1 + \mathrm{j}\omega RC}$$

$$\dot{A}_{uf} = \frac{\dot{U}_o}{\dot{U}_i} = \left(1 + \frac{R_F}{R_1}\right)\frac{1}{1 + \mathrm{j}\omega RC} = \frac{A_u}{1 + \mathrm{j}\dfrac{\omega}{\omega_0}}$$

式中，A_u 为通频带放大倍数，$A_u = 1 + \dfrac{R_F}{R_1}$；$\omega_0$ 为截止角频率，$\omega_0 = \dfrac{1}{RC}$。

电压放大倍数的幅频特性为

$$A_{uf} = \frac{A_u}{\sqrt{1 + \left(\dfrac{\omega}{\omega_0}\right)^2}}$$

截止角频率为

$$\omega_0 = \frac{1}{RC}$$

　　一阶有源低通滤波器的幅频特性与理想特性相差较大，滤波效果不够理想，采用二阶或高阶有源滤波器可明显改善滤波效果。图 6-26 所示为用二阶 RC 低通滤波电路串联后接入集成运算放大器构成的二阶低通有源滤波器及其幅频特性。

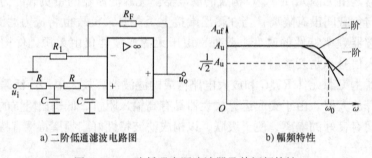

a) 二阶低通滤波电路图　　　　　　b) 幅频特性

图 6-26　二阶低通有源滤波器及其幅频特性

　　高通滤波器和低通滤波器一样，有一阶和高阶滤波器。将低通滤波器中的电阻 R 和电容 C 对调即成为高通滤波器。

6.4.2　采样保持电路

　　采样保持电路如图 6-27 所示。

　　（1）采样阶段　控制信号 u_G 出现时，电子开关接通，输入模拟信号 u_i 经电子开关使保持电容 C 迅速充电，电容电压即输出电压 u_o 跟随输入模拟信号电压 u_i 的变化而变化。

　　（2）保持阶段　$u_G = 0$，电子开关断开，保持电容 C 上的电压因为没有放电回路而得以保持。一直到下一次控制信号的到来，开始新的采样保持周期。

　　采样保持电路波形如图 6-28 所示。

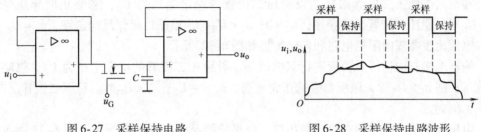

图 6-27　采样保持电路　　　　　　图 6-28　采样保持电路波形

6.4.3　电压比较器

运算放大器处在开环状态，电路图如图 6-29a 所示，由于电压放大倍数极高，当输入端之间只要有很微小的电压时，运算放大器便进入非线性工作区域，输出电压 u_o 达到最大值 U_{OM}。电压传输特性如图 6-29b 所示。

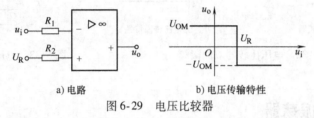

a) 电路　　　　　　　　　b) 电压传输特性

图 6-29　电压比较器

电压比较器输出电压为

$$u_i < U_R \text{ 时，} u_o = U_{OM}$$
$$u_i > U_R \text{ 时，} u_o = -U_{OM}$$

过零比较器电路如图 6-30a 所示，当基准电压 $U_R = 0$ 时，输入电压 u_i 与零电位比较，称为过零比较器。传输特性如图 6-30b 所示。

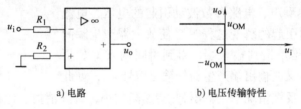

a) 电路　　　　　　　　　b) 电压传输特性

图 6-30　比较电压为零

电压比较输出端接稳压二极管限幅电路和电压传输特性如图 6-31 所示。

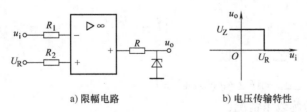

a) 限幅电路　　　　　　　　b) 电压传输特性

图 6-31　电压比较输出端接稳压二极管限幅

输出端接稳压二极管限幅。设稳压二极管的稳定电压为 U_Z，忽略正向导通电压，则 $u_i > U_R$ 时，稳压二极管正向导通，$u_o = 0$；$u_i < U_R$ 时，稳压二极管反向击穿，$u_o = U_Z$。

电压比较器双向限幅电路和传输特性如图 6-32 所示。

输出端接双向稳压二极管进行双向限幅。设稳压二极管的稳定电压为 U_Z，忽略正向导通电压，则 $u_i > U_R$ 时，稳压二极管正向导通，$u_o = -U_Z$；$u_i < U_R$ 时，稳压二极管反向击穿，$u_o = +U_Z$ 时。

电压比较器广泛应用在模 – 数接口、电平检测及波形变换等领域。图 6-33 所示为过零比较器把正弦波变换为矩形波的波形。

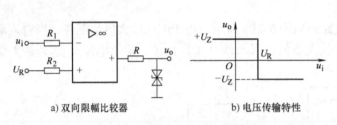

a) 双向限幅比较器　　　b) 电压传输特性

图 6-32　电压比较器双向限幅

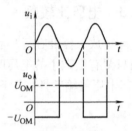

图 6-33　电压比较器双向限幅波形

*6.5　正弦波振荡器

6.5.1　自激振荡条件

正弦波振荡器原理框图如图 6-34 所示。

起振过程：在无输入信号（$x_i = 0$）时，电路中的骚扰电压（如元器件的热噪声、电路参数波动引起的电压、电流的变化、电源接通时引起的瞬变过程等）使放大器产生瞬间输出 x'_o，经反馈网络反馈到输入端，得到瞬间输入 x_d，再经基本放大器放大，又在输出端产生新的输出信号 x'_o，如此

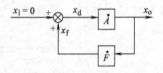

图 6-34　正弦波振荡器原理框图

反复。在无反馈或负反馈情况下，输出 x'_o 会逐渐减小，直到消失。但在正反馈情况下，x'_o 会很快增大，最后由于饱和等原因输出稳定在 x_o，并靠反馈永久保持下去。

可见产生自激振荡必须满足 $\dot{X}_f = \dot{X}_d$。由于 $\dot{X}_f = \dot{F}\dot{X}_o$，$\dot{X}_o = \dot{A}\dot{X}_d$，由此可得产生自激振荡的条件为

$$\dot{A}\dot{F} = 1$$

由于 $\dot{A} = A\angle\varphi_A$，$\dot{F} = F\angle\varphi_F$，所以

$$\dot{A}\dot{F} = A\angle\varphi_A, F\angle\varphi_F = AF\angle(\varphi_A + \varphi_F) = 1$$

自激振荡条件又可分为以下情况：

幅值条件：$AF = 1$，表示反馈信号与输入信号的大小相等。

相位条件：$\varphi_A + \varphi_F = \pm 2n\pi$，表示反馈信号与输入信号的相位相同，即必须是正反馈。

起振时必须满足：$AF > 1$。

6.5.2　RC 正弦波振荡器

正弦波振荡器的基本组成部分：

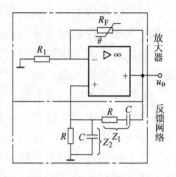

1）基本放大电路；

2）正反馈网络；

3）选频网络。

正弦波振荡器的分类：

1）RC 正弦波振荡器；

2）LC 正弦波振荡器

RC 正弦振荡器又称文氏电桥振荡器，其电路如图 6-35 所示。

图 6-35　文氏电桥振荡器

放大器的电压放大倍数为

$$\dot{A} = \left(1 + \frac{R_F}{R_1}\right)\dot{A} = 1 + \frac{R_F}{R_1}$$

RC 反馈网络的反馈系数为

$$\dot{F} = \frac{Z_2}{Z_1 + Z_2} = \frac{1}{3 + j\left(\omega RC - \dfrac{1}{\omega RC}\right)}$$

反馈网络具有选频作用

$$\dot{A}\dot{F} = \left(1 + \frac{R_F}{R_1}\right)\frac{1}{3 + j\left(\omega RC - \dfrac{1}{\omega RC}\right)}$$

为满足振荡的相位条件 $\varphi_A + \varphi_F = \pm 2n\pi$，上式的虚部必须为零，即

$$\omega_0 = \frac{1}{RC}$$

可见该电路只有在这一特定的频率下才能形成正反馈。同时，为满足振荡的幅值条件 $AF = 1$，而且当 $\omega = \omega_0$ 时 $F = 1/3$，故还必须使

$$A = 1 + \frac{R_F}{R_1} = 3$$

为了顺利起振，应使 $AF > 1$，即 $A > 3$。接入一个具有负温度系数的热敏电阻 R_F，且 $R_F > 2R_1$，以便顺利起振。当振荡器的输出幅值增大时，流过 R_F 的电流增加，产生较多的热量，使其阻值减小，负反馈作用增强，放大器的放大倍数 A 减小，从而限制了振幅的增长。直至 $AF = 1$，振荡器的输出幅值趋于稳定。这种振荡电路，由于放大器始终工作在线性区，输出波形的非线性失真较小。

利用双联同轴可变电容器，同时调节选频网络的两个电容，或者用双联同轴电位器，同时调节选频网络的两个电阻，都可方便地调节振荡频率。

文氏电桥振荡器频率调节方便，波形失真小，是应用最广泛的 RC 正弦波振荡器。

本 章 小 结

集成运算放大器介绍，集成运算放大器是由输入级、中间放大级、输出级和偏置电路四大部分构成。理想运算放大器的放大系数为无穷大，输入电阻为无穷大，输出电阻为零。

模拟运算放大电路的分析方法，牢记"虚短，虚断"，即同相输入端电压等于反相输入端电压；同相输入端电流与反相输入端电流都为零。

运算放大器的运算有加、减、微分、积分等。

放大电路中的反馈就是将输出信号引回到输入端与影响输入信号；若这种影响是减弱输入信号的就是负反馈，反之为正反馈。从输出回路看若负反馈稳定的是电压就是电压负反馈，稳定的是电流就电流负反馈。从输入回路看，若反馈量是电流量反馈类型就是并联结构的；若反馈量是电压就是串联型。

负反馈的采用减小了放大器的信号失真，提高了信号的频带，稳定了放大电路的信号，影响了输入、输出电阻。

信号处理电路有滤波电路，采样保持电路等。

正弦波振荡器，主要介绍了 RC 正弦振荡电路。

习 题

6-1　什么叫"虚短"和"虚断"？

6-2　理想运算放大器工作在线性区和饱和区时各有什么特点？分析方法有何不同？

6-3　要使运算放大器工作在线性区，为什么通常要引入负反馈？

6-4　已知 F007 运算放大器的开环放大倍数 $A_{uo} = 100\text{dB}$，差模输入电阻 $r_{id} = 2\text{M}\Omega$，最大输出电压 $U_{o(sat)} = \pm 12\text{V}$。为了保证工作在线性区，试求：

(1)　u_+ 和 u_- 的最大允许值。

(2)　输入端电流的最大允许值。

6-5　图 6-36 所示电路，设集成运算放大器为理想元件。试计算电路的输出电压 u_o 和平衡电阻 R 的值。

6-6　图 6-37 所示是一个电压放大倍数连续可调的电路，试问电压放大倍数 A_{uf} 的可调范围是多少？

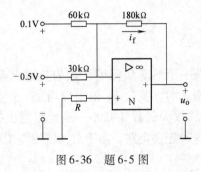

图 6-36　题 6-5 图

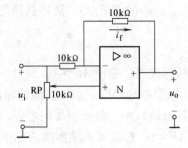

图 6-37　题 6-6 图

6-7　求图 6-38 所示电路的 u_i 和 u_o 的运算关系式。

6-8　在图 6-39 中，已知 $R_F = 2R_1$，$u_i = -2V$，试求输出电压 u_o。

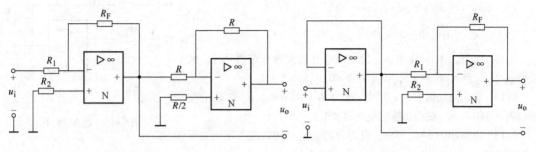

图 6-38　题 6-7 图　　　　　　　　图 6-39　题 6-8 图

6-9　电路如图 6-40 所示，已知各输入信号分别为 $u_{i1} = 0.5V$，$u_{i2} = -2V$，$u_{i3} = 1V$，$R_1 = 20k\Omega$，$R_2 = 50k\Omega$，$R_4 = 30k\Omega$，$R_5 = R_6 = 39k\Omega$，$R_{F1} = 100k\Omega$，$R_{F2} = 60k\Omega$。

（1）图 6-40 中两个运算放大器分别构成何种单元电路？

（2）求出电路的输出电压 u_o。

（3）试确定电阻 R_3 的值。

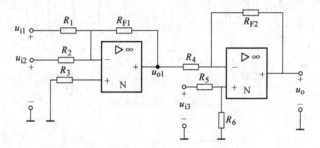

图 6-40　题 6-9 图

6-10　求图 6-41 所示电路中 u_o 与三个输入电压的运算关系式。

6-11　图 6-42 所示电路是一种求和积分电路，设集成运算放大器为理想元件，当取 $R_1 = R_2 = R$ 时，证明输出电压信号 u_o 与两个输入信号的关系为

$$u_o = -\frac{1}{RC_F}\int (u_{i1} + u_{i2})\,dt$$

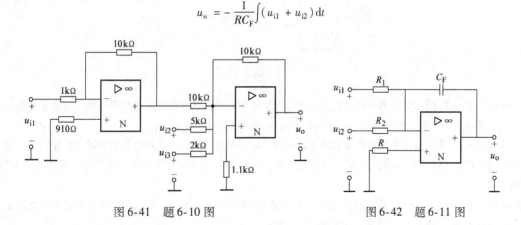

图 6-41　题 6-10 图　　　　　　　　图 6-42　题 6-11 图

6-12　设计出实现如下运算功能的运算电路图。

（1）$u_o = -3u_i$。

(2) $u_o = 2u_{i1} - u_{i2}$。

(3) $u_o = -(u_{i1} + 0.2u_{i2})$。

(4) $u_o = -10\int u_{i2}dt - 2\int u_{i2}dt$。

6-13 电路如图6-43所示，设集成运算放大器为理想元件，试推导 u_o 与 u_{i1} 及 u_{i2} 的关系。（设 $u_o(0) = 0$）。

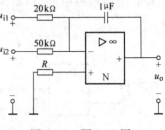

图6-43 题6-13图

6-14 设电路如图6-44a所示，已知 $R_1 = R_2 = R_F$，u_{i1} 和 u_{i2} 的波形如图6-44b所示，试画出输出电压的波形。

6-15 电路如图6-45所示，设电容器的电压初始值为零，试写出输出电压 u_o 与输入电压 u_{i1} 及 u_{i2} 之间的关系式。

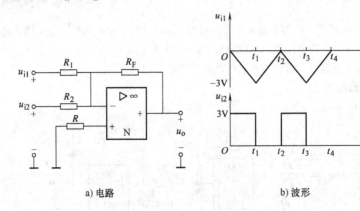

a) 电路   b) 波形

图6-44 题6-14图

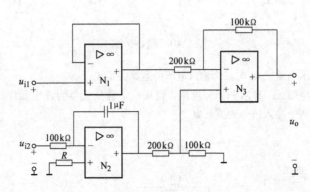

图6-45 题6-15图

6-16 图6-46所示电路为两输入信号的同相加法运算电路，试求输出信号和两个输入信号的关系。若 $R_1 = R_2 = R_3 = 6k\Omega$，$R_4 = R_F = 3k\Omega$，$u_{i1} = 5mV$，$u_{i2} = 10mV$，求输出电压 u_o。

6-17 图6-47是应用集成运算放大器测量电压的原理电路，设图中集成运算放大器为理想元件，输出端接有满量程为5V、500μA的电压表，欲得到50V、10V、5V、0.1V四种量程，试计算各量程 $R_1 \sim R_4$ 的阻值。

6-18 图6-48所示电路是应用集成运算放大器测量电阻的原理电路，设图中集成运算放大器为理想元件。当输出电压为5V时，试计算被测电阻 R_x 的阻值。

6-19 图6-49是测量小电流的原理电路，设图中的集成运算放大器为理想元件，输出端接有满量程为5V、500μA的电压表。试计算各量程电阻 R_1、R_2、R_3 的阻值。

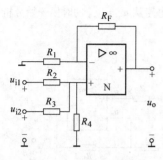

图 6-46 题 6-16 图

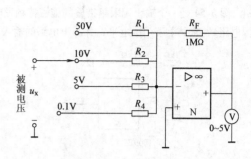

图 6-47 题 6-17 图

6-20 图 6-50 是一个比例－积分－微分校正电路，又称比例－积分－微分调节器。其输出信号的相位在低频段滞后于输入信号，而在高频段又超前于输入信号，所以又称为滞后超前校正电路。该电路的原理广泛应用于控制系统中，起到调节过程的作用，试求出该电路中输出和输入的基本关系式。

6-21 图 6-51 中，运算放大器的最大输出电压 $U_{OM} = \pm 12V$，稳压二极管的稳定电压 $U_Z = 6V$，其正向压降 $U_D = 0.7V$，$u_1 = 12\sin\omega t$ V。当参考电压 $U_{REF} = \pm 3V$ 两种情况下，试画出传输特性和输出电压 u_o 的波形。

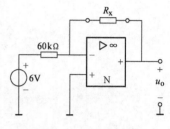

图 6-48 题 6-18 图

6-22 电路如图 6-52 所示，已知 $U_{REF} = 1V$，$u_i = 10\sin\omega t$ V，$U_Z = 6.3V$，稳压二极管正向导通电压为 0.7V。试画出 u_o 对应于 u_i 的波形。

6-23 电路如图 6-53 所示，$t = 0$ 时，u_i 从 0 变为 +5V，试求要经过多长时间 u_o 由负饱和值变为正饱和值（设 $t = 0$ 时，电容电压为零）。

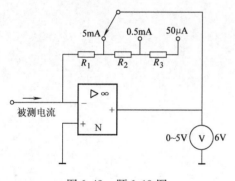

图 6-49 题 6-19 图

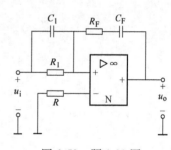

图 6-50 题 6-20 图

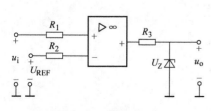

图 6-51 题 6-21 图

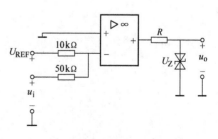

图 6-52 题 6-22 图

6-24　图 6-54 是一个输出无限幅措施的施密特触发电路。设电路从 $u_o = U_{o+}$ 的时候开始分析（U_{o+} 接近正电源电压），求其上下门限电平，并画出电路的输入/输出关系。

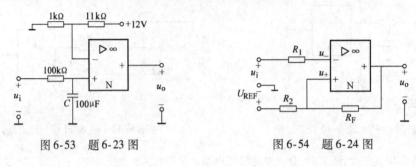

图 6-53　题 6-23 图　　　　　　　　图 6-54　题 6-24 图

第 7 章　直流稳压电源

7.1　二极管整流电路

利用二极管的单向导电性，把交流电转变成单向脉动直流电的电路称为二极管整流电路。整流电路按其输入电源的相数可以分为单相整流电路和三相整流电路。单相整流电路的常见结构形式有单相半波整流电路、单相全波整流电路和单相桥式整流电路。目前，广泛使用的是单相桥式整流电路。

7.1.1　单相半波整流电路

单相半波整流电路如图 7-1a 所示。当变压器二次电压 u_2 为正半周时，二极管 VD 因施加了正向电压而导通，此时负载有电流流过，并且与二极管上的电流相等，即 $i_o = i_d$。若忽略二极管的管压降，则负载两端的输出电压等于变压器二次电压，即 $u_o = u_2$，输出电压 u_o 的波形与 u_2 相同。当 u_2 为负半周时，二极管 VD 承受反向电压而截止，此时负载上无电流流过，输出电压 $u_o = 0$，变压器二次电压 u_2 全部加在二极管 VD 上。

单相半波整流电路的波形如图 7-1b 所示。

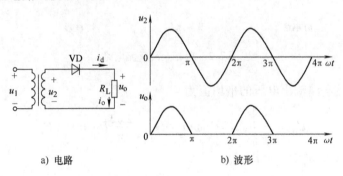

a) 电路　　　　　　　　　　　　b) 波形

图 7-1　单相半波整流电路

单相半波整流电路输出电压的平均值为

$$U_o = \frac{1}{2\pi}\int_0^\pi \sqrt{2}U_2\sin\omega t\, d(\omega t) = \frac{\sqrt{2}}{\pi}U_2 = 0.45U_2$$

流过负载电阻 R_L 的电流平均值为

$$I_o = \frac{U_o}{R_L} = 0.45\frac{U_2}{R_L}$$

流过二极管 VD 的电流平均值与负载电流平均值相等，即

$$I_D = I_o = 0.45\frac{U_2}{R_L}$$

二极管截止时承受的最高反向电压为 u_2 的最大值，即

$$U_{RM} = U_{2M} = \sqrt{2}U_2$$

7.1.2　单相全波整流电路

单相全波整流电路如图 7-2a 所示。当变压器二次电压 u_2 为正半周时，二极管 VD_1 承受正向电压导通、二极管 VD_2 承受反向电压截止，此时负载有电流流过，并且与流过二极管 VD_1 的电流相等，即 $i_o = i_{D1}$。若忽略二极管的管压降，则有 $u_o = u_2$，输出电压 u_o 的波形与 u_2 相同。当 u_2 为负半周时，二极管 VD_1 承受反向电压截止、二极管 VD_2 承受正向电压导通，此时负载有电流流过，并且与流过二极管 VD_2 的电流相等，即 $i_o = i_{D2}$。若忽略二极管的管压降，则有 $u_o = -u_2$，输出电压 u_o 的波形与 u_2 相反。可见，变压器二次侧电压处于正负半周时，负载上得到的电压方向一致，为直流电。

单相全波整流电路的波形如图 7-2b 所示。

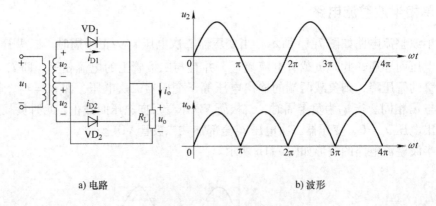

a) 电路　　　　　　　　　　　　　　　b) 波形

图 7-2　单相全波整流电路

单相全波整流电路输出电压的平均值为

$$U_o = \frac{1}{\pi}\int_0^\pi \sqrt{2}U_2\sin\omega t \, d(\omega t) = \frac{2\sqrt{2}}{\pi}U_2 = 0.9U_2$$

流过负载电阻 R_L 的电流平均值为

$$I_o = \frac{U_o}{R_L} = 0.9\frac{U_2}{R_L}$$

流过二极管 VD_1、VD_2 的电流平均值是负载电流平均值的一半，即

$$I_{D1} = I_{D2} = \frac{1}{2}I_o = 0.45\frac{U_2}{R_L}$$

二极管截止时承受的最高反向电压为 u_2 的最大值的两倍，即

$$U_{RM} = 2U_{2M} = 2\sqrt{2}U_2$$

7.1.3　单相桥式整流电路

单相桥式整流电路如图 7-3a 所示，桥式电路由 4 个二极管构成，图 7-3b 为桥式电路的简化画法。

当整流电路的二次电压 u_2 为正半周时，a 点电位高于 b 点电位，二极管 VD_1、VD_3 承受正向电压而导通，VD_2、VD_4 承受反向电压而截止。此时电流的路径为：a→VD_1→R_L→VD_3→b，如图 7-3a 中的实线箭头所示。

当 u_2 为负半周时，b 点电位高于 a 点电位，二极管 VD_2、VD_4 承受正向电压而导通，VD_1、VD_3 承受反向电压而截止。此时电流的路径为：b→VD_2→R_L→VD_4→a，如图 7-3a 中虚线箭头所示。

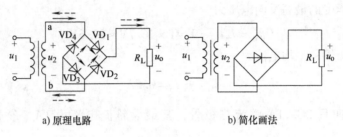

　　a) 原理电路　　　　　　　　　　b) 简化画法

图 7-3　单相桥式整流电路

单相桥式整流电路的输入、输出波形如图 7-4 所示。流过二极管 VD_3、VD_4 的电流分别与流过二极管 VD_1、VD_2 的电流 i_{D1}、i_{D2} 相等，图中省略。

单相桥式整流电路输出电压的平均值为

$$U_o = \frac{1}{\pi}\int_0^{\pi}\sqrt{2}U_2\sin\omega t\,\mathrm{d}(\omega t) = 2\frac{\sqrt{2}}{\pi}U_2 = 0.9U_2$$

流过负载电阻 R_L 的电流平均值为

$$I_o = \frac{U_o}{R_L} = 0.9\frac{U_2}{R_L}$$

流经每个二极管的电流平均值为负载电流的一半，即

$$I_D = \frac{1}{2}I_o = 0.45\frac{U_2}{R_L}$$

每个二极管在截止时承受的最高反向电压为 u_2 的最大值，即

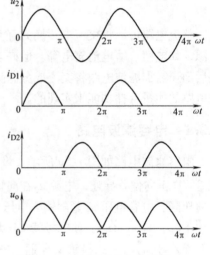

图 7-4　单相桥式整流电路输入、输出波形

$$U_{RM} = U_{2M} = \sqrt{2}U_2$$

【例 7-1】　试设计一台输出电压为 24V，输出电流为 1A 的直流电源，电路形式可采用单相半波整流或单相桥式整流，试确定两种电路形式中变压器二次绕组的电压有效值，并选定相应的整流二极管。

【解】　（1）当采用单相半波整流电路时，变压器二次绕组电压有效值为

$$U_2 = \frac{U_o}{0.45} = \frac{24}{0.45}\mathrm{V} \approx 53.3\mathrm{V}$$

整流二极管承受的最高反向电压为

$$U_{RM} = \sqrt{2}U_2 = 1.41 \times 53.3\mathrm{V} \approx 75.2\mathrm{V}$$

流过整流二极管的平均电流为

$$I_D = I_o = 1A$$

因此可选用 2CZ12B 整流二极管，其最大整流电流为3A，最高反向工作电压为200V。

（2）当采用单相桥式整流电路时，变压器二次绕组电压有效值为

$$U_2 = \frac{U_o}{0.9} = \frac{24}{0.9}V \approx 26.7V$$

整流二极管承受的最高反向电压为

$$U_{RM} = \sqrt{2}U_2 = 1.41 \times 26.7V \approx 37.6V$$

流过整流二极管的平均电流为

$$I_D = \frac{1}{2}I_o = 0.5A$$

因此可选用四只 2CZ11A 整流二极管，其最大整流电流为 1A，最高反向工作电压为 100V。

7.2　滤波电路

整流电路可以将交流电转换为直流电，但脉动较大，在某些应用中可直接使用脉动直流电源，如电镀、蓄电池充电等。但许多电子设备需要平稳的直流电源。这种电源中的整流电路后面还需加滤波电路将交流成分滤除，以得到比较平滑的输出电压。滤波通常是利用电容或电感的能量存储功能来实现的。

7.2.1　电容滤波电路

电容滤波电路如图 7-5a 所示。设电路接通时二次侧电压 u_2 由负到正换向过零，这时二极管 VD 正向偏置导通，电源 u_2 在向负载 R_L 供电的同时也对电容 C 充电。如果忽略二极管正向压降，电容电压 u_C 紧随输入电压 u_2 按正弦规律上升至 u_2 的最大值。然后 u_2 继续按正弦规律下降，且 $u_2 < u_C$，使二极管 VD 截止，而电容 C 则对负载电阻 R_L 按指数规律放电。当 u_C 降至小于 u_2 时，二极管又导通，电容 C 再次充电……。这样循环下去，u_2 周期性变化，电容 C 周而复始地进行充电和放电，使输出电压脉动减小，波形如图 7-5b 所示。电容 C 放电的快慢取决于时间常数（$\tau = R_L C$）的大小，时间常数越大，电容 C 放电越慢，输出电压 u_o 就越平坦，平均值也越高。

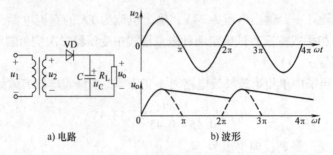

a) 电路　　　　　　　　　　b) 波形

图 7-5　电容滤波电路图

单相桥式整流、电容滤波电路的输出特性曲线如图7-6所示。从图可见，电容滤波电路的输出电压在负载变化时波动较大，说明它的带负载能力较差，只适用于负载较轻且变化不大的场合。

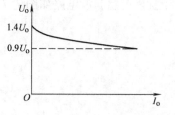

图7-6   滤波电路的输出特性曲线

常用如下经验公式估算电容滤波时的输出电压平均值：

单相半波整流电路：$U_o = U_2$

单相全波/桥式整流电路：$U_o = 1.2U_2$

为了获得较平滑的输出电压，一般要求：$R_L \geq (10 \sim 15)\dfrac{1}{\omega C}$

即

$$\tau = R_L C \geq (3 \sim 5)\frac{T}{2}$$

式中，T 为交流电压的周期。滤波电容 C 一般选择体积小，容量大的电解电容器。应注意，普通电解电容器有正、负极性，使用时正极必须接高电位端，如果接反会造成电解电容器的损坏。

加入滤波电容以后，二极管导通时间缩短，且在短时间内承受较大的冲击电流 $(i_C + i_o)$，为了保证二极管的安全，选管时应放宽裕量。

单相半波整流、电容滤波电路中，二极管承受的反向电压为 $u_{DR} = u_C + u_2$，当负载开路时，承受的反向电压为最高，为

$$U_{RM} = 2\sqrt{2}U_2$$

【例7-2】   设计一单相桥式整流、电容滤波电路。要求输出电压 $U_o = 48V$，已知负载电阻 $R_L = 100\Omega$，交流电源频率为50Hz，试选择整流二极管和滤波电容器。

【解】   流过整流二极管的平均电流

$$I_D = \frac{1}{2}I_o = \frac{1}{2}\frac{U_o}{R_L} = \frac{1}{2}\frac{48}{100}A = 0.24A = 240mA$$

变压器二次电压有效值

$$U_2 = \frac{U_o}{1.2} = \frac{48}{1.2}V = 40V$$

整流二极管承受的最高反向电压

$$U_{RM} = \sqrt{2}U_2 = 1.41 \times 40V = 56.4V$$

因此可选择2CZ11B作整流二极管，其最大整流电流为1A，最高反向工作电压为200V。

取

$$\tau = R_L C = 5 \times \frac{T}{2} = 5 \times \frac{0.02}{2}s = 0.05s$$

则

$$C = \frac{\tau}{R_L} = \frac{0.05}{100}F = 500 \times 10^{-6}F = 500\mu F$$

7.2.2   电感滤波电路

电感滤波适用于负载电流较大的场合。它的缺点是制作复杂、体积大、笨重且存在电磁

干扰。电感滤波电路如图 7-7 所示。

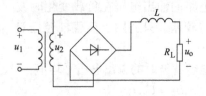

图 7-7　电感滤波电路

7.2.3　复合滤波电路

复合式滤波电路，如 LC、CLC 和 π 形 CRC 滤波电路如图 7-8 所示，它们适用于负载电流较大，要求输出电压脉动较小的场合。在负载较轻时，经常采用电阻替代笨重的电感，构成 CRCπ 形滤波电路，同样可以获得脉动很小的输出电压。但电阻对交、直流电路均有压降和功率损耗，故只适用于负载电流较小的场合。

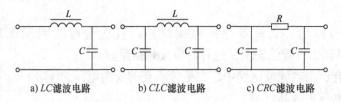

a) LC滤波电路　　b) CLC滤波电路　　c) CRC滤波电路

图 7-8　复合式滤波电路

7.3　直流稳压电路

将不稳定的直流电压变换成稳定且可调的直流电压的电路称为直流稳压电路。直流稳压电路按调整器件的工作状态可分为线性稳压电路和开关稳压电路两大类。前者使用起来简单易行，但转换效率低，体积大；后者体积小，转换效率高，但控制电路较复杂。随着自关断电力电子器件和电力集成电路的迅速发展，开关稳压电路已得到越来越广泛的应用。

7.3.1　并联型稳压电路

并联型稳压电路如图 7-9 所示，由稳压二极管和电阻构成。其工作原理如下：当输入电压 U_i 波动时，引起输出电压 U_o 波动。如 U_i 升高将引起 U_o 随之升高，导致稳压二极管的电流 I_Z 急剧增加，使得电阻 R 上的电流 I 和电压 U_R 迅速增大，从而使 U_o 基本上保持不变。反之，当 U_i 减小时，U_R 相应减小，仍可保持 U_o 基本不变。

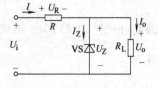

图 7-9　并联型稳压电路

当负载电流 I_o 发生变化引起输出电压 U_o 发生变化时，同样会引起 I_Z 的相应变化，使得 U_o 保持基本稳定。如当 I_o 增大时，I 和 U_R 均会随之增大使得 U_o 下降，这将导致 I_Z 急剧减小，使 I 仍维持原有数值保持 U_R 不变，从而使得 U_o 得到稳定。

7.3.2　串联型稳压电路

1. 电路的组成及各部分的作用

串联型稳压电路的构成如图 7-10 所示。电路
可以分为以下几个组成部分：

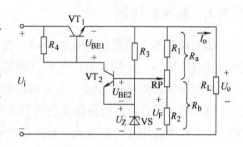

（1）取样环节　由 R_1、R_P、R_2 组成的分压电
路构成，它将输出电压 U_o 分出一部分作为取样电
压 U_F，送到比较放大环节。

（2）基准电压　由稳压二极管 VS 和电阻 R_3
构成的稳压电路组成，它为电路提供一个稳定的
基准电压 U_Z，作为调整、比较的标准。

图 7-10　串联型稳压电路

（3）比较放大环节　由 VT_2 和 R_4 构成的直流放大器组成，其作用是将取样电压 U_F 与基
准电压 U_Z 之差放大后去控制调整管 VT_1。

（4）调整环节　由工作在线性放大区的功率管 VT_1 组成，VT_1 的基极电流 I_{B1} 受比较放
大电路输出的控制，它的改变又可使其集电极电流 I_{C1} 和集、射电压 U_{CE1} 改变，从而达到自
动调整稳定输出电压 U_o 的目的。

2. 电路工作原理

当输入电压 U_i 或输出电流 I_o 变化引起输出电压 U_o 增加时，取样电压 U_F 相应增大，使
VT_2 管的基极电流 I_{B2} 和集电极电流 I_{C2} 随之增加，VT_2 的集电极电位 U_{C2} 下降，因此 VT_1 管的
基极电流 I_{B1} 下降，使得 I_{C1} 下降，U_{CE1} 增加，U_o 下降，使 U_o 保持基本稳定。

$$U_o\uparrow \rightarrow U_F\uparrow \rightarrow I_{B2}\uparrow \rightarrow I_{C2}\uparrow \rightarrow U_{C2}\downarrow \rightarrow I_{B1}\downarrow \rightarrow U_{CE1}\uparrow \rceil$$
$$U_o\downarrow \longleftarrow$$

同理，当 U_i 或 I_o 变化使 U_o 降低时，调整过程相反，U_{CE1} 将减小使 U_o 保持基本不变。从
上述调整过程可以看出，该电路是依靠电压负反馈来稳定输出电压的。

3. 电路的输出电压

设 VT_2 发射结电压 U_{BE2} 可忽略，则

$$U_F = U_Z = \frac{R_b}{R_a + R_b}U_o$$

或

$$U_o = \frac{R_a + R_b}{R_b}U_Z$$

用电位器 RP（总电阻为 R_P）即可调节输出电压 U_o 的大小，但 U_o 必定大于或等于 U_Z。

如 $U_Z = 6V$，$R_1 = R_2 = R_P = 100\Omega$，则 $R_a +$
$R_b = R_1 + R_2 + R_P = 300\Omega$，$R_b$ 最大为 200Ω，最小为
100Ω。由此可知输出电压 U_o 在 $9 \sim 18V$ 范围内连
续可调。

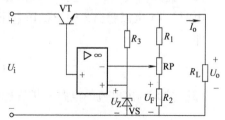

4. 采用集成运算放大器的串联型稳压电路

采用运放的串联型稳压电路如图 7-11 所示，

图 7-11　采用运放的串联型稳压电路

电路的组成部分、工作原理及输出电压的计算与上所述电路完全相同，唯一差别之处是放大环节采用集成运算放大器而不是晶体管。

7.3.3 集成稳压器

集成稳压器是将稳压电路的主要元器件甚至全部元件制作在一块硅基片上的集成电路，因而具有体积小、使用方便、工作可靠等特点。

集成稳压器的种类很多，作为小功率的直流稳压电源，应用最为普遍的是 3 端式串联型集成稳压器。3 端式是指稳压器仅有输入端、输出端和公共端 3 个接线端子。如 W78×× 和 W79×× 系列稳压器。W78×× 系列输出正电压，可选输出电压有 5V、6V、8V、9V、10V、12V、15V、18V、24V 等多种，若要获得负输出电压选 W79×× 系列即可。例如 W7805 输出 +5V 电压，W7905 则输出 −5V 电压。这类三端稳压器在加装散热器的情况下，输出电流可达 1.5 ~ 2.2A，最高输入电压为 35V，最小输入、输出电压差为 2 ~ 3V，输出电压变化率为 0.1% ~ 0.2%。

1. 外形和引脚排列

集成稳压器外形和引脚排列如图 7-12 所示。

2. 典型应用电路

（1）基本电路 在集成稳压电源的输入和输出端分别加输入和输出滤波电容器。集成稳压器的应用，如图 7-13 所示，图 a 为正电压输出电路，图 b 为负电压输出电路。

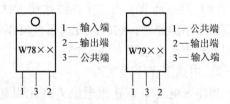

图 7-12 集成稳压器外形和引脚排列

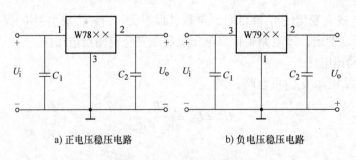

a) 正电压稳压电路   b) 负电压稳压电路

图 7-13 集成稳压电路应用

（2）提高输出电压的电路 提高稳压电路输出电压的方法，如图 7-14 所示。

由图 7-14 可以看出，输出稳压电压等于集成稳压电源电压加上稳压二极管稳压电压。即

$$U_o = U_{××} + U_z$$

（3）扩大输出电流的电路 扩展稳压电路输出电流的方法，如图 7-15 所示。

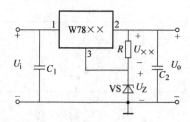

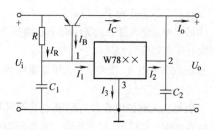

图 7-14　提高输出电压的稳压电路　　　　　图 7-15　扩展稳压电路输出电流的方法

图 7-15 中，I_3 为稳压器公共端电流，其值很小，可以忽略不计，所以 $I_1 \approx I_2$，则可得

$$I_o = I_2 + I_C = I_2 + \beta I_B = I_2 + \beta(I_1 - I_R) \approx (1 + \beta)I_2 + \beta\frac{U_{BE}}{R}$$

式中，β 为晶体管的电流放大系数。设 $\beta = 10$，$U_{BE} = -0.3V$，$R = 0.5\Omega$，$I_2 = 1A$，则可计算出 $I_o = 5A$，可见 I_o 比 I_2 扩大了。

电阻 R 的作用是使功率管在输出电流较大时才能导通。

（4）能同时输出正、负电压的电路　电路主要由桥式整流和正、负集成稳压器构成，其电路结构如图 7-16 所示。

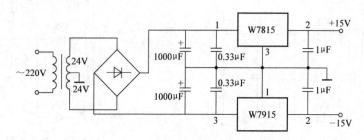

图 7-16　输出正、负电压的稳压电路

本 章 小 结

二极管整流电路利用二极管单向导电特性，使正弦交流电压通过整流电路后变成直流脉动电压。整流电路有半波整流、全波整流和桥式整流电路等。

滤波电路将直流脉动电压的脉动幅值减小，变成稳定直流电压。

直流稳压电路的作用是将不稳定的直流电压变换成稳定且可调的直流电压，有并联型和串联型稳压电路。

集成稳压器的基本使用和扩展使用。

习　　题

7-1　在图 7-17 中，已知直流电压表 V_2 的读数为 90V，负载电阻 $R_L = 100\Omega$，二极管的正向压降忽略不计。试求：

（1）直流电流表 A 的读数。

（2）交流电压表 V_1 的读数。

（3）变压器二次侧电流有效值。

7-2　图7-18为变压器二次绕组有中心抽头的单相整流电路，二次电压有效值为 U，

（1）标出负载电阻 R_L 上电压 u_o 和滤波电容 C 两端电压的极性。

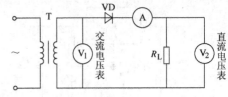

图7-17　题7-1图

（2）分别画出无滤波电容和有滤波电容两种情况下 u_o 的波形。整流电压平均值 U_o 与变压器二次电压有效值 U 的数值关系如何？

（3）有无滤波电容两种情况下，二极管上所承受的最高反向电压 U_{DRM} 各为多大？

（4）如果二极管 VD_2 虚焊、极性接反、过载损坏造成短路，电路会出现什么问题？

（5）变压器二次侧中心抽头虚焊、输出端短路两种情况下电路又会出现什么问题？

7-3　图7-19电路中，已知 $R_{L1}=5k\Omega$，$R_{L2}=0.3k\Omega$，其他参数已标在图中。试求：

（1）VD_1、VD_2、VD_3 分别组成何种整流电路？

（2）计算 U_{o1}、U_{o2}，以及流过三只二极管的电流平均值分别是多大？

（3）选择三只二极管的型号。

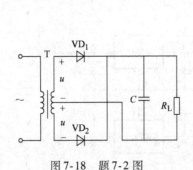

图7-18　题7-2图

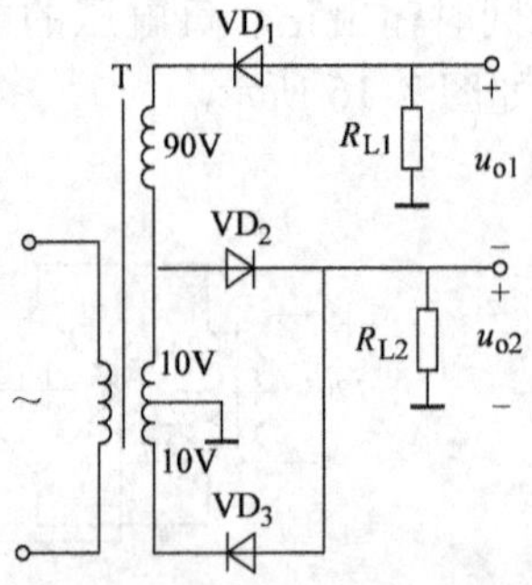

图7-19　题7-3图

7-4　在图7-20所示的单相桥式整流电路中，已知变压器二次电压有效值 $U_2=100V$，$R_L=1k\Omega$，试求 U_o、I_o，并选择整流二极管型号。

7-5　已知交流电源电压为220V，频率 $f=50Hz$，负载要求输出电压平均值为20V，输出电流平均值为50mA，试设计单相桥式整流电容滤波电路，求变压器电压比及容量，并选择整流、滤波元器件。

7-6　在图7-21中，滤波电容 $C=100\mu F$，交流电源频率 $f=50Hz$，$R_L=1k\Omega$，要求输出电压平均值 $U_o=10V$，问：

（1）变压器二次侧电压 $U_2=$？

（2）该电路工作过程中，若 R_L 增大，U_o 是增大还是减小？二极管的导通角度是增大还是减小？

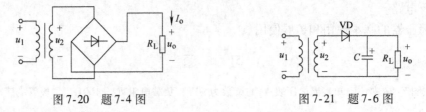

图7-20　题7-4图

图7-21　题7-6图

7-7　在图7-22所示的 π 形 CRC 滤波电路中，已知变压器二次电压 $U=6V$，负载电压 $U_L=6V$，负载电流 $I_L=100mA$，试计算滤波电阻 R。

7-8 图 7-23 是二倍压整流电路，试标出输出电压 U_o 的极性，证明 $U_o = 2\sqrt{2}U$。

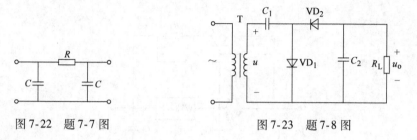

图 7-22 题 7-7 图　　　　　图 7-23 题 7-8 图

7-9 某稳压电路如图 7-24 所示，试问：

（1）输出电压 U_o 的大小及极性如何？

（2）电容 C_1、C_2 的极性如何？它们耐压应选多高？

（3）负载电阻 R_L 的最小值约为多少？

（4）若稳压二极管接反，后果如何？

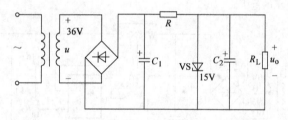

图 7-24 题 7-9 图

7-10 由运算放大器组成的稳压电路如图 7-25 所示，稳压二极管的稳定电压 $U_Z = 4V$，$R_1 = 4k\Omega$。

（1）证明 $U_o = \left(\dfrac{R_1 + R_F}{R_1}\right)U_Z$。

（2）如果要求 $U_o = 5 \sim 12V$，计算电阻 R_F。

（3）如果 U_Z 改由反相端输入，试画出电路图，并写出输出电压 U_o 的计算公式。

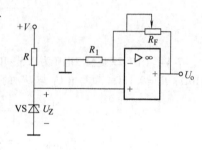

7-11 图 7-26 是串联型稳压电路，其中稳压二极管 VS 型号为 2CW13，$R_1 = R_3 = 50\Omega$，$R_L = 40\Omega$，$R_2 = 560\Omega$，晶体管都为 PNP 型管。

图 7-25 题 7-10 图

（1）求该电路输出电压 U_L 的调节范围。

（2）当交流电源电压升高时，说明 U_o、U_L 如何变化？U_{B1}、U_{C1}、U_{E1} 各点电位是升高还是降低？

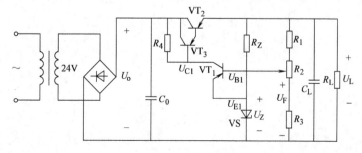

图 7-26 题 7-11 图

7-12 图 7-27 是带保护的扩流电路，电阻 R_2、R_3 和晶体管 VT$_2$、VT$_3$ 组成保护电路。试分析其工作原理。

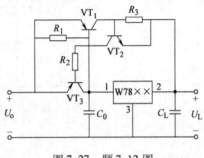

图 7-27 题 7-12 图

7-13 图 7-28 是一固定和可调输出的稳压电路。其中，$R_1 = R_3 = 3.3\text{k}\Omega$，$R_2 = 5.1\text{k}\Omega$。
（1）计算固定输出电压的大小。
（2）计算可调输出电压的范围。

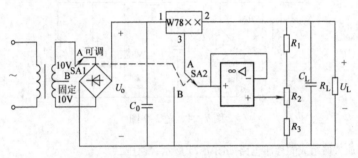

图 7-28 题 7-13 图

7-14 图 7-29 是输出电压为 0.5～10V 的稳压电路，设 $R_1 + R_2 = R_3 + R_4$，$U'_L = 5\text{V}$，$R_2 = 10\text{k}\Omega$，$R_3 = 110\Omega$，$R_4 = 9.1\text{k}\Omega$。试写出 U_L 与 U'_L 的关系式。

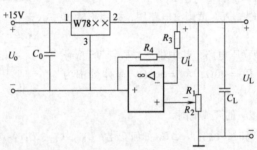

图 7-29 习题 7-14 图

第8章　数字电路基础

8.1　数字电路概述

8.1.1　数字信号与数字电路

自然界中的物理量就其变化规律的特点可以分为两大类，其中一类物理量在时间上是不连续的，总是发生在一系列离散的瞬间，我们把这一类物理量称为数字量，把表示数字量的信号称为数字信号，并把工作在数字信号下的电子电路称为数字电路，如图8-1所示。

另外一类物理量的变化在时间上或在数值上则是连续的。我们把这一类物理量称为模拟量，把表示模拟量的信号称为模拟信号，如图8-2所示，并把工作在模拟信号下的电子电路称为模拟电路。

图8-1　数字信号

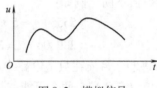
图8-2　模拟信号

数字电路需要处理的是各种数字信号，具有以下特点：

1）工作信号是二进制的数字信号，在时间上和数值上是离散的（不连续），反映在电路上就是低电平和高电平两种状态（即0和1两个逻辑值）。

2）在数字电路中，研究的主要问题是电路的逻辑功能，即输入信号的状态和输出信号的状态之间的逻辑关系。

3）对组成数字电路的元器件的精度要求不高，只要在工作时能够可靠地区分0和1两种状态即可。

8.1.2　数制与码制

1. 数制

数字信号通常都是用数码形式给出的。不同的数码可以用来表示数量的不同大小。用数码表示数量大小时，仅用一位数码往往不够用，因此经常需要用进位计数制的方法组成多位数码使用。我们把多位数码中每一位的构成方法以及从低位到高位的进位规则称为数制。在数字电路中经常使用的计数进制除了我们最熟悉的十进制以外，更多的是使用二进制和十六进制，有时也用到八进制。

计数体制是一种计数的规则，它包含如下内容：

进位制：表示一个数时，仅用一位数码往往不够用，必须用进位计数的方法组成多位数码。多位数码每一位的构成以及从低位到高位的进位规则称为进位计数制，简称进位制。

基数：进位制的基数，就是在该进位制中可能用到的数码个数。

位权（位的权数）：在某一进位制的数中，每一位的大小都对应着该位上的数码乘上一个固定的数，这个固定的数就是这一位的权数。

（1）十进制 十进制是日常生活和工作中最常使用的进位计数制。在十进制数中，每一位有 0～9 十个数码，所以计数的基数是 10。超过 9 的数必须用多位数表示，其中低位和相邻高位之间的关系是"逢十进一"，故称为十进制。例如：

$$5 \times 10^3 = 5000$$
$$5 \times 10^2 = 500$$
$$5 \times 10^1 = 50$$
$$5 \times 10^0 = 5$$
$$+$$
$$= 5555$$

10^3、10^2、10^1、10^0 称为十进制的权，各数位的权是 10 的幂。任意一个十进制数都可以表示为各个数位上的数码与其对应的权的乘积之和，称权展开式。同样的数码在不同的数位上代表的数值不同。例如：

$$(5555)_{10} = 5 \times 10^3 + 5 \times 10^2 + 5 \times 10^1 + 5 \times 10^0$$
$$(209.04)_{10} = 2 \times 10^2 + 0 \times 10^1 + 9 \times 10^0 + 0 \times 10^{-1} + 4 \times 10^{-2}$$

（2）二进制 目前在数字电路中应用最广泛的是二进制。与十进制数类比，在二进制数中，每一位仅有 0 和 1 两个可能的数码，所以计数基数为 2。低位和相邻高位间的进位关系是"逢二进一"，故称为二进制。二进制数的权展开式：

$$(101.01)_2 = 1 \times 2^2 + 0 \times 2^1 + 1 \times 2^0 + 0 \times 2^{-1} + 1 \times 2^{-2} = (5.25)_{10}$$

各数位的权是 2 的幂。由于二进制数只有 0 和 1 两个数码，它的每一位都可以用电子元件来实现，且运算规则简单，相应的运算电路也容易实现。运算规则如下：

加法规则：$0 + 0 = 0$，$0 + 1 = 1$，$1 + 0 = 1$，$1 + 1 = 10$

乘法规则：$0 \times 0 = 0$，$0 \times 1 = 0$，$1 \times 0 = 0$，$1 \times 1 = 1$

（3）八进制 在某些场合有时也使用八进制。数码为 0、1、2、3、4、5、6、7；基数是 8；进位规律为逢八进一，例如 $7 + 1 = 10$。

八进制数的权展开式例如：

$$(207.04)_8 = 2 \times 8^2 + 0 \times 8^1 + 7 \times 8^0 + 0 \times 8^{-1} + 4 \times 8^{-2} = (135.0625)_{10}$$

各数位的权是 8 的幂。

（4）十六进制 十六进制数的每一位有 16 个不同的数码，分别用 0～9，A（10），B（11），C（12），D（13），E（14）和 F（15）表示。因此，任意一个十六进制数均可展开为数码为 0～9、A～F；基数是 16。进位规律：逢十六进一。例如 $F + 1 = 10$。

十六进制数的权展开式例如：

$$(D8.A)_{16} = 13 \times 16^1 + 8 \times 16^0 + 10 \times 16^{-1} = (216.625)_{10}$$

各数位的权是 16 的幂。

结论：

1）一般地，N 进制需要用到 N 个数码，基数是 N；运算规律为逢 N 进一。

2）如果一个 N 进制数 M 包含 n 位整数和 m 位小数，即

$$(a^{n-1}a^{n-2}\cdots a^1 a^0 a^{-1} a^{-2}\cdots a^{-m})_N$$

则该数的权展开式为

$$(M)_N = a^{n-1}\times N^{n-1}+a^{n-2}\times N^{n-2}+\cdots+a^1\times N^1+a^0\times N^0+a^{-1}\times N^{-1}+a^{-2}\times N^{-2}+\cdots+a^{-m}\times N^{-m}$$

3）由权展开式很容易将一个 N 进制数转换为十进制数。

2. 数制的转换

1）将二进制数转换为等值的十进制数称为二 - 十转换。转换时将 N 进制数按权展开，即可以转换为十进制数。

2）所谓十 - 二转换，就是将十进制数转换为等值的二进制数。十进制数转换为二进制数时整数部分采用基数连除法，小数部分采用基数连乘法，将整数部分和小数部分分别进行转换，转换后再合并。整数部分采用基数连除法，先得到的余数为低位，后得到的余数为高位。小数部分采用基数连乘法，先得到的整数为高位，后得到的整数为低位。例如将 44.375 转化为二进制时，需进行如下计算：

整数部分：

	余数	低位
2⌊44		
2⌊22	0=K_0	
2⌊11	0=K_1	
2⌊5	1=K_2	
2⌊2	1=K_3	
2⌊1	0=K_4	
0	1=K_5	高位

小数部分：

×　2	整数	高位
0.750	0=K_{-1}	
0.750		
×2		
1.500	1=K_{-2}	
0.500		
×2		
1.000	1=K_{-3}	低位

所以：$(44.375)10 = (101100.011)2$。

类似地，采用基数连除、连乘法，可将十进制数转换为任意的 N 进制数。

3）将二进制数转换为等值的十六进制数称为二 - 十六转换。由于 4 位二进制数恰好有 16 个状态，而把这 4 位二进制数看作一个整体时，它的进位输出又正好是逢十六进一，所以只要从低位到高位将整数部分每 4 位二进制数分为一组并代之以等值的十六进制数，同时从高位到低位将小数部二进制数与十六进制数的相互转换。二进制数与十六进制数的相互转换，按照每 4 位二进制数对应于一位十六进制数进行转换。

例如：

$1\ 1\ 1\ 01\ 1\ 0\ 1\ 0\ 0\ .\ 0\ 1\ 1 = (1D4.6)_{16}$

$(AF4.76)_{16} = 1010\quad 1111\quad 0100\ .\ 0111\quad 0110$

几种进制数之间的对应关系见表8-1。

表8-1 几种进制数之间的对应关系

十进制数	二进制数	八进制数	十六进制数
0	0000	0	0
1	0001	1	1
2	0010	2	2
3	0011	3	3
4	0100	4	4
5	0101	5	5
6	0110	6	6
7	0111	7	7
8	1000	10	8
9	1001	11	9
10	1010	12	A
11	1011	13	B
12	1100	14	C
13	1101	15	D
14	1110	16	E
15	1111	17	F

3. 编码

为了便于记忆和查找，在编制代码时总要遵循一定的规则，这些规则就称为码制。每个人都可以根据自己的需要选定编码规则，编制出一组代码。考虑到信息交换的需要，还必须制定一些大家共同使用的通用代码。

（1）十进制编码 用一定位数的二进制数来表示十进制数码、字母、符号等信息称为十进制编码。用以表示十进制数码、字母、符号等信息的一定位数的二进制数称为代码。

几种常用的十进制编码见表8-2。

表8-2 几种常用的十进制编码对应表

十进制数	8421码	余3码	格雷码	2421码	5421码
0	0000	0011	0000	0000	0000
1	0001	0100	0001	0001	0001
2	0010	0101	0011	0010	0010
3	0011	0110	0010	0011	0011
4	0100	0111	0110	0100	0100
5	0101	1000	0111	1011	1000
6	0110	1001	0101	1100	1001
7	0111	1010	0100	1101	1010
8	1000	1011	1100	1110	1011
9	1001	1100	1101	1111	1100
权	8421			2421	5421

1）用4位自然二进制码中的前10个码字来表示十进制数码，是十进制代码中最常用的一种，因各位的权值依次为8、4、2、1，故称8421码，又称为BCD（Binary Coded Decimal）码。

8421 码中每一位的权是固定不变的，它属于恒权代码。

2）余 3 码的编码规则与 8421 码不同，如果把每一个余 3 码看作 4 位二进制数，则它的数值要比它所表示的十进制数码多 3，故而将这种代码称为余 3 码。如果将两个余 3 码相加，所得的和将比十进制数和所对应的二进制数多 6。因此，在用余 3 码做十进制加法运算时，若两数之和为 10，正好等于二进制数的 16，于是便从高位自动产生进位信号。

3）与普通的二进制代码相比，格雷码的最大优点就在于当它按照表中的编码顺序依次变化时，相邻两个代码之间只有一位发生变化。这样在代码转换的过程中就不会产生过渡"噪声"。而在普通二进制代码的转换过程中，则有时会产生过渡噪声。例如，第四行的二进制代码 0011 转换为第五行的 0100 过程中，如果最右边一位的变化比其他两位的变化慢，就会在一个极短的瞬间出现 0101 状态，这个状态将成为转换过程中出现的噪声。而在第四行的格雷码 0010 向第五行的 0110 转换过程中则不会出现过渡噪声。

（2）ASCII 码　美国信息交换标准代码（American Standard Code for Information Interchange，ASCII 码）是由美国国家标准化协会（ANSI）制定的一种信息代码，广泛地用于计算机和通信领域中。ASCII 码已由国际标准化组织（ISO）认定为国际通用的标准代码。ASCII 码是一组 7 位二进制代码（$b_7 b_6 b_5 b_4 b_3 b_2 b_1$），共 128 个，其中包括表示 0~9 的十个代码，表示大、小写英文字母的 52 个代码，32 个表示各种符号的代码以及 34 个控制码。表 8-3 是部分 ASCII 可显示字符的编码表。

表 8-3　部分 ASCII 可显示字符

二进制	十进制	十六进制	图形	二进制	十进制	十六进制	图形	二进制	十进制	十六进制	图形
0010 0000	32	20	（空格）	0100 0000	64	40	@	0110 0000	96	60	`
0010 0001	33	21	!	0100 0001	65	41	A	0110 0001	97	61	a
0010 0010	34	22	"	0100 0010	66	42	B	0110 0010	98	62	b
0010 0011	35	23	#	0100 0011	67	43	C	0110 0011	99	63	c
0010 0100	36	24	$	0100 0100	68	44	D	0110 0100	100	64	d
0010 0101	37	25	%	0100 0101	69	45	E	0110 0101	101	65	e
0010 0110	38	26	&	0100 0110	70	46	F	0110 0110	102	66	f
0010 0111	39	27	'	0100 0111	71	47	G	0110 0111	103	67	g
0010 1000	40	28	(	0100 1000	72	48	H	0110 1000	104	68	h
0010 1001	41	29	)	0100 1001	73	49	I	0110 1001	105	69	i
0010 1010	42	2A	*	0100 1010	74	4A	J	0110 1010	106	6A	j
0010 1011	43	2B	+	0100 1011	75	4B	K	0110 1011	107	6B	k
0010 1100	44	2C	,	0100 1100	76	4C	L	0110 1100	108	6C	l
0010 1101	45	2D	−	0100 1101	77	4D	M	0110 1101	109	6D	m
0010 1110	46	2E	.	0100 1110	78	4E	N	0110 1110	110	6E	n
0010 1111	47	2F	/	0100 1111	79	4F	O	0110 1111	111	6F	o
0011 0000	48	30	0	0101 0000	80	50	P	0111 0000	112	70	p
0011 0001	49	31	1	0101 0001	81	51	Q	0111 0001	113	71	q
0011 0010	50	32	2	0101 0010	82	52	R	0111 0010	114	72	r

8.2　逻辑函数及化简

8.2.1　逻辑代数概述

不同的数码不仅可以表示数量的不同大小，在数字逻辑电路中，用一位二进制数码的 0 和 1 表示一个事物的两种不同逻辑状态。例如，可以用 1 和 0 分别表示一件事情的有和无，或者表示电路的通和断、电灯的亮和暗、门的开和关等。这种只有两种对立逻辑状态的逻辑关系称为二值逻辑。虽然在二值逻辑中，每个变量的取值只有 0 和 1 两种可能，只能表示两种不同的逻辑状态，但是我们可以用多变量的不同状态组合表示事物的多种逻辑状态，处理任何复杂的逻辑问题。

1849 年英国数学家乔治·布尔（George Boole）首先提出了进行逻辑运算的数学方法——布尔代数。后来，由于布尔代数被广泛应用于解决开关电路和数字逻辑电路的分析与设计中，所以也将布尔代数称为开关代数或逻辑代数。逻辑代数的基本运算有与（AND）、或（OR）、非（NOT）三种。为便于理解它们的含义，先来看一个简单的例子。图 8-3 中给出了三个指示灯的控制电路。

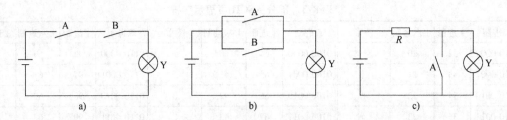

图 8-3　三个指示灯的控制电路

在图 8-3a 电路中，只有当两个开关同时闭合时，指示灯才会亮；在图 8-3b 电路中，只要有任何一个开关闭合，指示灯就亮；而在图 8-3c 电路中，开关断开时灯亮，开关闭合时灯反而不亮。

如果把开关闭合作为条件（或导致事物结果的原因），把灯亮作为结果，那么图 8-3 中的三个电路代表了三种不同的因果关系：

图 8-3a 的例子表明，只有决定事物结果的全部条件同时具备时，结果才发生。这种因果关系称为逻辑与，或称逻辑相乘。

图 8-3b 的例子表明，在决定事物结果的诸条件中只要有任何一个满足，结果就会发生。这种因果关系称为逻辑或，也称逻辑相加。

图 8-3c 的例子表明，只要条件具备了，结果便不会发生；而条件不具备时，结果一定发生。这种因果关系称为逻辑非，也称逻辑求反。

在逻辑代数中，将与、或、非看作是逻辑变量 A、B 间的三种最基本的逻辑运算，并以“·”表示与运算，以“+”表示或运算，以变量上方的“－”表示非运算。

因此，A 和 B 进行与逻辑运算时可写成

$$Y = A \cdot B$$

A 和 B 进行或逻辑运算时可写成

$$Y = A + B$$

对 A 进行非逻辑运算时可写成

$$Y = \overline{A}$$

实际的逻辑问题往往比与、或、非复杂得多，不过它们都可以用与、或、非的组合来实现。最常见的复合逻辑运算有与非（NAND）、或非（NOR）、与或非（AND – NOR）、异或（EXCLUSIVE OR）、同或（EXCLUSIVE NOR）等。这些复合逻辑运算将在以后章节进行详细介绍。

8.2.2　逻辑函数的表示方法

从上面讲过的各种逻辑关系中可以看到，如果以逻辑变量作为输入，以运算结果作为输出，那么当输入变量的取值确定之后，输出的取值便随之而定。因此，输出与输入之间乃是一种函数关系。这种函数关系称为逻辑函数（Logic function），写作

$$Y = F(A, B, C, \cdots)$$

由于变量和输出（函数）的取值只有 0 和 1 两种状态，所以我们所讨论的都是二值逻辑函数。逻辑函数有五种表示形式：真值表、逻辑表达式、卡诺图、逻辑图和波形图。只要知道其中一种表示形式，就可转换为其他几种表示形式。

1. 真值表

真值表是由变量的所有可能取值组合及其对应的函数值所构成的表格。将输入变量所有的取值下对应的输出值找出来，列成表格，即可得到真值表。真值表列写方法是：每一个变量均有 0、1 两种取值，n 个变量共有 2^i 种不同的取值，将这 2^i 种不同的取值按顺序（一般按二进制数递增规律）排列起来，同时在相应位置上填入函数的值，便可得到逻辑函数的真值表。

例如：当 A、B 取值相同时，函数值为 0；否则，函数取值为 1。两变量逻辑状态见表 8-4。

表 8-4　两变量逻辑状态

A	B	F
0	0	0
0	1	1
1	0	1
1	1	0

2. 逻辑表达式

将输出与输入之间的逻辑关系写成与、或、非等运算的组合式，即逻辑代数式，就得到了所需的逻辑表达式。表达式列写方法是：将那些使函数值为 1 的各个状态表示成全部变量（值为 1 的表示成原变量，值为 0 的表示成反变量）的与项（例如 A = 0、B = 1 时函数 F 的值为 1，则对应的与项为 AB）以后相加，即得到函数的与或表达式。对应表 8-4 的逻辑关系为：

$$F = \overline{A}B + A\overline{B}$$

在数字电路中常见的逻辑关系表达式和真值表见表 8-5。

表 8-5　常见的逻辑关系表达式和真值表

逻辑关系	逻辑表达式	真值表		
与	$F = A \cdot B$	A	B	F
		0	0	0
		0	1	0
		1	0	0
		1	1	1
或	$F = A + B$	A	B	F
		0	0	0
		0	1	1
		1	0	1
		1	1	1
非	$F = \overline{A}$	A		F
		0		1
		1		0
与非	$F = \overline{A \cdot B}$	A	B	F
		0	0	1
		0	1	1
		1	0	1
		1	1	0
异或	$F = A \oplus B = \overline{A}B + A\overline{B}$	A	B	F
		0	0	0
		0	1	1
		1	0	1
		1	1	0
同或	$F = A \odot B = \overline{A} \cdot \overline{B} + AB$	A	B	F
		0	0	1
		0	1	0
		1	0	0
		1	1	1

3. 逻辑图

将逻辑函数式中各变量之间的与、或、非等逻辑关系用图形符号表示出来，就可以画出表示函数关系的逻辑图。为了画出表示逻辑表达式的逻辑图，只要用逻辑运算的图形符号代替式逻辑表达式中的代数运算符号便可得到相应的逻辑图。表 8-6 是常用的逻辑门电路图形符号。

表 8-6　常用逻辑门电路图形符号

名称	GB/T 4728.12—1996		国外流行图形符号	曾用图形符号
	限定符号	国标图形符号		
与门	&	&		
或门	≥1	≥1		+
非门	逻辑非入和出	1 / 1		
与非门	&	&		
异或门	=1	=1		⊕
同或门	=	= / =1		⊙ / ⊕

例如对 $F = \overline{AB + BC}$，逻辑图如图 8-4a 所示。

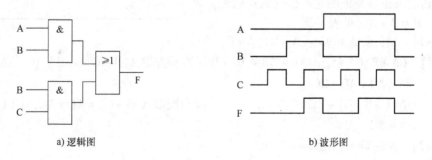

a) 逻辑图　　　　　　　　　　　　b) 波形图

图 8-4　某逻辑函数逻辑图和波形图

4. 波形图

如果将逻辑函数输入变量每一种可能出现的取值与对应的输出值按时间顺序依次排列起

来，就得到了表示该逻辑函数的波形图。这种波形图，也称为时序图。在逻辑分析仪和一些计算机仿真工具中，经常以这种波形图的形式给出分析结果。此外，也可以通过实验观察这些波形图，以检验实际逻辑电路的功能是否正确。

如果用波形图来描述逻辑函数，则只需将输入变量与对应的输出变量取值依时间顺序排列起来，就可以得到所要的波形图了。对 $F = \overline{AB} + BC$，波形图如图 8-4b 所示。

8.2.3 逻辑代数的公式和定理

在逻辑函数的运算和处理过程中应遵循逻辑代数的基本公式和基本定理。常用的有如下几种：

1. 常量之间的关系

与运算：$0 \cdot 0 = 0$　$0 \cdot 1 = 0$　$1 \cdot 0 = 0$　$1 \cdot 1 = 1$

或运算：$0 + 0 = 0$　$0 + 1 = 1$　$1 + 0 = 1$　$1 + 1 = 1$

非运算：$\overline{1} = 0$　　$\overline{0} = 1$

2. 基本公式

与运算：$A \cdot 0 = 0$　$A \cdot 1 = A$　$A \cdot A = A$　$A \cdot \overline{A} = 0$

或运算：$A + 0 = A$　$A + 1 = 1$　$A + A = A$　$A + \overline{A} = 1$

非运算：$\overline{\overline{A}} = A$

要验证这些基本运算的正确性，分别令 $A = 0$ 及 $A = 1$ 代入这些公式即可证明。

3. 基本定理

逻辑代数常用基本定理有以下几种：

交换律：$\begin{cases} A \cdot B = B \cdot A \\ A + B = B + A \end{cases}$

结合律：$\begin{cases} (A \cdot B) \cdot C = A \cdot (B \cdot C) \\ (A + B) + C = A + (B + C) \end{cases}$

分配律：$\begin{cases} A \cdot (B + C) = A \cdot B + A \cdot C \\ A + B \cdot C = (A + B) \cdot (A + C) \end{cases}$

反演律（摩根定律）：$\begin{cases} \overline{A \cdot B} = \overline{A} + \overline{B} \\ \overline{A + B} = \overline{A} \cdot \overline{B} \end{cases}$

利用真值表很容易证明这些公式的正确性。例如证明 $A \cdot B = B \cdot A$，见表 8-7。

表 8-7　$A \cdot B = B \cdot A$ 逻辑关系真值表

A B	$A \cdot B$	$B \cdot A$
0　0	0	0
0　1	0	0
1　0	0	0
1　1	1	1

【例 8-1】 试证明 $A + BC = (A + B)(A + C)$

【证明】 $(A + B)(A + C) = AA + AB + AC + BC$　//分配率 $A(B + C) = AB + AC$, $AA = A$

$\qquad = A + AB + AC + BC$

$\qquad = A(1 + B + C) + BC$　　　　　//分配率 $A(B + C) = AB + AC$, $A + 1 = 1$

$\qquad = A + BC$

【例 8-2】 试证明 $A + \overline{A}B = A + B$

【证明】 $A + \overline{A}B$

$\qquad = A + \overline{A}B = (A + \overline{A})(A + B)$

$\qquad = 1 \cdot (A + B)$

$\qquad = A + B$

8.2.4　逻辑函数的化简

在进行逻辑运算时常常会看到，同一个逻辑函数可以写成不同的逻辑式，而这些逻辑式的繁简程度又相差甚远。逻辑式越是简单，它所表示的逻辑关系越明显，同时也有利于用最少的电子器件实现这个逻辑函数。因此，经常需要通过化简的手段找出逻辑函数的最简形式。逻辑函数化简的原则是逻辑表达式越简单，实现它的电路越简单，电路工作越稳定可靠。此外，在用电子器件组成实际的逻辑电路时，由于选用不同逻辑功能类型的器件，必须将逻辑函数式变换成相应的形式。此时，都需要将改定的逻辑函数化简或转换。

当逻辑函数式中相加的乘积项不能再减少，而且每项中相乘的因子不能再减少时，则函数式为最简形式。在与或逻辑函数式中，若其中包含的乘积项已经最少，而且每个乘积项里的因子也不能再减少时，则称此逻辑函数式为最简形式。化简逻辑函数的目的就是要消去多余的乘积项和每个乘积项中多余的因子，以得到逻辑函数式的最简形式。常用的化简方法有公式法化简和卡诺图化简两种。

公式法化简的原理就是反复使用逻辑代数的基本公式和常用公式消去函数式中多余的乘积项和多余的因子，以求得函数式的最简形式。

【**例 8-3**】　试化简 $Y_1 = ABC + \overline{A}BC + B\overline{C}$

【**解**】　利用公式 $A + \overline{A} = 1$，可以将两项合并为一项，并消去一个变量。再运用分配律即可化简。

$$Y_1 = ABC + \overline{A}BC + B\overline{C} = (A + \overline{A})BC + B\overline{C}$$
$$= BC + B\overline{C} = B(C + \overline{C}) = B$$

【**例 8-4**】　试化简 $Y_1 = \overline{A}B + \overline{A}BCD(E + F)$

【**解**】　利用公式 $A + AB = A$，消去多余的项。如果乘积项是另外一个乘积项的因子，则这另外一个乘积项是多余的，即

$$Y_1 = \overline{A}B + \overline{A}BCD(E + F) = \overline{A}B$$

【**例 8-5**】　试化简 $Y = ABC + AB\overline{C} + A\overline{B}C + \overline{A}BC$

【**解**】　利用公式 $A + A = A$，为某项配上其所能合并的项

$$Y = ABC + AB\overline{C} + A\overline{B}C + \overline{A}BC$$
$$= (ABC + AB\overline{C}) + (ABC + A\overline{B}C) + (ABC + \overline{A}BC)$$
$$= AB + AC + BC$$

公式法化简没有固定的步骤需要多加练习。

8.3　逻辑门电路

8.3.1　逻辑门电路概述

逻辑门电路是指用以实现基本和常用逻辑运算的电子电路，简称门电路，是数字电路的基本逻辑单元。常用的门电路有与门、或门、非门（反相器）、与非门、或非门、与或非门和异或门等。

在电子龟路中，一般用高、低电平分别表示二值逻辑的 1 和 0 两种逻辑状态。以高、低电平表示两种不同逻辑状态时，有两种定义方法。如果以高电平表示逻辑 1，以低电平表示逻辑 0，则称这种表示方法为正逻辑。反之，若以高电平表示逻辑 0，而以低电平表示逻辑 1，则称这种表示方法为负逻辑，如图 8-5 所示。今后除非特殊说明，本书中一律采用正逻辑。

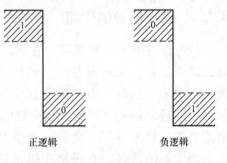

图 8-5　正负逻辑对比

高、低电平都有一个允许的范围，因此在数字电路中无论是对元、器件参数精度的要求还是对供电电源稳定度的要求，都比模拟电路要低一些。在最初的数字逻辑电路中，每个门电路都是用若干个分立的半导体器件和电阻、电容连接而成的。不难想象，用这种单元电路组成大规模的数字电路是非常困难的，这就严重地制约了数字电路的普遍应用。随着数字集成电路的问世和大规模集成电路工艺水平的不断提高，今天已经能把大量的门电路集成在一块很小的半导体芯片上，构成功能复杂的"片上系统"。这就为数字电路的应用开拓了无限广阔的天地。

所有集成门电路都是由二极管、晶体管和场效应晶体管组成的。它们大部分工作在导通和截止状态，相当于开关的"接通"和"断开"，因此被称为电子开关。电子开关较机械开关具有速度高、可靠程度高、无抖动、功耗低、体积小等诸多优点。但由分立元件组成的门电路的缺点是使用元件多、体积大、工作速度低、可靠性差、带负载能力较差等。数字电路中广泛采用集成门电路。集成门电路具有体积小、可靠性高、工作速度快等许多优点。

从制造工艺上可以将目前使用的数字集成电路分为双极型、单极型和混合型三种。在数字集成电路发展的历史过程中，首先得到推广应用的是双极型的 TTL 电路。1961 年美国得克萨斯仪器公司率先将数字电路的元、器件制作在同一硅片上，制成了数字集成电路（Integrated Circuits，IC）。由于集成电路体积小、质量小、可靠性好，因而在大多数领域里迅速取代了分立器件组成的数字电路。直到 20 世纪 80 年代初，这种采用双极型晶体管组成的 TTL 型集成电路一直是数字集成电路的主流产品。然而，TTL 电路也存在着一个严重的缺点，这就是它的功耗比较大。由于这个原因，用 TTL 电路只能做成小规模集成电路（Small Scale Integration，SSI，其中仅包含 10 个以内的门电路）和中规模集成电路（Medium Scale Integration，MSI，其中包含 10 ~ 100 个门电路），而无法制作成大规模集成电路（Large Scale Integration，LSI，其中包含 1000 ~ 10000 个门电路）和超大规模集成电路（Very Large Scale Integration，V LSI，其中包含 10000 个以上的门电路）。

CMOS 集成电路出现于 20 世纪 60 年代后期，它最突出的优点在于功耗极低，所以非常适合于制作大规模集成电路。随着 CMOS 制作工艺的不断进步，无论在工作速度还是在驱动能力上，CMOS 电路都已经不比 TTL 电路逊色。因此，CMOS 电路便逐渐取代 TTL 电路而成为当前数字集成电路的主流产品。不过在现有的一些设备中仍旧在使用 TTL 电路，所以掌握 TTL 电路的基本工作原理和使用知识仍然是必要的。本章将重点介绍 TTL 和 CMOS 这两种目前使用最多的数字集成门电路。

8.3.2 TTL 集成门电路

TTL 门电路是以双极型晶体管作为开关器件的集成电路，具有高速度低功耗和品种多等特点。在 TTL 门电路的定型产品中有反相器（非门）、与门、或门、与非门、或非门、与或非门和异或门几种常见的类型。尽管它们逻辑功能各异，但输入端、输出端的电路结构形式基本相同。

TTL 门电路使用 TTL 电平，即 $+5V$ 等价于逻辑"1"，$0V$ 等价于逻辑"0"。在数字电路中，TTL 电平是个电压范围，规定输出高电平 $>2.4V$，输出低电平 $<0.4V$。在室温下，一般输出高电平是 $3.4 \sim 3.6V$，输出低电平是 $0.2 \sim 0.3V$。

1. TTL 反相器

反相器是 TTL 集成门电路中电路结构最简单的一种。因为这种类型电路的输入端和输出端均为晶体管结构，所以称为晶体管 – 三极管逻辑电路（Transistor – Transistor Logic），简称 TTL 电路。图 8-6 给出了 TTL 反相器的典型电路。

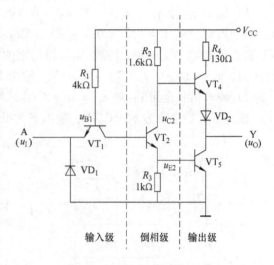

图 8-6 所示电路由三部分组成：VT_1、R_1 和 VD_1 组成的输入级，VT_2、R_2 和 R_3 组成的倒向级，VT_4、VD_2、VT_5 和 R_4 组成的输出级。A 为输入，Y 为输出。设电源 $V_{CC} = 5V$，输入信号的高、低电平分别为 $U_{IH} = 3.4V$，$U_{IL} = 0.2V$。PN 结的伏安特性用折线化的等效电路代替，并认为开启电压 $U_{ON} = 0.7V$。

图 8-6 TTL 反相器典型电路

当 $u_I = V_{IL}$ 时，VT_1 导通，导通后 VT_1 的集电极电压为 $0.2V$。因此 VT_2，VT_5 管截止，使 u_{C2} 为高电平，u_{E2} 为低电平，从而使 VT_4、VD_2 导通，输出为高电平 u_{OH}。

当 $u_I = U_{IH}$ 时，如果不考虑 VT_2 的存在，输入信号电压与晶体管 VT_1 的导通电压相加，则应有 $u_{B1} = U_{IH} + U_{ON} = 4.1V$。实际的情况是由于 VT_2 和 VT_5 的存在，VT_1 基极的电位达 $2.1V$ 时，因 VT_1 的集电结，VT_2 的发射结，VT_5 的发射结串联，同时导通，使 VT_1 基极的 u_{B1} 被钳在 $2.1V$，集电极的电位为 $1.4V$。所以，VT_2 导通，使 u_{C2} 降低，u_{E2} 升高，VT_4 截止，晶体管 VT_5 导通，输出 Y 为低电平 U_{OL}。

所以，图 8-6 所示的电路称为非门电路，逻辑关系为

$$Y = \overline{A}$$

电路中的二极管 VD_1 的作用是负极性输入信号的钳位，该二极管可对输入的负极性干扰脉冲进行有效的抑制，以保护集成电路的输入级不会因负极性输入脉冲的作用，引起 VT_1 发射结的过流而损坏。由于 VT_2 集电极输出的电压信号和发射极输出的电压信号变化方向相反，所以把这一级也叫作倒相级。输出级在稳定状态下 VT_4 和 VT_5 总是一个导通而另一个截止，这就有效地降低了输出级的静态功耗并提高了驱动负载的能力。通常把这种形式的电路称为推拉式输出电路。

2. TTL 与非门

图 8-7 是典型的 TTL 与非门电路。它与图 8-6 所示反相器电路的区别在于输入端改成了多发射极晶体管。多发射极晶体管的基区和集电区是共用的，而在 P 型的基区上制作了两个（或多个）高掺杂的 N 型区，形成两个互相独立的发射极。我们可以将多发射极晶体管看作两个发射极独立而基极和集电极分别并联在一起的晶体管。

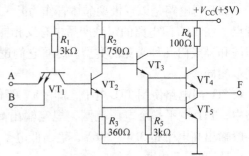

图 8-7　TTL 与非门电路

工作原理：

1）输入信号不全为 1：如 $u_A = 0.3V$，$u_B = 3.6V$ 时，$u_B1 = 0.3 + 0.7 = 1V$，VT_2、VT_5 截止，VT_3、VT_4 导通。忽略 i_{B3}，输出端的电压为：$u_F \approx (5 - 0.7 - 0.7)\ V = 3.6V$，输出 F 为高电平 1，如图 8-8a 所示。

2）输入信号全为 1：如 $u_A = u_B = 3.6V$，则 $u_B1 = 2.1V$，VT_2、VT_5 导通，VT_3、VT_4 截止。输出端 F 的电位为 $u_F = 0.3V$，输出 F 为低电平 0。如图 8-8b 所示。

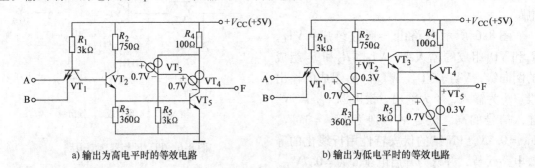

a) 输出为高电平时的等效电路　　　　　　　　b) 输出为低电平时的等效电路

图 8-8　TTL 与非门的工作原理分析

由以上分析可知，TTL 与非门输入/输出电平见表 8-8。

TTL 与非门真值表见表 8-9。

表 8-8　TTL 与非门输入/输出电平

u_A/V	u_B/V	u_F/V
0.3	0.3	3.6
0.3	3.6	3.6
3.6	0.3	3.6
3.6	3.6	0.3

表 8-9　TTL 与非门真值表

A	B	F
0	0	1
0	1	1
1	0	1
1	1	0

逻辑表达式为

$$F = \overline{A \cdot B}$$

根据工作温度和电源电压允许工作范围不同，TTL 集成门电路分为 54 系列和 74 系列两大类。54 系列更适合在温度条件恶劣、供电电源变化大的环境中工作，常用于军品；而 74

系列则适合在常规条件下工作，常用于民品。74 系列又经历了 74 基本系列、74H 系列、74S 系列和 74LS 系列 4 个阶段。前三个系列已基本淘汰，目前仍在使用的是 74LS 系列，以及 74HC，74HCT 系列。常用 74LS 系列的数字集成门电路有 74LS00（2 输入端四与非门）、74LS02（2 输入端四或非门）和 74LS04（6 反相器）等。

8.3.3　CMOS 集成门电路

CMOS 逻辑门电路是在 TTL 电路问世之后开发出的第二种广泛应用的数字集成器件。CMOS 门电路以金属—氧化物—半导体场效应晶体管作为开关器件。与 TTL 门电路相仿，在 CMOS 门电路的定型产品中有反相器（非门）、与门、或门、与非门、或非门、与或非门和异或门几种常见的类型。

1. CMOS 反相器

CMOS 反相器的电路结构是 CMOS 电路的基本结构。CMOS 是互补对称 MOS 电路的简称（Complementary Metal – Oxide – Semiconductor），其电路结构都采用增强型 PMOS 管和增强型 NMOS 管按互补对称形式连接而成。CMOS 反相器如图 8-9 所示。

图中，VT_1 是 PMOS 管，VT_2 是 NMOS 管。NMOS 和 PMOS 是最常用的两种 MOS 管，其工作原理类似。MOS 管即金属（Metal）—氧化物（Oxid）—半导体（Semiconductor）场效应晶体管，是由加在输入端栅极的电压来控制输出端漏极的电流，如图 8-10 所示。

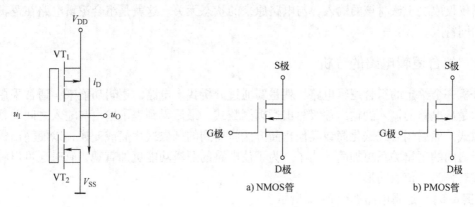

图 8-9　CMOS 反相器　　　　　　　　图 8-10　常用 MOS 器件

MOS 管属于压控器件。它通过加在栅极 G 上的电压控制电流流通方向。对 NMOS，源极 S 接地时，栅极 G 与源极 S 之间电压 U_{gs} 大于一定的值就会漏极 D 与源极 S 之间导通，电流从漏极 D 流向源极 S；而对于 PMOS，源极 S 接 V_{CC} 时，V_{gs} 小于一定的值漏极 D 与源极 S 之间导通，电流从源极 S 流向漏极 D 的。

图 8-9 所示 CMOS 反相器中，通常 PMOS 管 VT_1 为负载管，NMOS 管 VT_2 为输入管。若输入 u_I 为低电平，则 VT_1 导通，VT_2 截止，输出电压接近电源电压 V_{DD}。若输入 u_I 为高电平（如 V_{DD}），则 VT_2 导通，VT_1 截止，输出电压接近 0V。

2. CMOS 与非门

图 8-11 是 CMOS 与非门的电路结构。图中，PMOS 管 VT_1、NMOS 管 VT_2 的栅极连接起来成为输入端 A，PMOS 管 VT_3、NMOS 管 VT_4 的栅极连接起来是输入端 B。

当输入端 A、B 中只要有一个为低电平时，就会使与它相连的 NMOS 管截止，与它相连的 PMOS 管导通，输出为高电平；仅当 A、B 全为高电平时，才会使两个串联的 NMOS 管都导通，使两个并联的 PMOS 管都截止，输出为低电平。

门电路输入输出之间的关系为 $Y = \overline{A \cdot B}$，为与非门。

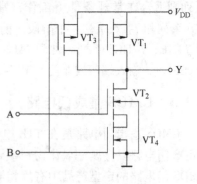

图 8-11　CMOS 与非门

CMOS 电路的工作速度可与 TTL 相比较，而它的功耗和抗干扰能力则远优于 TTL，且费用较低。早期生产的 CMOS 门电路为 4000 系列，随后发展为 4000B 系列。当前与 TTL 兼容的 CMOS 器件如 74HCT 系列等可与 TTL 器件交换使用。

8.4　组合逻辑电路的分析与设计

根据逻辑功能的不同特点，可以将数字电路分成两大类：一类称为组合逻辑电路（简称组合电路）；另一类称为时序逻辑电路（简称时序电路）。在组合逻辑电路中，任意时刻的输出仅仅取决于该时该的输入，与电路原来的状态无关。这就是组合逻辑电路在逻辑功能上的共同特点。

8.4.1　组合逻辑电路的分析

分析一个给定的组合逻辑电路，就是要通过分析找出电路的逻辑功能来。通常采用的分析方法是从电路的输入到输出逐级写出逻辑函数式，最后得到表示输出与输入之间关系的逻辑函数式。然后用公式法化简或其他化简方法将得到的函数式化简或变换，以使输出量与各输入量之间的逻辑关系更加简单明了。为了使电路的逻辑功能更加直观，有时还可以将逻辑函数式转换为真值表的形式。

【例 8-6】　逻辑电路如图 8-12 所示。

【解】　逻辑表达式

$Y_1 = \overline{AB}$，$Y_2 = \overline{BC}$，$Y_3 = \overline{CA}$

$Y = \overline{Y_1 Y_2 Y_3} = \overline{\overline{AB}\ \overline{BC}\ \overline{AC}}$

最简与或表达式为

$$Y = AB + BC + CA$$

真值表见表 8-10。

电路的逻辑功能为

当输入 A、B、C 中有两个或 3 个为 1 时，输出 Y 为 1，否则输出 Y 为 0。

电路的物理功能为

3 人表决用的组合电路：只要有 2 票或 3 票同意，表决就通过。

【例 8-7】　电路如图 8-13 所示，请写出 Y 的逻辑函数式，列出真值表，指出电路完成了什么功能？

表 8-10　真值表

A	B	C	Y
0	0	0	0
0	0	1	0
0	1	0	0
0	1	1	1
1	0	0	0
1	0	1	1
1	0	1	1
1	1	0	1
1	1	1	1

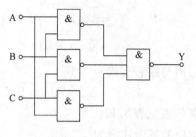

图 8-12　例 8-6 逻辑电路

【解】

（1）写出输出逻辑函数式

$$Y = A \oplus B \oplus C = (A \oplus B)\overline{C} + (\overline{A \oplus B})C$$
$$= \overline{A}\,\overline{B}C + \overline{A}\,B\,\overline{C} + A\,\overline{B}\,\overline{C} + ABC$$

（2）列逻辑函数真值表见表 8-11。

表 8-11　真值表

输入			输出
A	B	C	Y
0	0	0	0
0	0	1	1
0	1	0	1
0	1	1	0
1	0	0	1
1	0	1	0
1	1	0	0
1	1	1	1

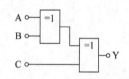

图 8-13　例 8-7 逻辑电路

（3）分析逻辑功能　A、B、C 三个输入变量中，有奇数个 1 时，输出为 1，否则输出为 0。因此，图示电路为三位判奇电路，又称奇校验电路。

【例 8-8】　逻辑电路如图 8-14 所示。

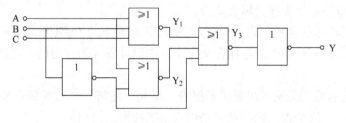

图 8-14　例 8-8 逻辑电路

【解】　逻辑表达式为

$$Y_1 = \overline{A + B + C}$$
$$Y_2 = \overline{A + \overline{B}}$$
$$Y_3 = \overline{X + Y + \overline{B}}$$

$$Y = \overline{Y_3} = Y_1 + Y_2 + \overline{B} = \overline{A + B + C} + \overline{A + \overline{B}} + \overline{B}$$

最简与或表达式为

$$Y = \overline{A}\,\overline{B}\,\overline{C} + \overline{A}B + \overline{B} = \overline{A}B + \overline{B} = \overline{A} + \overline{B}$$

真值表见表8-12。

电路的逻辑功能为

电路的输出Y只与输入A、B有关，而与输入C无关。Y和A、B的逻辑关系为：A、B中只要一个为0，Y=1；A、B全为1时，Y=0。所以Y和A、B的逻辑关系为与非运算的关系。

用与非门实现的逻辑关系为

$$Y = \overline{A} + \overline{B} = \overline{AB}$$

逻辑电路如图8-15所示。

表8-12　例8-8真值表

A	B	C	Y
0	0	0	1
0	0	1	1
0	1	0	1
0	1	1	1
1	0	0	1
1	0	1	1
1	1	0	0
1	1	1	0

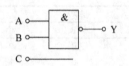

图8-15　例8-8逻辑电路

8.4.2　组合逻辑电路的设计

根据给出的实际逻辑问题，求出实现这一逻辑功能的最简单逻辑电路，这就是设计组合逻辑电路时要完成的工作。这里所说的"最简"，是指电路所用的器件数最少，器件的种类最少，而且器件之间的连线也最少。组合逻辑电路的设计工作通常可按以下步骤进行：

1）分析事件的因果关系，确定输入变量和输出变量。一般总是把引起事件的原因定为输入变量，而把事件的结果作为输出变量。

2）定义逻辑状态的含意。以二值逻辑的0、1两种状态分别代表输入变量和输出变量的两种不同状态。这里0和1的具体含义完全是由设计者人为选定的。这项工作也称为逻辑状态赋值。

3）根据给定的因果关系列出逻辑真值表。至此，便将一个实际的逻辑问题抽象成一个逻辑函数了。而且，这个逻辑函数首先是以真值表的形式给出的。

4）写出逻辑函数式。为便于对逻辑函数进行化简和变换，需要把真值表转换为对应的逻辑函数式。

5）选定器件的类型。为了产生所需要的逻辑函数，应该根据对电路的具体要求和器件的资源情况决定采用哪一种类型的器件。

6）将逻辑函数化简或变换成适当的形式。在使用门电路进行设计时，为获得最简单的设计结果，应将函数式化成最简形式或将函数式变换成与器件种类、相适应的形式。

【例 8-9】　用与非门设计一个交通报警控制电路。交通信号灯有红、绿、黄三种，三种灯分别单独工作或黄、绿灯同时工作时属正常情况，其他情况均属故障，出现故障时输出报警信号。

【解】　设红、绿、黄灯分别用 A、B、C 表示，灯亮时其值为 1，灯灭时其值为 0；输出报警信号用 F 表示，灯正常工作时其值为 0，灯出现故障时其值为 1。根据逻辑要求列出真值表见表 8-13。

表 8-13　例 8-9 真值表

A	B	C	F	A	B	C	F
0	0	0	1	1	0	0	0
0	0	1	0	1	0	1	1
0	1	0	0	1	1	0	1
0	1	1	0	1	1	1	1

$$F = \overline{A}\,\overline{B}\,\overline{C} + A\overline{B}C + AB\overline{C} + ABC$$
$$F = \overline{A}\,\overline{B}\,\overline{C} + ABC + AB\overline{C} + ABC + A\overline{B}C$$
$$= \overline{A}\,\overline{B}\,\overline{C} + AB(C + \overline{C}) + AC(B + \overline{B})$$
$$= \overline{A}\,\overline{B}\,\overline{C} + AB + AC$$
$$F = \overline{\overline{A}\ \overline{B}\ \overline{C}\ \overline{AB}\ \overline{AC}}$$

例 8-9 逻辑电路如图 8-16 所示。

【例 8-10】　用与非门设计一个举重裁判表决电路。设举重比赛有三个裁判，一个主裁判和两个副裁判。杠铃完全举上的裁决由每一个裁判按一下自己面前的按钮来确定。只有当两个或两个以上裁判判明成功，并且其中有一个为主裁判时，表明成功的灯才亮。

【解】　设主裁判为变量 A，副裁判分别为 B 和 C；表示成功与否的灯为 Y，根据逻辑要求列出真值表，见表 8-14。

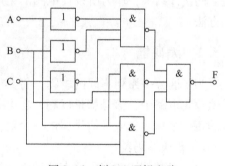

图 8-16　例 8-9 逻辑电路

表 8-14　例 8-10 真值表

A	B	C	Y	A	B	C	Y
0	0	0	0	1	0	0	0
0	0	1	0	1	0	1	1
0	1	0	0	1	1	0	1
0	1	1	0	1	1	1	1

写出逻辑关系式：$Y = A\,\overline{B}C + AB\,\overline{C} + ABC$

化简，写出最简与或表达式

$$Y = A\overline{B}C + AB\overline{C} + ABC$$
$$= ABC + AB\overline{C} + ABC + A\overline{B}C$$
$$= AB(C + \overline{C}) + AC(B + \overline{B})$$
$$= AB + AC$$
$$= \overline{\overline{AB} \cdot \overline{AC}}$$

例 8-10 逻辑电路如图 8-17 所示。

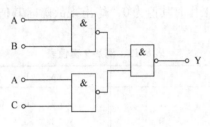

图 8-17　例 8-10 逻辑电路

8.5　常用组合逻辑电路模块

实践中遇到的逻辑问题层出不穷，因而为解决这些逻辑问题而设计的逻辑电路也不胜枚举，其中有些逻辑电路经常地出现在各种数字系统当中。这些电路包括编码器、译码器、数据选择器、加法器等。为了使用方便，人们已经将这些逻辑电路制成了中、小规模集成的标准化集成电路产品。在设计大规模集成电路时，也经常调用这些模块电路已有的、经过使用验证的设计结果，作为所设计电路的组成部分。下面分别介绍一下这些电路的工作原理和使用方法。

8.5.1　编码器

为了区分一系列不同的事物，将其中的每个事物用一个二值代码表示，这就是编码。在二值逻辑电路中，信号都是以高、低电平的形式给出的。因此，编码器的逻辑功能就是将输入的每一个高、低电平信号编成一个对应的二进制代码。

1. 普通编码器

目前经常使用的编码器有普通编码器和优先编码器两类。在普通编码器中，任何时刻只允许输入一个编码信号，否则输出将发生混乱。用 n 位二进制代码对 $2n$ 个信号进行编码的电路，称为二进制编码器。

现以 3 位二进制普通编码器为例，分析一下普通编码器的工作原理。表 8-15 是 3 位二进制编码器真值表。

表 8-15　3 位二进制编码器真值表

I_0	I_1	I_2	I_3	I_4	I_5	I_6	I_7	Y_2	Y_1	Y_0
1	0	0	0	0	0	0	0	0	0	0
0	1	0	0	0	0	0	0	0	0	1
0	0	1	0	0	0	0	0	0	1	0

（续）

I_0	I_1	I_2	I_3	I_4	I_5	I_6	I_7	Y_2	Y_1	Y_0
0	0	0	1	0	0	0	0	0	1	1
0	0	0	0	1	0	0	0	1	0	0
0	0	0	0	0	1	0	0	1	0	1
0	0	0	0	0	0	1	0	1	1	0
0	0	0	0	0	0	0	1	1	1	1

输入 8 个互斥的信号，输出 3 位二进制代码。

逻辑表达式为

$$Y_2 = I_4 + I_5 + I_6 + I_7 = \overline{\overline{I_4}\,\overline{I_5}\,\overline{I_6}\,\overline{I_7}}$$

$$Y_1 = I_2 + I_3 + I_6 + I_7 = \overline{\overline{I_2}\,\overline{I_3}\,\overline{I_6}\,\overline{I_7}}$$

$$Y_0 = I_1 + I_3 + I_5 + I_7 = \overline{\overline{I_1}\,\overline{I_3}\,\overline{I_5}\,\overline{I_7}}$$

编辑器电路如图 8-18 所示。

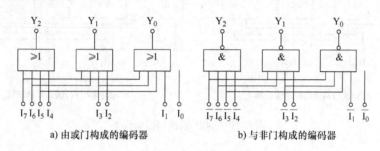

a) 由或门构成的编码器   b) 与非门构成的编码器

图 8-18 编码器电路

2. 8421 码编码器

8421 码编码器真值表见表 8-16。

表 8-16 8421 码编码器真值表

输入										输出			
I_0	I_1	I_2	I_3	I_4	I_5	I_6	I_7	I_8	I_9	Y_3	Y_2	Y_1	Y_0
1	0	0	0	0	0	0	0	0	0	0	0	0	0
0	1	0	0	0	0	0	0	0	0	0	0	0	1
0	0	1	0	0	0	0	0	0	0	0	0	1	0
0	0	0	1	0	0	0	0	0	0	0	0	1	1
0	0	0	0	1	0	0	0	0	0	0	1	0	0
0	0	0	0	0	1	0	0	0	0	0	1	0	1
0	0	0	0	0	0	1	0	0	0	0	1	1	0
0	0	0	0	0	0	0	1	0	0	0	1	1	1
0	0	0	0	0	0	0	0	1	0	1	0	0	0
0	0	0	0	0	0	0	0	0	1	1	0	0	1

输入10个互斥的数码，输出4位二进制代码。

逻辑表达式为

$$Y_3 = I_8 + I_9$$
$$= \overline{\overline{I_8}\,\overline{I_9}}$$
$$Y_2 = I_4 + I_5 + I_6 + I_7$$
$$= \overline{\overline{I_4}\,\overline{I_5}\,\overline{I_6}\,\overline{I_7}}$$
$$Y_1 = I_2 + I_3 + I_6 + I_7$$
$$= \overline{\overline{I_2}\,\overline{I_3}\,\overline{I_6}\,\overline{I_7}}$$
$$Y_0 = I_1 + I_3 + I_5 + I_7 + I_9$$
$$= \overline{\overline{I_1}\,\overline{I_3}\,\overline{I_5}\,\overline{I_7}\,\overline{I_9}}$$

8421编码器电路如图8-19所示。

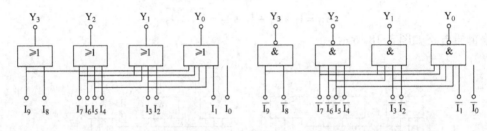

a) 由或门构成的8421编码器　　　　　　b) 由与非门构成的8421编码器

图8-19　8421码编码器电路

3. 3位二进制优先编码器

在优先编码器中，允许同时输入两个以上的有效编码请求信号。当几个输入信号同时出现时，只对其中优先权最高的一个进行编码。优先级别的高低由设计者根据输入信号的轻重缓急情况而定。即在优先编码器中优先级别高的信号排斥级别低的。设I_7的优先级别最高，I_6次之，依此类推，I_0最低。3位二进制优先编码器真值表见表8-17。

表8-17　3位二进制优先编码器真值表

输　　入								输出		
I_7	I_6	I_5	I_4	I_3	I_2	I_1	I_0	Y_2	Y_1	Y_0
1	×	×	×	×	×	×	×	1	1	1
0	1	×	×	×	×	×	×	1	1	0
0	0	1	×	×	×	×	×	1	0	1
0	0	0	1	×	×	×	×	1	0	0
0	0	0	0	1	×	×	×	0	1	1
0	0	0	0	0	1	×	×	0	1	0
0	0	0	0	0	0	1	×	0	0	1
0	0	0	0	0	0	0	1	0	0	0

逻辑表达式为

$$Y_2 = I_7 + \overline{I_7}I_6 + \overline{I_7}\,\overline{I_6}I_5 + \overline{I_7}\,\overline{I_6}\,\overline{I_5}I_4$$

$$= I_7 + I_6 + I_5 + I_4$$

$$Y_1 = I_7 + \overline{I_7}I_6 + \overline{I_7}\,\overline{I_6}\,\overline{I_5}\,\overline{I_4}I_3 + \overline{I_7}\,\overline{I_6}\,\overline{I_5}\,\overline{I_4}\,\overline{I_3}I_2$$

$$= I_7 + I_6 + \overline{I_5}\,\overline{I_4}I_3 + \overline{I_5}\,\overline{I_4}I_2$$

$$Y_0 = I_7 + \overline{I_7}\,\overline{I_6}I_5 + \overline{I_7}\,\overline{I_6}\,\overline{I_5}\,\overline{I_4}I_3 + \overline{I_7}\,\overline{I_6}\,\overline{I_5}\,\overline{I_4}\,\overline{I_3}\,\overline{I_2}I_1$$

$$= I_7 + \overline{I_6}I_5 + \overline{I_6}\,\overline{I_4}I_3 + \overline{I_6}\,\overline{I_4}\,\overline{I_2}I_1$$

3 位二进制优先逻辑图如图 8-20 所示。

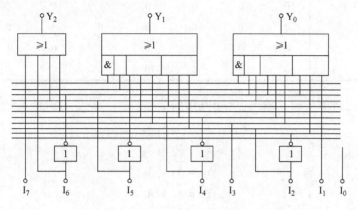

图 8-20　3 位二进制优先编码器逻辑图

如果要求输出、输入均为反变量，则只要在图中的每一个输出端和输入端都加上反相器就可以了。

8.5.2　译码器

把代码状态的特定含义翻译出来的过程称为译码，实现译码操作的电路称为译码器。译码器就是把一种代码转换为另一种代码的电路。

1．二进制译码器

设二进制译码器的输入端为 n 个，则输出端为 $2n$ 个，且对应于输入代码的每一种状态，$2n$ 个输出中只有一个为 1（或为 0），其余全为 0（或为 1）。

二进制译码器可以译出输入变量的全部状态，故又称为变量译码器。

3 位二进制译码器电路如图 8-21 所示。

二进制译码器真值表见表 8-18。

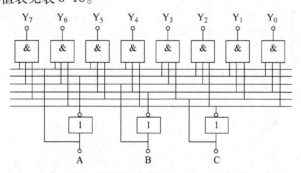

图 8-21　3 位二进制译码器电路

表 8-18 二进制译码器真值表

$A_2(C)$	$A_1(B)$	$A_0(A)$	Y_0	Y_1	Y_2	Y_3	Y_4	Y_5	Y_6	Y_7
0	0	0	1	0	0	0	0	0	0	0
0	0	1	0	1	0	0	0	0	0	0
0	1	0	0	0	1	0	0	0	0	0
0	1	1	0	0	0	1	0	0	0	0
1	0	0	0	0	0	0	1	0	0	0
1	0	1	0	0	0	0	0	1	0	0
1	1	0	0	0	0	0	0	0	1	0
1	1	1	0	0	0	0	0	0	0	1

输入：3 位二进制代码；输出：8 个互斥的信号。

$$Y_0 = \overline{A_2}\,\overline{A_1}\,\overline{A_0}$$
$$Y_1 = \overline{A_2}\,\overline{A_1}\,A_0$$
$$Y_2 = \overline{A_2}\,A_1\,\overline{A_0}$$
$$Y_3 = \overline{A_2}\,A_1\,A_0$$
$$Y_4 = A_2\,\overline{A_1}\,\overline{A_0}$$
$$Y_5 = A_2\,\overline{A_1}\,A_0$$
$$Y_6 = A_2\,A_1\,\overline{A_0}$$
$$Y_7 = A_2\,A_1\,A$$

3 位二进制译码器也称作 3 线 – 8 线译码器。

2. 8421 码译码器

把二 – 十进制代码翻译成 10 个十进制数字信号的电路，称为二 – 十进制译码器。二 – 十进制译码器的输入是十进制数的 4 位二进制编码（BCD 码），分别用 A_3、A_2、A_1、A_0 表示；输出的是与 10 个十进制数字相对应的 10 个信号，用 $Y_9 \sim Y_0$ 表示。由于二 – 十进制译码器有 4 根输入线，10 根输出线，所以又称为 4 线 – 10 线译码器。

8421 码译码器真值表见表 8-19。

表 8-19 8421 码译码器真值表

A_3	A_2	A_1	A_0	Y_9	Y_8	Y_7	Y_6	Y_5	Y_4	Y_3	Y_2	Y_1	Y_0
0	0	0	0	0	0	0	0	0	0	0	0	0	1
0	0	0	1	0	0	0	0	0	0	0	0	1	0
0	0	1	0	0	0	0	0	0	0	0	1	0	0
0	0	1	1	0	0	0	0	0	0	1	0	0	0
0	1	0	0	0	0	0	0	0	1	0	0	0	0
0	1	0	1	0	0	0	0	1	0	0	0	0	0
0	1	1	0	0	0	0	1	0	0	0	0	0	0
0	1	1	1	0	0	1	0	0	0	0	0	0	0
1	0	0	0	0	1	0	0	0	0	0	0	0	0
1	0	0	1	1	0	0	0	0	0	0	0	0	0

逻辑表达式为

$$Y_0 = \overline{A_3}\,\overline{A_2}\,\overline{A_1}\,\overline{A_0} \quad Y_1 = \overline{A_3}\,\overline{A_2}\,\overline{A_1}\,A_0 \quad Y_2 = \overline{A_3}\,\overline{A_2}\,A_1\,\overline{A_0} \quad Y_3 = \overline{A_3}\,\overline{A_2}\,A_1\,A_0$$

$$Y_4 = \overline{A_3}\,A_2\,\overline{A_1}\,\overline{A_0} \quad Y_5 = \overline{A_3}\,A_2\,\overline{A_1}\,A_0 \quad Y_6 = \overline{A_3}\,A_2\,A_1\,\overline{A_0} \quad Y_7 = \overline{A_3}\,A_2\,A_1\,A_0$$

$$Y_8 = A_3\,\overline{A_2}\,\overline{A_1}\,\overline{A_0} \quad Y_9 = A_3\,\overline{A_2}\,\overline{A_1}\,A_0$$

8421 译码器逻辑图如图 8-22 所示。

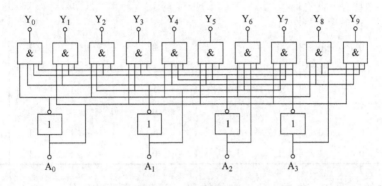

图 8-22 8421 译码器逻辑图

3. 显示译码器

用来驱动各种显示器件,从而将用二进制代码表示的数字、文字、符号翻译成人们习惯的形式直观地显示出来的电路,称为显示译码器。图 8-23 所示是数码显示器。

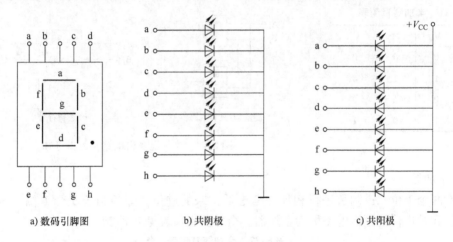

a) 数码引脚图　　　　　　b) 共阴极　　　　　　c) 共阳极

图 8-23 数码显示器

显示译码器真值表(真值表为共阴极 LED)见表 8-20。

8.5.3 加法器

1. 半加器

对加数和被加数进行加法运算称为半加运算。两个 1 位二进制数进行相加而求得和及进位的逻辑电路称为半加器。半加器真值表见表 8-21。

表 8-20 显示译码器真值表（真值表为共阴极 LED）

输入				输出							显示字形
A_3	A_2	A_1	A_0	a	b	c	d	e	f	g	
0	0	0	0	1	1	1	1	1	1	0	0
0	0	0	1	0	1	1	0	0	0	0	1
0	0	1	0	1	1	0	1	1	0	1	2
0	0	1	1	1	1	1	1	0	0	1	3
0	1	0	0	0	1	1	0	0	1	1	4
0	1	0	1	1	0	1	1	0	1	1	5
0	1	1	0	0	0	1	1	1	1	1	6
0	1	1	1	1	1	1	0	0	0	0	7
1	0	0	0	1	1	1	1	1	1	1	8
1	0	0	1	1	1	1	0	0	1	1	9

表 8-21 中的 A_i、B_i：加数；S_i：本位的和；C_i：向高位的进位。

逻辑关系为

$$S_i = A_i \oplus B_i$$

$$C_i = A_i B_i$$

半加器逻辑电路及逻辑符号如图 8-24 所示。

表 8-21 半加器真值表

A_i	B_i	S_i	C_i
0	0	0	0
0	1	1	0
1	0	1	0
1	1	0	1

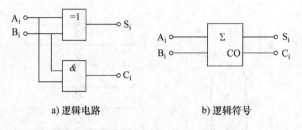

a) 逻辑电路　　　　　b) 逻辑符号

图 8-24 半加器逻辑电路及逻辑符号

2. 全加器

能对两个 1 位二进制数进行相加并考虑低位来的进位，即相当于 3 个 1 位二进制数相加，求得和及进位的逻辑电路称为全加器。全加器真值表见表 8-22。

表 8-22 全加器真值表

A_i	B_i	C_{i-1}	S_i	C_i
0	0	0	0	0
0	0	1	1	0
0	1	0	1	0
0	1	1	0	1
1	0	0	1	0
1	0	1	0	1
1	1	0	0	1
1	1	1	1	1

表 8-22 中，A_i、B_i：加数，C_{i-1}：低位来的进位，S_i：本位的和，C_i：向高位的进位。

$$S_i = \overline{A_i}\,\overline{B_i}C_{i-1} + \overline{A_i}B_i\overline{C_{i-1}} + A_i\overline{B_i}\,\overline{C_{i-1}} + A_iB_iC_{i-1}$$
$$= \overline{A_i}(\overline{B_i}C_{i-1} + B_i\overline{C_{i-1}}) + A_i(\overline{B_i}\,\overline{C_{i-1}} + B_iC_{i-1})$$
$$= \overline{A_i}(B_i \oplus C_{i-1}) + A_i(\overline{B_i \oplus C_{i-1}})$$
$$= A_i \oplus B_i \oplus C_{i-1}$$
$$C_i = \overline{A_i}B_iC_{i-1} + A_i\overline{B_i}C_{i-1} + A_iB_i$$
$$= (\overline{A_i}B_i + A_i\overline{B_i})C_{i-1} + A_iB$$
$$= (A_i \oplus B_i)C_{i-1} + A_iB_i$$

全加器的逻辑关系简写为

$$S_i = A_i \oplus B_i \oplus C_{i-1}$$
$$C_i = (A_i \oplus B_i)C_{i-1} + A_iB_i$$

全加器逻辑电路和逻辑符号如图 8-25 所示。

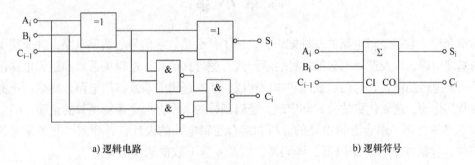

a) 逻辑电路   b) 逻辑符号

图 8-25 全加器逻辑电路和逻辑符号

实现多位二进制数相加的电路称为加法器。串行进位加法器把 n 位全加器串联起来，低位全加器的进位输出连接到相邻的高位全加器的进位输入。串行进位加法器电路如图 8-26 所示。

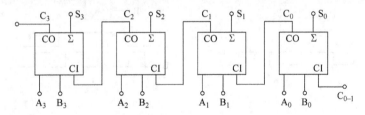

图 8-26 串行进位加法器电路

串行进位加法器进位信号是由低位向高位逐级传递的，速度不高。为了提高运算速度，在逻辑设计上采用超前进位的方法，即每一位的进位根据各位的输入同时预先形成，而不需要等到低位的进位送来后才形成，这种结构的多位数加法器称为超前进位加法器。

8.5.4 数据选择器

4 选 1 数据选择器真值表见表 8-23。

输入数据 D，地址变量 A_1、A_0。由地址码决定从 4 路输入中选择哪 1 路输出。

逻辑表达式为

$$Y = D_0 \overline{A_1}\, \overline{A_0} + D_1 \overline{A_1} A_0 + D_2 A_1 \overline{A_0} + D_3 A_1 A_0$$

4 选 1 数据选择器逻辑图如图 8-27 所示。

表 8-23　4 选 1 数据选择器真值表

| D | 输入 | | 输出 |
	A_1	A_0	Y
D_0	0	0	D_0
D_1	0	1	D_1
D_2	1	0	D_2
D_3	1	1	D_3

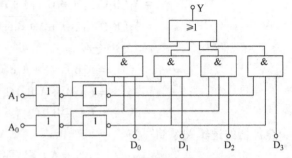

图 8-27　4 选 1 数据选择器逻辑图

本 章 小 结

本章介绍了数字逻辑电路的基础知识，讲述了什么是数字信号、数字电路，并介绍了逻辑函数的基础知识，以及逻辑函数的三种表示形式，逻辑真值表、逻辑关系式和逻辑电路图。并讲述了基本逻辑门电路，与门、或门和非门构成，基本逻辑关系及其门电路，集成门电路，逻辑函数及其化简，逻辑代数的公式和定理，逻辑函数的表示方法，逻辑函数的化简。

本章详细介绍了组合逻辑电路的分析和组合逻辑电路的设计，并介绍了几种常见的组合逻辑部件，包括加法器、编码器、译码器，以及 4 选 1 数据选择器等。

习　题

8-1　对应图 8-28 所示的各种情况，分别画出 F 的波形。

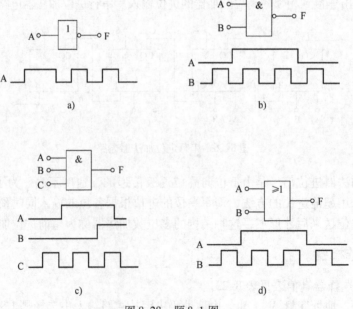

图 8-28　题 8-1 图

8-2 如果与门的两个输入端中，A 为信号输入端，B 为控制端。设 A 的信号波形如图 8-29 所示，当控制端 B = 1 和 B = 0 两种状态时，试画出输出波形。如果是与非门、或门、或非门则又如何？分别画出输出波形。最后总结上述四种门电路的控制作用。

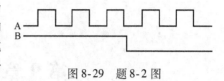

图 8-29 题 8-2 图

8-3 有两个同型号的 TTL 与非器件，甲器件的开门电平 U_{ON} = 1.4V，乙器件的开门电平 U_{ON} = 1.6V。试问：输入为高电平时的抗干扰能力 U_{NH} 哪个大？为什么？

8-4 写出图 8-30 所示各电路的最简与或表达式，列出真值表并说明各电路的逻辑功能。

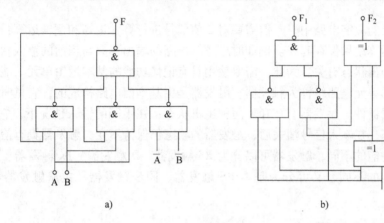

图 8-30 题 8-4 图

8-5 在输入端只给出原变量没有反变量的条件下，用与非门设计实现下列函数的组合电路：

(1) $F\ (A、B、C、D)\ = A\bar{B} + A\bar{C}D + \overline{AC} + \overline{BC}$

(2) $F\ (A、B、C、D)\ = \sum\ (1、5、6、7、12、13、14)$

8-6 某产品有 A、B、C、D 四项指标。规定 A 是必须满足的要求，其他三项中只有满足任意两项要求，产品才算合格。试用与非门构成产品合格的逻辑电路。

8-7 用与非门分别设计如下逻辑电路：

(1) 三变量的多数表决电路（三个变量中有多数个 1 时，输出为 1）。

(2) 三变量的判奇电路（三个变量中有奇数个 1 时，输出为 1）。

(3) 四变量的判偶电路（四个变量中有偶数个 1 时，输出为 1）。

8-8 某同学参加四门课程考试，规定如下：

(1) 课程 A 及格得 1 分，不及格得 0 分。

(2) 课程 B 及格得 2 分，不及格得 0 分。

(3) 课程 C 及格得 4 分，不及格得 0 分。

(4) 课程 D 及格得 5 分，不及格得 0 分；

若总得分大于 8 分（含 8 分），就可结业。试用与非门构成实现上述逻辑要求的电路。

8-9 图 8-31 是一密码锁控制电路。开锁条件是：拨对密码；钥匙插入锁眼将开关 S 闭合。当两个条件同时满足时，开锁信号为 1，将锁打开。否则报警信号为 1，接通警铃。试分析密码 ABCD 是多少？

8-10 试设计一个能将十进制数编为余三代码得编码器。

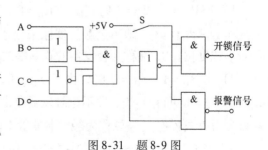

图 8-31 题 8-9 图

第9章 复杂数字电路

9.1 触发器概述

在各种复杂的数字电路中，不但需要对二值信号进行算术运算和逻辑运算，还经常需要将这些信号和运算结果保存起来。例如时序逻辑电路的输出不只与当前的输入状态有关，而且还与过去的输出状态有关。为此，需要使用具有记忆功能的基本逻辑单元。能够存储 1 位二值信号的基本单元电路统称为触发器。触发器是由基本门电路构成的，它是时序逻辑电路的最基本的逻辑器件。触发器有 0 和 1 两种逻辑状态；在不同的输入情况下，它可以处于 0 状态或者 1 状态；在输入信号消失后，触发器的状态仍保持不变。触发器具有信号记忆的功能。根据逻辑功能的不同，触发器可以分为 RS 触发器、D 触发器、JK 触发器、T 和 T′触发器等；按照结构的不同，又可分为基本 RS 触发器、同步触发器、主从触发器和边沿触发器等。

9.1.1 基本 RS 触发器

基本 RS 触发器的电路如图 9-1a 所示。它是由两个与非门，按正反馈方式闭合而成，也可以用两个或非门按正反馈方式闭合而成。图 9-1b 是基本 RS 触发器逻辑符号。基本 RS 触发器也称 SR 锁存器。

定义 G_2 门的一个输入端为 $\overline{R}_D$ 端，低电平有效，称为直接置"0"端，或直接复位端（Reset）；G_1 门的一个输入端为 $\overline{S}_D$ 端，低电平有效，称为直接置"1"端，或直接置位端（Set）；定义 G_1 门的输出端为 Q 端，G_2 门的输出端为 $\overline{Q}$ 端。触发器的信号输入端，低电平有效；信号输出端，Q = 0、$\overline{Q}$ = 1 的状态称 0 状态，Q = 1、$\overline{Q}$ = 0 的状态称 1 状态。

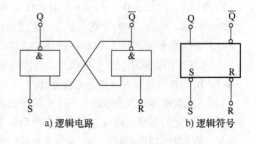

a) 逻辑电路   b) 逻辑符号

图 9-1 基本 RS 触发器

1. 基本 RS 触发器的工作原理

1）当 $\overline{R}_D$ = 0、$\overline{S}_D$ = 1 时，由于 $\overline{R}_D$ = 0，不论原来 Q 为 0 还是 1，都有 $\overline{Q}$ = 1；再由 $\overline{S}_D$ = 1、$\overline{Q}$ = 1 可得 Q = 0。即不论触发器原来处于什么状态都将变成 0 状态，这种情况称将触发器置 0 或复位。$\overline{R}_D$ 端称为触发器的置 0 端或复位端。

2）当 $\overline{R}_D$ = 1、$\overline{S}_D$ = 0 时，由于 $\overline{S}_D$ = 0，不论原来 $\overline{Q}$ 为 0 还是 1，都有 Q = 1；再由 $\overline{R}_D$ = 1、Q = 1 可得 $\overline{Q}$ = 0。即不论触发器原来处于什么状态都将变成 1 状态，这种情况称将触发器置 1 或置位。$\overline{S}_D$ 端称为触发器的置 1 端或置位端。

3）当 $\overline{R}_D$ = 1、$\overline{S}_D$ = 1 时，根据与非门的逻辑功能不难推知，触发器保持原有状态不变，即原来的状态被触发器存储起来，这体现了触发器具有记忆能力。

4）当 $\overline{R}_D = 0$、$\overline{S}_D = 0$ 时，$Q = \overline{Q} = 1$，不符合触发器的逻辑关系，并且由于与非门延迟时间不可能完全相等，在两输入端的 0 同时撤除后，将不能确定触发器是处于 1 状态还是 0 状态。所以触发器不允许出现这种情况，这就是基本 RS 触发器的约束条件。基本 RS 触发器真值表见表9-1。

表 9-1　基本 RS 触发器真值表

$\overline{R}_D$	$\overline{S}_D$	Q	功能
0	0	不定	不允许
0	1	0	置0
1	0	1	置1
1	1	不变	保持

基本 RS 触发器波形图，反映了触发器输入信号和输出状态之间对应关系。RS 触发器波形如图9-2所示。

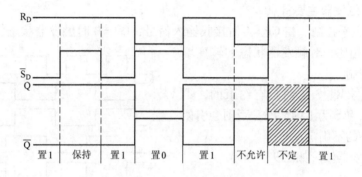

图 9-2　RS 触发器波形

2. 基本 RS 触发器的特点

1）触发器的状态不仅与输入信号状态有关，而且与触发器的原状态有关。

2）电路具有两个稳定状态，在无外来触发信号作用时，电路将保持原状态不变。

3）在外加触发信号有效时，电路可以触发翻转，实现置 0 或置 1。

4）在稳定状态下两个输出端的状态和必须是互补关系，即有约束条件。

在数字电路中，凡根据输入信号 R、S 情况的不同，具有置 0、置 1 和保持功能的电路，都称为 RS 触发器。

9.1.2　同步 RS 触发器

基本 RS 触发器的触发翻转过程直接由输入信号控制，而实际上，常常要求系统中的各触发器在规定的时刻按各自输入信号所决定的状态同步触发翻转，这个时刻可由外加的电平来触发。只有触发信号变为有效电平后，触发器才能按照输入的置 1、置 0 信号置成相应的状态。通常将这个触发信号称为时钟信号（CLOCK），记做 CLK 或 CP。当系统中有多个触发器需要同时动作时，就可以用同一个 CP 信号作为同步控制信号。

同步 RS 触发器电路如图9-3a 所示，逻辑符号如图9-3b 和图9-3c 所示，习惯上也称为电平触发的触发器。

1. 同步 RS 触发器的工作过程

当 CP = 0 时，不论 R 和 S 信号是高电平还是低电平，触发器保持原来状态不变。只有在 CP = 1 时，触发器工作情况才与基本 RS 触发器相同。同步 RS 触发器真值表见表9-2。

表9-2 同步 RS 触发器真值表

CP	R	S	Q^{n+1}	功能
0	×	×	Q^n	保持
1	0	0	Q^n	保持
1	0	1	1	置1
1	1	0	0	置0
1	1	1	不定	不允许

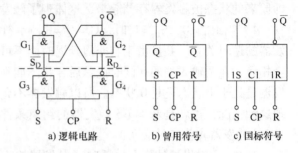

图9-3 同步 RS 触发器

2. 同步 RS 触发器主要特点

1）时钟为电平控制。在 CP = 1 时接收输入信号，CP = 0 时触发器状态保持不变，这与基本 RS 触发器相比，对触发器状态的转变增加了时钟信号控制。

2）输入信号 R、S 之间是有约束的，不允许同时出现 R 和 S 为 1 的情况，否则会引使触发器输出状态的不确定。

同步 RS 触发器波形如图9-4 所示。

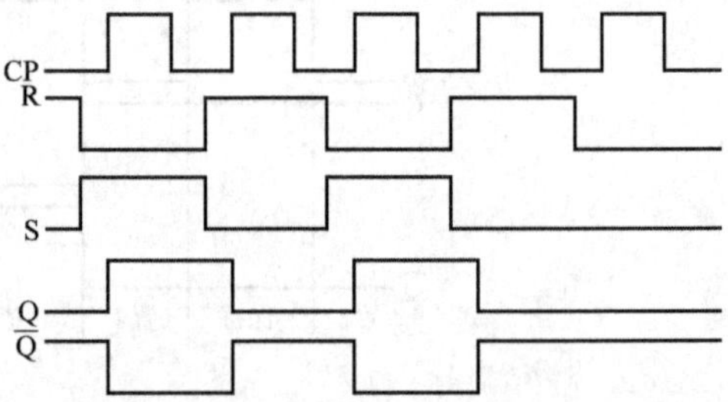

9.1.3 主从 JK 触发器

为了提高同步 RS 触发器工作的可靠性，希望在每个时钟周期里输出端的状态只能改变一次。同时为了使用方便，希望即使出现了 S = R = 1 的情况，触发器的状态也是确定的，因此设计了由两个同步 RS 触发器组成的主从 JK 触发器，电路如图9-5a 所示，逻辑符号如图9-5b 所示。$\overline{S}_D$ 为直接置位端，$\overline{R}_D$ 为直接复位端，还有 J 端、K 端和时钟 CP 输入端。

图9-4 同步 RS 触发器波形

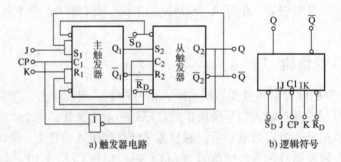

图9-5 主从 JK 触发器

主从 JK 触发器的工作过程可以分为两部分，第一部是接收输入信号的过程。当 CP = 1 时，主触发器被打开，可以接收输入信号 J、K，其输出状态由输入信号的状态决定，但由于 CP = 0，从触发器被封锁，无论主触发器的输出状态如何变化，对从触发器均无影响，即触发器的输出状态保持不变。第二部分为信号输出过程。当 CP 下降沿到来时，即 CP 由 1 变为 0 时，主触发器被封锁，无论输入信号如何变化，对主触发器均无影响，即在 CP = 1

期间接收的内容被存储起来。同时，由于 CP 由 0 变为 1，从触发器被打开，可以接收由主触发器送来的信号，其输出状态由主触发器的输出状态决定。

在 CP = 0 期间，由于主触发器保持状态不变，因此受其控制着从触发器的状态，触发器输出 Q 状态这时是不能被改变的。

主从 JK 触发器逻辑功能分析如下：

（1）J = 0、K = 0　设触发器的初始状态为 0，此时主触发器的 $R_1 = KQ = 0$、$S_1 = J\overline{Q} = 0$，在 CP = 1 时主触发器状态保持 0 状态不变；当 CP 从 1 变 0 时，由于从触发器的 $R_2 = 1$、$S_2 = 0$，也保持为 0 状态不变。如果触发器的初始状态为 1，当 CP 从 1 变 0 时，触发器则保持 1 状态不变。可见不论触发器原来的状态如何，当 J = K = 0 时，触发器的状态均保持不变，即 $Q^{n+1} = Q^n$。

（2）J = 0、K = 1　设触发器的初始状态为 0，此时主触发器的 $R_1 = 0$、$S_1 = 0$，在 CP = 1 时主触发器保持为 0 状态不变；当 CP 从 1 变 0 时，由于从触发器的 $R_2 = 1$、$S_2 = 0$，从触发器也保持 0 状态不变。如果触发器的初始状态为 1，则由于 $R_1 = 1$、$S_1 = 0$，在 CP = 1 时将主触发器翻转为 0 状态；当 CP 从 1 变 0 时，由于从触发器的 $R_2 = 1$、$S_2 = 0$，从触发器状态也翻转为 0 状态。可见不论触发器原来的状态如何，当 J = 0、K = 1 时，输入 CP 脉冲后，触发器的状态均为 0 状态，即 $Q^{n+1} = 0$。

（3）J = 1、K = 0　设触发器的初始状态为 0，此时主触发器的 $R_1 = 0$、$S_1 = 1$，在 CP = 1 时主触发器翻转为 1 状态；当 CP 从 1 变 0 时，由于从触发器的 $R_2 = 0$、$S_2 = 1$，故从触发器也翻转为 1 状态。如果触发器的初始状态为 1，则由于 $R_1 = 0$、$S_1 = 1$，在 CP = 1 时主触发器状态保持 1 状态不变；当 CP 从 1 变 0 时，由于从触发器的 $R_2 = 0$、$S_2 = 1$，从触发器状态也保持 1 状态不变。可见不论触发器原来的状态如何，当 J = 1、K = 0 时，输入 CP 脉冲后，触发器的状态均为 1 状态，即 $Q^{n+1} = 1$。

（4）J = 1、K = 1　设触发器的初始状态为 0，此时主触发器的 $R_1 = 0$、$S_1 = 1$，在 CP = 1 时主触发器翻转为 1 状态；当 CP 从 1 变 0 时，由于从触发器的 $R_2 = 0$、$S_2 = 1$，故从触发器也翻转为 1 状态。如果触发器的初始状态为 1，则由于 $R_1 = 1$、$S_1 = 0$，在 CP = 1 时将主触发器翻转为 0 状态；当 CP 从 1 变 0 时，由于从触发器的 $R_2 = 0$、$S_2 = 0$，故从触发器也翻转为 0 状态。可见当 J = K = 1 时，输入 CP 脉冲后，触发器状态必定与原来的状态相反，即 $Q^{n+1} = \overline{Q}^n$。由于每来一个 CP 脉冲触发器状态翻转一次，故这种情况下触发器具有计数功能。主从 JK 触发器真值表见表 9-3。

主从 JK 触发器波形如图 9-6 所示。

表 9-3　主从 JK 触发器真值表

J	K	Q^{n+1}	功能
0	0	Q^n	保持
0	1	0	置0
1	0	1	置1
1	1	$\overline{Q}^n$	计数

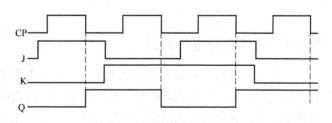

图 9-6　主从 JK 触发器波形

9.1.4　边沿 D 触发器

电平触发的主从触发器工作时，必须在正跳沿前加入输入信号。如果在 CP 高电平期间输入端出现干扰信号，那么就有可能使触发器的状态出错。而边沿触发器允许在 CP 触发沿来到前一瞬间加入输入信号。这样，输入端受干扰的时间大大缩短，受干扰的可能性就降低了。边沿 D 触发器也称为维持 – 阻塞边沿 D 触发器。

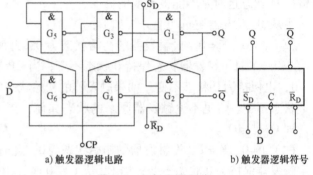

a) 触发器逻辑电路　　　b) 触发器逻辑符号

图 9-7　D 触发器电路

D 触发器一般由六个与非门组成如图 9-7a 所示。其中 G_1、G_2 为基本触发器，G_3、G_4 组成时钟控制门电路，G_5、G_6 为输入电路。图 9-7b 为 D 触发器逻辑符号。

D 触发器的逻辑功能分析如下：

1) D = 0 时，当时钟脉冲来到前，即 CP 为 0 时，G_3、G_4 和 G_6 的输出均为 1，G_5 因输入端都为 1 而输出为 0。触发器状态保持不变。当时钟上升沿来到时，即 CP 由 0 变为 1 时，G_6、G_5 和 G_3 的输出保持原状态不变，而 G_4 输入端全为 1 其输出由 1 变为 0。这一负脉冲使基本触发器置 0，同时反馈到 G_6 输入端，使在 CP 为 1 时不论 D 端如何变化，触发器保持 0 状态不变（不考虑空翻）。

2) D = 1 时，当 CP 为 0 时 G_3 和 G_4 的输出为 1，G_6 的输出为 0，G_5 的输出为 1。这时触发器的状态不变。当 CP 等于 1 时，G_3 的输出由 1 变为 0。这负脉冲使基本触发器置 1，同时反馈到 G_4 和 G_5 的输入端，使 CP 为 1 时不论 D 为什么状态，只能改变 G_6 的输出状态，而其他门均保持不变，即触发器保持 1 不变。

D 触发器在时钟上升沿时触发。输出端 Q 随着输入端 D 的状态变化，但总比输入端状态的变化迟一步。逻辑关系可表示为：$Q^{n+1} = D^n$。D 触发器波形如图 9-8 所示。

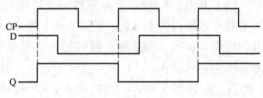

图 9-8　D 触发器波形

9.2　时序逻辑电路及分析方法

9.2.1　时序逻辑电路概述

前面已经讲过，逻辑电路有两大类：一类是组合逻辑电路；另一类是时序逻辑电路。组合逻辑电路的输出只与当时的输入有关，而与电路以前的状态无关。时序逻辑电路是一种与时序有关的逻辑电路，它以组合电路为基础，又与组合电路不同。时序逻辑电路的特点是，在任何时刻电路产生的稳定输出信号不仅与该时刻电路的输入信号有关，而且还与电路过去的状态有关。所以时序逻辑电路都是由组合电路和存储电路两部分组成。图 9-9 所示的电路说明了时序逻辑电路的特点。

时序逻辑电路由组合逻辑和存储电路两部分构成。图中 X（x_1，x_2，$\cdots$，x_i）为时序电路的外部输入；Y（y_1，y_2，$\cdots$，y_j）为时序电路的外部输出；Q（q_1，q_2，$\cdots$，q_l）为时序电路的内部输入（或状态）；Z（z_1，z_2，$\cdots$，z_k）为时序电路的内部输出（或称驱动）。

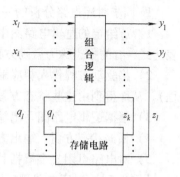

图 9-9　时序逻辑电路结构

时序电路的组合逻辑部分用来产生电路的输出和驱动，存储电路部分是用其不同的状态（q_1，q_2，$\cdots$，q_l）来"记忆"电路过去的输入情况。时序电路就是通过存储电路的不同状态，来记忆以前的状态。设时间 t 时刻记忆元件的状态输出为 Q（q_1，q_2，$\cdots$，q_l），称为时序电路的现态。那么，在该时刻的输入 X 及现态 Q 的共同作用下，组合电路将产生输出 Y 及驱动 Z。而驱动用来建立存储电路的新的状态输出，用 q_1^*，q_2^*，$\cdots$，q_l^* 表示，称为次态。

这样时序电路可由下述表达式描述：

$$y_n = f_n(x_1, x_2, \cdots, x_i, q_1, q_2, \cdots, q_l) \qquad n = 1, 2, \cdots, j \tag{9-1}$$

$$z_p = z_p(x_1, x_2, \cdots, x_i, q_1, q_2, \cdots, q_l) \qquad p = 1, 2, \cdots, k \tag{9-2}$$

$$q_m^* = q_m(x_1, x_2, \cdots, x_i, q_1, q_2, \cdots, q_l) \qquad m = 1, 2, \cdots, l \tag{9-3}$$

式（9-1）称为输出方程，式（9-2）称为驱动方程（或激励方程），式（9-3）称为状态方程。上述方程表明，时序电路的输出和次态是现时刻的输入和状态的函数。需要指出的是，状态方程是建立电路次态所必需的，是构成时序电路最重要的方程。

时序电路可以分为两大类：同步时序电路和异步时序电路。同步时序电路中，电路的状态仅仅在统一的时钟信号控制下才同时变化一次。如果没有时钟信号，即使输入信号发生变化，它可能会影响输出，但不会改变电路的状态。在异步时序电路中，存储电路的状态变化不是同时发生的。这种电路中没有统一的时钟信号。任何输入信号的变化都可能立刻引起异步时序电路状态的变化。

时序电路中用"状态"来描述时序问题。使用"状态"概念后，我们就可以将输入和输出中的时间变量去掉，直接用表示式来说明时序逻辑电路的功能。所以"状态"是时序电路中非常重要的概念。我们把正在讨论的状态称为"现态"，用符号 Q 表示；把在时钟脉冲 CP 作用下将要发生的状态称为"次态"，用符号 Q^* 表示。描述次态的方程称为状态方程，一个时序电路的主要特征是由状态方程给出的，因此，状态方程在时序逻辑电路的分析与设计中十分重要。

9.2.2　时序逻辑电路分析方法

时序逻辑电路的分析，就是对于一个给定的时序逻辑电路，研究在一系列输入信号作用下，电路将会产生怎样的输出，进而说明该电路的逻辑功能。由于时序逻辑电路与组合逻辑电路在结构和性能上不同，因此在分析方法上两者也有所不同。组合电路的分析和设计所用到的主要方法是真值表，而时序电路的分析和设计所用到的工具主要是状态转换表（简称状态表）和状态图。它们不但能说明输出与输入之间的关系，同时还表明了状态的转换规律。两种方法相辅相成，经常配合使用。

1. 同步时序电路分析的一般步骤：

1）从给定的逻辑电路图中写出各触发器的驱动方程（即每一触发器输入控制端的函数表达式，有的书也称为激励方程）。

2）将驱动方程代入相应触发器的特性方程，得到各触发器的状态方程（又称为次态方程），从而得到由这些状态方程组成的整个时序电路的状态方程组。

3）根据逻辑电路图写出输出方程。

4）根据状态方程、输出方程列出电路的状态表，画出状态图。

5）对电路可用文字概括其功能，也可作出时序图或波形图。

【例9-1】 时序电路逻辑图如图9-10所示，试分析其功能。

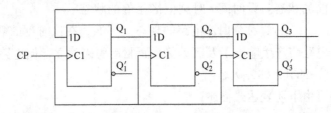

图9-10　例9-1逻辑图

【解】 该电路为同步时序电路。电路的驱动方程为

$$D_1 = Q'_3 ; D_2 = Q_1 ; D_3 = Q_2 \tag{9-4}$$

状态方程为

$$Q_1^* = Q'_3 ; Q_2^* = Q_1 ; Q_3^* = Q_2 \tag{9-5}$$

电路初始状态设为 $Q_3 Q_2 Q_1 = 000$，代入式（9-4）和式（9-5）求出电路的次态 $Q_3^* Q_2^* Q_1^* = 001$，将这一结果作为新的现态，按同样方法代入式（9-4）和式（9-5）求得电路新的次态，如此继续下去，直至次态 $Q_3^* Q_2^* Q_1^* = 000$，返回了最初设定的初始状态为止。最后检查状态表是否包含了电路所有可能出现的状态。检查结果发现根据上述计算过程列出的状态表中只有6种状态，缺少 $Q_3 Q_2 Q_1 = 010$ 和 $Q_3 Q_2 Q_1 = 101$ 两个状态。将这两个状态代入式（9-4）和式（9-5）计算，将计算结果补充到状态表中，得到完整的状态表，见表9-4。

画出电路状态图，如图9-11所示。

表9-4　例9-1电路的状态表

Q_3	Q_2	Q_1	Q_3^*	Q_2^*	Q_1^*
0	0	0	0	0	1
0	0	1	0	1	1
0	1	1	1	1	1
1	1	1	1	1	0
1	1	0	1	0	0
1	0	0	0	0	0
0	1	0	1	0	1
1	0	1	0	1	1

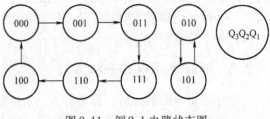

图9-11　例9-1电路状态图

由状态图9-12可以看出，若电路进入 $Q_3 Q_2 Q_1 = 010$ 或 $Q_3 Q_2 Q_1 = 101$ 状态时，它们自身成为一个无效的计数序列，经过若干节拍后无法自动返回正常计数序列，须通过复位才能正常工作，这种情况称电路无自启动能力。该电路为六进制计数器，又称为六分频电路。所谓

分频电路是将输入的高频信号变为低频信号输出的电路。六分频是指输出信号的频率为输入信号频率的六分之一，即

$$f_{out} = \frac{1}{6}f_{cp}$$

其时序波形图如图 9-12 所示。

2. 异步时序电路的分析方法

异步时序电路和同步时序电路的分析方法有所不同。在异步时序电路中，不同触发器的时钟脉冲不相同，触发器只有在它自己的 CP 脉冲的相应边沿才动作，而没有时钟信号的触发器将保持原来的状态不变。因此异步时序电路的分析应写出每一级的时钟方程，具体分析过程比同步时序电路复杂。

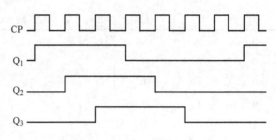

图 9-12　例 9-1 时序波形图

【例 9-2】　已知异步时序电路的逻辑图如图 9-13 所示，试分析其功能。

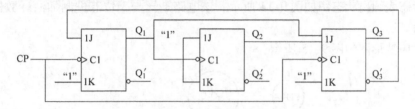

图 9-13　例 9-2 图

【解】　由图可知，电路无输入控制变量，输出则是各级触发器状态变量的组合。第一级和第三级触发器共用一个外部时钟脉冲；第二级触发器的时钟由第一级触发器的输出提供，因此电路为穆尔型异步时序电路。

各触发器的驱动方程

$$\begin{cases} J_1 = Q'_3 \\ J_2 = 1 \\ J_3 = Q_1 Q_2 \end{cases} \quad \begin{cases} K_1 = 1 \\ K_2 = 1 \\ K_3 = 1 \end{cases} \tag{9-6}$$

列出电路的状态方程和时钟方程

$$\begin{cases} Q_1^* = Q'_1 Q'_3 ; (CP_1 = CP \downarrow) \\ Q_2^* = Q'_2 ; (CP_2 = Q_1 \downarrow) \\ Q_3^* = Q_1 Q_2 Q'_3 ; (CP_3 = CP \downarrow) \end{cases} \tag{9-7}$$

式 (9-7) 仅在括号内触发器时钟下降沿才成立，其余时刻均处于保持状态。在列写状态表示时，须注意找出每次电路状态转换时各个触发器是否有式 (9-7) 括号内写入量的下降沿，再计算各触发器的次态。

当电路现态 $Q_3 Q_2 Q_1 = 000$ 时，代入 Q_1 和 Q_3 的次态方程，可得在 CP 作用下 $Q_1^* = 1$，$Q_3^* = 0$，，此时 Q_1 由 $0 \rightarrow 1$ 产生一个上升沿，用符号 ↑ 表示，而 $CP_2 = Q_1$，因此 Q_2 处于保持状态，即 $Q_2^* = Q_2 = 0$。电路次态为 001。

当电路现态为 001 时，$Q_1^* = 0$，$Q_3^* = 0$，此时 Q_1 由 1→0 产生一个下降沿，用符号 ↓ 表示，Q_2 翻转，即 Q_2 由 0→1，电路次态为 010，依此类推，列出电路状态表，见表 9-5。

表 9-5　例 9-2 电路的状态表

现态			时钟脉冲			次态		
Q_3	Q_2	Q_1	$CP_3 = CP$	$CP_2 = Q_1$	$CP_1 = CP$	Q_3^*	Q_2^*	Q_1^*
0	0	0	↓	↑	↓	0	0	1
0	0	1	↓	↓	↓	0	1	0
0	1	0	↓	↑	↓	0	1	1
0	1	1	↓	↓	↓	1	0	0
1	0	0	↓	0	↓	0	0	0
1	0	1	↓	↓	↓	0	1	0
1	1	0	↓	0	↓	0	1	0
1	1	1	↓	↓	↓	0	0	0

根据状态表画出状态图如图 9-14 所示。该电路是异步 3 位五进制加法计数器，且具有自启动能力。

电路时序波形图如图 9-15 所示。

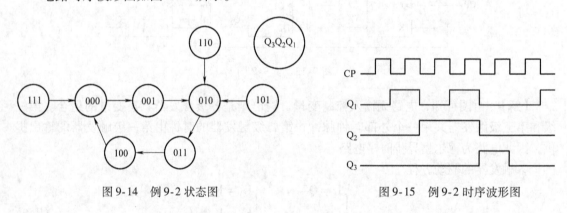

图 9-14　例 9-2 状态图　　　　　　图 9-15　例 9-2 时序波形图

9.3　常用的时序逻辑器件

时序逻辑电路应用很广泛，根据所要求的逻辑功能不同种类也比较繁多。本节主要选取了应用较广、具有典型时序逻辑电路特征的计数器、寄存器和顺序脉冲发生器这三种逻辑器件进行详细介绍。

9.3.1　同步计数器

在数字系统中使用得最多的时序电路要算是计数器了。计数器不仅能用于对时钟脉冲计数，还可以用于分频、定时、产生节拍脉冲和脉冲序列以及进行数字运算等。计数器的种类非常繁多。如果按计数器中的触发器是否同时翻转分类，可以将计数器分为同步式和异步式两种。在同步计数器中，当时钟脉冲输入时触发器的翻转是同时发生的。而在异步计数器中，触发器的翻转有先有后，不是同时发生的。

如果按计数过程中计数器中的数字增减分类，又可以将计数器分为加法计数器、减法计数器和可逆计数器（或称为加/减计数器）。随着计数脉冲的不断输入而作递增计数的称为加法计数器，作递减计数的称为减法计数器，可增可减的称为可逆计数器。如果按计数器中数字的编码方式分类，还可以分成二进制计数器、二－十进制计数器、格雷码计数器等。

1. 由触发器构成的同步计数器

一般来说，计数器主要由触发器组成，用以统计输入计数脉冲 CP 的个数。计数器累计输入脉冲的最大数目称为计数器的"模"，用 M 表示。如 M = 6 计数器，又称六进制计数器。所以，计数器的"模"实际上为电路的有效状态数。由主从 JK 触发器构成的六进制同步计数器电路如图 9-16 所示。

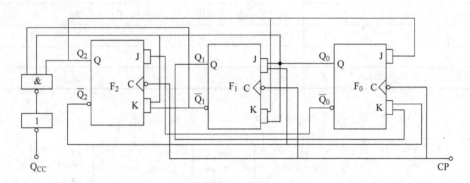

图 9-16　同步计数器电路

电路由三个 JK 触发器构成，由时钟 CP 触发，故电路为同步计数器。由三个触发器构成，其计数长度 M 小于 8，即电路不会超过八进制。电路由下降沿触发的 JK 触发器组成，触发的时刻为 CP 的下降沿。

由图 9-17 可知：

$$\begin{cases} J_0 = Q_2 \\ K_0 = \overline{Q_2}Q_1 \end{cases} \quad \begin{cases} J_1 = \overline{Q_2}Q_0 \\ K_1 = Q_2Q_0 \end{cases} \quad \begin{cases} J_2 = \overline{Q_0} \\ K_2 = \overline{Q_1}Q_0 \end{cases}$$

$$Q_{CC} = Q_2\overline{Q_1}Q_0$$

先任意设电路 $Q_2Q_1Q_0$ 为某一状态，在时钟 CP 作用下，可得到一个新的状态；再以此态设为电路的现态，求出其次态，直至得到电路所有可能出现的状态的次态。

本例设 Q_2、Q_1、Q_0 的初始状态为 000，在时钟 CP 的触发下，电路按表 9-6 所示的状态转换。

状态转换图如图 9-17 所示。从图中可清楚地看出，电路是能够自动启动，而且电路每来 6 个脉冲其状态变化循环一遍，故称电路有 6 个有效状态，亦称电路为六进制计数器。另外由电路的输出方程可知，电路在出现 101 状态时，$Q_{CC} = 1$。可将此信号看作一个进位脉冲信号，每来 6 个时

表 9-6　计数器的状态真值表

CP	Q_2	Q_1	Q_0
0	0	0	0
1	0	0	1
2	1	0	1
3	0	0	1
4	0	1	1
5	0	1	0
6	1	1	0
7	1	1	1
8	1	0	1

钟 CP，Q_{CC} 输出一个正脉冲，其正脉冲的宽度同时钟 CP 的周期。

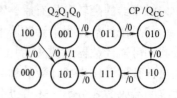

图 9-17　例 9-2 状态转换图

2. 其他形式计数器

计数器可用触发器和门电路等小规模芯片实现，但更多的是使用中规模集成电路 MSI 芯片构成。如 74161 的 4 位二进制加法器，其功能见表 9-7；74161 芯片引脚和逻辑功能图如图 9-18 所示。

表 9-7　74161（4 位二进制加法计数器）功能表

CP	$\overline{CR}$	$\overline{LD}$	CT_P	CT_T	D_3	D_2	D_1	D_0	Q_3	Q_2	Q_1	Q_0
×	0	×	×	×	×	×	×	×	0	0	0	0
↑	1	0	×	×	D_3	D_2	D_1	D_0	D_3	D_2	D_1	D_0
↑	1	1	1	1	×	×	×	×	计		数	
×	1	1	0	×	×	×	×	×	保		持	
×	1	1	×	0	×	×	×	×	保		持	

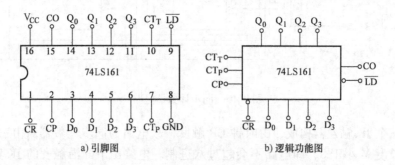

a) 引脚图　　　　　　　　　b) 逻辑功能图

图 9-18　74LS161 的 4 位二进制加法计数器

用 74161 芯片设计任意进制计数器时，可采用以下 4 种方法：异步清零法、同步置零法、同步置数法和多片级联法。

（1）异步清零法　图 9-19 是异步清零的十进制加法计数器。电路连接好，将计数脉冲 CP 加到 CP 输入端，将计数控制端 CT_P，CT_T 和置数控制端 $\overline{LD}$ 接高电平 **1**，以使电路允许计数；接一个**与非门**，当计数到 **1010**（即 $10_{(10)}$）时，**与非门**输出低电平，此低电平加到直接复位端 $\overline{CR}$ 上，立即将计数器强行复 0。

（2）同步置 0 法　图 9-20 是同步置零法的十二进制计数器电路。图中并行输入数据 D_3、D_2、D_1、D_0 设置为 **0000**，当电路计数到 **1000** 时，$C = 1$，非门输出低电平，$\overline{LD} = 0$，下一个 CP 到达后电路状态即变为 **0000**，然后变为 **0000→0001→0010**…直到 **1011**。电路有 12 个状态，故为十二进制计数器。

（3）同步置数法　图 9-21b 是同步置数法八进制计数器电路。图中并行输入数据 D_3、D_2、D_1、D_0 设置为 **0001**，当电路计数到 **1000** 时，$C = 1$，非门输出低电平，$\overline{LD} = 0$，下一个 CP 到达后电路状态即变为 **0001**，然后变为 **0001→0010→0010**…直到 **1000**。电路有 8 个状态如图 9-21a 所示，故称为八进制计数器。

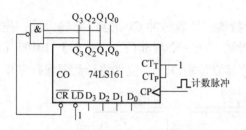

图 9-19 异步清零的十进制计数器

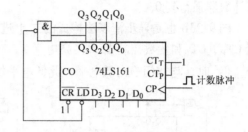

图 9-20 十二进制计数器

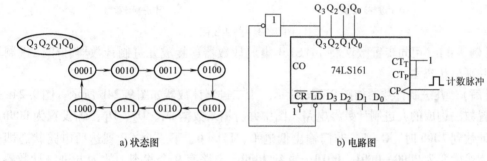

a) 状态图   b) 电路图

图 9-21 八进制计数器

（4）多片级联法　如果二十进制计数器，可用两片 74161 级联构成异步清零计数器，如图 9-22 所示。信号 CP 同时加到两片的时钟输入端；并行输入数据全部设置为 **0000**；异步清零端$\overline{CR}$皆接高电平 **1**（不清零）；低位片（右片）的 CT_P、CT_T 接高电平 **1**（即始终允许计数），其进位输出 CO 接高位片的 CT_P、CT_T 端，以使"个位片"计数到 **0100** 时，下一个 CP 到达后允许"十位片"计数；**与非门**用于监视十位片计数到 **0001**，个位片计数到 **0100** 时（即 $20_{(10)}$ 时），此低电平加到直接复位端$\overline{CR}$上，立即将计数器强行复 0。

注意，多片级联后，可以使用异步清零、同步置零、同步置数等方法。

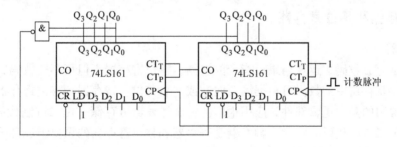

图 9-22 多片级联法计数器

【**例 9-3**】　用异步清零法将 74161 集成计数器连接成十进制计数器和二十进制计数器。

【**解**】　十进制计数器如图 9-23a 所示。二十进制计数器如图 9-23b 所示。

图 9-23a 是异步清零的十进制计数器。电路连接好，将计数脉冲 CP 加到 CP 输入端，将计数控制端 CT_P、CT_T 和置数控制端$\overline{LD}$接高电平 **1**，以使电路允许计数；接一个**与非门**，当计数到 **1010**（即 $10_{(10)}$）时，**与非门**输出低电平，此低电平加到直接复位端$\overline{CR}$上，立即

将计数器强行复0。

图9-23b 也是异步清零法构成的二十进制计数器。计数脉冲 CP 加到 CP 输入端，控制端 CT_P、CT_T 和置数控制端 $\overline{LD}$ 接高电平 **1**，电路计数；用一个**与非门**，当计数到 **10100**（即 $20_{(10)}$）时，**与非门**输出低电平，此低电平加到直接复位端 $\overline{CR}$ 上，立即将计数器强行复0。

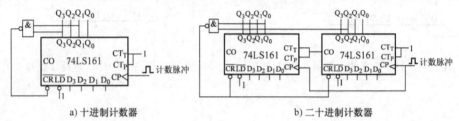

a) 十进制计数器　　　　　　　　b) 二十进制计数器

图9-23 例9-3图

【例9-4】 用同步置数法将74LS161集成计数器连接成九进制计数器和十二进制计数器，并画出状态图。

【解】 九进制计数器如图9-24a 所示。十二进制计数器如图9-24b 所示。图9-24a 是用同步置数法构成的九进制计数器电路。图中并行输入数据 D_3、D_2、D_1、D_0 设置为 **0000**，当电路计数到 **1000** 时，$C=1$，非门输出低电平，$\overline{LD}=0$，下一个 CP 到达后电路状态即变为 **0000**，然后变为 0000→0001→0010…直到 **1000**。电路有 9 个状态，故为九进制计数器。图9-24b 是十二进制计数器，同九进制相似，不同之处是当电路到 **1011** 时回零。

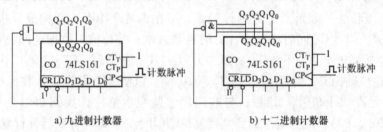

a) 九进制计数器　　　　　　　　b) 十二进制计数器

图9-24 例9-4图

9.3.2 寄存器和移位寄存器

1. 寄存器

寄存器是存放数码、运算结果或指令的电路，移位寄存器不但可存放数码，而且在移位脉冲作用下，寄存器中的数码可根据需要向左或向右移位。寄存器和移位寄存器是数字系统和计算机中常用的基本逻辑部件，应用很广。一个触发器可存储一位二进制代码，n 个触发器可存储 n 位二进制代码。因此，触发器是寄存器和移位寄存器的重要组成部分。对寄存器中的触发器只要求它们具有置 0 或者置 1 功能即可，无论是用同步结构的触发器，还是用主从结构或者边沿触发的触发器，都可以组成寄存器。

图9-25 所示电路是由 4 个 D 触发器组成的数码寄存器。

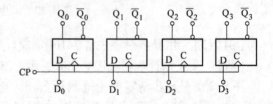

图9-25 数码寄存器

无论原来数码寄存器中存有什么内容，

当时钟脉冲 CP 信号的上升沿时刻，并行加在数据输入端的数据 $D_0 \sim D_3$，立即被送入进寄存器中，这时寄存器的状态为

$$Q_3^{n+1} Q_2^{n+1} Q_1^{n+1} Q_0^{n+1} = D_3 D_2 D_1 D_0$$

图 9-26 是一个用电平触发的同步 SR 触发器组成的 4 位寄存器的实例 74LS75 的逻辑图。由电平触发的动作特点可知，在 CLK 的高电平期间 P 端的状态跟随 D 端状态而变，在 CGK 变成低电平以后，Q 端将保持 CGK 变为低电平时刻 D 端的状态。

74HC175 则是用 CMOS 边沿触发器组成的 4 位寄存器，它的逻辑图如图 9-27 所示。根据边沿触发的动作特点可知，触发器输出端的状态仅仅取决于 CLK 上升沿到达时刻 D 端的状态。可见，虽然 74LS75 和 74HC175 都是 4 位寄存器，但由于采用了不同结构类型的触发器，所以动作特点是不同的。

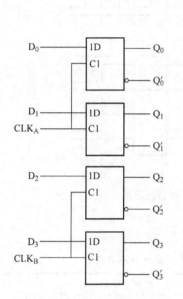

图 9-26　74LS75 逻辑电路图

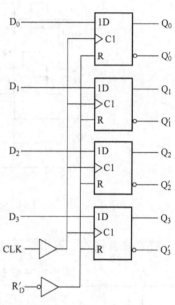

图 9-27　74HC175 逻辑电路图

为了增加使用的灵活性，在有些寄存器电路中还附加了一些控制电路，使寄存器又增添了异步置 0、输出三态控制和 "保持" 等功能。这里所说的 "保持"，是指 CLK 信号到达时触发器不随 D 端的输入信号而改变状态，保持原来的状态不变。

2. 移位寄存器

在时钟信号的控制下，将所寄存的数据能够向左或向右进行移位的寄存器叫作移位寄存器。向右移位的叫右移位寄存器，向左移位的叫左移位寄存器。具有右移、左移和并行置数功能的寄存器叫作通用移位寄存器。

（1）4 位右移寄存器　4 位右移寄存器电路如图 9-28 所示。

4 位 D 触发器是按串行连接的，逻辑关系满足如下表达式：$D_i = Q_{i-1}^n$。

在进行存数操作之前，先用 R_D（负脉冲）将各个触发器清零。当出现第 1 个移位脉冲时，待存数码的最高位和 4 个触发器内的数码同时右移 1 位，即待存数码的最高位存入 Q_0，而寄存器原来所存数码的最高位从 Q_3 输出；当出现第 2 个移位脉冲时，待存数码的次高位和寄存器中的 4 位数码又同时右移 1 位。依此类推，在 4 个移位脉冲作用下，寄存器中的 4

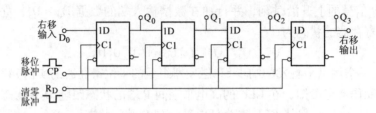

图 9-28　4 位右移寄存器电路

位数码同时右移 4 次，待存的 4 位数码便可存入寄存器。

　　4 位右移寄存器电路波形如图 9-29 所示。

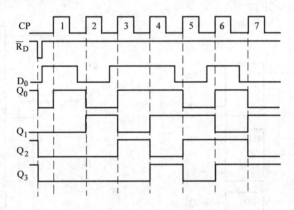

图 9-29　4 位右移寄存器波形图

　　4 位右移寄存器输入、输出状态真值表见表 9-8。

表 9-8　4 位右移寄存器输入、输出状态真值表

输入		现态				次态				说　　明
D_0	CP	Q_0^n	Q_1^n	Q_2^n	Q_3^n	Q_0^{n+1}	Q_1^{n+1}	Q_2^{n+1}	Q_3^{n+1}	
1	↑	0	0	0	0	1	0	0	0	
0	↑	1	0	0	0	0	1	0	0	输入
1	↑	0	1	0	0	1	0	1	0	1011
1	↑	1	0	1	0	1	1	0	1	

　　（2）4 位左移移位寄存器　逻辑结构如图 9-30 所示，所有触发器进行串行连接，其连接关系满足如下表达式

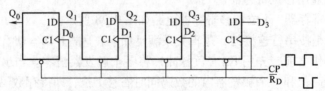

图 9-30　4 位左移寄存器电路

$$D_i = Q_{i+1}^n$$

所有触发器的时钟端连在一起，用同步信号 CP 控制。

4 位左移寄存器输入、输出状态真值表见表 9-9。

表 9-9　4 位左移寄存器输入、输出状态真值表

输入		现态				次态				说明
D_3	CP	Q_0^n	Q_1^n	Q_2^n	Q_3^n	Q_0^{n+1}	Q_1^{n+1}	Q_2^{n+1}	Q_3^{n+1}	
1	↑	0	0	0	0	0	0	0	1	
0	↑	0	0	0	1	0	0	1	0	连续输入
1	↑	0	0	1	0	0	1	0	1	1011
1	↑	0	1	0	1	1	0	1	1	

9.3.3　顺序脉冲发生器

在数字电路中，能按一定时间、一定顺序轮流输出脉冲波形的电路称为顺序脉冲发生器，常用来控制某些设备按照事先规定的顺序进行运算或操作，也称脉冲分配器或节拍脉冲发生器。顺序脉冲发生器一般由计数器（包括移位寄存器型计数器）和译码器组成。作为时间基准的计数脉冲由计数器的输入端送入，译码器即将计数器状态译成输出端上的顺序脉冲，使输出端上的状态按一定时间、一定顺序轮流为 1，或者轮流为 0。

顺序脉冲发生器分为计数器型顺序脉冲发生器和移位型顺序脉冲发生器。计数器型顺序脉冲发生器一般用按自然态序计数的二进制计数器和译码器构成。移位型顺序脉冲发生器由移位寄存器型计数器加译码电路构成。其中环形计数器的输出就是顺序脉冲，故可不加译码电路就可直接作为顺序脉冲发生器。

计数型顺序脉冲发生器计数型顺序脉冲发生器由计数器和译码器组成，如图 9-31a 所示。图中 FF_0 和 FF_1 组成 2 位四进制计数器，4 个与非门组成译码器。当在计数器输入端加

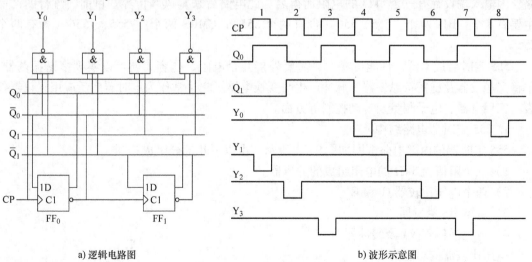

a) 逻辑电路图　　　　　　　　　　b) 波形示意图

图 9-31　计数型顺序脉冲发生器

上时钟脉冲信号 CP 时，便可以在 $Y_0 \sim Y_4$ 端输出负脉冲信号，如图 9-31b 所示，可见该电路是一个 4 节拍负脉冲发生器。

在实际应用中常采用集成的顺序脉冲发生器芯片 CC4017（CD4017）。CC4017 是十进制计数器/脉冲发生器，结构框图和功能表分别如图 9-32a、b 所示。其中 INH、CP、CR 为输入端；$Y_0 \sim Y_9$ 为顺序脉冲输出端；CO 为计数器进位信号输出端；CR 为清零/置 1 端。

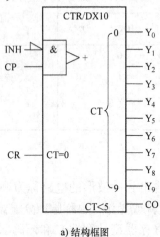

输　入			输　出	
CP	INH	CR	$Q_0 \sim Q_9$	CO
×	×	H	Q_0	计数脉冲为
↑	L	L	计　数	$Q_0 \sim Q_4$
H	↓	L		时：CO=H
L	×	L		
×	H	L	保　持	计数脉冲为
↓	×	L		$Q_5 \sim Q_9$
×	↑	L		时：CO=L

a) 结构框图　　　　　　　　　　　b) 功能表

图 9-32　CC4017 芯片

*9.4　555 定时器及其应用

9.4.1　555 定时器的结构和工作原理

555 定时器是美国 Signetics 公司 1972 年研制的用于取代机械式定时器的中规模集成电路，因输入端设计有三个 $5\text{k}\Omega$ 的电阻而得名。此电路后来竟风靡世界。目前，流行的产品主要有 4 个：BJT 两个：555，556（含有两个 555）；CMOS 两个：7555，7556（含有两个 7555）。

555 定时器成本低，性能可靠，只需要外接几个电阻、电容，就可以实现多谐振荡器、单稳态触发器及施密特触发器等脉冲产生与变换电路。它也常作为定时器广泛应用于仪器仪表、家用电器、电子测量及自动控制等方面。

1. 555 定时器电路结构

555 定时器的内部电路框图如图 9-33 所示，由以下几部分组成：

1）三个阻值为 $5\text{k}\Omega$ 的电阻组成的分压器。

2）两个电压比较器 C_1 和 C_2。

3）基本 RS 触发器、

4）放电晶体管 VT 及缓冲器 D。

电压比较器的功能为

$$u_+ > u_-,\ u_O = 1$$
$$u_+ < u_-,\ u_O = 0$$

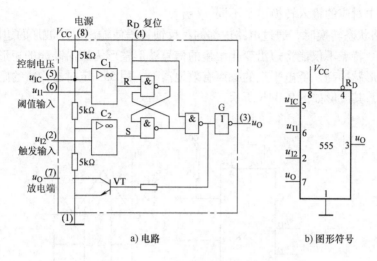

图 9-33 555 定时器内部电路框图

2. 工作原理

1）4 脚为复位输入端（R_D），当 R_D 为低电平时，不管其他输入端的状态如何，输出 u_O 为低电平。正常工作时，应将其接高电平。

2）5 脚为电压控制端，当其悬空时，比较器 C_1 和 C_2 的比较电压分别为 $2/3 V_{CC}$ 和 $1/3 V_{CC}$。

3）2 脚为触发输入端，6 脚为阈值输入端，两端的电位高低控制比较器 C_1 和 C_2 的输出，从而控制 RS 触发器，决定输出状态。

555 定时器功能表见表 9-10。

表 9-10 555 定时器功能表

阈值输入（u_{I1}）	触发输入（u_{I2}）	复位（R_D）	输出（u_O）	放电管 VT
×	×	0	0	导通
$< \frac{2}{3} V_{CC}$	$< \frac{1}{3} V_{CC}$	1	1	截止
$> \frac{2}{3} V_{CC}$	$> \frac{1}{3} V_{CC}$	1	0	导通
$< \frac{2}{3} V_{CC}$	$> \frac{1}{3} V_{CC}$	1	不变	不变

9.4.2 施密特触发器

施密特触发器（Schmitt Trigger）是脉冲波形变换和整形中经常使用的一种电路，当任何波形的信号进入电路时，输出在正、负饱和之间跳动，产生方波或脉冲波输出。不同于比较器，施密特触发电路有两个临界电压且形成一个滞后区，可以防止在滞后范围内之噪声干扰电路的正常工作。如遥控接收线路，传感器输入电路都会用到它整形。它在性能上有两个重要的特点：

1）输入信号从低电平上升的过程中电路状态转换时对应的输入电平，与输入信号从高电平下降过程中对应的输入转换电平不同。

2）在电路状态转换时，通过电路内部的正反馈过程使输出电压波形的边沿变得很陡。

利用这两个特点不仅能将边沿变化缓慢的信号波形整形为边沿陡峭的矩形波，而且还可以将叠加在矩形脉冲高、低电平上的噪声有效地清除。用 555 定时器构成的施密特触发器如图 9-34a 所示，其波形如图 9-34b 所示。

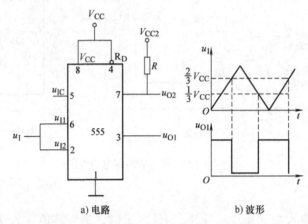

图 9-34 用 555 定时器构成的施密特触发器和输入/输出波形

电压传输特性如图 9-35a 所示。

主要静态参数：

1）上限阈值电压 U_{T+}——u_I 上升过程中，输出电压 u_O 由高电平 U_{OH} 跳变到低电平 U_{OL} 时，所对应的输入电压值。$U_{T+} = \frac{2}{3}V_{CC}$。

2）下限阈值电压 U_{T-}——u_I 下降过程中，u_O 由低电平 U_{OL} 跳变到高电平 U_{OH} 时，所对应的输入电压值。$U_{T-} = \frac{1}{3}V_{CC}$。

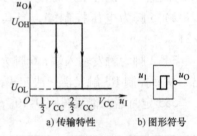

图 9-35 施密特触发器电路电压
传输特性和图形符号

回差电压：

$$\Delta U_T = U_{T+} - U_{T-} = \frac{1}{3}V_{CC}$$

9.4.3 多谐振荡器

多谐振荡器（Astable Multivibrator）是一种自激振荡器，在接通电源以后，不需要外加触发信号，便能自动地产生矩形脉冲。由于矩形波中含有丰富的高次谐波分量，所以习惯上又将矩形波振荡器称为多谐振荡器。多谐振荡器没有稳态，只有两个暂稳态。在工作时，电路的状态在这两个暂稳态之间自动地交替变换，由此产生矩形波脉冲信号，常用作脉冲信号源及时序电路中的时钟信号。

用 555 定时器构成的多谐振荡器的电路和输入/输出波形如图 9-36 所示。

振荡频率的估算：

1）电容充电时间 T_1（用三要素法计算）

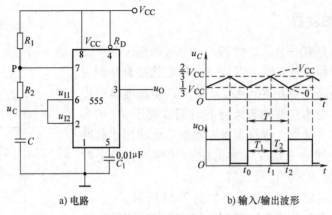

a) 电路　　　　　　　b) 输入/输出波形

图 9-36　555 构成的多谐振荡器电路和输入/输出波形

$$T_1 = \tau_1 \ln \frac{u_C(\infty) - u_C(0_+)}{u_C(\infty) - u_C(T_1)}$$

$$= \tau_1 \ln \frac{U_{CC} - \frac{1}{3}V_{CC}}{U_{CC} - \frac{2}{3}V_{CC}}$$

$$= 0.7(R_1 + R_2)C$$

2）电容放电时间 T_2

$$T_2 = 0.7R_2C$$

3）电路振荡周期 T

$$T = T_1 + T_2 = 0.7(R_1 + 2R_2)C$$

4）电路振荡频率 f

$$f = \frac{1}{T} \approx \frac{1.43}{(R_1 + 2R_2)C}$$

5）输出波形占空比 q

$$q = \frac{T_1}{T} = \frac{R_1 + R_2}{R_1 + 2R_2}$$

　　振荡器利用二极管的单向导电特性，把电容 C 充电和放电回路隔离开来，再加上一个电位器，便可构成占空比可调的多谐振荡器电路，如图 9-37 所示。

　　可计算得

$$T_1 = 0.7R_1C$$
$$T_2 = 0.7R_2C$$

占空比

$$q = \frac{T_1}{T} = \frac{T_1}{T_1 + T_2}$$

$$= \frac{0.7R_1C}{0.7R_1C + 0.7R_2C}$$

$$= \frac{R_1}{R_1 + R_2}$$

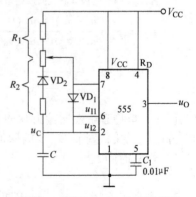

图 9-37　占空比可调多谐振荡器

9.4.4　单稳态触发器

单稳态触发器只有一个稳定状态，一个暂稳态。在外加脉冲的作用下，单稳态触发器可以从一个稳定状态翻转到一个暂稳态。由于电路中存在 RC 延时环节，该暂态维持一段时间又回到原来的稳态，暂稳态维持的时间取决于 RC 的参数值。由于具备这些特点，单稳态触发器被广泛应用于脉冲整形、延时（产生滞后于触发脉冲的输出脉冲）以及定时（产生固定时间宽度的脉冲信号）等。

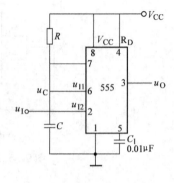

图 9-38　用 555 定时器组成的
单稳态触发器

用 555 定时器组成单稳态触发器如图 9-38 所示。

1）无触发信号输入时电路工作在稳定状态。当 $u_I = 1$ 时，电路工作在稳定状态，即 $u_O = 0$，$u_C = 0$。

2）u_I 下降沿触发。当 u_I 下降沿到达时，u_O 由 0 跳变为 1，电路由稳态转入暂稳态。

3）暂稳态的维持时间。在暂稳态期间，晶体管 VT 截止，V_{CC} 经 R 向 C 充电。时间常数 $\tau_1 = RC$，u_C 由 0V 开始增大，在 u_C 上升到 $\frac{2}{3}V_{CC}$ 之前，电路保持暂稳态不变。

4）自动返回（暂稳态结束）时间。当 u_C 上升至 $\frac{2}{3}V_{CC}$ 时，u_O 由 1 跳变 0，晶体管 VT（见图 9-33）由截止转为饱和导通，电容 C 经 T 迅速放电，电压 u_C 迅速降至 0V，电路由暂稳态重新转入稳态。

5）恢复过程。当暂稳态结束后，电容 C 通过饱和导通的放电晶体管 VT 放电，时间常数 $\tau_2 = RC$，经过 $(3 \sim 5)\tau_2$ 后，电容 C 放电完毕，恢复过程结束。

555 定时器组成的单稳态触发器输入/输出波形如图 9-39 所示。

主要参数计算如下：

1）输出脉冲宽度 t_W（用三要素法计算）

$$t_W = \tau_1 \ln \frac{u_C(\infty) - u_C(0^+)}{u_C(\infty) - u_C(t_W)}$$

$$= \tau_1 \ln \frac{V_{CC} - 0}{V_{CC} - \frac{2}{3}U_{CC}} = 1.1RC$$

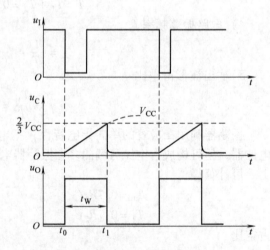

图 9-39　单稳态触发器输入/输出波形

上式说明，单稳态触发器输出脉冲宽度 t_W 仅决定于定时元件 R、C 的取值，与输入触发信号和电源电压无关，调节 R、C 的取值，即可方便地调节 t_W。

2）恢复时间 t_{re}

$$t_{re} = (3 \sim 5)\tau_2$$

3）最高工作频率 f_{max}。u_I 周期的最小值

$$T_{min} = t_W + t_{re}$$

因此，单稳态触发器的最高工作频率应为

$$f_{\max} = \frac{1}{T_{\min}} = \frac{1}{t_{\mathrm{W}} + t_{\mathrm{re}}}$$

*9.5　数－模和模－数转换

由于数字电子技术的迅速发展，用数字电路处理模拟信号的情况也更加普遍。为了能够使用数字电路处理模拟信号，必须将模拟信号转换成相应的数字信号，方能送入数字系统（例如微型计算机）进行处理。同时，往往还要求将处理后得到的数字信号再转换成相应的模拟信号，作为最后的输出。我们将前一种从模拟信号到数字信号的转换称为模－数转换，或简称为 A－D（Analogy to Digital 转换，将后一种从数字信号到模拟信号的转换称为数－模转换，或简称为 D－A（Digital to Analog）转换。同时，将实现模－数转换的电路称为 A－D转换器，简写为 ADC（Analog－Digital Converter）；将实现数－模转换的电路称为 D－A 转换器，简写为 DAC（Digital－Analog Converter）。DAC 和 ADC 是联系数字世界和模拟世界的桥梁，在现代信息技术中具有举足轻重的作用。

9.5.1　数－模转换器

DAC 是把数字量转变成模拟的器件。DAC 主要由数字寄存器、模拟电子开关、位权网络、求和运算放大器和基准电压源（或恒流源）组成。用存于数字寄存器的数字量的各位数码，分别控制对应位的模拟电子开关，使数码为 1 的位在位权网络上产生与其位权成正比的电流值，再由运算放大器对各电流值求和，并转换成电压值。根据位权网络的不同，可以构成不同类型的 DAC，如权电阻网络 DAC、$R-2R$ 倒 T 形电阻网络 DAC 和单值电流型网络 DAC 等。

1. D－A 转换器工作原理

对于有权码，先将每位代码按其权的大小转换成相应的模拟量，然后将这些模拟量相加，即可得到与数字量成正比的总模拟量，从而实现了数－模转换，如图 9-40 所示。

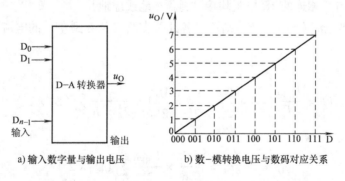

a) 输入数字量与输出电压　　　b) 数－模转换电压与数码对应关系

图 9-40　D－A 数－模转换

D－A 转换器的主要技术指标：

（1）转换精度

1）分辨率——D－A 转换器模拟输出电压可能被分离的等级数。输入数字量位数越多，分辨率越高。所以，在实际应用中，常用字量的位数表示 D－A 转换器的分辨率。

此外，也可用 D-A 转换器的最小输出电压与最大输出电压之比来表示分辨率，n 位 D-A 转换器的分辨率可表示为 $1/(2^{n-1})$。

2）转换误差——它表示 D-A 转换器实际输出的数字量和理论上的输出数字量之间的差别。常用最低有效位的倍数表示。

（2）转换速度

1）建立时间（t_{set}）——当输入的数字量发生变化时，输出电压变化到相应稳定电压值所需时间。最短可达 0.1μs。

2）转换速率（SR）——在大信号工作状态下模拟电压的变化率。

（3）温度系数　在输入不变的情况下，输出模拟电压随温度变化产生的变化量。一般用满刻度输出条件下温度每升高 1℃，输出电压变化的百分数作为温度系数。

2. 倒 T 形电阻网络 D-A 转换器（4 位）

4 位倒 T 形电阻网络 D-A 转换电路如图9-41 所示。

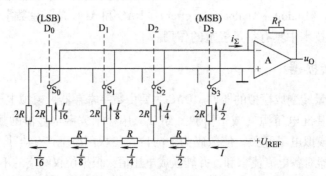

图9-41　4 位倒 T 形电阻网络 D-A 转换电路

图中 $S_0 \sim S_3$ 为模拟开关，由输入数码 D_i 控制（$i=0，1，2，3$），当 $D_i=1$ 时，S_i 接运算放大器反相输入端（虚地），电流 I_i 流入求和电路；当 $D_i=0$ 时，S_i 将电阻 $2R$ 接地。无论 S_i 处于何种位置，与 S_i 相连的 $2R$ 电阻均接"地"（地或虚地）。

可算出，基准电流 $I=U_{REF}/R$，则流过各开关支路（从右到左）的电流分别为 $I/2$、$I/4$、$I/8$、$I/16$。

于是得总电流

$$i_\Sigma = \frac{U_{REF}}{R}\left(\frac{D_0}{2^4}+\frac{D_1}{2^3}+\frac{D_2}{2^2}+\frac{D_3}{2^1}\right) = \frac{U_{REF}}{2^4 \times R}\sum_{i=0}^{3}(D_i \times 2^i)$$

输出电压

$$u_O = -i_\Sigma R_f = -\frac{R_f}{R} \times \frac{U_{REF}}{2^4}\sum_{i=0}^{3}(D_i \times 2^i)$$

将输入数字量扩展到 n 位，则有

$$u_O = -\frac{R_f}{R}\frac{U_{REF}}{2^n}\sum_{i=0}^{n-1}(D_i \times 2^i)$$

可简写为

$$u_O = -Ku_B$$

式中，$K = \dfrac{R_f}{R} \dfrac{U_{REF}}{2^n}$。

3. 权电流型 D – A 转换器

尽管倒 T 形电阻网络 D – A 转换器具有较高的转换速度，但由于电路中存在模拟开关电压降，当流过各支路的电流稍有变化时，就会产生转换误差。为进一步提高 D – A 转换器的精度，可采用权电流型 D – A 转换器。权电流型 D – A 转换电路（4 位）如图 9-42 所示。

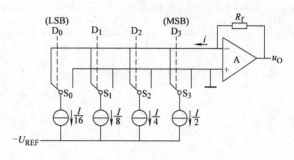

图 9-42　权电流型 D – A 转换电路（4 位）

D – A 转换器输出的电压为

$$u_O = i_\Sigma R_f = R_f \left(\frac{I}{2} D_3 + \frac{I}{4} D_2 + \frac{I}{8} D_1 + \frac{I}{16} D_0 \right)$$

$$= \frac{I}{2^4} \times R_f (D_3 \times 2^3 + D_2 \times 2^2 + D_1 \times 2^1 + D_0 \times 2^0)$$

$$= \frac{I}{2^4} \times R_f \sum_{i=0}^{3} D_i \times 2^i$$

4. 应用举例

DAC0808 是 8 位权电流型 D – A 转换器，如图 9-43 所示，其中 $D_0 \sim D_7$ 是数字量输入端。用这类器件构成的 D – A 转换器时，需要外接运算放大器和产生基准电流用的电阻 R_1。

当 $U_{REF} = 10V$、$R_1 = 5k\Omega$、$R_f = 5k\Omega$ 时，输出电压为

$$u_O = \frac{R_f U_{REF}}{2^8 R_1} \sum_{i=0}^{7} D_i \times 2^i$$

$$= \frac{10}{2^8} \sum_{i=0}^{7} D_i \times 2^i$$

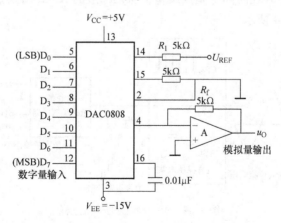

图 9-43　8 位权电流型 D – A 转换器

DAC0808 D – A 转换器输出与输入的关系（设 $U_{REF} = 10V$）见表 9-11。

表 9-11   DAC0808 D – A 转换器输出与输入的关系

数 字 输 入								模拟输出
D_7	D_6	D_5	D_4	D_3	D_2	D_1	D_0	u_O
0	0	0	0	0	0	0	0	$U_{REF}\left(\dfrac{0}{256}\right)$ 0V
0	0	0	0	0	0	0	1	$U_{REF}\left(\dfrac{1}{256}\right)$ 0.039V
			⋮					⋮
0	1	1	1	1	1	1	1	$U_{REF}\left(\dfrac{127}{256}\right)$ 4.96V
1	0	0	0	0	0	0	0	$U_{REF}\left(\dfrac{128}{256}\right)$ 5V
1	0	0	0	0	0	0	1	$U_{REF}\left(\dfrac{129}{256}\right)$ 5.039V
			⋮					⋮
1	1	1	1	1	1	1	1	$U_{REF}\left(\dfrac{255}{256}\right)$ 9.96V

9.5.2   模 – 数转换器

ADC 的任务是把连续变化的物理量，如温度、压力、速度等模拟量转换成数字量。ADC 最重要的参数是转换的精度与转换速率，通常用输出的数字信号的二进制位数的多少表示精度，用每秒转换的次数来表示速率。转换器能够准确输出的数字信号的位数越多，表示转换器能够分辨输入信号的能力越强，转换器的性能也就越好。

1. A – D 转换的一般步骤

通常的模数转换器是将一个输入电压信号转换为一个输出的数字信号。由于数字信号本身不具有实际意义，仅仅表示一个相对大小。故任何一个模数转换器都需要一个参考模拟量作为转换的标准，比较常见的参考标准为最大的可转换信号大小。而输出的数字量则表示输入信号相对于参考信号的大小。

由于输入的模拟信号在时间上是连续量，所以一般的 A – D 转换过程为取样、保持、量化和编码等，如图 9-44 所示。

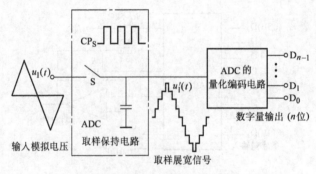

图 9-44   A – D 转换的一般过程

取样定理

$$f_s \geqslant 2f_{imax}$$

式中，f_s 为取样频率；f_{imax} 为输入信号 u_1 的最高频率分量的频率。

当采样频率大于模拟信号中最高频率成分的两倍时，采样值才能不失真的反映原来模拟信号。

因为每次把取样电压转换为相应的数字量都需要一定的时间，所以在每次取样以后，必须把取样电压保持一段时间。可见，进行 A-D 转换时所用的输入电压，实际上是每次取样结束时的 u_1 值，如图 9-45 所示。

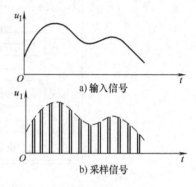

a) 输入信号

b) 采样信号

图 9-45　采样波形图

在实际电路中，这些过程有的是合并进行的，例如，取样和保持，量化和编码往往都是在转换过程中同时实现的。

模数转换器的种类很多，按工作原理的不同，可分成间接 ADC 和直接 ADC。间接 ADC 是先将输入模拟电压转换成时间或频率，然后再把这些中间量转换成数字量，常用的有中间量是时间的双积分型 ADC。直接 ADC 则直接转换成数字量，常用的有并联比较型 ADC 和逐次逼近型 ADC。

A-D 转换器的主要技术指标：

（1）转换精度

1）分辨率——说明 A-D 转换器对输入信号的分辨能力。一般以输出二进制（或十进制）数的位数表示。因为，在最大输入电压一定时，输出位数越多，量化单位越小，分辨率越高。

2）转换误差——它表示 A-D 转换器实际输出的数字量和理论上的输出数字量之间的差别。常用最低有效位的倍数表示。例如，相对误差范围 ±LSB/2，就表明实际输出的数字量和理论上应得到的输出数字量之间的误差小于最低位的半个字。

（2）转换时间　指从转换控制信号到来开始，到输出端得到稳定的数字信号所经过的时间。并联比较型 A-D 转换器转换速度最高；逐次逼近型 A-D 转换器次之；间接 A-D 转换器的速度最慢。

2. 并联比较型 A-D 转换器（3 位）

并联比较型 A-D 转换器属于直接 A-D 转换器，它能将输入的模拟电压直接转换为输出的数字量而不需要经过中间变量。图 9-46 为 3 位并联比较型 A-D 转换器电路结构图，它由电压比较器、寄存器和代码转换电路三部分组成。输入为 $0 \sim U_{REF}$ 间的模拟电压，输出为 3 位二进制数码 $d_2 d_1 d_0$。

图 9-46 中的 8 个电阻将参考电压 U_{REF} 分成 8 个等级，其中 7 个等级的电压分别作为 7 个比较器 $C_1 \sim C_7$ 的参考电压，其数值分别为 $U_{REF}/15$、$3U_{REF}/15$，…，$13U_{REF}/15$。输入电压为 u_1，它的大小决定各比较器的输出状态，如当 $0 \leqslant u_1 \leqslant U_{REF}/15$ 时，$C_7 \sim C_1$ 的输出状态都为 0；当 $3U_{REF}/15 \leqslant u_1 \leqslant 5U_{REF}/15$ 时，比较器 C_6 和 C_7 输出为 1，其余输出为 0。根据各比较器的参考电压值，可以确定输入模拟电压值与各比较器输出状态的关系。比较器的输出状态由 D 触发器存储，经优先编码器编码，得到数字量输出。优先编码器优先级别最高是

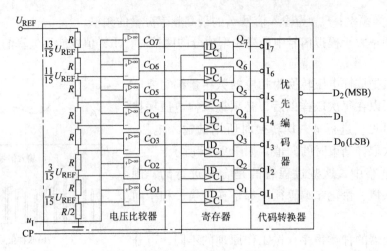

图9-46　3位并联比较型 A – D 转换器

I_7，最低的是 I_1。并联比较型 A – D 转换器真值表见表9-12。

表9-12　并联比较型 A – D 转换器真值表

输入模拟电压	寄存器状态 （代码转换器输入）							数字量输出 （代码转换器输出）		
u_I	Q_7	Q_6	Q_5	Q_4	Q_3	Q_2	Q_1	D_2	D_1	D_0
$\left(0 \sim \frac{1}{15}\right)U_{REF}$	0	0	0	0	0	0	0	0	0	0
$\left(\frac{1}{15} \sim \frac{3}{15}\right)U_{REF}$	0	0	0	0	0	0	1	0	0	1
$\left(\frac{3}{15} \sim \frac{5}{15}\right)U_{REF}$	0	0	0	0	0	1	1	0	1	0
$\left(\frac{5}{15} \sim \frac{7}{15}\right)U_{REF}$	0	0	0	0	1	1	1	0	1	1
$\left(\frac{7}{15} \sim \frac{9}{15}\right)U_{REF}$	0	0	0	1	1	1	1	1	0	0
$\left(\frac{9}{15} \sim \frac{11}{15}\right)U_{REF}$	0	0	1	1	1	1	1	1	0	1
$\left(\frac{11}{15} \sim \frac{13}{15}\right)U_{REF}$	0	1	1	1	1	1	1	1	1	0
$\left(\frac{13}{15} \sim 1\right)U_{REF}$	1	1	1	1	1	1	1	1	1	1

3. 逐次逼近型 A – D 转换器

逐次逼近型 A – D 转换器转换原理框图如图9-47所示，由移位寄存器、数据寄存器和 D – A 转换器在逻辑控制下与输入模拟量进行比较，最后给出与之对应的数字量。

逐次逼近型 A – D 转换电路如图9-48所示，电路中，取 $\frac{9}{16}U_{REF} < u_1 < \frac{10}{16}U_{REF}$。

转换开始前先将寄存器清零，所以加给 D – A 转换器的数字量也是全0。转换控制信号

u_L 变为高电平时开始转换，时钟信号首先将寄存器的最高位置成 1，使寄存器的输出为 $100\cdots000$。这个数字量被 D – A 转换器转换成相应的模拟电压 u_O，并送到比较器与输入信号 u_I 进行比较。如果 $u_O > u_I$，说明数字过大了，则这个 1 应去掉；如果，$u_O < u_I$，说明数字还不够大，这个 1 应予保留。然后，再按同样的方法将次高位置 1，并比较 u_O 与 u_I 的大小以确定这一位的 1 是否应当保留。这样逐位比较下去，直到最低位比较完为止。这时寄存器里所存的数码就是所求的输出数字量。

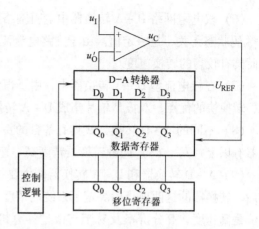

图 9-47　逐次逼近型 A – D 转换原理框图

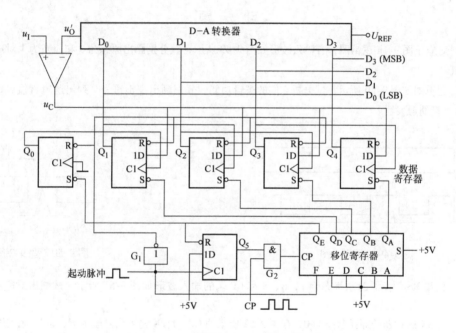

图 9-48　逐次逼近型 A – D 转换器电路

本 章 小 结

（1）本章介绍了时序逻辑电路的基本构成元件—触发器。RS、JK、D 和 T 形触发器。

（2）由触发器构成的时序逻辑电路器件包括寄存器、计数器等。

（3）555 定时器集成电路用途广泛，除了能组成施密特触发器、单稳态触发器和多谐振荡器以外，还可以接成各种灵活多变的应用电路。

（4）除了 555 定时器外，目前还有 556（双定时器）和 558（四定时器）等。

（5）A – D 和 D – A 转换器是现代数字系统的重要部件，应用日益广泛。

（6）权电阻网络 D - A 转换器中电阻网络阻值仅有 R 和 $2R$ 两种，各 $2R$ 支路电流 I_i 与 D_i 数码状态无关，是一定值。由于支路电流流向运算放大器反相输入端时不存在传输时间，因而具有较高的转换速度。

（7）在权电流型 D - A 转换器中，由于恒流源电路和高速模拟开关的运用使其具有精度高、转换快的优点，双极型单片集成 D - A 转换器多采用此种类型电路。

（8）不同的 A - D 转换方式具有各自的特点，并行 A - D 转换器、逐次逼近型 A - D 转换器有以上（7）、（8）两种转换器精度高、速度高的优点，因此得到普遍应用。

（9）A - D 转换器和 D - A 转换器的主要技术参数是转换精度和转换速度，在与系统连接后，转换器的这两项指标决定了系统的精度与速度。目前，A - D 与 D - A 转换器的发展趋势是高速度、高分辨率及易于与微型计算机接口，用以满足各个应用领域对信号处理的要求。

习　题

9-1　对应于图 9-1a 逻辑图，若输入波形如图 9-49 所示，试分别画出原态为 0 和原态为 1 对应时刻的 Q 和 $\overline{Q}$ 波形。

9-2　逻辑图如图 9-50 所示，试分析它们的逻辑功能，分别画出逻辑符号，列出逻辑真值表，说明它们是什么类型的触发器。

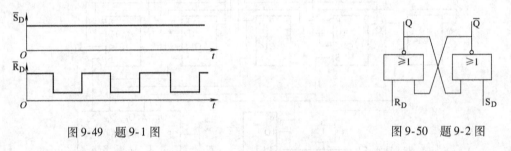

图 9-49　题 9-1 图　　　　　　　　　　　图 9-50　题 9-2 图

9-3　同步 RS 触发器的原状态为 1，R、S 和 CP 端的输入波形如图 9-51 所示，试画出对应的 Q 和 $\overline{Q}$ 波形。

9-4　设 JK 触发器的原始状态为 0，在图 9-52 所示的 CP、J、K 输入信号激励下，试分别画出 JK 触发器输出 Q 的波形。

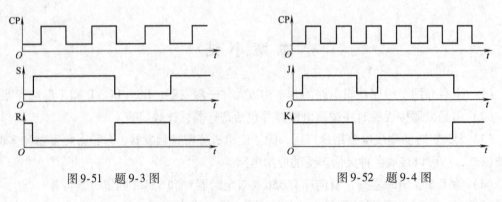

图 9-51　题 9-3 图　　　　　　　　　　　图 9-52　题 9-4 图

9-5　设 D 触发器原状态为 0 态，试画出在图 9-53 所示的 CP、D 输入波形激励下的输出波形。

9-6 已知时钟脉冲 CP 的波形如图 9-54 所示，试分别画出图 9-50 中各触发器输出端 Q 的波形。设它们的初始状态均为 0。指出哪个具有计数功能。

9-7 分别说明图 9-55 所示的 D→JK、D→T′触发器的转换逻辑是否正确。

9-8 分别说明图 9-56 所示的 JK→D、JK→RS 触发器的转换逻辑是否正确。

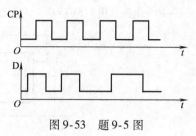

图 9-53 题 9-5 图

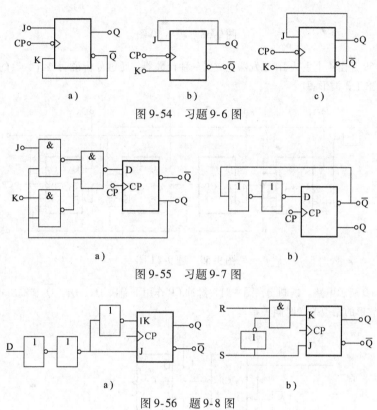

a)   b)   c)

图 9-54 习题 9-6 图

a)   b)

图 9-55 习题 9-7 图

a)   b)

图 9-56 题 9-8 图

9-9 根据图 9-57 所示的逻辑图及相应的 CP、$\overline{R_D}$ 和 D 的波形，试画出 Q_1 端和 Q_2 端的输出波形。设初始状态 $Q_1 = Q_2 = 0$。

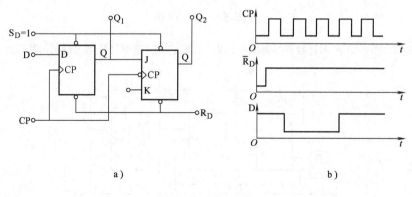

a)   b)

图 9-57 题 9-9 图

9-10 电路如图9-58所示，试画出 Q_1 和 Q_2 的波形。设两个触发器的初始状态均为0。

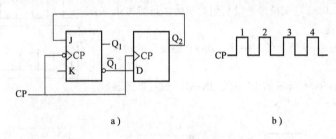

a)   b)

图9-58 题9-10图

9-11 图9-59是由4个主从JK触发器组成的一种计数器，通过分析说明该计数器的类型，列出状态转换真值表并画出工作波形图。

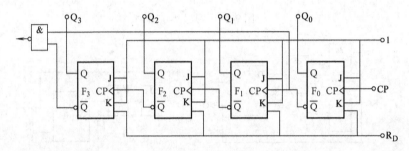

图9-59 题9-11图

9-12 图9-60所示电路。试画出在图中时钟脉冲CP作用下 Q_0、$\overline{Q_0}$、Q_1、$\overline{Q_1}$ 和输出 ϕ_1、ϕ_2 的波形图，并说明 ϕ_1 和 ϕ_2 波形的相位差（时间关系）。

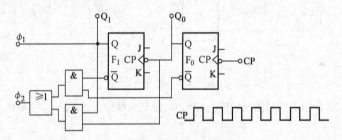

图9-60 题9-12图

9-13 试列出图9-61所示计数器的真值表，从而说明它是几进制计数器。设初始状态为000。

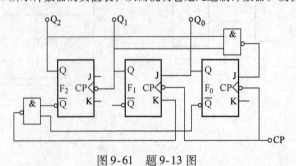

图9-61 题9-13图

9-14 电路如图 9-62 所示。设 $Q_A = 1$，红灯亮；$Q_B = 1$，绿灯亮；$Q_C = 1$，黄灯亮。试分析该电路，说明三组彩灯点亮的顺序。初始状态三个触发器的 Q 端均为 0。

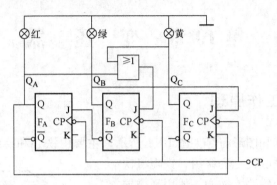

图 9-62 题 9-14 图

9-15 图 9-63 是一个防盗报警电路。a、b 两端被一细铜丝接通，此铜丝置于认为盗窃者必经之处。当盗窃者闯入室内将铜丝碰断后，扬声器即发出报警声（扬声器电压为 1.2V，通过电流为 40mA）。

（1）试问 555 定时器接成何种电路？

（2）说明本电路的工作原理。

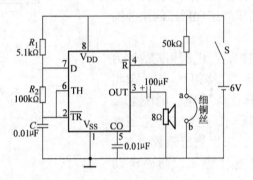

图 9-63 题 9-15 图

第10章 变 压 器

10.1 变压器的工作原理

变压器的基本结构和图形符号如图 10-1 所示，主要由铁心和绕组组成。铁心由铁心柱和铁轭两部分构成。铁心柱上套绕组，铁轭将铁心柱连接起来形成闭合磁路。铁心一般用高磁导率的磁性材料——硅钢片叠成，以提高磁路的导磁性能，减少铁心中的磁滞、涡流损耗。绕组是变压器的电路部分，它由铜或铝绝缘导线绕制而成。变压器的绕组分为高压绕组和低压绕组，它们通常套装在同一个心柱上，具有不同的匝数。为了便于分析，一般将高压绕组和低压绕组分别画于铁心的两侧。

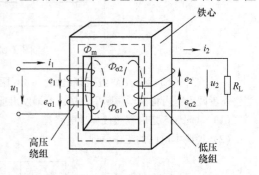

a) 变压器结构

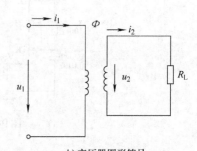

b) 变压器图形符号

图 10-1 变压器的基本结构和图形符号

在变压器的两个绕组中，与电源相连的称为一次绕组（或称初级绕组、原绕组），与负载相连的称为二次绕组（或称次级绕组、副绕组）。一次绕组匝数为 N_1，电压 u_1，电流 i_1，主磁电动势 e_1，漏磁电动势 $e_{\sigma 1}$；二次绕组匝数为 N_2，电压 u_2，电流 i_2，主磁电动势 e_2，漏磁电动势 $e_{\sigma 2}$。

当一次绕组接上交流电压 u_1 时，一次绕组中便有电流 i_1 通过。一次绕组的磁通势 $N_1 i_1$ 产生的磁通绝大部分通过铁心而闭合，从而在二次绕组中感应出电动势。如果二次绕组接有负载，那么二次绕组中就有电流 i_2 通过。二次绕组的磁通势 $N_2 i_2$ 也产生磁通，其绝大部分也通过铁心而闭合。因此，铁心中的磁通是一个由一、二次绕组的磁通势共同产生的合成磁通，它称为主磁通，用 Φ 表示。主磁通穿过一次绕组和二次绕组而在其中感应出的电动势分别为 e_1 和 e_2。此外，一、二次绕组的磁通势还分别产生漏磁通 $\Phi_{\sigma 1}$ 和 $\Phi_{\sigma 2}$（仅与本绕组相连），从而在各自的绕组中分别产生漏磁电动势 $e_{\sigma 1}$ 和 $e_{\sigma 2}$。

1. 电压变换

以相量形式表示一次绕组的电压方程为

$$\dot{U}_1 = R_1 \dot{I}_1 + jX_{\sigma 1} \dot{I}_1 - \dot{E}_1$$

忽略电阻 R_1 和漏抗 $X_{\sigma 1}$ 的电压，有

$$\dot{U}_1 \approx -\dot{E}_1$$

则
$$U_1 \approx E_1 = 4.44 f N_1 \Phi_{\mathrm{m}}$$

二次绕组的电压方程为

$$\dot{U}_2 = \dot{E}_2 - R_2 \dot{I}_2 - j X_{\sigma 2} \dot{I}_2$$

空载时二次绕组电流 $\dot{I}_2 = 0$，电压 $\dot{U}_{20} = \dot{E}_2$。

$$U_{20} \approx E_2 = 4.44 f N_2 \Phi_{\mathrm{m}}$$

$$\frac{U_1}{U_{20}} \approx \frac{E_1}{E_2} = \frac{N_1}{N_2} = k$$

式中，k 称为变压器的电压比（亦称变比）。

在负载状态下，由于二次绕组的电阻 R_2 和漏抗 $X_{\sigma 1}$ 很小，它们的电压远小于 E_2，故可以近似为

$$\dot{U}_2 \approx \dot{E}_2$$

$$U_2 \approx E_2 = 4.44 f N_2 \Phi_{\mathrm{m}}$$

所以 U_1/U_2 同样可写为

$$\frac{U_1}{U_2} \approx \frac{E_1}{E_2} = \frac{N_1}{N_2} = k$$

2. 电流变换

由 $U_1 \approx E_1 = 4.44 f N \Phi_{\mathrm{m}}$ 可知，当 U_1、f 和 N 不变时，E_1 和 Φ_{m} 也都基本不变。因此，有负载时产生主磁通的一次、二次绕组的合成磁动势 $(i_1 N_1 + i_2 N_2)$ 和空载时产生主磁通的一次绕组的磁动势 $i_0 N_1$ 基本相等，即

$$i_1 N_1 + i_2 N_2 = i_0 N_1$$

$$\dot{I}_1 N_1 + \dot{I}_2 N_2 = \dot{I}_0 N_1$$

空载电流 i_0 很小，可忽略不计

$$\dot{I}_1 N_1 \approx -\dot{I}_2 N_2$$

$$\frac{I_1}{I_2} \approx \frac{N_2}{N_1} = \frac{1}{k}$$

3. 阻抗变换

设接在变压器二次绕组的负载阻抗 Z 的模为 $|Z|$，则

$$|Z| = \frac{U_2}{I_2}$$

Z 反映到一次绕组的阻抗模 $|Z'|$ 为

$$|Z'| = \frac{U_1}{I_1} = \frac{k U_2}{I_2/k} = k^2 \frac{U_2}{I_2} = k^2 |Z|$$

【例 10-1】 设交流信号源电压 $U = 50\mathrm{V}$，内阻 $R_{\mathrm{s}} = 100\Omega$，负载为扬声器，其等效电阻 $R_{\mathrm{L}} = 8\Omega$。

（1）将负载直接接至信号源，负载获得多大功率？

（2）将负载通过变压器接至信号源，设变压器的电压比 $k = N_1/N_2 = 3.5 : 1$，求此时负载获得的功率是多少？

【解】　（1）负载直接接到信号源时，负载获得功率为

$$P_L = I^2 R_L = \left(\frac{U}{R_s + R_L}\right)^2 R_L = \left(\frac{50}{108}\right)^2 \times 8W = 1.7W$$

（2）将负载通过变压器接至信号源时，R_L折算到一次绕组的等效电路为

$$R'_L = (3.5)^2 \times 8\Omega = 98\Omega$$

负载获得的功率为

$$P_L = I'^2 R'_L = \left(\frac{U}{R_s + R'_L}\right)^2 R'_L = \left(\frac{50}{100 + 98}\right)^2 \times 98W = 6.25W$$

由以上结果可见，加入变压器以后，输出功率提高了很多。其原因在于电路中的信号源内阻抗与外阻抗相等，满足了电路获得最大输出的条件。

10.2　变压器的使用

10.2.1　变压器的外特性

当电源电压U_1和负载功率因数$\cos\varphi_2$不变时，二次绕组电流与电压的变化关系称之为变压器的外特性，如图10-2所示。

由变压器的外特性曲线可以看出，当电源电压U_1不变时，随着二次绕组电流I_2的增加，一次、二次绕组阻抗上的电压降也随之增加，进而引起二次绕组的输出电压U_2发生变化。电压变化率反映了变压器从空载到额定负载时二次绕组电压变化的情况。即

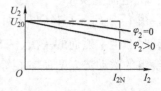

图10-2　变压器的外特性

$$\Delta U = \frac{U_{20} - U_2}{U_{20}} \times 100\%$$

通常希望U_2的变动越小越好，一般变压器的电压变化率为5%左右。

10.2.2　变压器参数的测定

变压器等效电路的参数，一般是通过空载试验和短路试验测得的。

1. 空载实验

变压器的空载试验电路如图10-3所示。试验时，在变压器的低压侧施加额定电压U_{1N}，将高压侧开路，测量变压器的二次侧空载时一次电流I_0、二次侧空载电压U_{20}和空载损耗P_0。根据测量结果，可以计算得出变压器等效电路中的励磁阻抗。

变压器二次绕组开路时，一次绕组的电流I_0就是励磁电流I_m。由于一次漏阻抗比励磁阻抗小得多，因此可以将其忽略，近似计算得出励磁阻抗模：

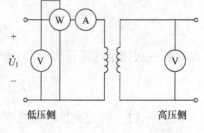

图10-3　变压器空载试验电路

$$|Z_m| \approx \frac{U_{1N}}{I_0}$$

由于空载电流很小，它在一次绕组中产生的电阻损耗可忽略不计，可以认为空载损耗近似等于变压器铁心损耗，则励磁电阻为

$$R_m \approx \frac{P_0}{I_0^2}$$

于是励磁电抗为

$$X_m = \sqrt{|Z_m|^2 - R_m^2}$$

此外，根据所测电压可以计算得到变压器的电压比 k：

$$k = \frac{U_{1N}}{U_{20}}$$

2. 变压器的短路实验

变压器的短路试验电路如图 10-4 所示。试验时，将变压器的低压绕组短路，在高压绕组两端加上额定频率的交流电压使变压器线圈内的电流 I_k 为额定值 I_{1N}，此时所测得的损耗为短路损耗 P_k，所加的电压 U_k 为短路电压。根据所测量数据求得的阻抗为短路阻抗。

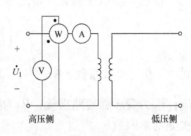

图 10-4 变压器短路试验电路

变压器低压侧短路时，高压侧所加的电压 U_k 很小，仅为其额定电压的 5% ~ 10%，这是因为外加电压仅用于克服变压器内部的漏阻抗压降。短路试验时变压器内的主磁通很小，励磁电流和铁耗均可忽略不计。于是变压器的等效漏阻抗即为短路阻抗 Z_k，且

$$|Z_k| \approx \frac{U_k}{I_k}$$

不计铁耗时，短路时的输入功率 P_k 可认为全部消耗在一次和二次绕组的电阻损耗上，故短路电阻为

$$R_k \approx \frac{P_k}{I_k^2}$$

则等效漏抗为

$$X_k = \sqrt{|Z_k|^2 - R_k^2}$$

10.2.3 变压器的额定值

（1）额定电压 U_N 指变压器在空载运行时高低绕组的电压。例如某单相变压器的额定电压为 10000V/230V，表示一次绕组电源电压为 10000V，二次绕组空载电压为 230V。三相变压器额定电压是指一次、二次绕组的线电压。

（2）额定电流 I_N 指允许变压器绕组长时间连续工作的电流。三相变压器为线电流。

（3）额定容量 S_N 在额定工作条件下变压器的视在功率。

单相变压器

$$S_N = U_{2N}I_{2N} \approx U_{1N}I_{1N}$$

三相变压器

$$S_N = \sqrt{3}U_{2N}I_{2N} \approx \sqrt{3}U_{1N}I_{1N}$$

10.2.4 变压器的效率

变压器的损耗 ΔP 包括两部分:铁损耗和铜损耗,即 $\Delta P = P_{Cu} + P_{Fe}$。其中,铜损耗 P_{Cu} 由绕组导线的电阻所致, $P_{Cu} = I_1^2 R_1 + I_2^2 R_2$;铁损耗 P_{Fe} 指变压器铁心中的磁滞损耗和涡流损耗。

变压器的效率定义为变压器的输出功率 P_2 与输入功率 P_1 之比,即

$$\eta = \frac{P_2}{P_1} \times 100\% = \frac{P_2}{P_2 + \Delta P} \times 100\% = \frac{P_2}{P_2 + P_{Cu} + P_{Fe}} \times 100\%$$

在已知变压器参数的情况下,可以利用下式计算变压器的效率:

$$\eta = \left(1 - \frac{\beta^2 P_k + P_0}{\beta S_N \cos\varphi_2 + \beta^2 P_k + P_0}\right) \times 100\%$$

式中 β 为负载系数, $\beta = \dfrac{I_2}{I_{2N}}$; I_2 为变压器二次侧的实际电流; I_{2N} 为变压器二次侧的额定电流; P_k 为变压器短路损耗; P_0 为变压器空载损耗; S_N 为变压器额定容量; $\cos\varphi_2$ 为变压器二次侧功率因数。

在负载一定的情况下($\cos\varphi_2 =$ 常数),效率 η 仅随 β 变化。若需考虑变压器的最大效率,只需对上式求导数,取 $\mathrm{d}\eta/\mathrm{d}\beta = 0$,可得:

当变压器效率最高时的负载系数 $\beta_m = \sqrt{\dfrac{P_0}{P_k}}$,将此时的 β_m 代入便可计算变压器的最大效率 η_{max}。

10.2.5 变压器绕组极性的测定

在分析和比较两个或两个以上绕组中电流所产生的磁场方向及磁场变化所产生的感应电动势的方向时都与绕组的绕组绕线方向有关。当两绕组流入的电流在磁路中产生的磁通方向相同时,就称这两个绕组的电流流入(或流出)端为同极性端。

(1)同极性端的标记 同极性端用点表示,说明绕组的绕向一致。两绕组绕方向相同的同极性端在绕组标记用点表示,如图 10-5a 所示;反向绕线的同极性端标记如图 10-5b 所示。

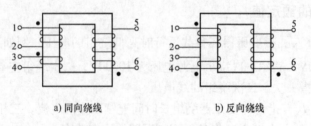

a)同向绕线   b)反向绕线

图 10-5 变压器绕组极性的标记

(2)同极性端的测定

直流法:在变压器一侧(如一次侧)绕组加直流电源,在另一侧(如二次侧)用直流电流表测量,如图 10-6 所示。当毫安表的指针正偏时,说明 1 和 3 是同极性端;反偏则 1

和 4 是同极性端。

交流法：在变压器一侧（如一次侧）绕组加交流电源，在另一侧（如二次侧）用交流电压表测量。如图 10-7 所示。当 $U_{13} = U_{12} - U_{34}$ 时，说明 1 和 3 是同极性端；当 $U_{13} = U_{12} + U_{34}$ 时，说明 1 和 4 是同极性端。

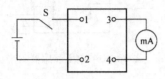 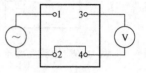

图 10-6　变压器绕组极性的直流测定法　　　　图 10-7　变压器绕组极性的交流测定法

10.3　特殊变压器

10.3.1　自耦变压器

自耦变压器的结构主要包括铁心和一、二次绕组。与普通变压器的主要区别在于一、二次绕组上，自耦变压器的一、二次绕组为一整体的绕组，二次绕组是一次绕组的一部分，如图 10-8 所示。

自耦变压器的特点是，二次绕组是一次绕组的一部分，一、二次绕组不但有磁的联系，也有电的联系。

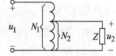

图 10-8　自耦变压器的结构

自耦变压器一、二次电压的关系为

$$\frac{U_1}{U_2} = \frac{N_1}{N_2} = k$$

10.3.2　测量互感器

（1）电流互感器　一次绕组线径较粗，匝数很少，与被测电路负载串联；二次绕组线径较细，匝数很多，与电流表及功率表、电能表、继电器的电流绕组相连。用于将电流互感器一次绕组的大电流转变为二次绕组的小电流。使用时注意二次绕组电路是不允许开路的。电流互感器如图 10-9 所示。

电流互感器一、二次电流的关系为

$$\frac{I_1}{I_2} = \frac{N_2}{N_1} = \frac{1}{k}$$

（2）电压互感器　电压互感器的一次绕组匝数很多，并联于待测电路两端；二次绕组匝数较少，与电压表及电能表、功率表、继电器的电压绕组相连。用于将电压互感器一次绕组高电压变换成二次绕组的低电压。使用时注意二次绕组不允许短路。电压互感器如图 10-10所示。

电压互感器一、二次电压的关系：

$$\frac{U_1}{U_2} = \frac{N_1}{N_2} = k$$

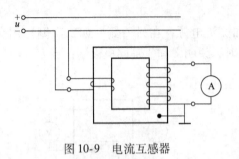

图 10-9　电流互感器

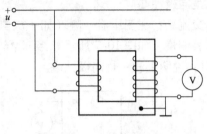

图 10-10　电压互感器

10.4　三相变压器

10.4.1　三相变压器的结构

三相变压器是由三个一次绕组、三个二次绕组和铁心所构成的。按照磁路系统的不同，可以分为组合式和心式两种。

1. 磁路变压器

由三台单相变压器组成。组式三相变压器在电路上是关联的，在磁路上彼此分开不关联。组式三相变压器的构成如图 10-11 所示。

2. 心式磁路变压器

心式三相变压器在电路和磁路彼此都相互关联。心式三相变压器结构如图 10-12 所示。

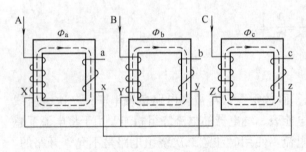

图 10-11　组式三相变压器的构成

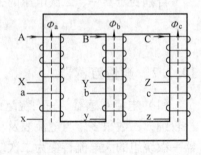

图 10-12　心式三相变压器结构

10.4.2　三相变压器电路联结

1. 三相变压器的引线端标号

三相变压器引线端分别用符号表示，高压绕组侧首端为 A、B、C，末端为 X、Y、Z，中性点为 N；低压绕组侧首端为 a、b、c，末端 x、y、z，中性点为 n。

三相变压器的两种联结及电压的变换关系如图 10-13 所示。

2. 三相变压器的联结组标号

三相变压器的联结组标号，反映了三相变压器联结方式及一、二次线电动势（或线电压）的相位关系。三相变压器的联结组标号不仅与绕组的绕向和首末端标志有关，而且还

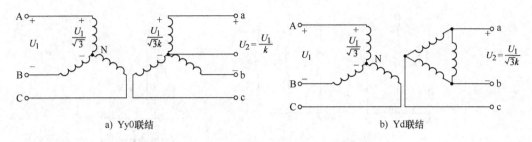

a) Yy0联结   b) Yd联结

图 10-13   三相变压器的两种联结及电压的变换关系

与三相绕组的联结方式有关。

实践证明，无论采用何种的联结方式，一、二次线电动势（或线电压）的相位差总是30°的整数倍。因此采用时钟表示法用一次电动势$\dot{E}_{AB}$作为钟表的分针，指向 12 点，二次电动势$\dot{E}_{ab}$作为钟表的时针，其指向的数字就是三相变压器的联结组标号。联结组标号的数字乘以 30°，就是二次绕组的线电动势滞后于一次电动势的相位角。

3. 联结组标号的相量图判断方法

（1）Yy0 联结。同名端在对应端，对应的相电动势同相位，线电动势$\dot{E}_{AB}$和$\dot{E}_{ab}$也同相位，联结组标号为 Yy0。如图 10-14 所示。

若高压绕组三相标志不变，低压绕组三相标志依次后移，即原来 b 端变为 a 端，原 c 端为 b 端，原 a 端变为 c 端，就可以得到 Yy4 联结组标号，如图 10-15 所示。

同理，再移可得 Yy8 联结组标号。若用异名端与之对应端，可得到 Yy6、Yy10 和 Yy2联结组标号。

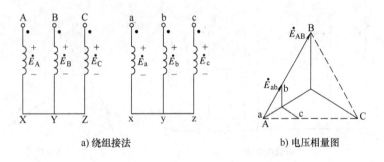

a) 绕组接法   b) 电压相量图

图 10-14   三相变压器 Yy0 联结组标号

（2）Yd 联结。同名端在对应端，对应的相电动势同相位，线电动势$\dot{E}_{AB}$和$\dot{E}_{ab}$相差330°，联结组标号为 Yd11。如图 10-16 所示。

若高压绕组三相标志不变，低压绕组三相标志依次后移，可以得到 Yd3、Yd7 联结组标号。

同理，若异名端在对应端，可得到 Yd5、Yd9 和 Yd11 联结组标号。

同名端在对应端，对应的相电动势同相位，线电动势$\dot{E}_{AB}$和$\dot{E}_{ab}$相差 30°，联结组标号

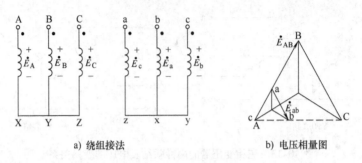

a) 绕组接法　　　　　　　　　　b) 电压相量图

图 10-15　三相变压器 Yy4 联结组标号

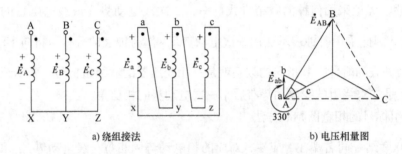

a) 绕组接法　　　　　　　　　　b) 电压相量图

图 10-16　三相变压器 Yd11 联结组标号

为 Yd1。如图 10-17 所示。

若高压绕组三相标志不变，低压绕组三相标志依次后移，可以得到 Yd5、Yd9 联结组标号。

同理，若异名端在对应端，可得到 Yd7、Yd11 和 Yd3 联结组标号。

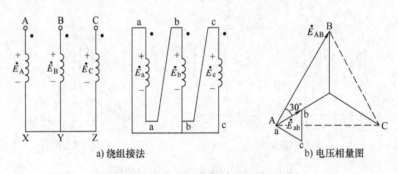

a) 绕组接法　　　　　　　　　　b) 电压相量图

图 10-17　三相变压器 Yd1 联结组标号

总之，对于 Yy（或 Dd）联结，可以得到 0、2、4、6、8、10 等六个偶数联结组标号；而 Yd（或 Dy）联结，可以得到 1、3、5、7、9、11 等六个奇数联结组标号。

变压器的联结组标号很多，为了便于制造和并联运行，国家标准规定，Yyn0、Yd11、YNd11、YNy0 和 YNy0 联结组为三相双绕组电力变压器的标准联结组标号。

其中前三种最为常用：Yyn0 联结的二次绕组可以引出中线，成为三相四线制，用作配电变压器时可兼供动力和照明负载。Yd11 联结用于低压侧电压超过 400V 的线路中。YNd11

联结方式主要用于高压输电线路中，可以使电力系统的高压侧接地。

本 章 小 结

（1）变压器的结构　闭合的铁心，高压绕组，低压绕组。

（2）工作原理

$$u_1 \rightarrow i_1 N_1 \rightarrow \Phi$$
$$i_2 N_2 \leftarrow u_2$$

（3）变压器的性质

变电压：

$$\frac{U_1}{U_2} \approx \frac{E_1}{E_2} = \frac{N_1}{N_2} = k$$

变电流：

$$\frac{I_1}{I_2} \approx \frac{N_2}{N_1} = \frac{1}{k}$$

变阻抗：

$$Z' = k^2 Z_L$$

习 题

10-1　变压器一次线圈若接在直流电源上，二次线圈会有稳定直流电压吗？为什么？

10-2　有一台电压为 220V/110V 的变压器，$N_1 = 2000$ 匝，$N_2 = 1000$ 匝。能否将其匝数减为 400 匝和 200 匝以节省铜线？为什么？

10-3　有一台 D-50/10 单相变压器，$S_N = 50kV \cdot A$，$U_{1N}/U_{2N} = 10500V/230V$，试求变压器一次侧、二次侧的额定电流？

10-4　如果将一个 220V/9V 的变压器错接到 380V 交流电源上，其空载电流是否为 220V 时的 $\sqrt{3}$ 倍，其二次电压是否为 $9\sqrt{3}$ V？为什么？

10-5　有一交流铁心绕组，接在 $f = 50Hz$ 的正弦交流电源上，在铁心中得到磁通的最大值为 $\Phi_m = 2.25 \times 10^{-3}$ Wb。现在在此铁心上再绕一个绕组，其匝数为 200。当此绕组开路时，求其两端电压。

10-6　有一单相照明变压器，容量为 10kV · A，电压为 3300V/220V。今欲在二次绕组接上 60W 的白炽灯，如果要变压器在额定情况下运行，这种电灯可接多少个？并求一次、二次绕组的额定电流。

10-7　某 50kV · A、6000V/230V 的单相变压器，试求：

（1）变压器的电压比。

（2）高压绕组和低压绕组的额定电流。

（3）当变压器在满载情况下向功率因数为 0.85 的负载供电时，测得二次绕组端电压为 220V，输出的有功功率、视在功率和无功功率为多少？

10-8　SJL 型三相变压器的铭牌数据如下：$S_N = 180kV \cdot A$，$U_{1N} = 10kV$，$U_{2N} = 400V$，$f = 50Hz$，联结 Yy0。试求：

（1）变压器的电压比。

（2）变压器一次、二次绕组的额定电流。

10-9　图 10-18 所示的变压器有两个相同的绕组，每个绕组的额定电压为 110V。二次绕组的电压为6.3V。

（1）试问当电源电压在220V和110V两种情况下，一次绕组的4个接线端应如何正确连接？在这两种情况下，二次绕组两端电压及其中电流有无改变？每个一次绕组中的电流有无改变（设负载一定）？

（2）在图10-18中，如果把接线端2和4相连，而把1和3接在220V的电源上，试分析这时将发生什么情况？

10-10　在使用钳形电流表测量导线中的电流时，如果表的量程过大，而指针偏转角很小，问能否把该导线在钳形表的铁心上绕几圈以增大读数？如何求出导线中的电流大约值？

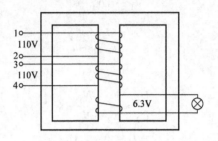

图10-18　题10-9图

第11章 常用低压电器

凡额定电压低于 1000V 的控制和保护等电气设备，均称为低压电器。低压电器是控制系统中最常用的电器设备，按其用途可分为控制电器和保护电器。在工业企业中常用的控制电器有刀开关、组合开关、按钮、接触器、继电器等；保护电器有熔断器、断路器、热继电器等。它们大都具有接通或断开电路的作用，也就是说，可把它们看成不同性质和用途的开关。

按低压电器动作性质又可分为自动电器和手动电器两类。手动控制电器是由工作人员手动操作的，如刀开关、组合开关、按钮等；而自动控制电器则是按照指令、信号或某个物理量的变化而自动动作的，如各种继电器、接触器和行程开关等。本章介绍几种常用的低压电器。

11.1 手动控制电器

11.1.1 刀开关

刀开关广泛使用于 500V 以下的电路中用来接通和断开小电流电路，或作为隔离电源的明显断开点，以确保检修、操作人员的安全。

刀开关的结构简单，主要部分由刀片（动触头）和刀座（静触头）组成。HK 系列开启式负荷开关，又称胶盖瓷底刀开关，如图 11-1a 所示，按极数可分为二极和三极。这种开关结构简单，应用十分广泛。它可用在容量不大的低压电路中，作为不频繁的

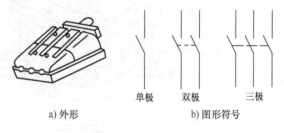

a) 外形 　　　　 b) 图形符号

单极　　双极　　三极

图 11-1　刀开关

接通和切断电路之用，也可用来对小容量的电动机作不频繁的直接起动。图 11-1b 为刀开关在电路中的图形符号。

刀开关常作为电源的引入开关，而不用它直接接通或断开较大的负载，也可用于低压配电盘和配电箱上，作为隔离开关使用。在连接刀开关时应该注意，电源线接在刀座上，而负载则接在刀片上。

还有一种 HH 系列封闭式负荷开关，由动触刀、静触座、操作手柄、速断弹簧及熔断器等组合在一起，并装于封闭的铁壳之中，因此又称为铁壳开关。它具有机械联锁装置，合闸后打不开铁壳，打开铁壳后合不上闸，安全可靠，故得到广泛使用。其结构如图 11-2 所示。

11.1.2 组合开关

组合开关又叫转换开关，它是结构紧凑的手动的控制电器，有单极、双极和三极三种。

组合开关的外形结构及图形符号等如图 11-3 所示。图示为三极组合开关，共有三组静触头和三个动触头，三对静触头的每个触片的一端固定在绝缘垫板上，另一端伸出盒外，连在接线柱上。三个动触片套在装有手柄的绝缘方轴上，转动方轴就可以把三个触片（彼此相差一定角度）同时接通或断开。

　　组合开关结构紧凑，安装面积小，操作方便，广泛用于机床上，作为引入电源的开关。通常组合开关是不带负载操作的，但也能用来接通和分断小电流的电路，如小容量笼型异步电动机的直接起动及正反转控制，以及照明电源的接通与分断等。

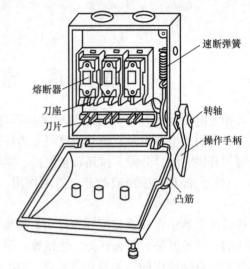

图 11-2　封闭式负荷开关

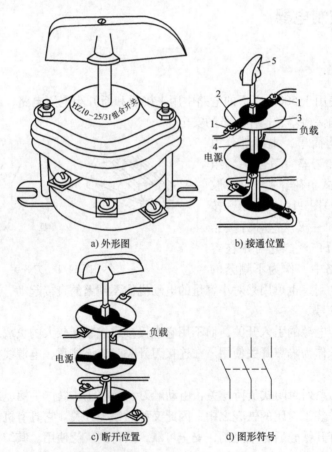

a) 外形图　　　　　　　　b) 接通位置

c) 断开位置　　　　d) 图形符号

图 11-3　组合开关的外形结构及图形符号

1—静触头　2—动触头　3—绝缘垫板　4—绝缘方轴　5—手柄

11.1.3　按钮

按钮是一种最简单的手动开关，它可用来接通和断开低电压小电流的控制电路，如接触器、继电器的吸引线圈电路等。

按钮的外形和结构及图形符号如图 11-4 所示。

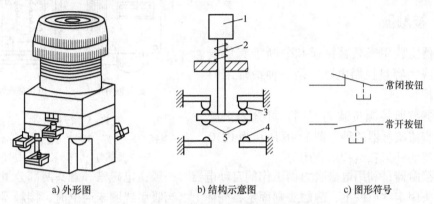

a) 外形图　　　　　b) 结构示意图　　　　　c) 图形符号

图 11-4　按钮的外形和结构及图形符号

1—按钮帽　2—复位弹簧　3—常闭触头　4—常开触头　5—动触头

图 11-4b 中，1 为按钮帽，3、4 为静触头，5 为动触头。它的动触头和静触头都是桥式双断点式的，上面一对组成常闭触头，而下面一对则为常开触头。当用手按下按钮帽 1 时，动触头下移，此时上面的常闭触头断开，下面的常开触头接通，所以常闭触头又叫动断触头，常开触头又叫动合触头。当手松开按钮帽时，由于复位弹簧 2 的作用，使动触头复位，同时常开和常闭触头也都恢复到原来的常态位置。

按钮的种类很多，同时具有一对或几对常开与常闭触头的按钮，称为复合按钮。将一个按钮选用其常开触头用于起动电动机，另一个选用其常闭触头用于停止电动机，可组成"起动"和"停止"的双连按钮。同一个按钮中的常开、常闭触头不能同时作为起动和停止同一台电动机用。信号灯按钮的按钮帽中装有信号灯，按钮帽兼作信号灯的灯罩。

11.2　自动控制电器

11.2.1　行程开关

行程开关又称限位开关，是一种自动开关。它能将机械位移转变为电信号，使电动机运行状态发生改变，从而限制机械部件的运动或实现程序控制。行程开关如图 11-5 所示。

行程开关的种类很多，但结构大致相同。

行程开关内有一个微动开关，它有一对常开和常闭触头。其工作原理和结构与按钮相似。行程开关一般安装在某一固定的基底上，在被它控制的生产机械的运动部件上装有撞块。在工作时，生产机械运动部件上的撞块碰动滚轮 6 及摇臂 7，进而压下触杆 1，使常闭触头 3 断开而常开触头 4 闭合，发出通断的信号从而断开或接通某些电路，以达到控制的目的。撞块离开后，靠弹簧 2 的作用使触头复位。

某些行程开关不能靠弹簧的作用自动复位，它就必须依靠两个方向的撞块来回撞击，使行程开关不断地工作。近年来，随着电子工业的迅速发展，电子式无触点行程开关（又叫接近开关）的应用已日益增多。

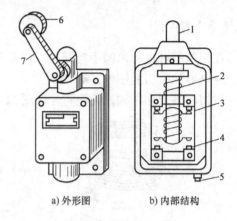

a) 外形图　　　b) 内部结构

图 11-5　行程开关
1—触杆　2—弹簧　3—常闭触头　4—常开触头
5—接地螺钉　6—滚轮　7—摇臂

11.2.2　接触器

接触器主要用来频繁接通和分断带有负载的主电路或大容量控制电路，是一种最常用的低压自动控制电器。

接触器按所控制负载的不同，可分为交流接触器和直流接触器两种。图 11-6 所示为 CJ10 交流接触器的外形和结构示意图等。

交流接触器是利用电磁吸力而工作的自动电器，一般由电磁铁和触头两部分组成，接触器的动触头固定在衔铁上，静触头则固定在壳体上。当吸引线圈未通电时，接触器所处的状

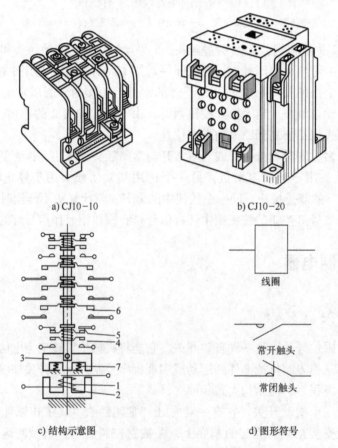

a) CJ10—10　　　　　　　　　b) CJ10—20

c) 结构示意图　　　　　　　　d) 图形符号

图 11-6　CJ10 交流接触器的外形和结构示意图
1—吸引线圈　2—静铁心　3—动铁心（衔铁）　4—常开辅助触头　5—常闭辅助触头
6—常开主触头　7—恢复弹簧

态为常态，常态时互相分开的触头称为常开触头（又称动合触头）；而互相闭合的触头则称为常闭触头（又称动断触头）。当吸引线圈加上额定电压时，产生电磁吸力，将衔铁吸合，同时带动动触头与静触头接通。当吸引线圈断电或电压降低较多时，由于弹簧的作用，使衔铁释放，触头断开，即恢复原来的常态位置。因此，只要控制吸引线圈通电或断电就可以使它的触头接通或断开，从而使电路接通或断开。接触器的触头分主触头和辅助触头两种。主触头的接触面大，并有灭弧装置，所以能通过较大的电流，可以接在主电路中控制电动机的起停。辅助触头的额定电流较小，用来接通和分断小电流的控制电路，如控制接触器的吸引线圈电路等。辅助触头只可以接在控制电路中，即弱电流通过的电路。

20A 以上的交流接触器，通常都装有灭弧罩，用以迅速熄灭主触头分断时所产生的电弧，保护主触头不被烧损。

接触器通常用来接通或断开电动机和其他负载电路。当选用接触器时，应注意它的额定电流、线圈电压和触头数量等。接触器的主触头额定电流有 5A、10A、20A、40A、60A、100A 及 150A 等多种；其线圈电压有 380V、220V、127V、36V 等多种，可根据电动机（或其他负载）的额定容量和控制电路电源来选用。

交流接触器新产品常用型号有 CJ10 系列、CJ12 系列等。

11.2.3　继电器

继电器是一种传递信号的电器，用来接通和分断控制电路。继电器的输入信号可以是电压、电流等电气量，也可以是温度、速度、光、油压等非电气量，而输出则都是触头动作。继电器的动作迅速，反应灵敏，是自动化基本器件之一。

继电器的种类和形式很多，按其动作原理可分为电磁继电器、热继电器、速度继电器以及压力继电器等，按其反映参数的不同可分为电压、电流、时间、速度及温度等继电器。

1. 中间继电器

中间继电器通常用来传递信号和同时控制多个电路的通断，也可以直接控制小容量电动机或其他电气执行元件。

中间继电器的主要结构与接触器基本相同，只是电磁系统较小，触头数目多些。

常用的中间继电器有 JZ17 系列和 JZ8 系列两种，后者为交直流两用。此外，还有 JZX 系列小型通用继电器，常用在自动装置中以接通或断开电路。

选用中间继电器时，主要考虑电压等级和触头（常开和常闭）数目。

2. 时间继电器

时间继电器通常用来在需要延时的控制电路中发送信号，其种类很多，有空气式、电磁式、电动式和电子式等。

在交流电路中通常采用空气式时间继电器，其结构原理如图 11-7 所示。

它是利用空气阻尼的作用而达到延时的目的。当吸引线圈 1 通电后就将衔铁 2 吸下，使衔铁与活塞杆 3 之间有一段距离。在释放弹簧 4 的作用下，活塞杆就向下移动，在伞形活塞 5 的表面固定有一层橡胶膜 6。因此当活塞向下移动时，在膜上面造成空气稀薄的空间，活塞受到下面空气的压力，不能迅速下降。当空气由进气孔 7 进入时，活塞才逐渐下降。移动到最后位置时，杠杆 8 使微动开关 9 动作。延时时间即为自电磁铁吸引线圈通电时刻起至微动开关动作时为止的这段时间。通过调节螺钉 10，来调节进气孔的大小以改变延时时间。

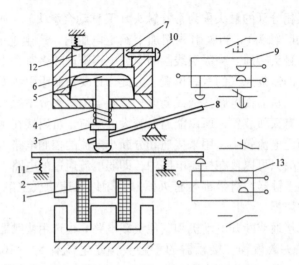

图 11-7　空气式时间继电器结构原理

1—吸引线圈　2—衔铁　3—活塞杆　4—释放弹簧　5—伞形活塞　6—橡胶膜　7—进气孔　8—杠杆
9、13—微动开关　10—调节螺钉　11—复位弹簧　12—出气孔

在吸引线圈断电后，由于复位弹簧 11 的作用而迅速复位。空气由出气孔 12 被迅速排出。图 11-7 中所示的时间继电器有两个延时触头：一个是通电延时断开的常闭触头，另一个是通电延时闭合的常开触头。此外，还有两个瞬时动作的触头，即通电后微动开关 13 瞬时动作。

空气式时间继电器的延时范围大，有 0.4 ~ 60s 和 0.4 ~ 180s 两种，其结构简单，但时间控制准确度较差。

11.3　保护控制电器

11.3.1　断路器

断路器，又称自动空气断路器，或自动空气开关，是低压电路中的一种重要保护电器。它可实现短路、过载和欠电压等多种保护，也可用于不频繁地起动电动机及控制电路通断等。它的特点是：动作后不需更换元件，工作可靠，运用安全、操作方便，断流能力大（可达数千安以上）。

熔断器俗称保险丝，是一种最常用的短路保护电器。

图 11-8 所示为断路器结构示意图。

断路器的三个主触头接在三相主电路中。在正常情况下，由锁键 2 和搭钩 3 组成的脱扣机构锁住，主触头 1 保持在接通状态。当电路发生短路、过载或欠电压等不正常情况时，脱扣器将自动脱扣而切断电路，以实现保护作用。如图 11-8 所示，一旦发生短路事故时，与主电路串联的过电流脱扣器 7 的线圈（图中仅画一相）就会产生很大的电磁吸力，把衔铁 9 吸合，推动杠杆 5，从而顶开脱扣机构，使主触头分断。而当电网电压严重下降或全部消失时，欠电压脱扣器 8 的线圈失电，衔铁 10 释放，也顶开脱扣机构使主触头分断。当过载时，

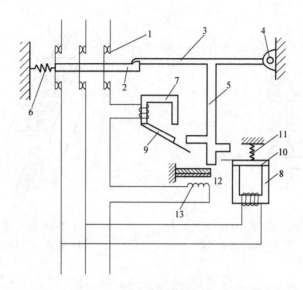

图 11-8　断路器结构示意图

1—主触头　2—锁键　3—搭钩　4—轴　5—杠杆　　6—弹簧　7—过电流脱扣器
8—欠电压脱扣器　9、10—衔铁　11—弹簧　12—热脱扣器的双金属片　13—热元件

由于热脱扣器的双金属片弯曲，同样将脱扣器顶开，使主触头分断。

断路器的结构形式很多，常用的有万能式（框架式）和装置式（塑料外壳式）两种。万能式空气开关能实现过电流、欠电压等多种保护，广泛用于工业企业、电站和变电所等。装置式空气开关结构紧凑、体积小，其导电部分全部封闭在绝缘的外壳中，故操作与使用都很安全，广泛用于一般电气设备的过电流保护。

11. 3. 2　熔断器

熔体（熔丝或熔片）是熔断器的主要部件，它通常是由电阻率较高的易熔合金制成，如铅锡合金、锌、银、铜等。熔断器串联在被保护的电路中，当正常运行时，电路中通过额定电流，熔体不应熔断。但当电路发生短路故障时，便有很大的短路电流通过熔断器，使熔体发热后立即自动熔断，切断电源，从而达到保护线路和电气设备的目的。熔体熔断后可更换，所以熔断器可多次使用。

常用的低压熔断器有以下几种：

（1）无填料封闭管式熔断器　主要有 RM1、RM3、RM10 型，其外形及结构如图 11-9 所示。

（2）有填料封闭管式熔断器　其熔管内填充石英砂，以加速灭弧。常用的为 RTO 型。

（3）插入式熔断器　是一种最常见的熔断器。它有制造成本低、结构简单、外形尺寸小及更换方便等优点，常用来作为照明、控制线路和中、小电动机的短路保护。常用的为 RC1 型，其结构如图 11-10 所示。

（4）螺旋式熔断器　螺旋式熔断器是一种有填料熔断器。熔管由瓷质制成，内填石英砂，并有熔断指示器，便于检查。并能在带电时（不带负荷）用手安全地卸下更换熔体。常用的有 RL1、RL2、RLS 型。图 11-11 所示为螺旋式熔断器的外形及结构图。

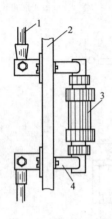

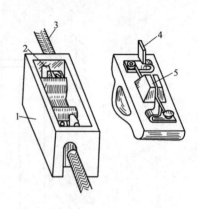

图 11-9　管式熔断器

1—导线　2—绝缘底板　3—装有熔片绝缘套管

4—弹性铜片

图 11-10　插入式熔断器

1—瓷盒　2—弹性铜片　3—导线

4—铜片　5—熔丝

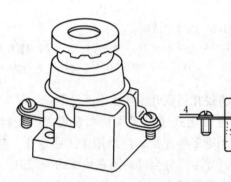

图 11-11　螺旋式熔断器的外形及结构图

1—瓷帽　2—熔断体　3—熔丝　4—进线　5—出线

11.3.3　热继电器

　　热继电器是利用感受热量而动作的电器，通常用来使电动机（或其他负载）免于过载而损坏，所以它是一种过载保护的自动电器。图 11-12 所示为热继电器的外形及动作原理图。

　　图 11-12b 中，1 是发热元件（电阻丝或电阻片），串联在电动机的主电路中；2 是双金属片，由两种具有不同膨胀系数的金属辗压而成。常闭触头串联在控制电路中，即与接触器的吸引线圈串联。

　　当主电路中的电流正常时，流过发热元件的电流所产生的热量不会使热继电器动作，常闭触头是闭合的。当电动机过载时，热元件中通过的电流超过了其额定值，并经过一定时间后，发热元件产生过量的热，这热量使双金属片的温度升高。由于双金属片中右面的一片热膨胀系数比左面的小，因而双金属片向右弯曲，推动绝缘导板 3，带动补偿片 4（补偿环境温度对动作特性的影响）和推杆 5，使常闭动、静触头 6 与 7 分断，从而断开了电源，达到过载保护的目的。双金属片冷却后，热继电器的常闭触头重新闭合；也可按下它的复位按钮，使常闭触头复位。

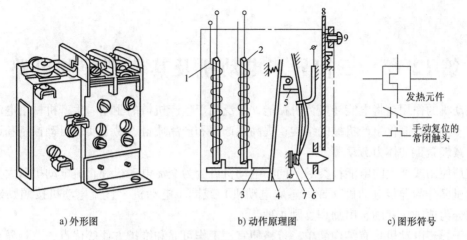

a) 外形图   b) 动作原理图   c) 图形符号

图 11-12   热继电器外形及动作原理示意图

1—发热元件   2—双金属片   3—导板   4—补偿片   5—推杆

6—动触头   7—静触头   8—复位按钮   9—调节装置

由于热继电器的热惯性大，即使通过发热元件的电流短时间内超过额定电流几倍，热继电器也不会瞬时动作，因而符合电动机的过载保护要求。电动机在短期过载后又能恢复到正常负载情况时，是不希望热继电器动作的，否则电动机就无法起动或稍一过载就停车，反而影响生产的正常进行。

常用的热继电器有两相保护和三相保护两种，其型号有 JR1、JR0、JR9、JR15 和 JR16 等。

本 章 小 结

低压电器有配电电器（包括断路器、熔断器、刀开关、转换开关）与控制电器（包括接触器、起动器、控制继电器、控制器、主令电器、电阻器、变阻器与电磁铁）两大类。本章以常用的低压电器为主线，以控制电器为重点，较为详细地叙述了常用低压电器的共性问题，然后着重介绍了接触器、各种控制继电器及其他开关电器与保护电器的结构、原理及主要技术数据，为正确选择和使用维修低压电器打下基础。

有触头的电磁式电器由电磁机构、触头系统及灭弧装置三部分组成。为使电器可靠地接通与分断电路，对电器提出了各种技术要求，其主要有使用类别、额定电压与额定电流、通断能力及寿命，这些都是选择电器的基本数据。

习   题

11-1   常用低压电器中哪些属于控制电器？哪些属于保护电器？

11-2   组合开关的用途是什么？

11-3   简述断路器的工作原理。它具有哪些保护作用？

11-4   简述接触器、热继电器的工作原理并说明它们在电路中的作用是什么？

11-5   说明熔断器与热继电器的保护作用的异同点。

第12章　三相异步电动机及其典型控制电路

电动机的作用是将电能转换为机械能,广泛用于生产机械的驱动。生产机械由电动机驱动有很多优点:简化生产机械的结构;提高生产率和产品质量;易于实现自动控制和远距离操纵;减轻繁重的体力劳动等。

按照使用或产生的电能种类的不同,电动机可分为交流电动机和直流电动机两大类。交流电动机又分为异步电动机(或称感应电动机)或同步电动机。直流电动机按照励磁方式的不同分为他励、并励、串励和复励4种。

由于异步电动机具有结构简单、价格便宜、工作可靠和维护方便等优点,三相异步电动机被广泛用来驱动各种金属切削机床、起重机、锻压机、传送带、铸造机械、功率不大的通风机和水泵等。单相异步电动机的容量较小,常用于功率不大的电动工具和某些家用电器中。仅在需要均匀调速的生产机械上,如龙门刨床、轧钢机及某些重型机床的主传动结构,以及在某些电力牵引和起重设备中才采用直流电动机。同步电动机主要应用于功率较大、不需调速、长期工作的各种生产机械,如压缩机、水泵、通风机等。此外,在自动控制系统和计算装置中还用到各种控制电动机。

本章主要讨论三相异步电动机。

12.1　三相异步电动机的结构及工作原理

12.1.1　三相异步电动机的结构

三相异步电动机由两个基本部分组成:定子(固定部分)和转子(旋转部分)。

图 12-1 所示的是三相异步电动机的结构。

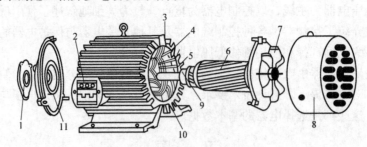

图 12-1　三相异步电动机的结构

1—轴承盖　2—接线盒　3—定子铁心　4—定子绕组　5—转轴　6—转子　7—风扇

8—罩壳　9—轴承　10—机座　11—端盖

定子由机座和装在机座内的圆筒形铁心及其中的三相定子绕组组成。机座是用铸铁或铸钢制成的,铁心是由互相绝缘的硅钢片叠成的。铁心的内圆周表面有槽,如图 12-2 所示。绕组有的联结成星形,有的联结成三角形,当定子绕组中通过三相交流电流时,可以产生按一定方向以一定速度在空间旋转的磁场，称为旋转磁场。

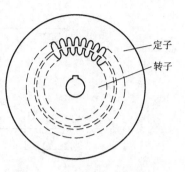

图 12-2　定子和转子的铁心片

转子是在旋转磁场作用下产生转矩，从而带动机械负载转动。转子铁心是圆柱状，也用硅钢片叠成，表面有槽，如图 12-2 所示。铁心装在转轴上，轴上加机械负载。转子根据构造上的不同分为笼型和绕线转子两种形式。

笼型转子绕组做成笼状，如图 12-3 所示，在转子铁心的槽中放铜条，其两端用端环连接。或者在槽中浇注铝液，铸成一笼型，这样便可以用比较便宜的铝代替铜，同时制造周期也快。目前，中小型笼型异步电动机的转子很多是铸铝的。绕线转子的绕组同定子绕组一样分成三相，联结成 Y 形，并且每相始端连在三个互相绝缘的集电环上，通过三个电刷使转子绕组与外部电路相连接，利用外部电路改变电动机的运行状态。

图 12-3　笼型异步电动机的转子

笼型转子与绕线转子只是转子的构造不同，工作原理是一样的。笼型异步电动机由于构造简单、价格低廉、工作可靠、使用方便，成为生产上应用最广泛的一种电动机。

12.1.2　三相异步电动机的工作原理

三相异步电动机的工作原理基于对旋转磁场的利用，那么旋转磁场是怎样产生的，电动机怎么会转动呢？下面就来讨论这个问题。

1. 旋转磁场

三相异步电动机的定子铁心中放有三相对称绕组 U_1U_2、V_1V_2、W_1W_2，设这三相绕组联结成星形接在三相电源上，绕组便通入三相对称电流。

$$i_A = I_m \sin\omega t$$
$$i_B = I_m \sin(\omega t - 120°)$$
$$i_C = I_m \sin(\omega t + 120°)$$

其波形如图 12-4 所示，取绕组始端到末端的方向作为电流的参考方向。在电流的正半周时，其值为正，其实际方向与参考方向一致，在负半周时，其值为负，其实际方向与参考方向相反。

在 $\omega t = 0$ 的瞬时，定子绕组中的电流方向如图 12-5a，这时 $i_U = 0$；i_V 是负的，其方向与参考方向相反，即自 V_2 到 V_1；i_W 是正的，其方向与参考方向相同，即自 W_1 到 W_2，将每相电流所产生的磁场相加，便得出三相电流的合成磁场，在图 12-5a 中，合成磁场轴线的方

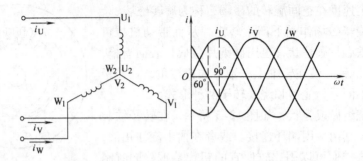

图 12-4　定子线组通入三相电流

向是自上而下。

图 12-5b 所示的是 $\omega t = 60°$ 时定子绕组中电流的方向和三相电流的合成磁场的方向，这时的合成磁场已在空间转过了 60°。

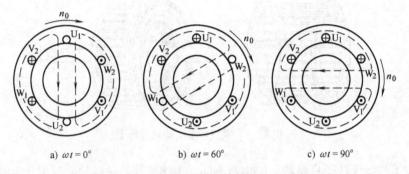

a) $\omega t = 0°$　　　　b) $\omega t = 60°$　　　　c) $\omega t = 90°$

图 12-5　三相电流产生的旋转磁场（$p = 1$）

同理可得在 $\omega t = 90°$ 时的三相电流的合成磁场，它比 $\omega t = 60°$ 时的合成磁场在空间又转过了 30°，如图 12-5c 所示。

由上可知，当定子绕组中通入三相电流时，它们共同产生的合成磁场是随电流的交变而在空间不断地旋转着，这就是旋转磁场。

旋转磁场的转向与通入绕组的三相电流的相序有关，在图 12-5 中通入绕组的三相电流相序为 $L_1 - L_2 - L_3$，旋转磁场的方向与这个顺序一致。如果将与三相电源连接的三根导线中的任意两根的一端对调位置（例如将 L_2 相 L_3 相对调），则电动机三相绕组的 L_2 与 L_3 相对调（注意，此时电源三相端子的相序未变），旋转磁场因此反转，如图 12-6 所示。

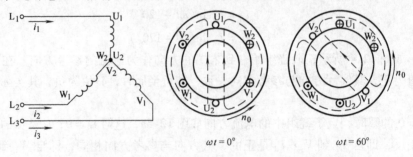

$\omega t = 0°$　　　　　　$\omega t = 60°$

图 12-6　旋转磁场的反转

三相异步电动机的转速与旋转磁场的转速有关，而旋转磁场的转速决定于磁场的极数。由图 12-5 可见，在一对极（$p=1$）的情况下，当电流从 $\omega t=0$ 到 $\omega t=60°$ 经历了 $60°$ 电角度时，磁场在空间也旋转了 $60°$。当电流交变了一次（一个周期）时，磁场恰好在空间旋转了一转。

在旋转磁场具有两对极（$p=2$）的情况下，由图 12-7 可见，当电流从

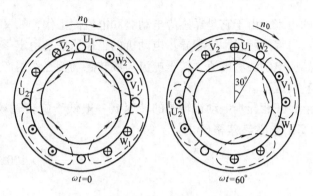

图 12-7　三相电流产生的旋转磁场（$p=2$）

$\omega t=0$ 到 $\omega t=60°$ 经历了 $60°$ 时，磁场在空间仅旋转了 $30°$。就是说，当电流交变一次时，磁场仅旋转了半转，比磁极对数 $p=1$ 情况下的转速慢了一半。同理，在三对极（$p=3$）的情况下，电流交变一次，磁场在空间仅旋转了 $1/3$ 转，只是 $p=1$ 情况下的 $1/3$。由此可见，旋转磁场的磁极对数越多，其转速越慢。

设电流的频率为 f，即电流每秒钟交变 f 次或每分钟交变 $60f$ 次，当旋转磁场具有 p 对极时，磁场的转速为

$$n_0 = \frac{60f}{p} \tag{12-1}$$

对某一异步电动机来讲，f 和 p 通常是一定的，所以磁场转速 n_0 是个常数。

在我国，工频 $f=50$Hz，由式（12-1）可得出对应于不同极对数 p 的旋转磁场转速（r/min），见表 12-1。

表 12-1　不同极对数 p 的旋转磁场转速

p	1	2	3	4	5	6
$n_0/(\text{r/min})$	3000	1500	1000	750	600	500

2. 电动机的转动

当电动机定子绕组通过三相电流时，它们产生旋转磁场，在图 12-8 中以旋转的磁极 N、S 表示，转子绕组用一个闭合线圈来表示。

旋转磁场以 n_0 速度顺时针方向旋转，切割转子绕组，转子绕组中产生感应电动势，其方向由右手定则来确定。应该注意，旋转磁场顺时针方向旋转，而转子绕组则是逆时针方向切割磁力线的。在 N 极下，导体中感应电动势垂直纸面向外（以·表示）；在 S 极下，导体中感应电动势垂直纸面向里（以×表示）。由于转子是闭合的，故而在感应电动势作用下产生电流，其方向与感应电动势相同。转子绕组中的电流与旋转磁场相互作用产生电磁力 F，其方向由右手定则确定，如图 12-8 所示。电磁力产生电磁转矩，使转子以 n 速度与旋转磁场相同的方向转动起来。但转子的速度 n 不可能与旋转磁场的转速 n_0 相等，

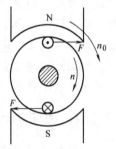

图 12-8　转动原理图

如果两者相等，转向又相同，则转子与旋转磁场之间就没有感应电动势和电流，就谈不上转矩。所以，异步电动机的转速一定低于旋转磁场的转速，两者不同步，这是异步电动机名称

的由来。由于它是靠感应电动势和电流而工作，故又叫感应电动机。

综上所述，三相异步电动机的工作原理是由定子绕组产生旋转磁场，在转子导体中产生感应电动势和电流，转子电流与旋转磁场相互作用产生电磁力，从而形成电磁转矩，转子就转动起来。

三相异步电动机转子的转速 n 一般低于旋转磁场的转速 n_0（n_0 又称同步转速）3% ~ 5%，称为转差率 s

$$s = \frac{n_0 - n}{n_0} \times 100\% \qquad (12-2)$$

12.2　三相异步电动机的起动与制动

电动机的起动就是接通电源把它开起来。在起动初始瞬间，转子处于静止状态，而旋转磁场立即以 n_0 速度旋转，即 $n = 0$，$s = 1$，它们之间的相对速度很大，磁力线切割转子导体的速度很快，此时转子绕组中产生的感应电动势和电流都很大，这与变压器的道理一样，转子电流很大，定子电流相应地也很大。在一般中小型电动机中，起动时的定子电流约为额定电流的 5 ~ 7 倍。

由于起动时间较短，所以电动机的起动电流虽大，也不会使电动机本身发生过热现象，当电动机起动后，电流便迅速减小，很大的起动电流在短时间内使供电线路电压下降，以致影响其他负载的正常工作。因此，异步电动机起动的主要缺点是起动电流较大。为了减小起动电流，必须采用适当的起动方法。

笼型异步电动机的起动有直接起动和减压起动两种。

12.2.1　直接起动

直接起动就是利用刀开关或接触器将电动机直接接到具有额定电压的电源上，如图 12-9 所示。这种方法虽然简单，但由于起动电流较大，将使线路电压下降，影响负载正常工作。

二三十千瓦以下的异步电动机一般都是采用直接起动的，有的地区规定：用电单位如有独立的变压器，则在电动机起动频繁时，电动机容量小于变压器容量的 20% 时允许直接起动；如果电动机不经常起动，它的容量小于变压器容量的 30% 时允许直接起动。如果没有独立的变压器（与照明共用），电动机直接起动时所产生的电压降不应超过 5%。

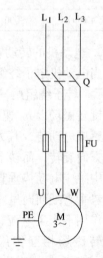

图 12-9　直接起动电路图

12.2.2　减压起动

如果电动机直接起动时所引起的线路电压降较大，必须采用减压起动，就是在起动时降低加在电动机定子绕组上的电压，以减小起动电流，笼型异步电动机的减压起动常用下面几种方法：

1. 星形—三角形（Y–d）换接起动

正常运行时电动机定子绕组联结成三角形的，那么在起动时可把它联结成星形，等到转速接近额定值时再联结成三角形，这样，起动时把定子每相绕组上的电压降到正常工作电压的 $1/\sqrt{3}$，同时起动转矩也减小了 $1/\sqrt{3}$。

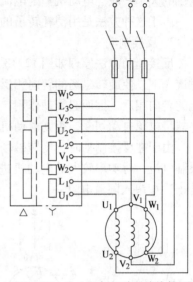

这种换接起动可采用星—三角起动器来实现。如图 12-10 所示，起动时将手柄向右扳，使右边一排动触头与静触头相连，U_2、V_2、W_2 三端接为一点，即星形联结的中点，三相绕组首端 U_1、V_1、W_1 分别连接三相电源的 L_1、L_2、L_3 端，电动机就联结成星形；等电动机接近额定转速时，将手柄往左扳，使左边一排动触头与静触头相连，此时 W_1、V_2、L_3 连为一点，U_2、V_1、L_2 连为一点，W_2、U_1、L_1 连为一点，即三相绕组首尾相联结成三角形，同时已与三相电源接通，电动机换接成三角形。

星—三角换接起动方法只适用于正常运行时电动机定子绕组联结成三角形的情形。目前 4～100kW 的异步电动机都已设计成 380V 三角形联结，因此，星三角起动器得到了广泛的应用。

图 12-10　星—三角起动器接线简图

2. 自耦减压起动

自耦减压起动是利用一台三相自耦变压器实现的，接线如图 12-11 所示。起动时，先把开关 Q_2 扳到"起动"位置，三相自耦变压器将电动机的端电压降低，当转速接近额定值时，将 Q_2 扳向"工作"位置，切除自耦变压器。

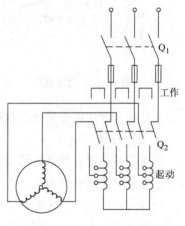

自耦变压器备有抽头，以便得到不同的电压（例如为电源电压的 73%、64%、55%），根据对起动转矩的要求选用。

自耦减压起动适用于容量较大的或正常运行时联结成星形不能采用星—三角起动器的笼型异步电动机。采用自耦减压起动时，使起动电流减小的同时也使起动转矩减小了。

图 12-11　自耦减压起动接线图

12. 2. 3　制动

在断开电源后，电动机的转动部分有惯性，它将继续转动一定时间后才能停止，为了提高生产率和保证工作安全可靠，往往要求电动机停得既快又准确。这就需要对电动机制动，也就是在断开电源后给它加一个与转向相反的转矩，使电动机很快停转。

异步电动机的制动通常有下列几种方法：

1. 能耗制动

能耗制动原理如图 12-12 所示。这种制动方法就是在切断三相电源的同时，接通直流电源，使直流电源通入定子绕组。直流电流的磁场是固定不动的，而转子由于惯性继续原方向的转动。利用左、右手定则可知，处于惯性转动的转子中将产生感应电流，该电流与定子中通入的直流产生的固定磁场相互作用产生转矩，该转矩的方向与转子的惯性转动方向相反，于是起到制动的作用。制动转矩的大小与直流电流的大小有关，可由图中 RP 来调节，直流电流的大小一般为电动机额定电流的 0.5~1。

由于这种方法是用消耗转子的动能（转换为电能）来进行制动的，所以称能耗制动。

2. 反接制动

反接制动方法原理如图 12-13 所示，在电动机停车时，将电源的三根导线中的任意两根对调一下，使旋转磁场的转向相反，而转子仍按原方向转动，由此产生的转矩其方向与电动机的转向相反，因而起制动作用，使电动机转速很快降低。当转速接近零时，利用某种控制电器将电源自动切断，否则电动机将会反转。

由于在反接制动时，旋转磁场与转子的相对速度（$n_0 + n$）很大，因而电流较大，为了限制电流，对功率较大的电动机进行制动时，必须在定子电路（笼型）或转子电路（绕线转子）中串入限流电阻。

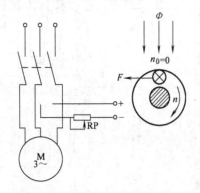

图 12-12　能耗制动

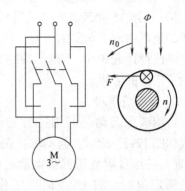

图 12-13　反接制动原理

这种制动方法比较简单，效果较好，但能量消耗较大。

3. 发电反馈制动

当转子的转速 n 超过旋转磁场的转速 n_0 时，这时的转矩也是制动的，发电反馈制动如图 12-14。

当起重机快速下放重物时，就会发生这种情况。这时重物拖动转子，使其转速 $n > n_0$，重物受到制动而等速下降，实际上这时电动机已转入发电动机运行，将重物的位能转换为电能而反馈到电网里去，所以称为发电反馈制动。

另外，当将多速电动机从高速调到低速的过程中，也自然发生这种制动，因为刚将极对数 p 加倍时，磁场转速立即减半，但由于惯性，转子转速只能逐渐下降，因此就出现 $n > n_0$ 的情况。

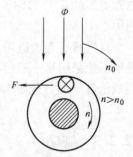

图 12-14　发电反馈制动

12.3　三相异步电动机基本控制环节

三相笼型异步电动机具有结构简单、价格便宜、坚固耐用、维修方便等优点，获得广泛应用。据统计，在一般工矿企业中，笼型异步电动机的数量占电力拖动设备总台数的 85% 左右。

本节以笼型异步电动机为例说明三相异步电动机的基本控制环节。

12.3.1　单向旋转控制电路

三相笼型异步电动机单向旋转可用开关或接触器控制，相应为开关与接触器控制电路。

1. 开关控制电路

图 12-15 为电动机单向旋转开关控制电路，其中图 12-15a 为刀开关控制电路；图 12-15b 为断路器控制电路，其中 QF 为三相断路器。它们适用于不频繁起动的小容量电动机，但不能实现远距离控制和自动控制。

2. 接触器控制电路

图 12-16 为电动机单向旋转接触器控制电路。图中 Q 为电源开关，FU_1、FU_2 为主电路与控制电路的熔断器，KM 为接触器，KR 为热继电器，SB_1、SB_2 分别为停止按钮与起动按钮，M 为三相笼型异步电动机。

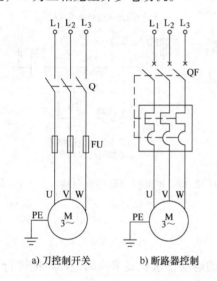

图 12-15　电动机单向旋转开关控制电路

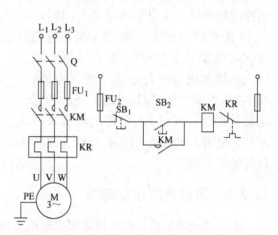

图 12-16　电动机单向旋转接触器控制电路

电动机起动控制：合上电源开关 Q，按下起动按钮 SB_2，其常开触头闭合，接触器 KM 线圈通电吸合，其主触头闭合，电动机接通三相电源起动。同时，与起动按钮 SB_2 并联的接触器常开辅助触头闭合，使 KM 线圈经 SB_2 触头与 KM 自身常开触头通电，当松开 SB_2 时，KM 线圈仍通过自身常开辅助触头继续保持通电，从而使电动机获得连续运转。这种依靠接触器自身辅助触头保持线圈通电的电路，称为自保电路，这对常开辅助触头称为自保触头。

电动机需停转时，可按下停止按钮 SB_1，接触器 KM 线圈断电释放，KM 常开主触头与辅助触头均断开，切断电动机主电路及控制电路，电动机停止旋转。

3. 电路保护环节

短路保护：由熔断器 FU_1、FU_2 分别实现主电路与控制电路的短路保护。

过载保护：由热继电器 KR 实现电动机的长期过载保护，当电动机出现长期过载时，串接在电动机定子电路中的发热元件使双金属片受热弯曲，使串接在控制电路中的常闭触头断开，切断 KM 线圈电路，使电动机断开电源，实现保护目的。

欠电压和失电压保护：当电源电压严重下降或电压消失时，接触器电磁吸力急剧下降或消失，衔铁释放，各触头复原，断开电动机电源，电动机停止旋转。一旦电源电压恢复时，电动机也不会自行起动，从而避免事故发生。因此，具有自保持电路的接触器控制具有欠电压与失电压保护作用。

12.3.2　点动控制电路

生产机械不仅需要连续运转，同时还需要作点动控制。图 12-17 为电动机点动控制电路。其中图 12-17a 为点动控制电路的基本型，按下按钮 SB，KM 线圈通电吸合，主触头闭合，电动机起动旋转。松开 SB 时，KM 线圈断电释放，主触头断开，电动机停止旋转。图 12-17b 为既可实现电动机连续运转又可实现点动控制的电路，并由手动开关 SA 选择。当 SA 闭合时为连续控制，SA 断开时则为点动控制。图 12-17c 为采用两个按钮，分别实现连续与点动的控制电路，其中 SB_2 为连续运转起动按钮，SB_3 为点动起动按钮，利用 SB_3 的常闭触头来断开自保电路，实现点动控制。SB_1 为连续运转的停止按钮。

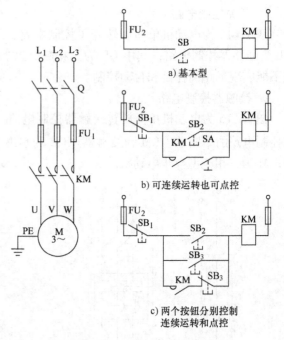

a) 基本型

b) 可连续运转也可点控

c) 两个按钮分别控制
连续运转和点控

图 12-17　电动机点动控制电路

12.3.3　可逆旋转控制电路

生产机械的运动部件往往要求实现正反两个方向的运动，这就要求拖动电动机能进行正反转运转。从电动机原理可知，改变电动机三相电源相序即可改变电动机旋转方向。由此出发，常用的电动机可逆旋转控制电路有以下几种：

1. 倒顺转换开关可逆旋转控制电路

图 12-18 为倒顺转换开关控制电动机正反转控制电路。其中，图 12-18a 为直接操作倒顺开关实现电动机正反转的电路，由于倒顺开关无反弧装置，所以仅适用于电动机容量为 5.5kW 以下的控制。对于容量大于 5.5kW 的电动机，则用图 12-18b 所示电路控制，在此倒顺开关仅用来预选电动机的旋转方向，而由接触器 KM 来接通与断开电源，控制电动机的起动与停止。由于采用接触器控制，并且接入热继电器 KR，所以电路具有长期过载保护和欠电压与零电压保护。

2. 按钮控制的可逆旋转控制电路

图 12-19 为按钮控制电动机正反转控制电路。其中，图 12-19a 由两组单向旋转控制电路组合而成。但图 12-19a 若发生已按下正向起动按钮 SB_2 后又按下反向起动按钮 SB_3 的误操作时，将发生电源两组短路的故障，致使熔丝烧断，无法正常工作。为此，将 KM_1、KM_2 正反转接触器的常闭触头串接在对方线圈电路中，形成相互制约的控制，如图 12-19b 所示，

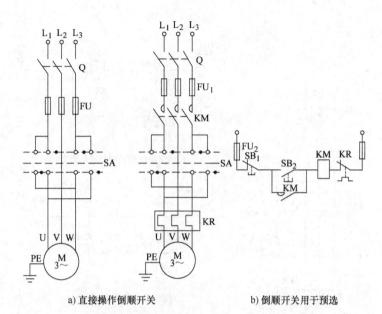

a) 直接操作倒顺开关　　　　　　　　　　b) 倒顺开关用于预选

图 12-18　倒顺开关控制电动机正反转电路

这种相互制约的关系称为互锁控制。这种由接触器（或继电器）常闭触头构成的互锁称电气互锁。但是这一电路在进行电动机由正转变为反转或由反转变正转的操作控制中必须先按下停止按钮 SB_1，而后再进行反向或正向起动的控制，这就构成正—停—反的操作顺序。

当要求电动机直接由正转变反转或反转直接便正转时，可采用图 12-19c 电路控制。它是在图 12-19b 基础上增设了起动按钮的常闭触头作互锁，构成具有电气、按钮互锁的控制电路，该电路既可实现正—停—反操作，又可实现正—反—停的操作。

3. 具有自动往返的可逆旋转电路

生产机械的运动部件往往有行程限制，为此常用行程开关作控制元件来控制电动机的正反转。图 12-20 为电动机自动往返可逆旋转控制电路。图中 ST_1 为反向转正向行程开关，ST_2 为正向转反向行程开关，ST_3、ST_4 分别为正向、反向极限保护用限位开关。当按下正向（或反向）起动按钮 SB_2（或 SB_3）时，电动机正向（或反向）起动旋转，拖动运动部件前进（或后退），当运动部件上的撞块压下换向行程开关时，将使电动机改变转向，使运动部件反向。当反向撞块压下反向行程开关时，又使电动机再反向，如此循环往复，实现电动机可逆旋转控制，拖动运动部件实现自动往返运动。当按下停止按钮 SB_1 时，电动机便停止旋转。

12.3.4　时间控制基本电路

1. 笼型异步电动机 Yd 起动控制电路

图 12-21 是笼型异步电动机 Yd 起动的控制电路，其中用了通电延时的时间继电器 KT 的两个触头：延时断开的常闭触头和瞬间闭合的常开触头。KM_1、KM_2、KM_3 是三个交流接触器。起动时 KM_3 工作，电动机联结成 Y 形，运行时 KM_2 工作，电动机联结成 △ 形。电路的动作次序如下：

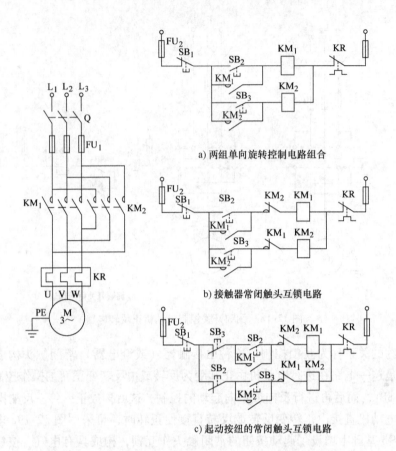

a) 两组单向旋转控制电路组合

b) 接触器常闭触头互锁电路

c) 起动按纽的常闭触头互锁电路

图 12-19　按钮控制电动机正反转电路

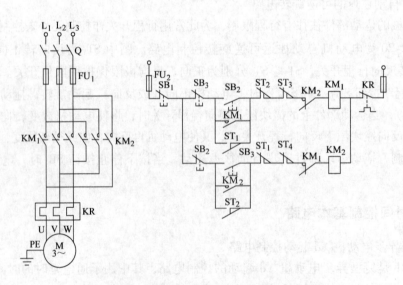

图 12-20　电动机自动往返可逆旋转控制电路

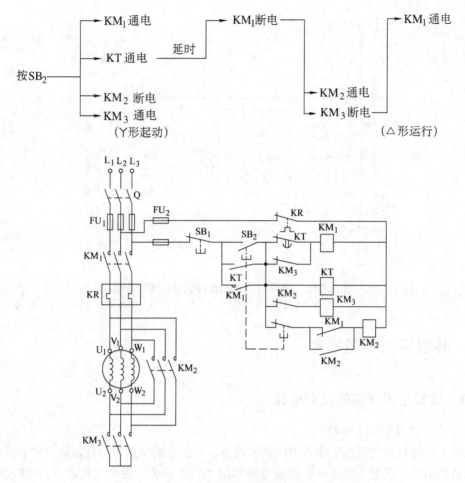

图 12-21　笼型异步电动机 Yd 起动的控制电路

本电路的特点是在接触器 KM_1 断电的情况下进行 Yd 换接，这样可以避免当 KM_3 的常开触头未断开时 KM_2 已吸合而造成的电源短路；同时接触器 KM_3 的常开触头在无电下断开，不发生电弧，可延长使用寿命。

2. 笼型异步电动机能耗制动控制电路

这种制动方法是在断开三相电源的同时，接通直流电源，使直流通入定子绕组，产生制动转矩。

图 12-22 是笼型异步电动机能耗制动的控制电路，其中使用了断电延时的时间继电器 KT 的一个延时断开的常开触头。直流电流由接成桥式的整流电源供给。在制动时，电路的动作次序如下：

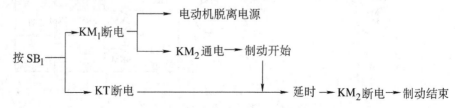

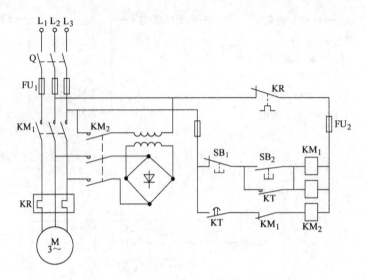

图 12-22　笼型异步电动机能耗制动的控制电路

12.4　典型控制电路举例

12.4.1　混凝土搅拌机的控制电路

1. 混凝土搅拌机的主要结构

混凝土搅拌机是建筑施工中常用的机械设备，它的主要结构由搅拌滚筒、物料拖斗及拖动电动机等组成。混凝土搅拌机的控制电路如图 12-23 所示。图中电动机 M_1：拖动搅拌滚筒，M_2：拖动物料拖斗。

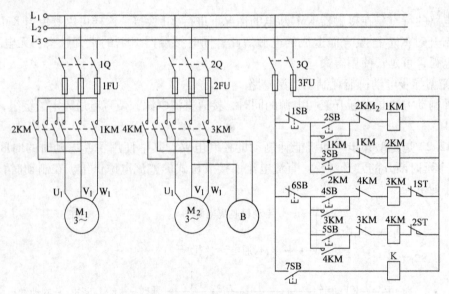

图 12-23　混凝土搅拌机的控制电路

K 为控制水阀的电磁铁线圈，用以控制水管阀门的打开和关闭。当按下按钮 7SB 时，线圈 K 通电，水管阀门打开，水流过滚筒中。当手松开按钮 7SB 时，线圈 K 断电，水管阀门关闭，停止向滚筒供水。供水时间的长短决定于手按下按钮 7SB 的时间，因此，由按钮 7SB 和线圈 K 组成的控制电路实际上就是点动控制电路。

2. 混凝土搅拌的工作过程

当按下按钮 5SB 时，电动机 M_2 反转，拖斗降下，以待装料。按下按钮 2SB，电动机 M_1 带动滚筒正转起来。再按下按钮 4SB，电动机 M_2 正转，使拖斗提升，把物料倒入转动的滚筒中。按下按钮 7SB，打开水管的阀门，向滚筒供水，经过一定时间后，释放按钮 7SB，停止供水。然后按下 5SB 按钮，电动机 M_2 带动拖斗降下，为下一次装料作准备。在搅拌好后，按下按钮 3SB，滚筒反转，把料倒出来。

12.4.2　带式运输机顺序控制系统

在建筑工地上，常用带式运输机运送沙料等物品，其工作过程示意图如图 12-24 所示。

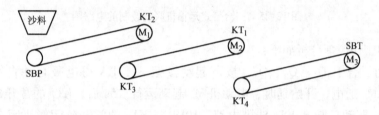

图 12-24　带式运输机工作过程示意图

1. 三台带式运输机联动控制对系统的要求

（1）电动机起动顺序　电动机起动时，顺序为 M_1、M_2、M_3，并要有一定的时间间隔，以免沙料在输送带上堆积、造成后面的输送带重载起动。

（2）电动机停车顺序　电动机的停车顺序为 M_1、M_2、M_3，且也应有一定的时间间隔，以保证停车后输送带上不残存沙料。

（3）电动机过载　无论哪台电动机过载，所有电动机必须按顺序停车，以免造成沙料堆积。

（4）电动机的保护环节　电动机控制系统应有失电压、过载和短路等保护环节。

按控制要求，发出起动指令后，3 号输送带机立即起动，延时 t_1 后，2 号带式运输机自行起动，再经一时间 t_2 后，3 号带式运输机起动。延时时间利用通电延时时间继电器来完成起动信号的延时输入工作。

在停车时发出停车指令，1 号带式运输机立即停车，经一定时间间隔，2 号带式运输机自动停车；再经一定时间间隔，3 号带式运输机停车。对 2 号及 3 号带式运输机停车信号的延时输入，也采用通电延时时间继电器来完成。

2. 实际控制系统分析

三台带式运输机联动控制的电路图如图 12-25 所示。电路中设置 FR_1、FR_3 的常闭触头，与 KA 线圈串联，用于过载停车保护。与按钮并联的 KA 自锁触头兼有失电压保护的作用。为实现过载时按顺序停车的要求，用 KA 的常闭触头控制 KT_3 和 KT_4。

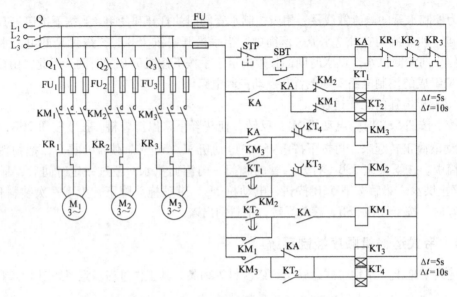

图 12-25　三台带式运输机联动控制的电路图

联动控制工作原理分析如下:

(1) 起动　合上 Q_1、Q_2、Q_3,按下起动按钮 ST,KA 得电吸合并自锁,互锁 KT_3、KT_1、KT_2、KM_3 通电,开始延时,电动机 M_3 起动运行。5s 后,KT_1 的常开延闭触头闭合,KM_2 通电,M_2 起动且断开 KT_1 线圈电路。10s 时,KT_2 的常开延闭触头闭合,KM_1 通电,M_1 起动且断开 KT_1 线圈电路;KM_1、KM_2 均以自锁触头维持吸合。

(2) 停车　按下停车按钮 STP,KA 失电,其常闭触头复位接通 KT_3、KT_4 线圈电路,开始延时,动合触头复位断开 KM_1 线圈电路,M_1 停车。延时 5s 后,KT_3 常闭延开触头动作,切断 KM_2 线圈电路,M_2 停车;延时 10s 时,KT_4 常闭延开触头动作,切断 KM_3 线圈电路,M_3 停车,同时,KM_3 常开触头打开,断开 KT_3、KT_4 线圈电路。

本 章 小 结

根据电磁感应原理把电能转换为机械能的电动机称为电动机。

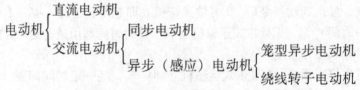

三相交流异步电动机是工业企业中使用最广泛的一种电动机。

1) 三相交流异步电动机由定子和转子两大部分组成。定子铁心槽内嵌入三相对称绕组,可根据电源线电压联结成丫形或△形。根据转子绕组结构不同,分为笼型和绕线转子两种。

2) 当空间互隔 120°电角度的三相对称绕组中通入三相对称电流时,在电动机中建立的合成磁场是一个旋转磁场,其转速为

$$n_0 = \frac{60f}{p}$$

旋转方向与绕组中三相电流的相序一致。

3）定子旋转磁场切割转子导体，在转子导体中产生感应电动势 E_2 和感应电流 I_2，I_2 与旋转磁场相互作用产生电磁力，电磁力对转轴形成电磁转矩，从而使转子顺着旋转磁场的方向以小于 n_0 的转速 n 而转动。

4）同步转速 n_0 与转子转速 n 之差称为转速差，转速差与同步转速之比称转差率，即

$$s = \frac{n_0 - n}{n_0} \times 100\%$$

转差率是分析异步电动机运转特性的重要数据。

异步电动机的主要铭牌数据有额定功率、额定效率、额定电压与接法、额定电流、额定转速、额定功率因数、绝缘等级与温升、工作制及保护等级等

异步电动机的转速与电磁转矩之间的关系称为电动机的机械特性。

笼型异步电动机有直接起动和减压起动两种方式，减压起动有自耦变压器、Y—△起动等方法。绕线转子电动机可在转子电路中串接电阻器来起动。

全压起动控制电路不论是单向旋转还是可逆旋转大都采用电磁控制即接触器控制或起动器控制。

只要将接到电动机电源上的三根端线中的任意两根对调，便可使电动机反转。

常用的制动方法有反接制动和能耗制动。

电动机正反转控制电路必须有互锁，使得换向时不发生短路并能正常工作。

在主电路应设隔离开关、短路保护、过载保护等。1kW 以上的、连续工作的每台电动机必须具有过载保护。电动机过载保护元件复原后，不得使电动机重新自行起动。

电气设备的所有裸露导体零件，包括机座，必须接到保护接地（Protective Earthing, PE）专用端子上。

习　　题

12-1　什么是三相电源的相序？就三相异步电动机本身而言，有无相序？

12-2　有一台三相异步电动机，转子额定转速 $n_N = 1440 \text{r/min}$，电源频率为 50Hz，试求它的磁极对数和额定转差率 s_N。

12-3　三相异步电动机在一定负载转矩下运行，如果电源电压降低，电动机的转矩、电流和转速有何变化？

12-4　三相异步电动机在正常运行时，如果转子突然被卡住而不能转动，有何危险？如何处理？

12-5　如果电动机的三角形联结误联结成星形，或者星形联结误联结成三角形，其后果如何？

12-6　请画出既能连续工作，又能点动工作的控制电路。

12-7　请画出能在两处用按钮起动和停止电动机的控制电路。

12-8　现有三台三相异步电动机 M_1、M_2 和 M_3，请画出按顺序起动的控制电路。M_1 起动后，M_2 才能起动；M_2 起动后，M_3 才能起动。

12-9　某机床润滑油泵和主轴分别由两台三相异步电动机带动，请根据以下要求画出控制电路：

（1）主轴必须在液压泵开动后，才允许开动。

（2）主轴能够正反转。

（3）具有短路和过载保护。

第 13 章 建筑供电与安全用电

本章主要介绍供电的基本知识，要求对发电、输电、变电、配电和用电有一个基本的概念。重点介绍电力负荷的分级与计算、变电所的主接线和主要电器设备，并要求掌握低压配电线路的敷设方式及电缆与导线的选择方法，并以建筑工地的供配电为例，来全面了解低压配电系统，在此基础上，要求掌握供电的设计步骤和图例。

13.1 电力系统概述

电力是现代工业的主要动力，在各行各业中都得到了广泛应用。对于从事建筑工程的技术人员，应该了解电能的产生、输送和分配。图 13-1 是从发电厂到用户的送电过程示意图。

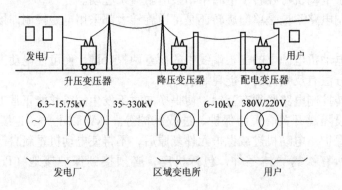

图 13-1 从发电厂到用户的送电过程示意图

13.1.1 基本概念

1. 电力系统

电力系统，是通过各级电压的电力线路，将发电厂、变电所和电力用户连接起来的，发电、输电、变电、配电和用电的整体。电力系统示意图如图 13-2 所示。

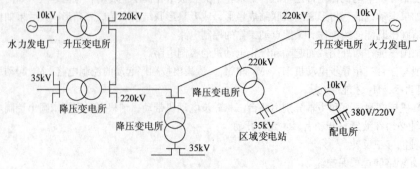

图 13-2 电力系统示意图

2. 电网（电力网）

电网是指电力系统中各级电压的电力线路及其联系的变电所，主要作用是变换电压、传送电能，负责将发电厂生产的电能经过输电线路，送到用户。

3. 电力用户（用电设备）

消耗电能的场所，将电能通过用电设备转换为满足用户需求的其他形式的能量。例如，电动机将电能转换为机械能、电热设备将电能转换为热能、照明设备将电能转换为光能等。

电力用户根据供电电压分为高压用户（1kV 以上）和低压用户（380/220V）。

13.1.2　电力系统的组成

电力系统是由发电、输电和配电系统组成。

1. 发电

电能多是由发电厂提供的，发电厂是将自然界蕴藏的多种一次能源转换为电能（二次能源）的工厂。根据所利用的一次能源不同，发电厂可分为火力发电厂、水力发电厂、原子能发电厂、风力发电厂、地热发电厂、太阳能发电厂等类型。目前在我国接入电力系统的发电厂主要是火力发电厂和水力发电厂，近几年也在发展核能发电、风能发电和太阳能发电。

水力发电厂是利用水流的能量、火力发电厂是利用煤炭或油燃烧的热能量、核能发电厂是利用核裂变产生的能量来进行发电。发电机组发出的电压一般为 6kV、10kV 或 13.8kV。大型发电厂一般都建于能源的蕴藏地，距离用电户几十至几百千米，甚至几千千米以上。火力发电厂生产过程示意图如图 13-3 所示。

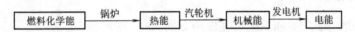

图 13-3　火力发电厂生产过程示意图

2. 输电

输电是将发电厂发出的电能经铁塔上的高压线输送到各个地方或直接输送到大型用电户。其输送的电功率为

$$P = \sqrt{3}UI\cos\varphi \tag{13-1}$$

由式（13-1）可知，当输送的电功率 P 和功率因数 $\cos\varphi$ 一定时，电网电压 U 越高，则输送的电流 I 越小，使输电线路的能量损耗下降，而且可以减少输电线的截面积，节省造价。这就需要将发电机组发出的 10kV 电压经升压变压器变为 35～500kV 的高压。所以，输电网是由 35kV 及以上的输电线路与其相连接的变电所组成，它是电力系统的主要网络。但是，电压越高线路的绝缘要求越高，变压器和开关设备的价格越高，选择电压等级要权衡经济效益。各级电压与输电线路的输送容量和距离间的关系，见表 13-1。

表 13-1　各级电压与输电线路的输送容量和距离间的关系

额定输电电压/kV	输电容量/MW	输电距离/km
0.4	小于 0.25	0.5 以下
10	0.25～2.5	0.5～25
35	2.0～15	20～50

（续）

额定输电电压/kV	输电容量/MW	输电距离/km
60	3.5～30	30～100
110	10～50	50～150
220	100～500	100～300
330	200～800	200～600
500	1000～1500	150～850
750	2000～2500	500以上

输电是联系发电厂与用户的中间环节，可通过高压输电线远距离地将电能输送到各个地方。在进入市区或大型用电户之前，再利用降压变压器将35～500kV高压变为6kV、10kV高压。

3. 配电

配电是由10kV及以下的配电线路和配电（降压）变压器所组成。它的作用是将3～10kV高压降为380V/220V低压，再通过低压输电线分配到各个用户（工厂及民用建筑）的用电设备。

电力网的电压在1kV及以上的电压称为高压，有6kV、10kV、35kV、110kV、220kV、330kV、500kV、750kV、1000kV等。1kV及以下的电压称为低压，有220V、380V和安全电压6V、12V、24V、36V、42V等。

13.1.3 供电质量要求

供电质量包括电能质量和供电可靠性两方面。

电能质量是指电压、频率和波形的质量。电能质量的主要指标有频率偏差、电压偏差、电压波动和闪变、谐波（电压波形畸变）及三相电压不平衡度等。

供电可靠性可用供电企业对用户全年实际供电小时数与全年总小时数（8760h）的百分比来衡量，也可用全年的停电次数及停电持续时间来衡量。原电力工业部1996年发布施行的《供电营业规则》规定：供电企业应不断改善供电可靠性，减少设备检修和电力系统事故对用户的停电次数及每次停电持续时间。供用电设备计划检修应做到统一安排。供电设备计划检修时，对35kV及以上电压供电的用户的停电次数，每年不应超过1次；对10kV供电的用户，每年不应超过3次。

13.2 电力负荷的计算

电力负荷是指，发电机或变压器提供给用户的电力多少，其衡量标准是用电设备所需的功率或电流。电力负荷分为正常用电负荷和防灾用电负荷。

正常用电负荷主要是动力和照明用电设备的负荷。动力用电设备包括各种机床、水泵、运输机、鼓风机、引风机、空调机、通风机、制冷机、吊车、搅拌机、电焊机、客梯、货梯和扶梯等。照明用电设备包括各种灯具、家用电器及弱电用电设备（电话、广播、有线电缆电视、办公自动化、楼宇自控等）。

防灾用电负荷主要是防灾动力、应急照明、火灾和防盗报警用电设备的负荷。防灾动力用电设备包括消火栓泵、喷淋泵、排烟机、加压送风机、防火卷帘门、消防电梯和防盗门窗等。应急照明用电设备包括疏散指示照明、事故照明、警卫照明和障碍照明等。火灾和防盗报警用电设备包括火灾报警及联动器、消防通信、消防广播、防盗报警器和防盗监控器等。

13.2.1　电力负荷的分级

电力负荷按其使用性质和重要程度分为三级，并以此采取相应的供电措施来满足对供电可靠性的要求。

1. 一级电力负荷

当供电中断时，将造成人身伤亡、重大的政治影响、重大的经济损失或将造成公共场所秩序严重混乱的用电负荷，称为一级电力负荷。

国家级的大会堂、国际候机厅、医院手术室和分娩室等建筑的照明，一类高层建筑的火灾应急照明、疏散指示标志灯及消防电梯、喷淋泵、消火栓、排烟机等消防用电，国家气象台、银行等专业用的计算机用电负荷，大型钢铁厂、矿山等重要企业的用电负荷等，均属一级电力负荷。

一级负荷应有两个独立电源供电，以确保供电的可靠性和连续性。两个电源可一用一备，亦可同时工作，各供一部分电力负荷。若其中任一个电源发生故障或停电检修时，都不至影响另一个电源继续供电。对于一级电力负荷中特别重要的负荷，如医院手术室和分娩室、计算机用电、消防用电等负荷，还必须增设应急备用电源，如快速自起动的柴油发电机组、不间断电源（UPS）等。严禁将其他负荷接入应急供电系统。

2. 二级电力负荷

当供电中断时，将造成较大的政治影响、较大的经济损失或将造成公共场所秩序混乱的用电负荷，称为二级电力负荷。

省市级体育馆、展览馆的照明、二类高层建筑的火灾应急照明、疏散指示标志灯及消防电梯、喷淋泵、消火栓、排烟机等消防用电，大型机械厂的用电负荷等，均属二级电力负荷。

二级电力负荷宜采用两个电源供电，供电变压器亦宜选两台（两台变压器不一定在同一变电所内）。若地区供电条件困难或负荷较小时，可由一条 6kV 及以上的专用架空线路供电。若采用电缆供电，应同时敷设一条备用电缆，并经常处于运行状态，也可以采用柴油发电机组或不间断电源作为备用电源。

3. 三级电力负荷

供电中断仅对工作和生活产生一些影响，不属于一级或二级的电力负荷，称为三级电力负荷。

三级电力负荷对供电无要求，只需一路电源供电即可，如旅馆、住宅、小型工厂的照明。

13.2.2　电力负荷的工作制

电力负荷按用途分，有照明负荷和动力负荷。前者为单相负荷，在三相系统中很难三相平衡；后者一般可视为三相平衡负荷。按行业分，有工业负荷、非工业负荷和居民生活负荷等。工厂用电设备按工作制可分以下三类：

（1）长期连续工作制　这类设备长期连续运行，负荷比较稳定，如通风机、水泵、空气压缩机、电动发电机组、电炉和照明灯等。机床电动机的负荷虽然变动一般较大，但大多也是长期连续工作的。

（2）短时工作制　这类设备的工作时间较短，而停歇时间相对较长，如机床上的某些辅助电动机（如进给电动机、升降电动机等）。

（3）断续周期工作制　这类设备周期性地工作 - 停歇 - 工作，如此反复运行，而工作周期一般不超过 10min，如电焊机和起重机械。

13.2.3　需要系数法计算电力负荷

在对一个工业企业、民用建筑或一个施工现场进行供电设计时，首先遇到的便是该工厂、该构筑物或该建筑工地要用多少电，即负荷计算问题。工厂（或施工工地）里各种用电设备在运行中负荷是时大时小地变化着，此外，各台用电设备的最大负荷一般又不会在同一时间出现，若根据全厂用电设备额定容量的总和作为计算负荷来选择导线截面和开关电器。变压器等，则将造成投资和设备的浪费；反之，若负荷计算过小，则导线。开关电器、变压器等有过热危险，使线路及各种电气设备的绝缘老化，过早损坏。所以我们进行电力负荷计算，目的是为了合理地选择供电系统中的导线、开关电器、变压器等元件，使电气设备和材料得到充分利用和安全运行。

由于上述原因，企业或工地的总负荷通常是以所谓"计算负荷"来衡量的。计算电力负荷的方法很多，本小节介绍常用的需要系数法。需要系数法是根据统计规律，将设备总容量乘以需要系数得到的一个数值作为计算负荷。根据计算负荷选择电气设备，其容量不至过大，同时也能保证在长期运行中不至过热。

1. 电力设备负荷的分类计算

（1）不对称单相负载的设备负荷计算　对于接于相电压的单相负载，如照明、电热器、单相电动机、单相电焊机等单相负载，先将它们均匀地分配到三相电路上，若负载不能平衡对称时，取其中最大一相负荷乘以3，即

$$P_e = 3P_\varphi$$

式中，P_φ 是单相最大一相负荷的额定有功功率，单位为 kW；P_e 是不对称单相负载的三相等效设备容量，单位为 kW。

对于接于线电压的单相负载，如额定线电压为 380V 的电热器、单相电动机、单相电焊机等单相负载，若有 2 台（或 5 台）单相负载，应按 3 台（或 6 台）进行设备负荷计算。

只有一台设备时容量乘以 $\sqrt{3}$，三相等效设备容量为

$$P_e = \sqrt{3}P_N = \sqrt{3}S_N\cos\varphi$$

式中，P_N 是接于线电压的单相负载额定有功功率，单位为 kW；S_N 是电焊机等单相负载的额定视在功率，单位为 kV·A；$\cos\varphi$ 是电焊机等单相负载的额定功率因数；P_e 是三相等效设备容量，单位为 kW。

（2）长期工作制的设备容量计算　用电设备在规定的环境下，能长期连续运行，如水泵、通风机等。长期工作制的设备容量按同类铭牌上的额定功率求和计算，即

$$P_{e} = \sum P_{n} = \sum (P_{1n} + P_{2n} + \cdots + P_{nn})$$

式中，P_e 是同类设备的总设备容量率，单位为 kW；$P_{1n} \sim P_{nn}$ 是同类设备中的各额定有功功率之和，单位为 kW。

（3）断续周期工作制的设备容量计算　在建筑物中使用的客梯、货梯等；在建工地使用的电焊机、卷扬机、吊车和起重机等负载都是不连续工作的，称为断续周期工作制的负载。计算负荷时，应考虑它们的负载持续率 JC，通常以百分数来表示，即

$$JC = \frac{t_B}{T} \times 100\% = \frac{t_B}{t_B + t_0} \times 100\%$$

式中，t_B 是个负载工作周期的工作时间，单位为 s；t_0 是空载（停歇）时间，单位为 s；T 是一个工作周期的时间，单位为 s。

负载持续率 JC 在设备铭牌或产品说明书中给出，因此在计算断续周期工作制的负荷时，应先进行如下换算：

1）电梯、卷扬机、吊车和起重机类负载。应先将它们的额定有功功率换算到统一负载持续率为 25% 时的设备功率，即

$$P_e = P_n \sqrt{\frac{JC_n}{JC_{25}}}$$

式中，P_n 是铭牌给出的额定有功功率，单位为 kW；JC_{25} 是负载持续率为 25%；是 P_e 换算到统一负载持续率为 25% 时的设备容量，单位为 kW。

2）电焊机类负载。电焊机的额定负载持续率有 50%、65%、75%、100% 等，若负载持续率不等于 100%，应先将它的额定视在功率换算到统一负载持续率为 100% 时的视在功率，再求有功功率。即

$$P_e = S_e \cos\varphi = S_n \sqrt{\frac{JC_n}{JC_{100}}} \cos\varphi$$

式中，S_n 是铭牌给出的设备额定视在功率，单位为 kV·A；$\cos\varphi$ 是额定功率因数；JC_{100} 是负载持续率为 100%；S_e 是换算到统一负载持续率为 100% 时的设备视在功率，单位为 kV·A；P_e 是换算到统一负载持续率为 100% 时的设备容量，单位为 kW。

2. 分组计算负荷的确定

先将用电设备分组，按组别查出同类设备的需要系数和功率因数。工业用电设备的需要系数和功率因数见表 13-2；单独运转、容量接近的电动机负荷的需要系数 K_x 见表 13-3；民用建筑照明负荷的需要系数 K_x 见表 13-4；建筑工地设备的需要系数和功率因数，见表 13-5。

（1）同类设备的有功功率计算负荷　同类设备的有功功率计算负荷为

$$P_{js} = K_x P_e$$

式中，K_x 是同类设备的需要系数；P_e 是同类设备的总额定容量，单位为 kW；P_{js} 是同类设备的有功功率计算负荷，单位为 kW。

（2）同类设备的无功功率计算负荷　同类设备的无功功率计算负荷为

$$Q_{js} = P_{js} \tan\varphi$$

式中，Q_{js} 是同类设备的无功功率计算负荷，单位为 kvar；$\tan\varphi$ 是同类设备的正切值。

3. 总计算负荷的确定

总计算负荷是由不同类型的多组用电设备容量所组成。

1）总设备有功功率计算负荷为

$$P_{js} = \sum \left(P_{js1} + P_{js2} + \cdots + P_{jsn} \right)$$

2）总设备无功功率计算负荷为

$$Q_{js} = \sum \left(Q_{js1} + Q_{js2} + \cdots + Q_{jsn} \right)$$

3）总设备视在功率计算负荷为

$$S_{js} = \sqrt{P_{js}^2 + Q_{js}^2}$$

由于各组用电设备的最大负荷往往并不是同时出现，所以在确定变压器的容量或者选择低压配电干线时，要考虑乘以同时（期）系数 K_Σ（一般取 $0.8 \sim 1$），即

$$S_{js\Sigma} = K_\Sigma S_{js}$$

根据容量 $S_{js\Sigma}$ 选择变压器的型号，见附录（S7 系列电力变压器的技术数据和树脂浇注干式电力变压器的技术数据）。

4. 计算电流的确定

为了正确选择开关设备及导线的截面积，还应计算总的计算电流，即

$$I_{js} = \frac{S_{js\Sigma}}{\sqrt{3}\,U_N} \times 10^3$$

式中，I_{js} 是总计算电流，单位为 A；U_N 是电源的额定线电压（380V）。

5. 总功率因数的确定

因为各类用电设备的功率因数不同，所以总功率因数也要小于 1。为了充分利用电源设备的容量，减少输电线路的电能损耗，电力部门规定，工矿企业负载的总功率因数不得低于 0.9。否则要考虑功率因数的补偿（一般采用电容器并联补偿）。总功率因数按下式计算，即

$$\cos\varphi = \frac{P_{js\Sigma}}{S_{js\Sigma}}$$

表 13-2　工业电力设备的需要系数和功率因数

序号	用电设备名称	需要系数 K_x	功率因数 $\cos\varphi$	正切值 $\tan\varphi$
1	冷加工（车、铣、刨、钻、磨床等）车间： 小批量生产 大批量生产	 0.16 0.20	 0.50 0.60	 1.73 1.33
2	热加工（锻锤、锻造机等）车间	0.35~0.40	0.65	1.17
3	通风机、排风机、卫生通风装置	0.65~0.70	0.8	0.75
4	起重机：当负载持续率为25%时 当负载持续率为40%时	0.10 0.20	0.50 0.50	1.73 1.73
5	升降机、运输机、传送带：不联锁时 联锁时	0.50 0.65	0.75 0.75	0.88 0.88
6	干燥箱、加热器等	0.50	1.00	0.00

（续）

序号	用电设备名称	需要系数 K_x	功率因数 $\cos\varphi$	正切值 $\tan\varphi$
7	点焊机、缝焊机	0.35, 0.2	0.6	1.33
8	高频感应炉	0.8	0.6	1.33
9	电解用硅整流装置	0.70	0.80	0.75
10	X 光设备	0.30	0.55	1.52
11	车间照明	0.6 ~ 0.8	1	0

表 13-3　单独运转、容量接近的电动机负荷的需要系数

电动机/台	<3	4	5	6 ~ 10	10 ~ 15	15 ~ 20	20 ~ 30	30 ~ 50
K_x	1	0.85	0.8	0.7	0.65	0.6	0.55	0.5

表 13-4　民用建筑照明负荷的需要系数

建筑物名称		需要系数 K_x	备　注
一般住宅楼	20 户以下	0.6	单元式住宅，每户两室为多数，两室户内设 6 ~ 8 个插座
	20 户 ~ 50 户	0.5 ~ 0.6	
	50 户 ~ 100 户	0.4 ~ 0.5	
	100 户以上	0.4	
高级住宅楼		0.6 ~ 0.7	
单身宿舍楼		0.6 ~ 0.7	一个开间内设 1 ~ 2 盏灯，2 ~ 3 个插座
一般办公楼		0.7 ~ 0.8	一个开间内设 2 盏灯，2 ~ 3 个插座
高级办公楼		0.6 ~ 0.7	
科研楼		0.8 ~ 0.9	一个开间内设 2 盏灯，2 ~ 3 个插座
教学楼		0.8 ~ 0.9	
图书馆		0.6 ~ 0.7	一个开间内设 6 ~ 11 盏灯，1 ~ 2 个插座
托儿所、幼儿园		0.8 ~ 0.9	
小型商业、服务业用房		0.85 ~ 0.9	
综合商业、服务楼		0.75 ~ 0.85	
食堂、餐厅		0.8 ~ 0.9	
高级餐厅		0.7 ~ 0.8	
一般旅馆、招待所		0.7 ~ 0.8	一个开间内设 1 盏灯，2 ~ 3 个插座
高级旅馆、招待所		0.6 ~ 0.7	带卫生间
旅游宾馆		0.35 ~ 0.45	单间客房内设 4 ~ 5 盏灯，4 ~ 6 个插座
电影院、文化馆		0.7 ~ 0.8	

表 13-5　建筑工地设备的需要系数和功率因数

序号	用电设备名称	用电设备数量/台	需要系数 K_x	功率因数 $\cos\varphi$	正切值 $\tan\varphi$
1	混凝土搅拌机及砂浆搅拌机	10 以下	0.7	0.68	1.08
2	混凝土搅拌机及砂浆搅拌机	10 ~ 30	0.6	0.65	1.16
3	混凝土搅拌机及砂浆搅拌机	30 以上	0.5	0.6	1.33
4	破碎机、筛洗机	10 以下	0.75	0.75	0.88

（续）

序号	用电设备名称	用电设备数量/台	需要系数 K_x	功率因数 $\cos\varphi$	正切值 $\tan\varphi$
5	破碎机、筛洗机	10~50	0.7	0.7	1.02
6	给排水泵、泥浆泵（缺准确工作情况资料时）		0.8	0.8	0.75
7	对焊机		0.43~1	0.7	1.02
8	自动焊接变压器		0.62~1	0.6	1.33
9	皮带运输机（当机械联锁时）		0.7	0.75	0.88
10	工地照明		0.8	1	0

【例 13-1】 某施工工地用电设备清单见表 13-6，试进行负荷计算。

表 13-6　某施工工地用电设备清单

设备编号	用电设备名称	台数	额定容量	效率	额定电压/V	相数	备注
1	混凝土搅拌机	3	10kW	0.95	380	3	
2	砂浆搅拌机	1	4.5kW	0.9	380	3	
3	电焊机	4	22kV·A		380	1	$\varepsilon_N = 65\%$
4	起重机	2	30kW	0.92	380	3	$\varepsilon_N = 25\%$
5	砾石洗涤机	1	7.5kW	0.9	380	3	
6	照明（白炽灯）		10kW		220	1	

【解】　（1）确定各用电器的设备容量 P_e。

1）混凝土搅拌机

$$P_1 = 3 \times 10\text{kW} = 30\text{kW}$$

2）砂浆搅拌机

$$P_2 = 4.5\text{kW}$$

3）电焊机。先把负荷持续率换算成 100% 时的设备容量

$$P_N = \sqrt{\frac{\varepsilon_N}{\varepsilon}}S_N\cos\varphi = \sqrt{\frac{0.65}{1}} \times 22 \times 0.45\text{kW} = 7.98\text{kW}$$

电焊机是单相用电设备，其中 3 台均匀分接在三相中，剩下一台应进行单相负荷计算：

$$P_2 = 3P_N + \sqrt{3}P_N = 3 \times 7.98\text{kW} + \sqrt{3} \times 7.98\text{kW} \approx 37.8\text{kW}$$

4）起重机的负荷持续率要求换算到 25% 时，而本题中已是 25%，不必换算

$$P_4 = 2 \times 30\text{kW} = 60\text{kW}$$

5）砾石洗涤机

$$P_5 = 7.5\text{kW}$$

6）照明设备，认为 10kW 的照明负荷平衡分配于三相线路中

$$P_6 = 10\text{kW}$$

（2）确定各组的计算负荷

1）混凝土搅拌机组

$$P_{js1} = K_x P_1 = 0.7 \times 30\text{kW} = 21\text{kW}$$

$$Q_{js1} = P_{js1} \tan\varphi = 21 \times 1.17 \text{kvar} = 24.57 \text{kvar}$$

2）砂浆搅拌机。因只有一台电动机，但要考虑设备本身的效率

$$P_{js2} = \frac{P_2}{\eta} = \frac{4.5}{0.9} \text{kW} = 5 \text{kW} \qquad Q_{js2} = P_{js2} \tan\varphi = 5 \times 1.17 \text{kvar} = 5.85 \text{kvar}$$

3）电焊机

$$P_{js3} = K_x P_3 = 0.45 \times 37.8 \text{kW} = 17 \text{kW}$$

$$Q_{js3} = P_{js3} \tan\varphi = 17 \times 1.98 \text{kvar} = 33.66 \text{kvar}$$

4）起重机

$$P_{js4} = K_x P_4 = 0.25 \times 60 \text{kW} = 15 \text{kW}$$

$$Q_{js4} = P_{js4} \tan\varphi = 15 \times 1.02 \text{kvar} = 15.3 \text{kvar}$$

5）砾石洗涤机。因只有一台电动机，但要考虑本身的效率：

$$P_{js5} = \frac{P_5}{\eta} = \frac{7.5}{0.9} \text{kW} \approx 8.33 \text{kW} \qquad Q_{js5} = P_{js5} \tan\varphi = 8.33 \times 1.02 \text{kvar} \approx 8.5 \text{kvar}$$

6）照明设备，认为所有照明设备不同时使用。

（3）确定总计算负荷，取

$$P_{js} = K_\Sigma (P_{js1} + P_{js2} + P_{js3} + P_{js4} + P_{js5} + P_{js6}) = 0.9 \times (21 + 5 + 17 + 15 + 8.33 + 7.5) \text{kW} \approx 66.45 \text{kW}$$

$$Q_{js} = K_\Sigma (Q_{js1} + Q_{js2} + Q_{js3} + Q_{js4} + Q_{js5} + Q_{js6}) = 0.9 \times (24.45 + 5.85 + 33.66 + 15.3 + 8.5 + 0) \text{kvar} \approx 79.1 \text{kvar}$$

$$S_{js} = \sqrt{P_{js}^2 + Q_{js}^2} = \sqrt{66.45^2 + 79.1^2} \text{kV} \cdot \text{A} \approx 103.31 \text{kV} \cdot \text{A}$$

$$I_{js} = \frac{S_{js}}{\sqrt{3} U_N} = \frac{103.31}{\sqrt{3} \times 0.38} \text{A} \approx 156.97 \text{A}$$

（4）某施工工地用电设备负荷计算结果见表 13-7。

表 13-7　某施工工地用电设备负荷计算结果

序号	用电设备组名称	台数	设备容量/kW	K_d	$\cos\varphi$	$\tan\varphi$	计算负荷			
							P_c/kW	Q_c/kvar	S_c/kV·A	I_c/A
1	混凝土搅拌机		30	0.7	0.65	1.17	21	24.57		
2	砂浆搅拌机	3	4.5	1（$\eta = 0.9$）	0.66	1.17	5	5.85		
3	电焊机	1	37.8	0.45	0.45	1.98	17	33.66		
4	起重机	4	60	0.25	0.7	1.02	15	15.3		
5	砾石洗涤机	2	7.5	1（$\eta = 0.9$）	0.7	1.02	8.33	8.5		
6	照明设备	1	10	0.75	1	0	7.5	0		
	小计	11	149.8				73.83	87.88		
	合计（$K_\Sigma = 0.9$）	11					66.45	79.1	103.31	156.97

视在计算负荷是选择变压器容量的依据，计算电流是选择导线截面积和开关设备的依据。

13.2.4　负荷密度法估算电力负荷

负荷密度估算法是根据不同类型的负荷在单位面积上的需求量，乘以建筑面积或使用面

积得到计算负荷的一种计算方法。负荷密度法常用于供配电系统的初步设计阶段，简便快捷，但结果通常较为粗劣。表13-8是香港某公司提供的负荷密度推荐值。

表13-8　香港某公司提供的负荷密度

项目		照明	动力	空调	总估算（单位：V·A/m²）
旅馆	前室、走廊	64.6~86.1	5.4	86.1~107.6	156.1~199.1
	客房	16.2~26.9	5.4	53.8~75.4	75.4~107.7
	娱乐室、酒吧	54	5.4	75.4~107.6	134.8~167
	咖啡室	86.1	43.1~64.6	75.4~107.6	204.6~258.3
	洗手间	21.5	5.4	75.4	102.3
	厨房	43.1	107.6~161.5	107.6~129.2	258.3~333.8
写字楼	一般办公室	21.5~54	10.8	64.6~75.4	96.9~140.2
	高级办公室	37.7~75.4	16.2	86.1~107.6	140~199.2
	私人办公室	21.5~37.7	5.4	75.4	102.3~118.5
	会议室	16.2~32.3	5.4	64.6~86.1	86.2~123.8
	制图室	75.4~107.6	0	75.4	150.8~183

13.2.5　住宅建筑的负荷计算

住宅是与人们生活关系最为密切的建筑物，住宅的负荷计算多采用住宅用电指标法，以每户为单位进行计算，根据住宅的不同类型，提出每户的用电负荷。（GB 50096—2011）《住宅设计规范》中规定的我国各类住宅的用电负荷标准和电能表规格见表13-9。

表13-9　住宅的用电负荷标准及电能表的规格

套型	居住空间数/个	使用面积/m²	用电负荷标准/kW	单相电能表的规格/A
一类	2	34	2.5	5（20）
二类	3	45	2.5	5（20）
三类	3	56	4.0	10（40）
四类	4	68	4.0	10（40）

13.3　10kV 变电所

变电所担负着先从电力网受电，再经过变压，然后分配电能的任务。变电所是供电系统枢纽，占有特殊重要的地位。根据变压器的功能分为升压变电所和降压变电所。根据变电所在系统中所处的地位分为枢纽变电所、中间变电所、终端变电所。根据变电所所在电力网的位置分为区域变电所、地方变电所。变电所的类型很多，工业与民用建筑设施的变电所大都采用10kV进线，将10kV高压降为400V/230V的低压，供用户使用，人们也称之为10kV变电站。

13.3.1　变配电所

（1）变配电所的所址选择　所址选择的一般原则是尽量靠近负荷中心；进出线方便；接近电源侧；设备运输方便；尽量避开剧烈振动和高温场所；不宜设在多尘和有腐蚀性气体的场所；不应设在厕所、浴室或其他经常积水场所的正下方；不应设在有爆炸和火灾危险环境的正上方和正下方；应尽量与车间变电所或有大量高压设备的厂房合建；不应妨碍企业和车间发展。

（2）变配电所的结构　10kV 变电所按其变压器及高低压开关设备安装位置，可分为：室内型；半室内型；室外型及组合式成套变电所四种基本类型。常见变配电所的基本形式有：独立式变电所、附设式变电所、露天式、户内式、地下式、杆上式和高台式变电所。

（3）变配电所的组成变配电所主要由高压配电室、低压配电室、变压器室、电容器室和值班室组成。

图 13-4 和图 13-5 是常用的室内型变电所平面布置图和室外 10kV 变电所结构图。

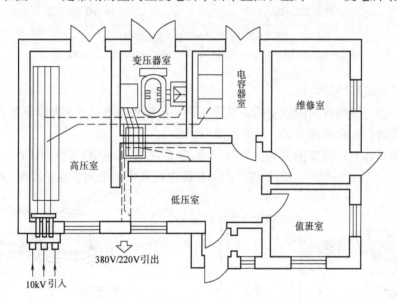

图 13-4　室内型变电所平面布置图

13.3.2　变配电系统常用电气设备

1. 高压电气设备

变配电所中，承担传输和分配电能到各用电场所的配电线路称为一次电路（主电路），一次电路中所有电气设备称为一次设备。用来测量、控制、信号显示和保护一次电路及其中设备运行的电路，称为二次电路（二次回路），二次电路中的所有电气设备，称为"二次设备"。

常用的高压一次设备有高压断路器、高压隔离开关、高压负荷开关、高压熔断器和高压开关柜。

1）高压断路器。高压断路器俗称高压开关或高压遮断器，它具有相当完善的灭弧结构和足够的断流能力。它的作用是接通和切断高压负荷电流，并在严重过载和短路时自动跳

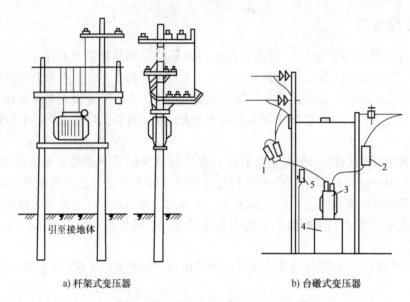

a) 杆架式变压器　　　　　b) 台礅式变压器

图 13-5　室外 10kV 变电所结构图

1—跌开式熔断器　2—开关箱　3—变压器　4—地台　5—避雷器

闸，切断过载电流和短路电流。

断路器一般与隔离开关配合使用，操作原则是：断开电路时，先断断路器，后拉隔离开关；接通电路时，先合隔离开关，后合断路器。

常用的断路器有：真空断路器（ZN）（见图 13-6），多油断路器（DW），少油断路器（SN）（见图 13-7），一般 6～10kV 的户内高压配电装置中都采用少油断路器。

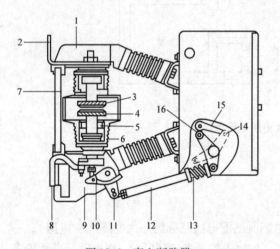

图 13-6　真空断路器

1—上支架　2—上接线端子　3—静触头　4—动触头
5—外壳　6—冷媒软管　7—绝缘杆　8—下接线端子
9—下支架　10—导向杆　11—角杆　12—绝缘耦合器
13—触头弹力压簧　14—闭合位置　15—释放棘爪
16—断路位置

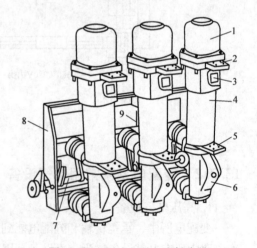

图 13-7　SN－10 型少油断路器

1—上帽　2—上出线座　3—油标
4—绝缘筒　5—下出线座　6—基座
7—主轴　8—框架　9—断路弹簧

断路器的型号含义为

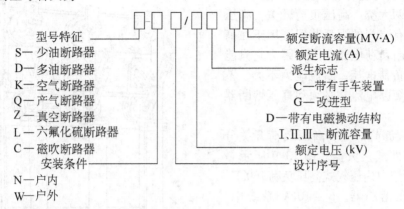

SN10 – 10/1000 – 500 的含义为

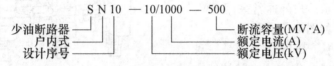

2）高压隔离开关。隔离开关没有专门的灭弧装置，所有不允许带负荷断开和接入电路。操作原则是：断开电路时，先断断路器，后拉隔离开关；接通电路时，先合隔离开关，后合断路器。图 13-8 所示是 GN8 – 10/600 型高压隔离开关。

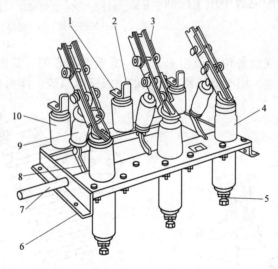

图 13-8　GN8 – 10/600 型高压隔离开关

1—上接线端子　2—静触头　3—刀开关　4—套管绝缘子　5—下接线端子
6—框架　7—转轴　8—拐臂　9—升降绝缘子　10—支柱绝缘子

隔离开关的型号含义为

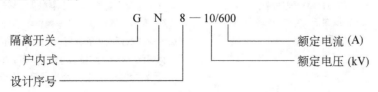

高压隔离开关按其安装位置分为户内式和户外式两大类。高压负荷开关。高压负荷开关具有专门的灭弧装置,用于在高压装置中通断负荷电流。同时因为它只能通断一定的负荷电流,断流能力不大,不能用来开断短路电流,必须和高压熔断器串联使用。

3)高压负荷开关。高压负荷开关分户内式和户外式两大类。图13-9所示是FN3－10RT型户内压气式高压负荷开关。

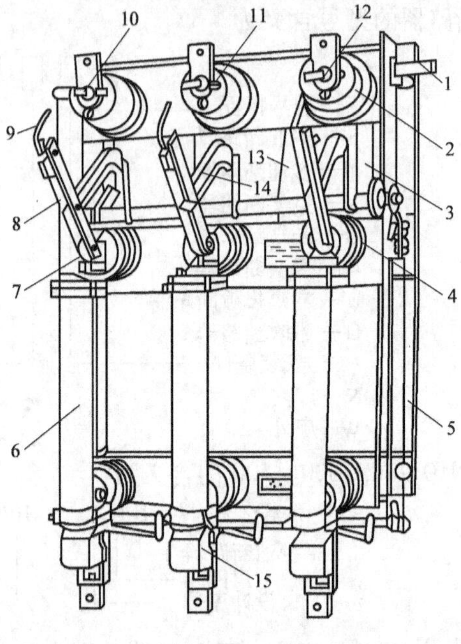

4)高压熔断器。6~10kV系统中,户内广泛采用RN1、RN2型高压管式熔断器,如图13-10所示;户外通常采用RW4型跌开式熔断器,如图13-11所示。

5)高压开关柜。高压开关柜是一种柜式的成套配电设备。它按一定的接线方案将所需的一、二次设备,如开关设备、监测仪表、保护电器及一些操作辅助设备组装成一个总体,在变配电所中用于控制电力变压器和电力线路。

2. 低压电气设备

常用的低压一次电气设备包括低压刀开关、低压负荷开关、低压断路器和低压熔断器等,通常组成低压配电盘,用于变压器低压侧的首级配电系统,作为动力、照明配电之用。

图 13-9　高压负荷开关
1—主轴　2—上绝缘子兼气缸　3—连杆　4—下绝缘子
5—框架　6—高压熔断器　7—下触座　8—刀开关
9—弧动触头　10—绝缘喷嘴　11—主静触头　12—上触头
13—断路弹簧　14—绝缘拉杆　15—热脱扣器

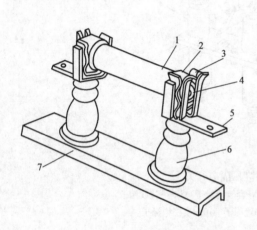

图 13-10　RN1、RN2 型高压管式熔断器
1—瓷熔管　2—金属管帽　3—弹性触座
4—熔断指示器　5—接线端子　6—瓷绝缘子
7—底座

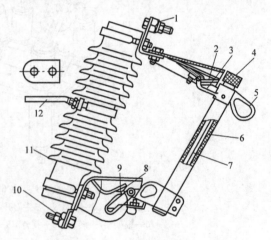

图 13-11　RW4－10(G)型跌开式熔断器
1—上接线端子　2—上静触头　3—上动触头
4—管帽(带薄膜)　5—操作环　6—熔管(外层为酚醛纸管或环氧玻璃布管,内套纤维质消弧管)
7—铜熔丝　8—下动触头　9—下静触头　10—下接线端子支柱绝缘子　11—绝缘瓷瓶　12—固定安装板

13.3.3　变配电所的主接线

变配电所的主接线（主电路）是指由各种开关电器、电力变压器、母线、电力电缆、移相电容器等电气设备，依一定次序相连接的接收电能和分配电能的电路。供电电路通常采用单线来表示三相系统的主电路图。

图 13-12 是一台变压器带低压母线的变电所主接线的三种形式；

图 13-12a：对于变压器容量在 630kV·A 及以下的露天变电所，其电源进线一般经过跌开式熔断器接入变压器；

图 13-12b：对于室内变电所变压器容量在 320kV·A 及以下，且变压器不经常进行投切操作时，高压侧采用隔离开关和户内式的高压熔断器；

图 13-12c：如变压器需经常进行投切操作，或变压器容量在 320kV·A 以上时，高压侧采用负荷开关和高压熔断器。

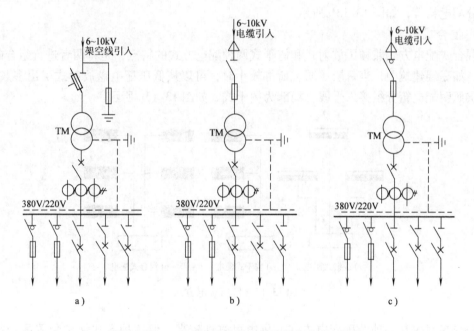

图 13-12　一台变压器带低压母线的变电所主接线

13.4　低压配电系统

低压配电系统是供配电系统的重要组成部分，担负着将变电所 380V/220V 的低压电能输送和分配给用电设备的任务，由配电装置（配电柜或盘）和配电线路（干线或分支线）组成。低压配电系统又分为动力配电系统和照明配电系统。

13.4.1　低压配电方式

低压配电方式有放射式、树干式和混合式等基本形式。

1. 放射式

由配电装置直接供给分配电盘或负载，如图 13-13a 所示。

优点是各个负荷独立受电，配电线路相互独立，因而具有较高的可靠性，故障范围一般仅限于本回路，线路发生故障需要检修时也只切断本回路而不影响其他回路；同时回路中电动机的起动引起的电压波动对其他回路的影响也较小。

缺点是所需开关和线路较多，因而建设费用较高。

放射式配电多用于比较重要的负荷，如空调机组、消防水泵等。

2. 树干式

树干式配电是由配电装置引出一条线路同时向若干用电设备配电。

优点是有色金属耗量少、造价低。

缺点是干线故障时影响范围大，可靠性较低。

一般用于用电设备的布置比较均匀、容量不大、无特殊要求的场合，如用于一般照明的楼层分配电箱等，如图 13-13b 所示。

3. 混合式

混合式配电方式兼顾了放射式和树干式两种配电方式的特点，是将两者进行组合的配电方式，如高层建筑中，当每层照明负荷都较小时，可以从低压配电盘放射式引出多条干线，将楼层照明配电箱分组接入干线，局部为树干式，如图 13-13c 所示。

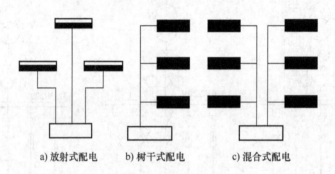

a) 放射式配电　　　b) 树干式配电　　　c) 混合式配电

图 13-13　低压配电方式

环形接线也是一种低压配电方式，供电可靠性较高，但这种方式保护装置配合相当复杂，这里不再详述。

13.4.2　供配电线路的结构

1. 室外配电线路

（1）架空线路　架空线路是将带护套的导线架设在电杆的绝缘子上的线路，具有投资少、安装容易、维护检修方便等优点，因而得到广泛使用。但与电缆线相比，其缺点是受外界自然因素（风、雷、雨、雪）影响较大，故安全性、可靠性较差，并且不美观，有碍市容，所以其使用范围受到一定限制。

架空线由导线、电杆、横担、绝缘子、拉线及线路金具等组成。

表 13-10 列出了低压配电线路常用导线的型号、名称及用途。

表 13-10　低压配电线路常用导线的型号、名称及用途

导线型号		额定电压/V	导线名称	最小截面积/mm²	主要用途
铝心	铜心				
BLV	BV	500	聚氯乙烯绝缘线	2.5	室内架空线或穿管敷设
BLX	BX	500	橡皮绝缘线	2.5	室内架空线或穿管敷设
BLXF	BXF	500	氯丁橡皮绝缘线		室外敷设
BLVV	BVV	500	塑料护套线		室外固定敷设
	RV	250	聚氯乙烯绝缘软线	0.5	250V 以下各种移动电器接线
	RVS	250	聚氯乙烯绝缘绞型软线	0.5	
	RVV	500	聚氯乙烯绝缘护套软线		500V 以下各种移动电器接线

（2）电缆　电缆线与架空线相比，虽然有成本高、投资大、维修不便等缺点，但它具有运行可靠、不受外界影响、不占地、不影响美观等优点，特别是在有腐蚀气体和易燃、易爆场所，不宜架设架空线时，只有敷设电缆线路。

电缆的结构包括导电芯、绝缘层和保护层等几个部分；电缆的种类有很多，从导电芯来分，有铜芯电缆和铝芯电缆；按芯数分：有单芯、双芯、三芯、四芯等；按电压等级分：有 0.5kV、1kV、6kV、10kV、35kV 等；由电缆的绝缘层和保护层的不同，又可分为油浸纸绝缘铅包（铝包）电力电缆、聚氯乙烯阻燃绝缘聚氯乙烯护套电力电缆（全塑电缆）、橡皮绝缘聚氯乙烯护套电力电缆、通用橡套软电缆等。表 13-11 为低压配电系统常用塑料绝缘电力电缆的型号及用途。

表 13-11　低压配电系统常用塑料绝缘电力电缆的型号及用途

型号		名称	主要用途
铝芯	铜芯		
VLV	VV	聚氯乙烯绝缘、聚氯乙烯护套电力电缆	敷设在室内、隧道内及管道中，电缆不能承受机械外力作用
VLV₂₂	VV₂₂	聚氯乙烯绝缘、聚氯乙烯护套钢带铠装电力电缆	敷设在室内、隧道内及管道中，电缆能承受机械外力作用
VLV₃₂	VV₃₂	聚氯乙烯绝缘、聚氯乙烯护套内细钢丝铠装电力电缆	敷设在室内、矿井中、水中，电缆能承受相当的拉力
YJVL	YJV	交联聚乙烯绝缘、聚氯乙烯护套电力电缆	敷设在室内、隧道内及管道中，电缆可经受一定的敷设牵引，但不能承受机械外力作用
YJVL₃₂	YJV₃₂	交联聚乙烯绝缘、聚氯乙烯护套内钢丝铠装电力电缆	敷设在高落差地区或矿井中、水中，电缆承受相当的拉力和机械外力作用
	KVV	聚氯乙烯绝缘、聚氯乙烯护套控制电缆	敷设在室内、隧道内及管道中，主要用于电力系统的控制线路和弱电控制线路
	KVV₂₂	聚氯乙烯绝缘、聚氯乙烯护套钢带铠装阻燃控制电缆	敷设在室内、隧道内及管道中，主要用于消防系统的动力控制线路和火灾报警与联动控制系统的线路

2. 室内线路

室内配电支线主要采用绝缘导线明敷设和暗敷设两种方式。

明敷时，导线直接或者在管子、线槽等保护体外，敷设于墙壁、顶棚的表面及桥架等处；暗敷时，导线在管子、线槽等保护体内，敷设于墙壁、顶棚、地坪及楼板等内部，或者在混凝土板孔内。

13.4.3　供配电线缆的选择

导线的选择是否合理，直接关系到有色金属的消耗量与线路的投资，以及电力网的安全、可靠、经济、合理地运行。

选择电线和电缆时，应满足允许温升、电压损失、机械强度等要求，电线、电缆的绝缘额定电压要大于线路的工作电压，并应符合线路安装方式和敷设环境的要求。电线、电缆的导线截面积应不小于与保护装置配合要求的最小截面积。

导线截面积的选择应满足发热条件、电压损失、机械强度三个方面的要求。发热条件选择导线截面积，然后按电压损失和机械强度校验；低压照明线路，电压损失选择导线截面积，然后再按发热条件和机械强度校验。

（1）按发热条件选择导线截面积　电线、电缆本身是一个阻抗，当负荷电流通过时，就会发热，使温度升高，当所流过的电流超过其允许电流时，就会破坏导线的绝缘性能，影响供电线路的安全性与可靠性。

电线、电缆允许长期工作电流 I_{ys}（安全载流量）要大于或等于线路的计算电流，即

$$I_{ys} \geq I_{js}$$

各种导线在不同敷设方式下的安全载流量可参见《建筑电气通用图集》。

（2）按允许电压损失选择　电流通过导体时，由于线路上有电阻和电抗存在，除产生电能损耗外，还产生电压损失。当电压损失超过一定的数值时，将使用电设备端子上的电压不足，严重地影响用电设备的正常运行。

根据线路的允许电压损失选择导线的截面积，当达不到其允许电压损失条件时，应适当放大电缆或电线的截面积。

在进行设计时，通常给出线路的允许电压损失，通过选择导线截面积来满足要求。《全国供用电规则》中规定：35kV 及以上供电和电压质量有特殊要求的用户，电压波动的幅度不应超过额定电压的 ±5%；10kV 及以下高压供电和低压电力的用户，电压波动的幅度不应超过额定电压的 ±7%；低压照明用户，电压波动幅度不应超过额定电压的 ±5% ~ 10%。

纯电阻性负载（照明、电热设备）可用下式来计算选择导线截面积：

$$S = \frac{P_{js}l}{C\Delta U\%} = \frac{M}{C\Delta U\%}$$

式中，M 是负荷矩；C 是电压损失计算系数；l 是导线长度，单位为 m；S 是导线截面积，单位为 m²；P_{js} 是负载的计算负荷，单位为 kW；$\Delta U\%$ 是允许电压损失。电压损失计算系数，是由电路的相数、额定电压及导线材料的电阻率等因素决定的。

对于感性负载（电动机）可用下式来计算选择导线截面积：

$$S = B\frac{P_{js}l}{C\Delta U\%} = B\frac{M}{C\Delta U\%}$$

式中，B 是感性负载线路电压损失的校正系数，见表 13-14。

（3）按机械强度要求选择　导线截面积的选择必须满足机械强度的要求，即导线在正常使用时不能断线，保证供电线路的安全运行。

导线按穿管载流量选择列于表 13-12 中，电压损失计算系数列于表 13-13 中，感性负载线路电压损失的校正系数 B 值列于表 13-14 中，按机械强度要求的导线最小允许载流量列于表 13-15 中。

表 13-12 导线按穿管载流量选择 （单位：A）

型 号	BX															
额定电压/kV	0.45/0.75															
导体工作温度/℃	65															
环境温度/℃	30	35	40	30				35				40			
导线排列	S-S ○○○															
导线根数				2~4	5~8	9~12	12以上	2~4	5~8	9~12	12以上	2~4	5~8	9~12	12以上
标称截面积/mm²				导线穿管敷设载流量											
1.5	24	22	20	13	9	8	7	12	9	7	6	11	8	7	6
2.5	31	28	26	17	13	11	10	16	12	10	9	15	11	9	8
4	41	38	35	23	17	14	13	21	16	13	12	20	15	12	11
6	53	49	45	29	22	18	16	28	21	17	15	25	19	16	14
10	73	68	62	43	32	27	24	40	30	25	22	37	27	23	20
16	98	90	83	58	44	36	33	53	40	33	30	49	37	31	28
25	130	120	110	80	60	50	45	73	55	46	40	68	51	42	38
35	165	153	140	99	74	62	56	91	68	57	51	84	63	52	47
50	201	185	170	122	92	76	69	112	84	70	63	104	78	65	58
70	254	234	215	155	116	97	87	144	108	90	81	132	99	82	74
95	313	289	265	198	149	124	111	193	144	120	108	168	126	105	94
120	366	338	310	231	173	144	130	213	160	133	120	196	147	122	110
150	419	387	355	269	201	168	151	248	186	155	139	228	171	142	128
185	484	447	410	311	233	194	175	287	215	179	161	264	198	165	148
240	584	540	495	373	279	233	209	344	258	215	193	316	237	197	177

型 号	BV															
额定电压/kV	0.45/0.75															
导体工作温度/℃	70															
环境温度/℃	30	35	40	30				35				40			
导线排列	S-S ○○○															
导线根数				2~4	5~8	9~12	12以上	2~4	5~8	9~12	12以上	2~4	5~8	9~12	12以上
标称截面积/mm²	明敷载流量			导线穿管敷设载流量											
1.5	23	22	20	13	9	8	7	12	9	7	6	11	8	7	6
2.5	31	29	27	17	13	11	10	16	12	10	9	15	11	9	8
4	41	39	36	24	18	15	13	22	17	14	12	21	15	13	11
6	53	50	46	31	23	19	17	29	21	18	16	20	20	16	15
10	74	69	64	44	33	28	25	41	31	26	23	38	29	24	21
16	99	93	86	60	45	38	34	57	42	35	32	52	39	32	29
25	132	124	115	83	62	52	47	77	57	48	43	70	53	44	39
35	161	151	140	103	77	64	58	96	72	60	54	88	66	55	49
50	201	189	175	127	95	79	71	117	88	73	66	108	81	67	60
70	259	243	225	165	123	103	92	152	114	95	85	140	105	87	78
95	316	297	275	207	155	129	116	192	144	120	108	176	132	110	99
120	374	351	325	245	184	153	138	226	170	141	127	208	156	130	117
150	426	400	370	288	216	180	162	265	199	166	149	244	183	152	137
185	495	464	430	335	251	209	188	309	232	193	174	284	213	177	159
240	592	556	515	396	297	247	222	366	275	229	206	336	252	210	189

表 13-13 电压损失计算系数

线路额定电压/V	线路接线及电流类别	C 的计算式	C/（kW·m/mm²）	
			铝线	铜线
220/380	三相四线	$rU_N^2/100$	46.2	76.5
	两相三线	$rU_N^2/225$	20.5	34.0
220	单相及直流	$rU_N^2/220$	7.74	12.8
110			1.94	3.21

表 13-14 感性负载线路电压损失的校正系数 B 值

导线截面积/mm²	铜或铝导线明敷设当负荷的功率因数为					电缆明敷设或埋地导线当负荷功率因数为					裸铜线架设当负荷功率因数为			裸铝线架设当负荷功率因数为		
	0.9	0.85	0.8	0.75	0.7	0.9	0.85	0.8	0.75	0.7	0.9	0.8	0.7	0.9	0.8	0.7
6												1.1	1.12			
10											1.10	1.14	1.20			
16	1.10	1.12	1.14	1.16	1.19						1.13	1.21	1.28	1.10	1.14	1.19
25	1.13	1.17	1.20	1.25	1.28						1.21	1.32	1.44	1.13	1.20	1.28
35	1.19	1.25	1.31	1.35	1.40						1.27	1.43	1.58	1.18	1.28	1.38
50	1.27	1.35	1.42	1.50	1.58	1.10	1.11	1.13	1.15	1.17	1.37	1.57	1.78	1.25	1.31	1.53
70	1.35	1.45	1.54	1.64	1.74	1.11	1.15	1.17	1.20	1.24	1.48	1.76	2.10	1.34	1.52	1.70
95	1.50	1.65	1.80	1.95	2.00	1.15	1.20	1.24	1.28	1.32				1.44	1.70	1.90
120	1.60	1.80	2.00	1.10	2.30	1.19	1.25	1.30	1.35	1.40				1.73	1.82	2.10
150	1.75	2.00	2.20	2.40	2.60	1.24	1.30	1.37	1.44	1.50						

表 13-15 按机械强度要求的导线最小允许载流量

用 途	线芯最小截面积/mm²		
	铜芯软线	铜线	铝线
1. 照明用灯头引下线			
户内：民用建筑	0.4	0.5	2.5
工业建筑	0.5	0.8	2.5
户外		1.0	2.5
2. 移动式用电设备引线			
生活用	0.2		
生产用	0.1		
3. 固定敷设在绝缘支持件上的导线支持点间距离：			
2m 以下　　　　　　　　　　　　　　　户内		1.0	2.5
户外		1.5	2.5
6m 及以下		2.5	4.0
12m 及以下		2.5	6.0
25m 及以下		4.0	10.0
4. 穿管敷设的绝缘导线	1.0	1.0	2.5
5. 塑料护套线沿墙明敷设		1.0	2.5
	钢芯铝线	铝及铝合金线	
6. 架空线路	25	35	
35kV	25	35	
6～10kV	16	16	
1kV 以下	绝缘铜线	绝缘铝线	
	10	10	

通常采用上述方法来选择相线（即火线）的截面积，中性线（即零线）和保护线的截面积可根据已选的相线截面积，选择如下：

一般三相四线或三相五线制中的中性线的允许载流量，不应小于三相线路中的最大不平衡电流，中性线截面积一般应不小于相线截面积的 50%。

保护线（PE 线），按规定，其电导一般不得小于相线电导的 50%，因此保护线的截面积不得小于相线截面积的 50%。但当相线截面积小于等于 16mm² 时，保护线应与相线截面积相等。

【**例 13-2**】　某车间总计算负荷为 120kW，总功率因数为 0.75，其中一条支线的有功功率为 3kW，功率因数为 0.66。求干线和支线的导线截面积（干线电源为三相 380V，支线电源为单相 220V，环境温度为 35℃）。

【**解**】　（1）根据电线的载流量选择导线截面积，干线计算电流为

$$I_{\Sigma j} = \frac{P_{\Sigma j}}{\sqrt{3} U_n \cos\varphi} = \frac{120 \times 10^3}{\sqrt{3} \times 380 \times 0.75} A \approx 243.1A$$

查表 13-12，选择铜芯塑料线（BV 型）穿钢管保护，环境温度为 35℃，穿管导线根为 2~4 根，其相线截面积为 150mm²，载流量为 265A，即 BV－（3×150 + 1×75）－SC120。其中相线三根 150mm²，中性线截面积为 75mm²，穿直径为 120mm 的钢管保护。支线计算电流为

$$I_j = \frac{P_j}{U_n \cos\varphi} = \frac{3 \times 10^3}{220 \times 0.75} A = 13.12A$$

查表 13-12，选铜芯塑料线（BV 型）两根穿钢管保护，环境温度为 35℃ 时，截面积为 4mm²，载流量为 22A，穿钢管管径为 15mm 保护，即 BV－2×4－SC15。

（2）按电压损失条件选择。由于线路存在阻抗，电线与电缆在传输中会产生电压损失。线路越长，线路始末端电压降越大，末端的电气设备将因电压过低不能正常工作。为保证供电质量，在按发热条件（载流量法）选择导线截面积后，须用电压损失条件进行验证，其计算公式为

$$\Delta U\% = \frac{P_j L}{CS}\%$$

式中，$\Delta U\%$ 是电压损失；P_j 是有功计算负荷，单位为 kW；L 是线路距离，单位为 m；C 是电压损失常数，见表 13-13；S 是导线的截面积，单位为 mm²。

（3）根据表 13-15 校验机械强度条件。

【**例 13-3**】　某建筑工地的计算负荷为 30kW，总功率因数为 0.78，距变电所 240m，采用架空配线，环境温度为 30℃，试选择输电线路的电线截面积。

【**解**】　（1）方法一：

1）首先按发热条件选择电线截面积。按发热条件选择，先计算工作电流，即

$$I_j = \frac{P_j}{\sqrt{3} U_n \cos\varphi} = \frac{30 \times 10^3}{\sqrt{3} \times 380 \times 0.78} A \approx 58.43A$$

查表 13-12，按铜心明设，环境温度为 30℃ 时，大于 58.43A 的橡皮绝缘导线（BX 型）截面积为 16mm²，其安全载流量为 98A，若选用 BX－4×16 电线能否满足对工地的配电要求呢？需用电压损失条件进行验证。

2）按电压损失条件验证。查表13-13，得 $C = 77$，则

$$\Delta U\% = \frac{P_j L}{CS}\% = \frac{30 \times 240}{77 \times 16}\% \approx 5.84\%$$

根据动力线路允许电压损失不超过5%，故不满足要求，需加大一级电线截面积，选择 25mm^2 再进行验证

$$\Delta U\% = \frac{P_j L}{CS}\% = \frac{30 \times 240}{77 \times 25}\% \approx 3.74\%$$

可以满足要求，故选择 BX – 4×25 橡皮绝缘导线架空明设。

3）根据表13-15校验机械强度条件。

（2）方法二：

1）按电压损失条件选择导线

$$S = \frac{P_{js} l}{C \Delta U\%} = \frac{30 \times 240}{77 \times 5}\text{mm}^2 \approx 18.7\text{mm}^2$$

选择 BX – 4×25 橡皮绝缘导线。

2）再按导线发热条件进行验证

$$I_j = \frac{P_j}{\sqrt{3} U_n \cos\varphi} = \frac{30 \times 10^3}{\sqrt{3} \times 380 \times 0.78}\text{A} \approx 58.43\text{A}$$

表13-12，25mm^2 BX型线安全载流量为130A，显然，选择 BX – 4×25 橡皮绝缘导线，可以满足条件。

3）根据表13-15校验机械强度条件。

通常情况，一般照明线路中，为了保证供电质量，常采用电压损失条件来选择导线，另外，若线路较远（大于200m）也应按照电压损失条件来选择导线，然后再校验发热条件和机械强度条件。

13.4.4　低压配电系统的接地

1. 接地的概念

接地一般是指将地面上的金属物体或电路中的某结点与大地可靠地连接起来。

电子系统中，各种电路都有电位基准，将所有的基准点通过导体连接在一起，该导体就成为系统内部的地线，将基准点连接在一个导体平面上，该平面就称为基准平面，所有信号都以该平面作为零电位参考点。电子设备通常以金属底座、外壳或铜带作为基准面，基准面可以浮空（不与大地相连）。基准面与大地连接的目的是：为操作人员提供安全保障；提高设备的工作稳定性。

2. 接地的分类

总体上来讲，接地可以分为三类。

（1）工作接地　为了保证配电系统的正常运行，或为了实现电气装置的固有功能，提高系统工作可靠性而进行的接地，称为工作接地，如三相电力变压器的低压侧中性点的接地即属于工作接地。我国规定，低压配电系统的工作接地极接地电阻不大于4Ω。

（2）保护接地　为了防止在配电系统或用电设备出现故障时发生人身安全事故而将设备的外露可导电部分接地，称为保护接地。例如，用电设备在正常情况下其金属外壳不带

电，由于内部绝缘损坏则可能带电，从而对人身安全构成威胁，因此，需将用电设备的金属外壳进行接地；为防止出现过电压而对用电设备和人身安全带来的危险，需对用电设备和配电线路进行防雷接地；为消除生产过程中产生的静电对安全生产带来的危险需进行防静电接地等。我国规定，低压用电设备的接地电阻不大于 4Ω。

（3）防雷接地　雷击时，当接闪器接闪后，将引下线中的雷电流经接地装置泄放入地而设置的接地称为防雷接地。

3. 低压配电系统的接地形式

根据国际电工委员会（IEC）规定，低压配电系统的接地形式有 TN 系统、TT 系统和 IT 系统。其中 TN 系统又分为 TN－C 系统、TN－S 系统和 TN－C－S 系统。

表示系统形式符号的含义为

第一个字母表示电源端的接地状态：

T——表示直接接地；

I——表示不直接接地，即对地绝缘或经 $1k\Omega$ 以上的高阻抗接地。

第二个字母表示负载端接地状态：

T——表示电气设备金属外壳的保护接地与电源端工作接地相互独立；

N——表示负载端接地与电源端工作接地作直接电气连续。

第三、四个字母表示中性线与保护接地线是否合用：

C——表示中性线（N）与保护接地线（PE）合用为一根导线（PEN）；

S——表示中性线（N）与保护接地线（PE）分开设置，为不同的导线。

（1）IT 系统　IT 系统中，电源端不接地或通过阻抗接地，电气设备的金属外壳直接接地，如图 13-14 所示。

IT 系统适用于用电环境较差的场所（如井下、化工厂、纺织厂等）和对不间断供电要求较高的电气设备的供电。IT 系统中一般不设置中性线。

（2）TT 系统　TT 系统的电源端中性点直接接地，用电设备的金属外壳的接地与电源端的接地相互独立，如图 13-15 所示。

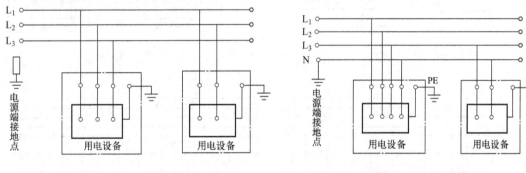

图 13-14　IT 系统　　　　　　　　　　　图 13-15　TT 系统

在 TT 系统中当电气设备的金属外壳带电（相线碰壳或漏电）时，接地可以减少触电危险，但低压断路器不一定跳闸，设备的外壳对地电压可能超过安全电压。当漏电电流较小时，需加漏电保护装置。接地装置的接地电阻应尽量减小，通常采用建筑物钢筋混凝土基础内的主筋作为自然接地体，使接地电阻降低到 1Ω 以下。

（3）TN 系统

1）TN–C 系统。即四线制系统，三根相线 L_1、L_2、L_3，一根中性线与保护接地线合并的 PEN 线，用电设备的外露可导电部分接到 PEN 线上，如图 13-16 所示。

TN–C 系统中，由于中性线与保护接地线合为 PEN 线，因而具有简单、经济的优点，但 PEN 线上除了有正常的负荷电流通过外，有时还有谐波电流通过，正常运行情况下，PEN 线上也将呈现出一定的电压。其大小取决于 PEN 线上不平衡电流和线路阻抗。因此，TN–C 系统主要适用于三相负荷基本平衡的工业企业建筑，在一般住宅和其他民用建筑内，不应采用 TN–C 系统。

2）TN–S 系统。TN–S 系统中，即五线制系统，三根相线分别是 L_1、L_2、L_3，一根中性线 N，一根保护接地线 PE，仅电力系统中性点一点接地，用电设备的外露可导电部分直接接到 PE 线上。如图 13-17 所示。

TN–S 系统中，将中性线和保护接地线严格分开设置，系统正常工作时，中性线 N 上有不平衡电流通过，而保护接地线 PE 上没有电流通过，因而，保护接地线和用电设备金属外壳对地没有电压。可较安全地用于一般民用建筑及施工现场的供电。

在 TN–S 系统中，应注意：

① 保护接地线应连接可靠，不能断开，否则用电设备将失去保护。

② 保护接地线不得进入漏电保护装置，否则漏电保护装置将不起作用，如图 13-18a、b 所示。

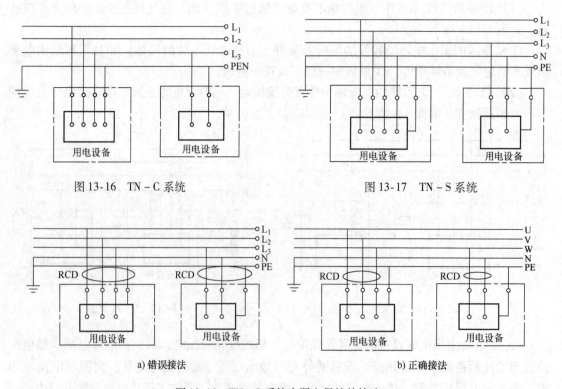

图 13-16 TN–C 系统   图 13-17 TN–S 系统

a) 错误接法   b) 正确接法

图 13-18 TN–S 系统中漏电保护的接法

（4）TN－C－S 系统　TN－C－S 系统，即四线半系统，电源中性点直接接地，中性线与保护接地线部分合用，部分分开，系统中的一部分为 TN－C 系统，另一部分为 TN－C－S 系统。分开后不允许再合并，如图 13-19 所示。

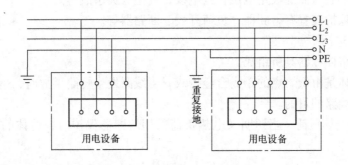

图 13-19　TN－C－S 系统

TN－C－S 系统是民用建筑中广泛采用的一种接地方式。电源在建筑物的进户点处做重复接地，并分出中性线 N 和保护接地线 PE，或在室内总低压配电箱内分出中性线 N 和保护接地线 PE。

TN－C－S 系统中的 PEN 线上仍有一定的不平衡电流引起的压降，但在建筑物内部，经重复接地后，设有专用的保护接地线，因而该系统比 TN－C 系统安全。

在 TN－C－S 系统中，中性线 N 与专用保护接地线 PE 在系统中的作用是非常明确的，决不允许互换使用，施工中，为防止两者混淆接错，IEC 标准中规定，PE 线和 PEN 线应有黄、绿相间的色标；同时，保护接地线和中性线上严禁接入开关或熔断器，保护接地线不得进入漏电保护器。图 13-20 是总配电箱内分出的 PE 线。

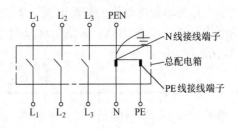

图 13-20　总配电箱内分出的 PE 线

4. 接地装置

接地装置由配电系统中的接地端子、接地线和埋入地下的接地极所组成。

（1）接地端子　接地端子一般设置在电源进线处或总配电箱内，用于连接接地线、保护接地线、等电位联结干线等。

（2）接地线　接地线将接地端子与室外的接地极相连接。接地线通常采用扁钢或圆钢，接点应采用焊接。

（3）接地极　接地极是埋入地下与大地紧紧接触的一个或一组导电体。接地极可分为自然接地极和人工接地极。

自然接地极是利用建筑物钢筋混凝土基础内的主筋、各种金属管道、电缆的金属外皮等作为接地极，一般情况下，自然接地极能满足接地电阻的要求。当自然接地极不能满足接地电阻要求时，应在室外另设人工接地极。

人工接地极通常采用镀锌钢管、镀锌角钢或圆钢制成，接地极根数不少于两根，采用水平接地体进行连接。接地极的形式很多，一般应根据接地电阻的要求及室外地形加以确定。

13.4.5　低压配电系统的短路保护

为了保证用电设备、电线和电缆的可靠工作，必须采用短路保护措施，以避免因用电设备或线路的短路事故，而烧毁用电设备或电线，发生火灾事故等。

常用的短路保护装置有熔断器、负荷开关、断路器等。

1. 熔断器的选择

熔断器是由熔体和器具所组成。

熔断器的熔体是由低熔点的铅锡合金构成，当线路发生短路事故时，熔体会速断，达到保护用电设备和线路的目的。

（1）照明及电热负荷　当照明及电热负荷采用熔断器保护时，熔体的额定电流大于线路的计算电流，即

$$I_{e.r} \geq I_j$$

（2）电动机类负荷　对于异步电动机，由于电动机的起动电流是额定电流的 4~7 倍，所以熔体的选择分以下两种情况：

1）单台电动机线路熔体的选择

$$I_{e.r} \geq \frac{I_{st}}{a}$$

2）多台电动机线路熔体的选择

$$I_{e.r} \geq I_{jf}$$

式中，I_{st} 是单台电动机的起动电流，单位为 A；I_{jf} 是线路的尖峰电流，单位为 A；$I_{e.r}$ 是熔体的额定电流，单位为 A；a 是熔体选择计算系数，取决于起动状况和熔断器特性，见表 13-16。

表 13-16　熔体选择计算系数 a

熔断器型号	熔体材料	熔体电流	计算系数 a	
			电动机轻载起动	电动机重载起动
RT$_0$	铜	50A 及以下	2.5	2
		60~200A	3.5	3
		200A 以上	4	3
RM$_{10}$	锌	60A 及以下	2.5	2
		80~200A	3	2.5
		200A 以上	3.5	3
RM$_1$	锌	10~350A	2.5	2
RL$_1$	铜、银	60A 及以下	2.5	2
		80~100A	3	2.5
RC1A	铅、铜	10~200A	3	2.5

2. 断路器

断路器又称为自动空气开关，是低压配电系统中的重要保护电器之一。它能够对电路发生的短路、过载及欠电压进行保护，能自动分断电路。

（1）断路器的类型和技术数据　断路器按结构形式可分为塑壳式（装置式）、框架式（万能式）、快速式、限流式等；按电源种类可分为交流和直流两种。

1）塑壳式断路器。塑壳式断路器的开关等元件均装于塑壳内，体积小、质量小，一般为手动操作，适于对小电流（几安至数百安）的保护。它的型号有 DZ 系列、C45N 系列、TAN 系列、TO 系列、ELCB 系列、XS 系列、XH 系列等。

2）框架式断路器。框架式断路器的结构为断开式，它通过各种传动机构实现手动（直接操作、杠杆连动等）或自动（电磁铁、电动机或压缩空气）操作，适于对大电流（几百安至数千安）的保护。有 DW 系列、ME 系列、AH 系列、QA 系列、M 系列等。

部分断路器的技术数据，见表 13-17。

表 13-17　部分断路器的技术数据

型号	额定电流 /A	脱扣器最大额定电流 /A	分断能力 /kA	寿命 /次	备注
C45N－1P	40	1、3、6、10、16、20、25、32、40	6	20000	一极
C45N－2P	63	1、3、6、10、18、20、25、32、40、50、63	4.5		二极
C45N－3P	63				三极
C45N－4P	63				四极
DZ20Y－100	100	16、20、32、40、50、63、80、100	15	4000	
DZ20Y－250	250	100、125、160、180、200、225、250	30	6000	
TAN－100B	100	15、20、32、40、50、63、75、100	40	15000	三极
TAN－400B	400	250、300、350、400	42		
TO－225BA	225	125、150、175、200、225	25	10000	
TO－600BA	600	450、500、600	45		
E4CB－106/3	6	6	8		一极
E4CB－210/3	10	10			二极
E4CB－332/3	32	32			三极

（2）断路器的选择　在低压配电系统中，保护变压器及配电干线时，常选用 DW 等系列，保护照明线路和电动机线路时，常选用 DZ 等系列。

断路器额定电流等级规定为：1～63A，100～630A，800～12000A。

断路器的选择，一般采用长延时和短路瞬时的保护特性。其选择方法如下：

1）选择额定电压：断路器的额定电压必须大于或等于安装线路电源的额定电压；

2）选择额定电流：断路器的额定电流应大于或等于安装线路的计算电流；

3）选择脱扣器的额定电流：脱扣器的额定电流应大于或等于安装线路的计算电流；

4）选择瞬时动作过电流脱扣器的整定电流：瞬时动作过电流脱扣器的整定电流应从以下几方面来考虑：

① 照明线路：在照明线路中，选择瞬时动作过电流脱扣器的整定电流按下式计算，即

$$I_{zd} \geq K_L I_{js}$$

式中，I_{js} 是照明线路的计算电流，单位为 A；K_L 是瞬时动作可靠系数，一般取 6；I_{zd} 是过电流脱扣器瞬时动作（或短延时）的整定电流，单位为 A。

② 单台电动机：对单台电动机，选择瞬时动作的过电流脱扣器的整定电流按下式计算，即

$$I_{zd} \geq K_2 I_{st}$$

式中，K_2 是可靠系数，DW 系列取 1.35；对于 DZ 系列取 1.7～2。

③ 配电线路：对供多台设备的配电干线，不考虑电动机的起动时，选择瞬时动作的过电流脱扣器的整定电流按下式计算，即

$$I_{zd} \geq K_3 I_{jf}$$

式中，I_{jf} 是配电线路中的尖峰电流，单位为 A；K_3 是可靠系数，取 1.35。

5）选择长延时动作过电流脱扣器的整定电流：长延时动作过电流脱扣器的整定电流按下式计算，即

$$I_{zd} \geq K_4 I_{js}$$

式中，K_4 是可靠系数，单台电动机取 1.1，照明线路取 1～1.1。

（3）保护装置与配电线路的配合　在配电线路中采用的熔断器或断路器等保护装置，主要用于对电缆及导线的保护。

1）用于对电缆及导线的短路保护。当采用熔断器作短路保护时，其熔体的额定电流不大于电缆及导线长期允许通过电流的 250%；当采用断路器作短路保护时，宜选用带长延时动作过电流脱扣器的断路器。其长延时动作过电流脱扣器的整定电流应不大于电缆及导线长期允许通过电流的 100%，且动作时间应躲过尖峰电流的持续时间，其瞬时（或短延时）动作过电流脱扣器的整定电流应躲过尖峰电流。

2）用于对电缆及导线的过负荷保护。当采用熔断器或断路器作过负荷保护时，其熔体的额定电流或断路器长延时动作过电流脱扣器的整定电流应不大于电缆及导线长期允许通过电流的 80%。

保护装置的整定值与配电线路允许持续电流的配合关系见表 13-18。

表 13-18　保护装置的整定值与配电线路允许持续电流的配合关系

保护装置	无爆炸危险场所			有爆炸危险场所	
	过负荷保护		短路保护	橡皮绝缘电缆及导线	纸绝缘电缆
	橡皮绝缘电缆及导线	纸绝缘电缆	电缆及导线		
	电缆及导线允许持续电流 I/A				
熔断器熔体的额定电流	$I_{e.r} \leq 0.8I$	$I_{e.r} \leq I$	$I_{e.r} \leq 2.5I$	$I_{e.r} \leq 0.8I$	$I_{e.r} \leq I$
断路器长延时脱扣器的整定电流	$I_{e.xd} \leq 0.8I$	$I_{e.xd} \leq I$	$I_{e.xd} \leq I$	$I_{e.xd} \leq 0.8I$	$I_{e.xd} \leq I$

3. 漏电保护装置

漏电保护装置（又称漏电断路器）主要是用于保护人身安全或防止用电设备漏电的一种安全保护电器。漏电保护装置按照结构形式，分为电磁式和电子式。按照动作原理，可分为电压型和电流型。电流型漏电保护装置有单相和三相之分，其主要结构是在一般断路器中增加一个零序电流互感器和漏电脱扣器，工作原理如图 13-21 所示。

漏电保护装置的种类很多，其主要型号有 DZL18 - 20、DZL25 - 63、DZL21 - 100、

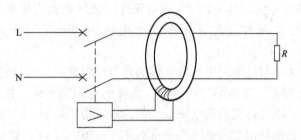

图 13-21　漏电保护装置的工作原理

VC45ELE、ELEMD、FIN、FNP 等。漏电保护装置一般采用低压干线的总保护和支线末端保护。三相四线制电源选用四极漏电断路器，三相三线制电源选用三极漏电断路器，单相电源选用二极漏电断路器。

漏电断路器的技术数据，见表 13-19。

表 13-19　漏电断路器的技术数据

型号	极数	额定电流/A	分断能力电流/A	过电流脱扣器额定电流/A	额定动作漏电电流/mA	额定不动作漏电电流/mA	电寿命/次	备注
DZL18-20/1	2	20	500	10、16、20	10、15、30		20000	漏电
DZL18-20/4	4							漏电过负载过电压
VC45ELM-40	2 3 4	40	2000	10、15、20、30、40、60	10、15、30		20000	电磁式
E4EBE-210/30	2	10	8000	10	30	30	10000	电子式
E4EL-30/2/300	2	30		32	300	300		
E4EL-30/4/30	4	30		32	30	30		
E4EBEM-216/30	2	16		16	30	15		电磁式

13.5　安全用电

电能对社会生产和物质文化生活起着非常重要的作用，但若使用不当，就会造成用电设备的损坏，甚至会发生触电造成人身伤亡事故。因此，在建筑设计和施工中，必须通过各种防护措施，提供用电的安全性，这就是掌握安全用电基本知识的必要性。

13.5.1　电流对人体的伤害

当人体接触到输电线或电气设备的带电部分时，电流就会流过人体，造成触电现象。触电对人的伤害分为电击和电伤。电击为内伤，电流通过人体主要是损伤心脏、呼吸器官和神经系统，严重时将使心脏停止跳动，导致死亡。电伤为外伤，电流通过人体外部发生的烧伤，危及生命的可能性较小。

实验表明，触电的危害性与通过人体的电流大小、频率和电击的时间有关。在工频

50Hz 的电流对人体伤害最大，50mA 的工频电流流过人体就会有生命危险，100mA 的工频电流流过人体就可致人死亡。我国规定安全电流为 30mA（50Hz），时间不超过 1s，即30mA · s。

流过人体的电流大小与触电的电压及人体的自身电阻有关。大量的测试数据说明，人体的平均电阻在1000Ω 以上，在潮湿的环境中，人体的电阻则更低。根据这个平均数据，国际电工委员会规定了长期保持接触的电压最大值，在正常环境下，该电压为 50V。根据工作场所和环境的不同，我国规定安全电压的标准有42V、36V、24V、12V 和 6V 等规格。一般用 36V，在潮湿的环境下，选用24V。在特别危险的环境下，如人浸在水中工作等情况下，应选用更安全的电压，一般为 12V。

13. 5. 2   触电的形式

1. 单相触电

在我国的三相四线制低压供电系统中，电源变压器低压侧的中性点一般都有良好的工作接地，接地电阻 R_0 小于或等于 4Ω。因此，人站在地上，只要触及三相电源中的任何一根相线，就会造成单相触电，如图 13-22a 所示。这时，人体处于电源的相电压下，电流将从人的手经过身体及大地回到电源的中性点。其电流为

$$I = \frac{U_\mathrm{p}}{R_0 + R_\mathrm{r}} = \frac{220}{4 + 1000}\mathrm{A} = 0.22\mathrm{A}$$

式中，U_p 是电源相电压；R_r 是人体电阻（以 1000Ω 计算）；R_0 是三相电源中性点接地电阻，以 4Ω 计算。

这个电流对人体是十分危险的。如果人穿着绝缘性能良好的鞋子或站在绝缘良好的地板上，则回路电阻增大，电流减小，危险性也就相应减小。电机等电气设备的外壳或电子设备的外壳，在正常情况下是不带电的。但如果电机绕组的绝缘损坏，外壳也会带电。因此当人体触及带电的金属外壳时，相当于单相触电，这是常见的触电事故，所以电气设备的外壳应采用接地等保护措施。

2. 两相触电

图 13-22b 是两相触电。虽然人体与地有良好的绝缘，但由于人同时和两根相线接触，人体处于电源线电压下，并且电流大部分通过心脏，故其后果十分严重。

3. 接触电压

如果人体同时接触具有不同电位的两处，则加在人体两点间的电压叫作接触电压。在图 13-22c 中，人甲接触具有金属外壳的设备，则人体内就有触电电流流过。若电气设备的电源线因绝缘损坏而发生碰壳短路时，短路电流 I_d 流经电气设备的接地极，在接地极处产生的对地电压为

$$U_\mathrm{D} = I_\mathrm{d}R_0$$

式中，R_0 是接地极电阻，单位为 Ω；I_d 是短路电流，单位为 A；U_D 是对地电压，单位为 V。

接地极处对地电压的电位分布曲线，如图 13-22c 所示。在距接地极 20m 以外的地方，电位已接近于零。人甲站在设备旁边，站立处对地的电位为 U_v，当手触及漏电的电气设备外壳时，则手与脚之间出现电位差，大小等于漏电设备对地电位 U_D 与人甲对地的电位 U_v 之差，就是人甲所承受的接触电压。对人体有危险的接触电压是 50V 以上。

4. 跨步电压

在图 13-22c 中，人乙或人丙在带电体（电气设备、接地装置）附近行走时，由于两腿所在地面的电位不同，则人体两腿之间便承受了电压，该电压称为跨步电压。跨步电压与跨步的大小成正比，跨步越大越危险，同时，越靠近带电体越危险，20m 以外的地方，跨步电压已接近零。

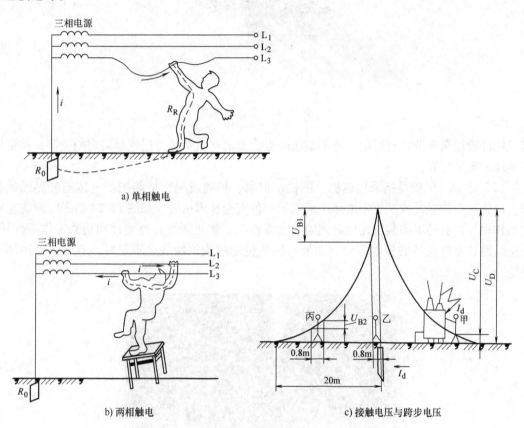

a) 单相触电

b) 两相触电

c) 接触电压与跨步电压

图 13-22　触电的形式

13.5.3　预防触电事故的措施

为了达到安全用电的目的，必须采用可靠的技术措施，防止触电事故发生。绝缘、安全间距、漏电保护、安全电压、遮栏及阻挡物等都是防止直接触电的防护措施。保护接地、保护接零是间接触电防护措施中最基本的措施。所谓间接触电防护措施是指防止人体各个部位触及正常情况下不带电，而在故障情况下才变为带电的电器金属部分的技术措施。

1. 绝缘、屏护和间距是最常见的安全措施

（1）绝缘　绝缘是用绝缘材料把带电体隔离起来（见图 13-23），实现带电体之间、带电体与其他物体之间的电气隔离，使设备能长期安全、正常地工作，同时可以防止人体触及带电部分，避免发生触电事故，所以绝缘在电气安全中有着十分重要的作用。良好的绝缘是设备和线路正常运行的必要条件，也是防止触电事故的重要措施。

在长时间存在电压的情况下，由于绝缘材料的自然老化、电化学作用、热效应作用，使

图 13-23 电缆绝缘

其绝缘性能逐渐降低，有时电压并不是很高也会造成电击穿。所以绝缘需定期检测，保证电气绝缘的安全可靠。

（2）屏护 屏护是指采用遮栏、围栏、护罩、护盖或隔离板等把带电体同外界隔绝开来，以防止人体触及或接近带电体所采取的一种安全技术措施，如图 13-24 所示。除防止触电的作用外，有的屏护装置还能起到防止电弧伤人、防止弧光短路或便利检修工作等作用。配电线路和电气设备的带电部分，如果不便加包绝缘或绝缘强度不足时，就可以采用屏护措施。

图 13-24 变压器的围栏

屏护装置不直接与带电体接触，对所用材料的电性能没有严格要求。屏护装置所用材料应当有足够的机械强度和良好的耐火性能。但是金属材料制成的屏护装置，为了防止其意外带电造成触电事故，必须将其接地或接零。

使用屏护装置时，还应注意以下内容：

1）屏护装置应与带电体之间保持足够的安全距离。

2）被屏护的带电部分应有明显标志，标明规定的符号或涂上规定的颜色。遮栏、栅栏等屏护装置上应有明显的标志，如根据被屏护对象挂上"止步，高压危险！""禁止攀登，高压危险！"等标志牌，必要时还应上锁。标志牌只应由担负安全责任的人员进行布置和撤除。

3）遮栏出入口的门上应根据需要装锁，或采用信号装置、联锁装置。前者一般是用灯光或仪表指示有电；后者是采用专门装置，当人体超过屏护装置而可能接近带电体时，被屏护的带电体将会自动断电。

（3）安全间距　安全间距是指在带电体与地面之间、带电体与其他设施、设备之间、带电体与带电体之间保持的一定安全距离，简称间距。设置安全间距的目的是防止人体触及或接近带电体造成触电事故，防止车辆或其他物体碰撞或过分接近带电体造成事故，防止电气短路事故、过电压放电和火灾事故，便于操作。

2. 保护接地与保护接零

在电气设备很多的场所，如工厂里，工人在生产过程中经常接触的是电气设备不带电的外壳或与其连接的金属体。这样当设备万一发生漏电故障时，平时不带电的外壳就带电，并与大地之间存在电压，就会使操作人员触电。这种意外的触电是非常危险的。为了解决这个不安全的问题，采取的主要的安全措施，就是对电气设备的外壳进行保护接地或保护接零。

（1）保护接地　如图 13-25 所示，保护接地的作用是当设备金属外壳意外带电时，将其对地电压限制在规定的安全范围内，消除或减小触电的危险。保护接地最常用于中性点不接地的低压电网。如图中所示，人体电阻 R_r 相当于与设备接地电阻并联，根据并联分流电流的大小与电阻成反比的原理，R_E 越小，流过人体电流越小。一般使 $R_E < 4\Omega$，就可以避免人体触电，起到保护作用。因此一般低压系统中均要求保护接地电阻值应小于 4Ω。

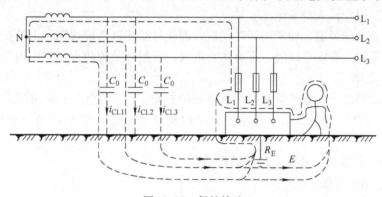

图 13-25　保护接地

（2）保护接零　将电气设备在正常情况下不带电的金属部分与电网零线紧密地连接起来，这种方式称为保护接零。采用保护接零的方式，当设备发生外壳漏电时，接地短路电流通过该相和零线构成回路，由于零线阻抗很小，短路电流很大，使低压断路器或继电保护动作，切除故障，保障了人身安全。保护接零的应用范围，主要是用于三相四线制中性点直接接地供电系统中的电气设备。在工厂里也就是用于 380/220V 的低压设备上。图 13-26 是保护接零示意图。

在中性点直接接地的低压配电系统中，为确保保护接零方式的安全可靠，防止零线断线

所造成的危害，系统中除了工作接地外，
还必须在整个零线的其他部位再进行必要
的接地（如上图所示）。这种接地称为重复
接地。

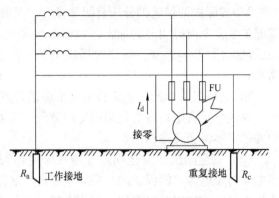

图 13-26 保护接零示意图

3. 安全电压

把可能加在人身上的电压限制在某一
范围之内，使得在这种电压下，通过人体
的电流不超过允许的范围。这种电压叫作
安全电压，也叫作安全特低电压。但应注
意，任何情况下都不能把安全电压理解为
绝对没有危险的电压。具有安全电压的设
备属于Ⅲ设备。

我国确定的安全电压标准是 42V、36V、24V、12V、6V。特别危险环境中使用的手持电
动工具应采用 42V 安全电压；有电击危险环境中，使用的手持式照明灯和局部照明灯应采
用 36V 或 24V 安全电压；金属容器内、特别潮湿处等特别危险环境中使用的手持式照明灯
应采用 12V 安全电压；在水下作业等场所工作应使用 6V 安全电压。

当电气设备采用超过 24V 的安全电压时，必须采取防止直接接触带电体的保护措施。

4. 漏电保护器

漏电是指电器绝缘损坏或其他原因造成导电部分碰壳时，如果电器的金属外壳是接地
的，那么电就由电器的金属外壳经大地构成通路，从而形成电流，即漏电电流，也叫作接地
电流。其工作原理在前一节中已有介绍，当漏电电流超过允许值时，漏电保护器能够自动切
断电源或报警，以保证人身安全。

漏电保护器动作灵敏，切断电源时间短，因此只要能够合理选用和正确安装、使用漏电
保护器，除了保护人身安全以外，还有防止电气设备损坏及预防火灾的作用。

5. 等电位联结

为了提高接地故障保护的效果和供配电系统的安全性，将建筑物内可导电部分进行相互
连接的措施，称为等电位联结。等电位联结包括总等电位联结和辅助等电位联结，如图
13-27 所示。

（1）总等电位联结　总等电位联结包括：

1）保护接地线干线；

2）从用电设备接地极引来的接地干线；

3）建筑物内的金属给排水管道、煤气管、采暖和空调管等；

4）建筑物内的金属构件等导电部分。

（2）总等电位联结的做法　总等电位联结干线的截面积应不小于电气装置最大保护接
地线截面积的一半，且不小于 $6mm^2$，采用铜导线时，其截面积可不超过 $25mm^2$，若采用非
铜质金属导体，其截面积应能承受相应的载流量。

当电气设备或设备的某一部分接地故障保护的条件不能满足要求时，应在局部范围内做
辅助等电位联结。辅助等电位联结中应包括局部范围内所有人体能同时触及的用电设备的外
露可导电部分，条件许可时，还应包括钢筋混凝土结构柱、梁或板内的主钢筋。

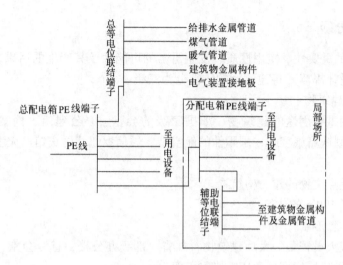

图 13-27　等电位联结示意图

等电位联结是接地故障保护的一项重要安全措施，实施等电位联结可以大大降低在接地故障情况下电气设备金属外壳上预期的接触电压，在保证人身安全和防止电气火灾方面的重要意义，已经逐步为广大工程技术人员所认识和接受，并在工程实践中得到了广泛的推广应用。

13.6　建筑防雷

13.6.1　雷电及其危害

雷雨云在形成过程中，它的一部分会积聚正电荷，另一部分则积聚起负电荷。随着电荷的不断增加，不同极性云块之间的电场强度不断加大，当某处的电场强度超过空气可能承受的击穿强度时，就产生放电现象。这种放电现象有些是在云层之间进行的，有些是在云层与大地之间进行的，后一种放电现象即通常所说的雷击，放电形成的电流称为雷电流。雷电流持续时间一般只有几十微秒，但电流强度可达几万安培，甚至十几万安培。

雷电的危害主要表现为直接雷、间接雷和高电位侵入。

（1）直接雷　直接雷是指雷电通过建（构）筑物或地面直接放电，在瞬间产生巨大的热量可对建（构）筑物形成破坏作用。直接雷大多作用在建（构）筑物的顶部突出的部分，如屋角、屋脊、女儿墙和屋檐等处，对于高层建筑，雷电还有可能通过其侧面放电，称为侧击。

（2）间接雷　间接雷也称为感应雷。它是指带电云层或雷电流对其附近的建筑物产生的电磁感应作用所导致的高压放电过程。一般而言，间接雷的强度不及直接雷，但是间接雷的危害也是不容忽视的。

（3）高电位侵入　高电位侵入是指雷电产生的高电压通过架空线路或各种金属管道侵入建筑物内，危及人身和电气设备的安全。

13.6.2　防雷分级

按照建筑物的重要性、使用性质、发生雷击的可能性及其产生的后果，JGJ/T 16—2008《民用建筑电气设计规范》将建筑物的防雷分为三级。

1. 一级防雷建筑物

1）具有特别重要用途的建筑物，如国家级的会堂、办公建筑、档案馆、大型博展建筑；特大型或大型铁路旅客站，国际性的航空港、通信枢纽，国宾馆、大型旅游建筑、国际港口客运站等。

2）国家级重点文物的建、构筑物。

3）高度超过100m的建筑物。

2. 二级防雷建筑物

1）重要的或人员密集的大型建筑物，如省、部级办公楼，省级会堂、博展、体育、交通、通信、广播等建筑，大型商店、影剧院等。

2）省级重点文物保护的建筑物和构筑物。

3）19层及以上的住宅建筑和高度超过50m的其他民用建筑。

4）省级及以上大型计算中心和装有重要电子设备的建筑物。

3. 三级防雷建筑物

1）预计雷击次数大于或等于0.05次/年时，或通过调查确认需要防雷的建筑物。

2）建筑群中最高或位于建筑边缘高度超过20m建筑物。

3）高度为15m以上的烟囱、水塔等孤立的建（构）筑物。

4）历史上雷害事故严重地区或雷害事故较多地区的较重要的建筑物。

13.6.3　防雷装置

1. 接闪器

接闪器的作用是引来雷电流通过引下线和接地极将雷电流导入地下，从而使接闪器下一定范围内的建筑物免遭直接雷击。

接闪器包括下列三种形式（有时也将它们进行组合）：接闪杆、接闪带或接闪网。

（1）接闪杆　接闪杆通常由圆钢或焊接钢管制成，其保护范围由滚球法确定，滚球半径按照建筑物防雷等级的不同取不同数值，见图13-20。

表13-20　滚球半径与接闪网尺寸

建筑物防雷等级	滚球半径 h_r/m	接闪网尺寸径/m
一级防雷建筑物	30	10×10
二级防雷建筑物	45	15×15
三级防雷建筑物	60	20×20

如图13-28所示，单支接闪杆的保护范围为圆弧 OA 关于 OO' 轴的旋转面以下的区域，即假想存在一个半径为 h 的球体，贴着地面滚向接闪杆，当球体只触及接闪器和地面，而不触及需要保护的部位时，则该部分就处于避雷针的保护范围之内（见表13-28中建筑物甲），反之，若球体被建筑物的某个部位阻挡而无法触及接闪器，则该部分不受接闪器保护

（见图 13-28 中建筑物乙）。

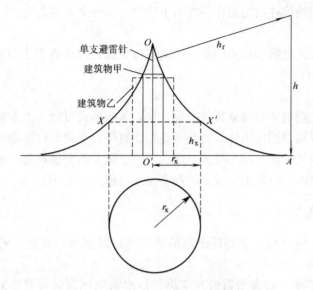

图 13-28　单支接闪杆的保护范围示意图

当接闪杆高度小于或等于滚球半径 h_r 时，根据几何关系，可求得高度为 h 的平面 XX' 的保护半径为

$$r_x = \sqrt{h(2h_r - h)} - \sqrt{h_x(2h_r - h_x)}$$

式中，h_x 是被保护物的高度，单位为 m；h_r 是滚球半径，单位为 m，由表 13-20 查得；r_x 是高度为 h_x 所处的平面上的保护半径，单位为 m。

多支接闪杆所确定的保护范围，可根据各支接闪杆的高度及相对位置，通过几何关系求得。

（2）接闪带和接闪网　接闪带通常采用直径不小于 8mm 的圆钢或截面积不小于 48mm² 的扁钢，或厚度不小于 4mm 的扁钢制成。接闪带应沿屋面挑檐、屋脊、女儿墙等易受雷击的部位设置，当屋面面积较大时，应设置接闪网，其网格尺寸见表 13-20。

接闪带应采用金属支持卡支出 10 ~ 15cm，支持卡之间的间距为 1.0 ~ 1.5m，接闪带及其与引下线的各个结点应焊接可靠，并注意美观整齐不影响建筑物的外观效果。

屋面以上的永久性金属物（如广告牌、旗杆、霓虹灯架等）应就近与接闪带或接闪网连成电气通路。当屋面设有节日彩灯装置时，彩灯的配电线路应穿金属保护管，设置在接闪带下部，金属管与接闪带应多点焊接连通。

2. 引下线

引下线的作用是将接闪器和防雷接地极连成一体，为雷电流顺利地导入地下提供可靠的电气通路。引下线可采用镀锌的圆钢或扁钢制成。当前的常用做法是利用建筑物钢筋混凝土柱内直径不小于 16mm 的主钢筋作为引下线，这样既可节约钢材，又可使建筑外观不受影响。

防雷引下线的数量应根据建筑物的防雷等级而确定，一般情况下，引下线之间的水平间距对一级防雷建筑不应大于 12m，对二级防雷建筑物不应大于 18m，对三级防雷建筑物不应大于 24m。建筑物的防雷引下线一般至少设置两处，高层建筑用于防侧击的接闪环应与引下线连成一体，当利用结构柱内主筋作防雷引下线时，为安全可靠起见，应采用两根主钢筋同时作为引下线。

为了便于测量接地电阻和检查防雷系统的连接状况，应在各引下线距地面高度 1.8m 处设断接卡（或测试卡）。

3. 接地装置

防雷接地装置是接地体与接地线的统称。接地体的形式可分为人工接地体和自然接地体两种，一般应尽量采用自然接地体，特别是高层建筑中，利用其桩基础，箱形基础等作为接地装置，可以增加散流面积，减小接地电阻，同时还能节约金属材料。采用钢筋混凝土基础内的钢筋作为接地体时，每根引下线处的冲击接地电阻应小于 4Ω。

13.6.4　防雷措施

不同防雷等级的建（构）筑物所采取的具体防雷措施虽然有所不同，但防雷原理是相同的。

（1）防直击雷措施。防直击雷的基本思想是给雷电流提供可靠的通路，一旦建（构）筑物遭到雷击，雷电流可通过设置在其顶部的接闪器、防雷引下线和接地极泄入大地，从而达到保护建（构）筑物的目的。

（2）防间接雷措施。雷电流和带电云层的电磁感应作用所引起的高电压，会在建筑物内的金属间隙中产生火花，可能损坏电气设备，引起火灾，甚至危及人身安全，因而需将建筑物内的金属物（如设备、构架、电缆金属外皮、金属门、窗等）和突出屋面的金属物与接地装置相连接，室内平行敷设的长金属物（如管道、构架、电缆金属外皮等），当其净距大小 100mm 时，应每隔 30m 用金属线跨接，以防静电感应。

（3）防高电位侵入。为防止雷电引起的高电位沿配电线路侵入室内，可将低压配电线路全长采用电缆直接埋地敷设，在入户端将电缆的金属外皮接到防雷电感应的接地装置上。当低压配电线路采用架线引入时，在入户处应加装避雷器。

本 章 小 结

（1）电力系统，是通过各级电压的电力线路，将发电厂、变电所和电力用户连接起来的，发电、输电、变电、配电和用电的整体。电网是指电力系统中各级电压的电力线路及其联系的变电所。

（2）电力负荷按其使用性质和重要程度分为三级，并以此采取相应的供电措施来满足对供电可靠性的要求。电力负荷计算的主要目的是为合理选用供电系统的导线和设备提供依据。电力负荷的主要计算方法是需要系数法。

（3）建筑的低压配电系统可分为树干式、放射式和混合式等类型。

（4）建筑供电系统必须正确选用导线和电缆的型号和导线截面积，导线截面积的选择应满足发热条件、电压损失、机械强度三个方面的要求。

（5）低压配电系统必须选择正确的接地形式，保证接地装置的正确使用。

（6）雷电的危害主要表现为直接雷、间接雷和高电位侵入。按照建筑物的重要性、使用性质、发生雷击的可能性及其产生的后果，JGJ/T 16—2008《民用建筑电气设计规范》将建筑物的防雷分为三级。不同防雷等级的建（构）筑物采取相应的具体防雷措施。

习　题

13-1　什么叫电力系统和电网？它们的作用是什么？

13-2　变电所和配电所的主要区别是什么？

13-3　电力负荷如何根据用电性质进行分级？不同等级的负荷对供电的要求有何不同？

13-4　某住宅楼的白炽灯照明计算负荷为 2.5kW，由 200m 处的变电所用橡胶绝缘铜线供电，供电电压为 220V，电压损失不超过 2.5%，试选择导线截面积。

第14章 建筑电气照明系统

电气照明是建筑物的重要组成部分，电气照明设计的首要任务是在缺乏自然光的工作场所或工作区域内，创造一个适宜于进行视觉工作的环境。合理的电气照明是保证安全生产、改善劳动条件、提高劳动生产率、减少事故、保护工作人员视力健康及美化环境的必要措施。适用、经济和美观，是照明设计的一般原则。

14.1 照明的基本知识

光是人眼可以感觉到的、波长在一定范围内的电磁辐射，即电磁波。波长在 3150 ~ 7150nm（$1nm = 10^{-9}m$）范围内的电磁波能使人眼产生光感，这部分电磁波称为可见光。与其相邻的波长长的部分称为红外线（7150 ~ 34000nm），波长短的部分称为紫外线（10 ~ 3150nm）。

14.1.1 光的基本物理量

光作为电磁能量的一部分，当然是可以量度的。光的基本度量单位有以下几个：

1）光通量。光源在单位时间内向周围空间辐射出去的，并使人眼产生光感的能量，称为光通量。光通量的符号为 Φ，单位为流明（lm）。光通量与光源的辐射功率的强弱有关，它是说明光源发光能力的基本物理量，表 14-1 中是一些常用光源的光通量。

表 14-1　常用光源的光通量

光源种类	光通量/lm
荧光灯（40W）	3300
荧光灯（100W）	9000
白炽灯（100W）	15700
白炽灯（1000W）	21000
卤钨灯（500W）	10500

2）发光强度。光源在某一特定方向上单位立体角（每球面度）内辐射的光通量，称为光源在该方向的发光强度。发光强度的符号为 I，单位为坎［德拉］（cd），1 坎［德拉］表示在 1sr 立体角内，均匀发出 1lm 的光通量。发光强度是表征光源发光强弱程度的物理量。式中，Φ 是光通量，单位为 lm；Ω 是立体角，单位为 sr。

3）照度。照度是指单位被照射面积上所接收的光通量。照度的符号为 E，单位为勒［克斯］（lx）。

如果光通量 Φ（lm）均匀地投射在面积为 S（m）的表面上，则该平面的照度值为

$$E = \frac{\Phi}{S}$$

4）［光］亮度。物体被照射后，将照射来的光线一部分吸收，其余反射或透射出去。被反射或透射的光在眼睛视网膜上产生一定照度时，才可以形成人们对该物体的视觉。被视物体在视线方向单位投影面上所发出的发光强度称为［光］亮度。

［光］亮度的符号为 L，单位为坎［德拉］每平方米（cd/m^2）。人眼对明暗的感觉不是取决于物体上的照度，而是取决于物体在眼睛视网膜上成像的照度，由两个因素决定：物体在垂直于观察方向上的平面上的投影面积——决定像的大小，物体（被照物体可以看作是间接发光体）在该方向上的发光强度——决定在像面积上能接收多少光通量，故引入"［光］亮度"的概念，它是衡量照明质量的一个重要依据。

5）色温。色温是电光源的技术参数之一。当光源的发光颜色与黑体（能吸收全部光能的物体）加热到某一温度所发出的光的颜色相同（与气体放电光源相似）时，称该温度为光源的颜色温度，简称色温（对于气体放电光源称为相关色温）。例如，白炽灯的色温为 2400 ~ 2900K。

6）显色性和显色指数。同一颜色的物体在具有不同光谱功率分布的光源照射下，显出不同的颜色，光源对被照物体颜色显现的性质，称为光源的显色性。

光源的显色指数是指在待测光源照射下的物体的颜色，与在另一相近色温的黑体或日光参照光源照射下相比，物体颜色相符合的程度。一般显色指数用 Ra 表示。颜色失真越少，显色指数越高，光源的显色性好。国际上规定参照光源的显色指数为 100。

14.1.2　照明的基本要求

良好的视觉不是单纯地依靠充足的光通量，还需要一定的照明质量的要求。影响照明质量的因素很多，在进行照明设计时，应从以下几个方面考虑照明质量：

（1）合适的照度　照度是决定物体明亮度的间接指标。在一定范围内增加照度，可使视觉功能提高。合适的照度有利于保护视力，提高工作和学习效率。

为了研究物体被照明的程度，工程上常用照度这个物理量。在日常生活中，常常将灯放低一些或移到工作面的上方，来减小距离或入射角，以增加工作面的照度。

1）在 40W 白炽灯下 1m 远处的照度为 30lx，加搪瓷罩后会增加到 3lx；

2）晴天中午太阳直射时，照度可达 $(0.2 ~ 1) \times 10^5 lx$；

3）在无云满月的夜晚，地面照度约为 0.2lx；

4）阴天室外的照度，约为（15 ~ 12）lx。

通过照明心理方面的研究发现，人需要很高的照度才会感到舒适。但从节能的观点出发，照度超过一定值以后，视力增加却很少，因而通常认为把照度规定在一定范围内是经济合理的。表 14-2 选用的是我国照明设计中最低的照度标准。

（2）照明的均匀度　在工作环境中，人们希望被照场所的照度均匀或比较均匀。如果有彼此照度极不相同的表面，将会导致视觉疲劳。因此，应合理布置灯具，力求工作面上的照度均匀。

（3）合适的亮度分布　当物体发出可见光（或反光）时，人才能感知物体的存在，它越亮，看得就越清楚。若亮度过大，人眼会感觉不舒适，超出眼睛的适应范围，则灵敏度下降，反而看不清楚。照明环境不但应使人能清楚地观看物体，而且要给人以舒适的感觉，所以在整个视场（如房间）内各个表面都应有合适的亮度分布。照明设计中最低的照度标准列于表14-2中。

表 14-2　照明设计中最低的照度标准

房间或场地名称	推荐照度/lx	房间或场地名称	推荐照度/lx
办公室、教室、会议室、实验室、阅览室	75～150	楼梯间、走廊、卫生间、盥洗室	5～15
设计室、打字室、绘图室	100～200	起居室、客厅、餐厅、厨房	15～30
计算机房、室内体育馆	150～300	单身宿舍、活动室	30～50
手术室、X线扫描室、加速器治疗室	100～200	商店、粮店、菜市场、邮电局营业室	50～100
手术台专用照明	2000～10000	理发室、书店、服装商店	75～150
候诊室、理疗室、扫描室	30～75	字画商店、百货商场	100～200
比赛用游泳场馆	300～750	宾馆客房、台球房、电梯间	30～75
田径馆、举重馆	150～300	宾馆酒吧、咖啡厅、游艺厅、茶室	50～100
篮排球、体操、乒乓球、冰球、网球馆	200～500	大宴会厅、大门厅、宾馆厨房	150～300
综合性正式比赛大厅	750～1500	大会堂、国际会议厅	300～750
足球场、棒球场、冰球场	200～500	国际候机大厅、业务大厅	150～300
国际比赛用足球场	1000～1500	国际候车厅	100～200

（4）光源的显色性　在需要正确辨色的场所，应采用显色指数高的光源，如白炽灯、日光色荧光灯等。

（5）照度的稳定性　照度变化引起照明的忽明忽暗，不但会分散人们的注意力，给工作和学习带来不便，而且会导致视觉疲劳，尤其是 5～10 次/s～1 次/min 的周期性严重波动，对眼睛极为有害。因此，照度的稳定性应予以保证。

照度的不稳定主要是由于光通量的变化所致，而光源光通量的变化主要由于电源电压的波动所致。因此，必须采取措施保证照明供电电压的质量。如将照明和动力电源分开，或用调压器等。另外，光源的摆动也会影响视觉，而且影响光源本身的寿命。所以，灯具应设置在没有气流冲击的地方或采取牢固的吊装方式。

（6）限制眩光　眩光是由于光源的高亮度，或有强烈的亮度对比，对人眼产生刺激作用。限制光源的亮度，降低灯具表面的亮度，正确选择灯具，合理布置并选择适当的悬挂高度，可以有效地限制眩光。

（7）消除频闪效应　频闪效应是指气体放电光源在交流电源供电下，其光通量随电流一同作周期性变化，在其光照下观察到的物体运动显示出不同于实际运动的现象。

消除频闪的措施可以采用热辐射光源与气体放电光源共用的方法，或者对气体放电光源采用二灯分接二相电路或三灯分接三相电路的方法。

14.1.3　照明的种类

照明的种类按用途分为正常照明、应急照明、值班照明、警卫照明、景观照明和障碍照明等。

（1）正常照明　在正常情况下使用的室内外照明。所有居住房间、工作场所、运输场地、人行车道以及室内外小区和场地等，都应设置正常照明。

（2）应急照明　正常照明因故障熄灭后，供事故情况下继续工作或人员安全通行的照明称为应急照明。应急照明主要有备用照明（确保正常活动继续进行）、安全照明（保证人身安全的照明）、疏散照明（保证安全出口通道能够辨认使用，使人员能够安全撤离的照明）。

1）备用照明。正常照明发生事故时，由于工作中断或误操作容易引起爆炸、火灾和人身伤亡或造成严重政治后果和经济损失的场所，均应设有备用照明。备用照明可由一部分或全部正常照明提供，照度是正常照度的 10%。例如医院的手术室和急救室、商场、体育馆、剧院、变配电室、消防控制中心等，都应设置备用照明。

2）安全照明。用于确保处于危险场所之中的人员继续工作而设的照明。安全照明要求工作面上的照度是正常照度的 5%，在正常照明电源中断 0.5s 内开始供电。

3）疏散照明。为保证人们在发生事故时能快速安全地离开室内而启用的照明。对于一旦正常照明熄灭或发生火灾，将引起混乱的人员密集的场所，如宾馆、影剧院、展览馆、大型百货商场、体育馆、高层建筑的疏散通道等，均应设置疏散照明。

疏散通道面上的照度应达到 1lx，最低不低于 0.2lx。

（3）值班照明　非工作时间为值班所设置的照明。

值班照明宜利用正常照明中能单独控制的一部分或应急照明的一部分或全部，应有独立的控制开关。

（4）警卫照明　为加强对人员、财产、建筑物、材料和设备的保卫而采用的照明，如用于警戒以及配合闭路电视监控而配备的照明。通常沿警卫线装设，并尽量与正常照明合用。

（5）障碍照明　在建筑物上装设的作为障碍标志的照明，称为障碍照明。例如为保障航空飞行安全，作为航空障碍标志（信号）用的照明，在高大建筑物和构筑物上安装的障碍标志灯。

障碍标志灯的电源应按主体建筑中最高负荷等级要求供电。障碍照明采用能穿透雾气的红光灯具，或采用闪光照明灯。

（6）景观照明　用于室内外特定建筑物、景观而设置的带艺术装饰性的照明，包括装饰建筑外观照明、喷泉水下照明、用彩灯勾画建筑物的轮廓、给室内景观投光及广告照明灯等。

14.1.4　照明方式

由于建筑物的功能和要求不同，对照度和照明方式的要求也不相同。照明方式可分为一般照明、局部照明和混合照明。

（1）一般照明　一般照明是为照亮整个场所而设置的均匀照明。一般照明由若干个灯具均匀排列而成，可获得较均匀的水平照度。对于工作位置密度很大而对照射方向无特殊要求或受条件限制不适宜装设局部照明的场所，可只单独装设一般照明，如办公室、体育馆和教室等。

（2）局部照明　局部照明是为特定视觉工作用的、为照亮某个局部而设置的照明。其优点是开、关方便，并能有效地突出对象。对于局部地点需要高照度并对照射方向有要求时，可采用局部照明。但在整个场所不应只设局部照明而不设一般照明。

（3）混合照明　由一般照明和局部照明组成的照明称为混合照明。对于工作位置需要有较高照度并对照射方向有特殊要求的场合，应采用混合照明。混合照明的优点是，可以在工作面（平面、垂直面或倾斜面）表面上获得较高的照度，并易于改善光色，减少照明装置功率和节约运行费用。

混合照明中的一般照明的照度不低于混合照明总照度的5%～10%，并且最低照度不低于20lx。

14.2　建筑照明的电光源

随着社会的发展，人类从利用火把照明，逐渐发展到油灯、蜡灯、煤气灯，直至现在使用的电光源。电光源由于它们的发光条件不同，其光电特性也有所不同。

14.2.1　电光源的种类

目前常用的电光源，根据其发光原理，基本上可分为固体发光光源（热辐射光源）和气体放电发光光源。气体放电光源按其发光的物质不同又可分为金属类（低压汞灯、高压汞灯）、惰性气体类（如氙灯、汞氙灯）、金属卤化物类（钠、铟）等。电光源的种类如图14-1所示。

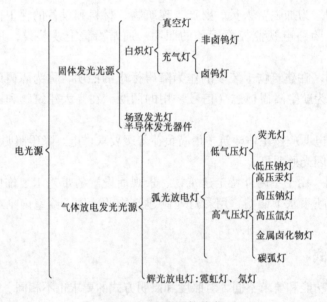

图14-1　电光源的种类

1. 热辐射光源

任何物体的温度高于绝对零度时，都会向周围空间发射电磁波。当物体的温度达到500℃以上时，所发射的电磁波为可见光。热辐射光源就是利用了电流将物体加热到白炽状态而产生可见光的这一特性。

白炽灯、卤钨灯等属于热辐射光源。

2. 气体放电光源

放电是指在电场作用下，载流子在气体（或蒸气）中产生并运动，而使电流通过气体（或蒸气）的过程。这个过程导致光的发射，成为放电光源。这种光源具有发光效率高、使用寿命长等特点，如荧光灯、高压汞灯、高压钠灯、金属卤化物灯等。

14.2.2　电光源的主要技术参数

电光源的性能与特点用各种技术参数反映，这些参数是选择电光源的依据。

（1）额定电压和额定电流　光源在预定要求下工作所需要的电压和电流分别叫作额定电压和额定电流。

（2）额定功率　灯泡（管）在额定条件下所消耗的功率叫额定功率。

（3）光通量输出　光源的灯泡（或管）在工作时所发出的光通量叫作光通量输出。它与点燃时间等因素有关，一般来说，灯点燃时间越长，其光通量输出越低。

（4）发光效率　灯泡（管）所发出的光通量与消耗的功率之比叫作发光效率。发光效率是指电光源消耗 1W 电功率所发出的光通量。例如：

白炽灯的发光效率是 10 ~ 20lm/W

荧光灯的发光效率是 50 ~ 60lm/W

高压汞灯的发光效率是 40 ~ 60lm/W

高压钠灯的发光效率是 150 ~ 140lm/W

发光效率是研究光源和选择光源的重要标志之一。

（5）寿命　光源的寿命是指光源从初次通电工作的时候起到其完全丧失或部分丧失使用价值的时候止的全部点燃时间。光源的寿命又分 3 种：

全寿命：从使用时起，到其不能再工作时为止的全部点燃时间；

有效寿命：从开始点燃起，到其光通量降低到初始值的 70% 时的点燃时间；

平均寿命：每批抽样试品有效寿命的平均值。

通常所指光源的寿命都是指平均寿命。

（6）光谱能量分布　光谱能量分布通常以曲线形式给出。它表明光源辐射的光谱成分和相对发光强度，是常用电光源的相对光谱能量分布曲线。

（7）光源显色指数　显色性是照明光源对物体色表的影响。人类长期在日光下生活，有意识或无意识地以日光为基准来分辨颜色。显色指数是在被测光源或标准光源照射下，在考虑色适应状态下物体的心理物理色符合程度的度量。日光和标准光源的显色指数 Ra 定为 100，光源的显色指数越大，显色性越好。

14.2.3　常用电光源

1. 白炽灯

白炽灯光谱能量为连续分布型，故显色性好。其功率因数接近 1。白炽灯具有结构简单、使用灵活、可调光、能瞬间点燃、无频闪现象、价格便宜等优点，是目前广泛使用的光源之一。但因其绝大部分热辐射为红外线，故光效较低。

2. 荧光灯

荧光灯是利用汞蒸气在外加电源作用下产生弧光放电，可以发出少量的可见光和大量的紫外线，紫外线再激励管内壁的荧光粉使之发出大量的可见光。其基本构造是由灯管、镇流器和辉光启动器组成。

荧光灯在额定电流下所消耗的功率为额定功率。线路功率是镇流器功率与荧光管功率之和。

荧光灯的寿命是指荧光灯的光通量输出衰减到额定输出的70%时，所点燃的整个时间。该时间被称为有效时间。灯管的寿命可达3000h以上，平均寿命约比白炽灯大2倍。

荧光灯以交流电供电时，光通量输出随交流电变化而变化，会发生频闪现象。荧光灯与白炽灯相比，造价较高、功率因数低（一般在0.5左右），不能频繁开关，同时受环境温度的影响较大（最合适的环境温度为115～25℃），所以不宜在开关比较频繁和使用时间较短的场所使用，环境温度过高过低也不选用荧光灯。

3. 荧光高压汞灯（水银灯）

高压汞灯又叫高压水银灯，是比较新型的电光源，其汞蒸气工作压力为0.1～0.5MPa。荧光高压汞灯和自整流高压汞灯具有下降的伏安特性，故必须串接镇流器。高压汞灯的电压为95～135V，用于220V交流电网时使用电感镇流器即可。高压汞灯熄灭后不能立即起动，一般需要5～10min才能再起动。因此，高压汞灯不宜用在频繁开关或比较重要的场所，也不宜接在电压波动较大的供电线路上。高压汞灯的结构如图14-2所示。高压汞灯的光色为蓝绿色，显色性差，故一般室内照明应用较少，光效高（30～50lm/W），寿命长（5000h），常用于工业厂房、体育设施、街道等处的照明，悬挂高度一般在5m以上。

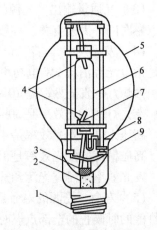

图14-2　高压汞灯的结构
1—灯头　2—抽气管　3—导线
4—主电极 E_1、E_2　5—玻璃壳
6—石英放电管　7—辅助电极 E_3
8—起动电阻　9—支架

4. 金属卤化物灯

金属卤化物灯是近年来发展起来的一种新型光源，它是在高压汞灯的放电管内添充一些金属卤化物（如碘、溴、铊、铟、钍等金属化合物），利用金属卤化物的循环作用，彻底改善了高压汞灯的光色，使其发出的光谱接近天然光，同时还提高了发光效率，是目前比较理想的光源，人们称之为第三代光源。

5. LED发光二极管

LED发光二极管是一种能够将电能转化为可见光的半导体，不同于白炽灯钨丝发光与节能灯荧光粉发光原理的是，它采用的是电场发光的原理，让足够多的电子和空穴在电场作用下复合而产生光子。LED的光谱几乎全部集中于可见光频段，其发光效率可达80%～90%，是国家倡导的绿色光源，具有广阔的发展前景。尤其当大功率的LED研制出来而成为照明光源时，它将大面积取代现有的白炽灯与节能灯而占领整个市场。

14.2.4　电光源的选择

1. 常用电光源的选择

电光源的选择应根据不同设施对照明的要求，以及使用场所的环境条件和光源的特点合理选用，同时应考虑其经济性。

（1）白炽灯　优点是体积小，容易借助于灯具得到准确的光通量分布，显色性比较好，费用较低，因此在许多场所得到广泛应用。在要求显色性、方向性照明的场合，如展览陈列室、橱窗照明和远距离投光照明等常采用白炽灯作为光源。由于其起动性能好，能够迅速点燃，所以事故照明一般也采用白炽灯。在有特殊艺术装饰要求，如会堂、高级会客室、宴会厅等需要表现庄严、华丽、温暖、热烈的场合，也常采用白炽灯。白炽灯的光效较低，寿命短。

（2）荧光灯　在办公室、学校、医院、商店、住宅等建筑中得到广泛应用。因为荧光灯有一定的起动时间，其寿命受起动次数的影响很大，所以在开关比较频繁和使用时间较短的场所，不宜采用荧光灯。同时由于荧光灯有频闪现象，在机加工车间应慎重使用。

（3）荧光高压汞灯、金属卤化物灯、高压钠灯　这类高强度气体放电灯，功率大，发光效率高，寿命长，光色较好，在经常使用照明的高大厅堂及露天场所，特别是维护比较困难的体育馆和其他体育竞赛场所等广泛采用。为了改善这类放电灯的光色，在室内场所常采用混光照明方式，例如荧光灯、高压汞灯与白炽灯混光，或荧光高压汞灯与高压钠灯混光等。

2. 照明电光源选择的一般原则

照明光源的选择，按 GB 50034—2013《工业企业照明设计标准》规定，应遵循下列原则：

（1）照明电光源宜采用荧光灯、白炽灯、高强气体放电灯（含高压钠灯、金属卤化物灯、荧光高压汞灯）等。

（2）当悬挂高度在 4m 及以下时，宜采用荧光灯。当悬挂高度在 4m 以上时，宜采用高强气体放电灯；当不宜采用高强度气体放电灯时，也可以采用白炽灯。

（3）在下列工作场所的照明光源，可选用白炽灯

1）局部照明的场所。

2）防止电磁波干扰的场所。

3）因光源频闪效应影响视觉效果的场所。

4）经常开闭灯的场所。

5）照度不高且照明时间较短的场所。

（4）应急照明应采用能瞬时可靠点燃的白炽灯、荧光灯等。当应急照明作为正常照明的一部分经常点燃且不需切换电源时，可采用其他光源。

（5）当采用一种电光源不能满足光色或显色性要求时，可采用两种光源形式的混光光源。从节能观点考虑，高大厂房中宜采用高光效、长寿命的高强度气体放电灯或其混光照明。

14.3　照明灯具的选择与布置

14.3.1　照明灯具的分类

灯具是指能透光、分配光和改变光源光分布的器具，以达到合理利用和避免眩光的目的。灯具由电光源（灯泡）、灯罩、灯座组成。

1. 控照器（灯罩）

控照器是光源的附件，它可改变光源的光学指标，以适应不同安装方式的要求。它可做成不同的形式、尺寸，可以用不同性质和色彩的材料制造，可以将几个到几十个光源集中在一起组成建筑花灯。控照器（灯罩）的主要作用是重新分配光源发出的光通量、限制光源的眩光作用、减少和防止光源的污染、保护光源免遭机械破坏、安装和固定光源、和光源配合起一定的装饰作用。

控照器的材料一般为金属、玻璃或塑料制成。按照控照器的光学性质可分为反射型、折射型和透射型等多种类型。

控照器的主要特性为配光曲线、光效率和保护角。其中，配光曲线是指光源向其四周辐射发光强度大小的曲线；光效率是指由控照器输出的光通量与光源的辐射光通量的比值。

2. 灯具的种类

（1）按灯具的配光方式分类 灯具通常以灯具的光通量在空间上、下两半球的分配比例来分类：

1）直射型灯具。由反光性能良好的不透明材料制成，如搪瓷、铝和镀锌镜面等。这类灯具又可按配光曲线的形态分为广照型、均匀配光型、配照型、深照型和特深照型等5种，直射型灯具效率高，但灯的上部几乎没有光线，顶棚很暗，与明亮灯光容易形成对比眩光。由于它的光线集中，方向性强，产生的阴影也较重。

2）半直射型灯具。它能将较多的光线照射在工作面上，又可使空间环境得到适当的亮度，改善房间内的亮度比。这种灯具常用半透明材料制成下面开口的式样，如玻璃菱形罩等。

3）漫射型灯具。典型的乳白玻璃球型灯属于漫射型灯具的一种，它是采用漫射透光材料制成封闭式的灯罩，造型美观，光线均匀柔和。但是光的损失较多，光效较低。

4）半间接型灯具。这类灯具上半部用透明材料、下半部用漫射透光材料制成。由于上半球光通量的增加，增强了室内反射光的效果，使光线更加均匀柔和。在使用过程中，上部很容易积灰尘，影响灯具的透光效率。

5）间接型灯具。这类灯具全部光线都由上半球发射出去，经顶棚反射到室内。因此能最大限度地减弱阴影和眩光，光线均匀柔和。但由于光损失较大，不甚经济。这种灯具适用于剧场、美术馆和医院的一般照明。通常还和其他形式的灯具配合使用。灯具的配光方式见表 14-3。

表 14-3 灯具的配光方式

类型	直接型	半直接型	漫射型	半间接型	间接型
分类					
配光					

（续）

类型		直接型	半直接型	漫射型	半间接型	间接型
光通量分布特性	上半球	0%~10%	10%~40%	40%~60%	60%~90%	90%~100%
	下半球	100%~90%	90%~60%	60%~40%	40%~10%	10%~0%
特点		光线集中，工作面上可获得充分照度	光线能集中在工作面上，空间也能得到适当照度。比直接型眩光小	空间各个方向发光强度基本一致，可达到无眩光	增加了反射光的作用，使光线比较均匀柔和	扩散性好，光线柔和均匀。避免了眩光，但光的利用率低

（2）按灯具结构分类

1）开启式灯具。光源与外界环境直接相通。

2）保护式灯具。具有闭合的透光罩，但内外仍能自由通气，如半圆罩天棚灯和乳白玻璃球形灯等。

3）密封式灯具。透光罩将灯具内外隔绝，如防水防尘灯具。

4）防爆式灯具。在任何条件下，不会因灯具引起爆炸的危险。

（3）按安装方式分类

1）吸顶灯。直接固定于顶棚上的灯具称为吸顶灯。

2）镶嵌灯。镶嵌灯嵌入顶棚中。

3）吊灯。吊灯是利用导线或钢管（链）将灯具从顶棚上吊下来。大部分吊灯都带有灯罩。灯罩常用金属、玻璃和塑料制成。

4）壁灯。壁灯装设在墙壁上。在大多数情况下它与其他灯具配合使用。除有实用价值外，还有很强的装饰性。

表 14-4 所示是 QB/T 2905—2007《灯具型号命名规则》中关于照明灯具型号的组成及有关代号说明。

表 14-4　照明灯具的型号说明

项目	型号组成格式
型号含义说明	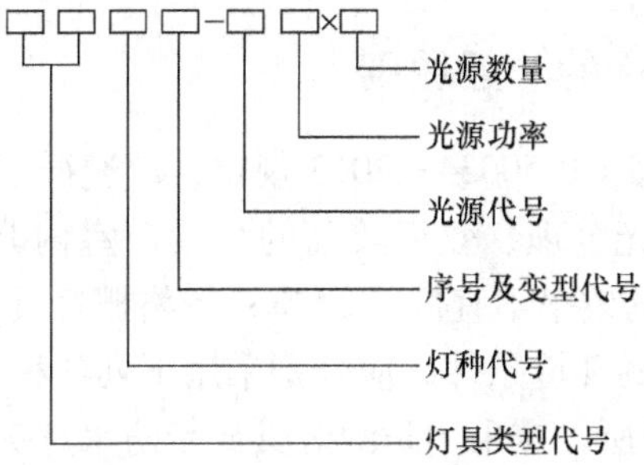 □□□□-□×□　光源数量 光源功率 光源代号 序号及变型代号 灯种代号 灯具类型代号

（续）

项目	型号组成格式						
灯具类型代号	YJ	应急照明灯具	GD	固定式通用灯具	XW	限制表面温度灯具
	TY	庭院用的可移动式灯具	KY	可移式通用灯具	WD	钨丝灯用特低电压照明系统
	ET	儿童感兴趣的可移动式灯具	QR	嵌入式灯具	FZ	非专业用照相和电影用灯具
	DL	道路与街道照明灯具	TF	通风式灯具	DM	地面嵌入式灯具
	TG	投光灯具	ST	手提灯	SZ	水族箱灯具
	YC	游泳池和类似场所用灯具	WT	舞台灯光、电视、电影及摄像场所（室内外）用灯具	CT	插头安装式灯具
	DC	灯串	YH	医院和康复大楼诊所用灯具		
灯种代号	SS	疏散照明灯具	D	吊式灯具	Q	嵌壁式灯具
	B	备用照明灯具	X	吸顶灯具	J	夹灯
	DL	道路照明灯具	XB	吸壁灯具	L	落地灯
	SD	隧道照明灯具	S	射灯	TD	台灯
	Z	柱式合成灯具	T	筒灯	G	挂壁灯具
	M	密封灯串	GS	格栅灯具	JC	机床灯
光源代号	PZ	白炽类普通照明灯泡	ND	低压钠灯	YDW	单端外启动荧光灯
	PZQ	白炽类普通照明球形灯泡	WJ	无极放电灯	YPZ	普通照明用自镇流荧光灯
	LZG	照明管形卤钨灯	LED	发光二极管	JLZ	照明金属卤化物灯
	LZD	照明单端卤钨灯	YZ	直管型荧光灯	JLS	双石英金属卤化物灯
	LLZ	冷反射定向照明卤钨灯	YU	U形荧光灯	JTG	管型铊灯
	GGY	荧光高压汞灯	YH	环形荧光灯	JDH	球形镝铊灯
	NG	透明型高压钠灯	YDN	单端内启动荧光灯	JTY	铊铟灯泡

14.3.2 照明灯具选择的一般原则

照明灯具的选择，按 GB 50034—2013 规定，应遵循下列原则：

（1）应优先选用配光合理、效率较高的灯具　室内开启式灯具的效率不宜低于 70%；带有包合式灯罩的灯具的效率不宜低于 55%；带格栅灯具的效率不宜低于 50%。

（2）根据工作场所的环境条件，应分别采用下列各种灯具

1）在特别潮湿的场所，应采用防潮灯具或带防水灯头的开启式灯具。

2）在有腐蚀性气体和蒸汽的场所，宜采用耐腐蚀性材料制成的密闭式灯具。若采用开启式灯具时，各部分应有防腐蚀防水措施。

3）在高温场所，宜采用带有散热孔的开启式灯具。

4）在有尘埃的场所，应按防尘的保护等级分类来选择合适的灯具。

5）在装有锻锤、重级工作制桥式吊车等振动、摆动较大场所的灯具，应有防振措施和保护网，防止灯泡自行松脱与掉下。

6）在易受机械损伤场所的灯具，应加保护网。

7）在有爆炸和火灾危险场所使用的灯具，应符合现行国家标准 GB 50058—2014《爆炸和火灾危险环境电力装置设计规范》的有关规定。

14.3.3　照明灯具的布置

灯具的布置主要就是确定灯在室内的空间位置。灯具的布置对照明质量有重要影响，光的投射方向、工作面的照度、照明均匀性、直射眩光、视野内其他表面的亮度分布及工作面上的阴影等，都与照明灯具的布置有直接关系。灯具的布置合理与否影响到照明装置的安装功率和照明设施的耗费，影响照明装置的维修和安全。

1. 室内照明灯具布置的一般原则

室内照明灯具的布置，应遵循下列原则：

1）满足工作面上的照度要求。

2）满足照度均匀度的要求。按 GB 50034—2013 规定：作业区域的一般照明照度均匀度（最低照度与平均照度的比值）不宜小于 0.7；工作场所内走道和非作业区域的一般照明照度，不宜小于作业区域一般照明照度的 1/5。为实现照度均匀，每一灯具均规定有最大允许距高比（灯间距离与灯具在工作面上的悬挂高度之比），见表 14-5。

3）满足眩光限制的要求。

4）布置协调美观，并便于维修。室内一般照明的灯具，大多数采用均匀布置（矩形或菱形布置）。只有在需要局部照明或定向照明时，才根据具体情况采用选择布置的方式。在考虑灯具布置时，也应考虑到维修的安全方便，特别是要便于更换光源（灯泡）。

2. 室内一般照明灯具的布置方案

室内一般照明灯具可采用下列两种布置方案：

（1）均匀布置　灯具在整个室内均匀分布，使灯具之间的距离及行间距离均保持一定，因此整个室内能获得较均匀的照度。均匀布置方式适用于要求照度均匀的场合。

靠边一列灯具离墙的距离宜符合下列要求：

1）靠墙有工作面时，灯离墙距离宜取灯间距离的 25% ~ 30%；

2）靠墙为通道时，灯离墙距离宜取灯间距离的 40% ~ 50%。

（2）选择布置　选择布置是指根据工作面的安排和设备的布置来确定灯具的位置。选择布置适用于分区、分段一般照明，优点在于能够选择最有利光的照射方向和保证照度要求，可避免工作面上的阴影，在办公、商业、车间等工作场所内设施布置不均匀的情况下，采用这种有选择的布灯方式可以减少一定数量的灯具，有利于节约投资与能源。

3. 常用灯具平面布置

（1）灯具间距 L　灯具均匀布置时，一般采用矩形、菱形等形式，如图 14-3 所示。

（2）灯具的悬挂高度　灯具的悬挂高度是指光源至地面的垂直距离；灯具的最低悬挂高度是为了限制直接眩光，且注意防止碰撞和触电危险。室内一般照明用的灯具距地面的最

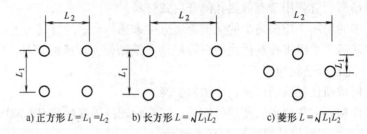

图 14-3　点光源的均匀布置方式

低悬挂高度应不低于规定的数值，见表 14-5。

表 14-5　工业企业室内一般照明灯具的最低悬挂高度（据 GB 50034—2013）

光源种类	灯具型式	灯具遮光角	光源功率/W	最低悬挂高度/m
白炽灯	有反射罩	10°~30°	≤100	2.5
			150~200	3.0
			300~500	3.5
	乳白玻璃漫射罩	—	≤100	2.0
			150~200	2.5
			300~500	3.0
荧光灯	无反射罩	—	≤40	2.0
			>40	3.0
	有反射罩		≤40	2.0
			>40	2.0
荧光高压泵灯	有反射罩	10°~30°	<125	3.5
			125~250	5.0
			≥400	6.0
	有反射罩带格栅	>30°	<125	3.0
			125~250	4.0
			≥400	5.0
金属卤化物灯、高压钠灯、混光光源	有反射罩	10°~30°	<150	4.5
			150~250	5.5
			250~400	6.5
			>400	7.5
	有反射罩带格栅	>30°	<150	4.0
			150~250	4.5
			250~400	5.5
			>400	6.5

　　计算高度是光源至工作面的垂直距离，即等于灯具离地悬挂高度减去工作面的高度（通常取 0.75~0.85m）。如图 14-4 所示。

$$h = H - h_c - h_f$$

式中，H 是房间高度；h_c 是照明灯具的垂度；h 是计算高度；h_f 是工作面高度。

（3）距高比　灯具间距 L 与灯具的计算高度 h 的比值称为距高比。灯具布置是否合理，主要取决于灯具的距高比是否恰当：距高比值小，照明的均匀度好，但投资大；距高比值过大，则不能保证得到规定的均匀度。灯间距离 L 实际上可以由表14-6 中的距高比 L/h 来决定。

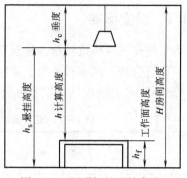

图 14-4　照明灯具悬挂高度

表 14-6　荧光灯的最低允许距高比 L/h

序号	名称	功率/W	型号	效率（%）	光通量/lm	L/h A－A	L/h B－B	图例
1	简式荧光灯	1×40	YG1－1	81	2400	1.62	1.22	
2		1×40	YG2－1	88	2400	1.46	1.28	
3		2×40	YG2－2	97	2×2400	1.33	1.28	
4	封闭型	1×40	YG4－1	84	2400	1.52	1.27	
5	封闭型	2×40	YG4－2	80	2×2400	1.41	1.26	
6	吸顶式	2×40	YG6－2	86	2×2400	1.48	1.22	
7	吸顶式	3×40	YG6－3	86	3×2400	1.50	1.26	
8	塑料格栅嵌入	3×40	YG15－3	45	3×2400	1.07	1.05	
9	铝格栅嵌入	2×40	YG15－2	63	2×2400	1.28	1.20	

14.4　照度计算

照明设计的主要任务是选择合适的照明器具，进行合理布局，以获得符合要求的亮度分布。照度的计算是在灯具布置的基础上进行的，而照度计算的初步结果又可用于对灯具布置进行调整，以便获得合理的布置，最后确定光源的功率。

也就是说，无论是由已知灯泡功率求照度，还是由给定照度求灯泡功率，都需要进行照度计算。

照明的计算主要是照度的计算，只有在特殊的场合，才需要计算某些表面的亮度。照度计算的目的是根据所需要的照度值及其他已知条件（如布灯方案、照明方式、灯具类型、房间各个面的反射条件及灯具和房间的污染情况等）来决定灯泡的容量和灯的数量，或者是在灯具类型、容量及布置都已确定的情况下，计算某点的照度值。照度计算一般采用利用系数法、单位容量法和逐点法等。

14.4.1 照度标准

为了使建筑照明设计符合建筑功能和保护人们的视力健康的要求，做到节约能源、技术先进、经济合理，国家对各类工业与民用建筑照明标准已有规定。表14-7和表14-8是根据 GBJ 133—1990 标准的图书馆和办公楼建筑照明的照度标准值。

表 14-7　图书馆建筑照明的照度标准值（据 GBJ 133—1990）

类　别	参考平面及其高度	照度标准值/lx		
		低	中	高
一般阅览室、少年儿童阅览室、研究室、装裱修整间、美工室	0.75m 水平面	150	200	300
老年读者阅览室、善本书和舆图阅览室	0.75m 水平面	200	300	500
陈列室、目录厅（室）、出纳厅（室）、视听室、缩微阅览室	0.75m 水平面	75	100	150
读者休息室	0.75m 水平面	30	50	75
书库	0.25m 垂直面	20	30	50
开敞式运输传送设备	0.75m 水平面	50	75	100

表 14-8　办公楼建筑照明的照度标准值（据 GBJ 133—1990）

类　别	参考平面及其高度	照度标准值/lx		
		低	中	高
办公室、报告厅、会议室、接待室、陈列室、营业厅	0.75m 水平面	100	150	200
有视觉显示屏的作业	工作台水平面	150	200	300
设计室、绘图室、打字室	实际工作面	200	300	500
装订、复印、晒图、档案室	0.75m 水平面	75	100	150
值班室	0.75m 水平面	50	75	100
门厅	地面	30	50	75

14.4.2 利用系数计算法

照明光源的利用系数是表征照明光源的光通量有效利用程度的一个参数，用投射到工作面上的光通量（包括直射光通和多方反射到工作面上的光通）与全部光源发出的光通量之比来表示。利用系数法的计算结果是工作面上的平均照度，适用于一般均匀照明，尤其适用于房间较低，反射光较强的场所。

利用系数一般由灯具制造厂提供，或从手册中查取。表14-9是厂家提供的 YG2-1 型简式荧光灯的利用系数。

根据利用系数可计算工作面上的平均照度 E_{av}。

$$E_{av} = \frac{uKn\Phi_N}{A} \tag{14-1}$$

式中，n 是灯的盏数；Φ_N 是每盏灯发出的光通量；K 是照度维护系数（见表14-10）；u 是照明灯具的利用系数；A 是房间的面积。

表 14-9　YG2-1 型简式荧光灯的利用系数

灯具型号外形特性和光源型号功率	ρ_c (%)	70			50			30			0
	ρ_w (%)	50	30	10	50	30	10	50	30	10	0
	RCR	利用系数 u ($\rho_f = 20\%$)									
	1	0.89	0.86	0.83	0.85	0.83	0.80	0.82	0.80	0.78	0.73
	2	0.79	0.73	0.69	0.75	0.71	0.67	0.73	0.69	0.65	0.61
	3	0.70	0.63	0.58	0.67	0.61	0.57	0.65	0.60	0.56	0.53
	4	0.61	0.54	0.49	0.59	0.53	0.48	0.57	0.52	0.47	0.45
	5	0.55	0.47	0.42	0.53	0.46	0.41	0.51	0.45	0.41	0.39
	6	0.49	0.41	0.36	0.48	0.41	0.36	0.46	0.40	0.36	0.34
	7	0.44	0.37	0.32	0.43	0.36	0.31	0.42	0.36	0.31	0.29
	8	0.40	0.33	0.28	0.39	0.32	0.27	0.37	0.32	0.27	0.25
	9	0.36	0.29	0.24	0.35	0.29	0.24	0.34	0.28	0.24	0.22
	10	0.32	0.25	0.20	0.31	0.24	0.20	0.30	0.24	0.20	0.18

YG2-1 型

遮光角 46°
$/\!/:L/H \leqslant 1.28$
$\perp:L/H \leqslant 1.6$
$\eta = 88\%$

荧光灯单管 $1 \times 40W$

表 14-10　民用建筑白炽灯、荧光灯的照度维护系数

污染特征	工作房间或场所	维护系数
清洁	住宅卧室、办公室、餐厅、实验室、绘图室等	0.75
一般	商店营业厅、候车候船室、影剧院、观众厅等	0.70
污染严重	锅炉房	0.65

利用式 (14-1)，也可以根据工作面上的平均照度，计算灯的盏数 n。

查表时要利用一个表征房间从照明灯具到工作面空间特征的参数——室空间比（Room Cabin Ratio，RCR），而室空间比 RCR 为

$$RCR = \frac{5h(l+w)}{lw} \qquad (14\text{-}2)$$

式中，h 是计算高度（即灯具与工作面的高度），单位为 m；l、w 分别为房间的长度和宽度，单位均为 m。

当室空间比为小数时，利用系数要通过插值的方法求取。利用系数还要通过查表 14-11 确定顶棚反射系数 ρ_c、墙壁反射系数 ρ_w，而地面反射系数 ρ_f 影响小，一般可取 20%。

表 14-11　顶棚、墙壁和地面的反射系数

反射物体表面情况	反射系数 ρ (%)
刷白的墙壁、顶棚、装有白窗帘的窗子	70
刷白的墙壁，但未挂白窗帘或挂深色窗帘，刷白的顶棚，但房间潮湿，虽未刷白，但干净光亮的墙壁、顶棚	50
有窗子的水泥墙壁、水泥顶棚；或木墙壁、木顶棚；糊有浅色纸的墙壁、顶棚	30
有大量深色灰尘的墙壁和顶棚，无窗帘的玻璃窗；未粉刷的砖墙；糊有深色纸的墙壁、顶棚	10

【**例 14-1**】 某机械加工车间，长为 36m，宽为 115m，柱距为 6m，屋架下弦高度为 11m。该车间顶棚的反射比 ρ_c 为 50%，墙壁的反射比 ρ_w 为 30%，地板的反射比 ρ_f 为 20%。整个车间拟采用混合照明，其一般照明采用混光灯具，平均照度不低于 100lx。试选择其一般照明的混光灯具，并进行合理布置。

【**解**】 （1）灯具类型的选择。由表 14-12 可知，机械加工要求的显色指数 Ra 为 40%~60%。而由表 14-13 可知，GGYNGX 的混光光源 Ra = 40%~50%，符合要求。因此由表14-15，试选 CXGC204 – GN360 型混光灯具，其光源为 GGY – 250 + NG – 110。

由表 14-14，查得 GGY – 250 的 Φ_{N1} = 10500lm；由表 14-16，查得 NG – 110 的 Φ_{N2} = 8500lm，因此灯具总光通中 $\Phi_N = \Phi_{N1} + \Phi_{N2}$ = 10500lm + 8500lm = 19000lm。

混光光通比为 Φ_{N1}/Φ_N = 10500lm/19000lm = 0.55，满足表 14-13 规定的混光光通量比的要求。

（2）计算室空间比 RCR。灯具直接装设在桁架的梁上，因此灯具的计算高度 h = (11 – 0.75)m = 10.25m。由式（14-2）得

$$RCR = \frac{5h(l+w)}{lw} = \frac{5 \times 10.25 \times (36+18)}{36 \times 18} \approx 4.27$$

（3）确定灯具的利用系数和维护系数。查表 14-17，可得 $u \approx 0.52$。查表 14-10，可得 $K = 0.7$。

（4）计算灯数，并进行灯具布置。根据 E_{av} = 100lx，并对式（14-1）进行变形，可得

$$n = \frac{E_{av}A}{uK\Phi_N} = \frac{100 \times 36 \times 18}{0.52 \times 0.7 \times 19000} \approx 9.4$$

取 n = 10，灯具的布置如图 14-5 所示。

（5）校验最大允许距高比

垂直（⊥）方向为 6/10.25 ≈ 0.59 < 0.98（允许值，见表 14-15 序号 19）。

水平（∥）方向为 9/10.25 ≈ 0.88 < 1.23（允许值，亦见表 14-15 序号 19）。

由此可见，灯具布置满足照明均匀度的要求。

（6）计算实际照度值。按式（14-1）得

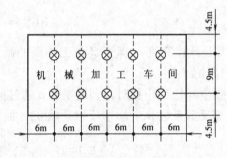

图 14-5 灯具的布置

$$E_{av} = \frac{uKn\Phi_N}{A} = \frac{0.5 \times 0.7 \times 10 \times 19000}{36 \times 18}lx \approx 103lx$$

满足规定照度 100lx 的要求。

表 14-12　光源的显色类别及其适用场所（据 GB 50034—1992）

显色类别		一般显色指数范围	适用场所举例
I	A	$Ra \geqslant 90$	颜色匹配、颜色检验等
	B	$90 > Ra \geqslant 80$	印刷、食品分检、油漆等
II		$80 > Ra \geqslant 60$	机电装配、表面处理、控制室等
III		$60 > Ra \geqslant 40$	机械加工、热处理、铸造等
IV		$40 > Ra \geqslant 20$	仓库、大件金属库等

表 14-13　混光光源的光通量比和显色效果（据 GB 50034—1992）

混光光源	光通量比（%）	一般显色指数（Ra）	色彩辨别效果
DDG + NGX	40 ~ 60	$\geqslant 80$	除个别颜色为"中等"外，其他颜色为"良好"
DDG + NG	60 ~ 80		
KNG + NG	50 ~ 80	60 ~ 70	除部分颜色为"中等"外，其他颜色为"良好"
DDG + NG	30 ~ 60	60 ~ 80	
KNG + NGX	40 ~ 60	70 ~ 80	
GGY + NGX	30 ~ 40	60 ~ 70	
ZJD + NGX	40 ~ 60	70 ~ 80	
GGY + NG	40 ~ 60	40 ~ 50	除个别颜色为"可以"外，其他颜色为"中等"
KNG + NG	30 ~ 50	40 ~ 60	
GGY + NGX	40 ~ 60	40 ~ 60	
ZJD + NG	30 ~ 40	40 ~ 50	

表 14-14　GGY 型荧光高压汞灯的主要技术数据

型号	额定电压 /V	额定功率 /W	工作电流 /A	启动电流 /A	额定光通量 /lm	起动稳定时间 /min	平均寿命 /h	灯头型号
GGY—50		50	0.62	1.0	1500			E27/27
GGY—80		80	0.85	1.3	2800		2500	
GGY—125		125	1.25	1.8	4750			E27/35 × 30
GGY—175	220	175	1.50	2.3	7000	4 ~ 8		E40/45
GGY—250		250	2.15	3.7	10500			
GGY—400		400	3.25	5.7	20000			E40/55 × 47
GGY—700		700	5.45	10.0	35000		5000	或
GGY—1000		1000	7.50	13.7	50000			E40/75 × 54

表 14-15　部分灯具的主要技术数据

序号	灯具类型名称	光源类型功率 /W	灯具遮光角	灯具效率（%）	光通量比（%）		最大允许距高比	灯头型式
					上射	下射		
1	JXD5 - 2 型平圆形吸顶灯	PZ220 - 100	0°	57	22	35	1.32	E27
2	TP - 1 型扁圆天棚灯	PZ220 - 60、100	0°	63	14	49	1.3	E27

（续）

序号	灯具类型名称	光源类型功率 /W	灯具 遮光角	灯具效率 （%）	光通量比（%）		最大允许 距高比	灯头型式
					上射	下射		
3	TP-2型半圆天棚灯	PZ220-60、100	0°	40	7	33	1.54	E27
4	YJK-1/40-2型简易控照荧光灯	YZ-40	0°	84.2	0	84.2	1.49⊥ 1.38‖	
5	YJK-2/40-2型简易控照荧光灯	2×YZ-40	10.7°	69.2	0	69.2	1.42⊥ 1.26‖	
6	YG1-1型简式荧光灯	YZ-40	0°	80	21	59	1.62⊥ 1.22‖	
7	YG2-1型简式荧光灯	YZ-40	4.6°	88	0	88	1.60⊥ 1.28‖	
8	YG2-2型简式荧光灯	2×YZ-40	1.25°	97	0	97	1.33⊥ 1.28‖	
9	YG4-1型密封型荧光灯	YZ-40	5°	84	0	84	1.52⊥ 1.27‖	
10	YG4-2型密封型荧光灯	2×YZ-40	0°	80	0	80	1.41⊥ 1.26‖	
11	YG6-2型吸顶式荧光灯	2×YZ-40	0°	86	22	64	1.22⊥ 1.48‖	
12	YG6-3型吸顶式荧光灯	3×YZ-40	0°	86	21	65	1.25⊥ 1.50‖	
13	YG15-2型嵌入式铝格栅荧光灯	2×YZ-40	31°	63	0	63	1.25⊥ 1.20‖	
14	YG15-3型嵌入式塑料格栅荧光灯	3×YZ-40	32.6°	45	0	45	1.07⊥ 1.05‖	
15	YB3E-40KS型隔爆型快速启动荧光灯	YZ-40	0°	63.3	10	53.3	1.3⊥ 1.2‖	
16	CXGC202-GN360型混光灯具	GGY-250+NG-110	12°	75	2	73	2.4⊥ 2.3‖	E40 +E27
17	CXGC202-GN650型混光灯具	GGY-400+NG-250	10°	72	1	71	1.64⊥ 1.52‖	E40 +E40
18	CXTG203-GN360型混光灯具	GGY-250+NG-110	26°	71	0	71	1.30⊥ 1.30‖	E40 +E27
19	CXTG204-GN360型混光灯具	GGY-250+NG-110	32°	76	0	76	0.98⊥ 1.23‖	E40 +E27

表 14-16　NG 型荧光高压钠灯的主要技术数据

类别	型号	额定电压 /V	额定功率 /W	工作电压 /V	工作电流 /A	额定光通量 /lm	起动稳定 时间/min	平均寿命 /h	灯头型号
普通高压钠灯	NG－75	220	75	115	0.8	5500	5～6	12000	E27/27
	NG－100		100	100	1.2	9000		12000	
	NG－110		110	125	1.15	8500		12000	
	NG－150		150	100	1.8	16000		24000	E40/45
	NG－215		215	130	2.1	20000		16000	
	NG－250		250	100	3.0	28000		24000	
	NG－360		360	130	3.25	36000		16000	
	NG－400		400	100	4.6	48000		24000	
	NG－1000		1000	110	10.3	130000		24000	

表 14-17　CXGC204 型混光灯具的利用系数

灯具型号外形特性和光源型号功率	ρ_c（%）	70			50			30			0
	ρ_w（%）	50	30	10	50	30	10	50	30	10	0
	RCR	利用系数 u（ρ_f＝20%）									
CXGC204-GN360 型　　遮光角32°　　∥：L/H≤1.23　　⊥：L/H≤0.98　　η＝76%　　光源 GGY－250＋NG－110	1	0.80	0.78	0.76	0.77	0.76	0.74	0.74	0.73	0.72	0.68
	2	0.73	0.70	0.67	0.71	0.68	0.65	0.68	0.66	0.64	0.61
	3	0.66	0.62	0.58	0.64	0.60	0.57	0.62	0.59	0.56	0.54
	4	0.60	0.55	0.52	0.59	0.54	0.51	0.57	0.53	0.50	0.48
	5	0.55	0.50	0.46	0.53	0.49	0.45	0.52	0.48	0.45	0.38
	6	0.50	0.44	0.40	0.48	0.44	0.40	0.47	0.43	0.40	0.34
	7	0.45	0.39	0.35	0.44	0.39	0.35	0.43	0.39	0.35	0.33
	8	0.41	0.35	0.31	0.40	0.35	0.31	0.39	0.34	0.31	0.30
	9	0.37	0.32	0.28	0.36	0.31	0.28	0.36	0.31	0.28	0.25
	10	0.34	0.28	0.25	0.33	0.28	0.25	0.32	0.28	0.25	0.23

14.4.3　单位容量法

单位容量就是每单位被照面积上所需要的灯泡安装功率，适用于均匀的一般照明计算。一般民用建筑和生活设施可用此法计算。

单位容量法可根据已经选好的单位面积安装功率来计算每盏灯的电功率

$$P_0 = \frac{P_\Sigma}{A} = \frac{nP_N}{A} \tag{14-3}$$

式中，P_0 是单位面积的安装功率，单位为 W；P_Σ 是受照房间总的灯泡安装容量，单位为 W；P_N 是每盏灯的额定功率，单位为 W；n 是受照房间总灯数；A 是受照房间总的水平面积，单位为 m²。

通常根据房间面积 A，选用灯具的形式、平均照度及计算高度，查相关的图表，确定单位面积的安装功率 P_0，再由式（14-3）计算出 P_Σ，然后求出 n 及 P_N。荧光灯（30W，40W，带罩）单位面积安装功率参见表14-18。

表14-18 荧光灯（30W，40W，带罩）单位面积安装功率 （单位：W/m²）

计算高度/m	安装功率 房间面积	照度 荧光灯照度/lx					
		30	50	75	100	150	200
2~3	10~15	3.2	5.2	7.8	13.2	15.6	21.0
	15~25	2.7	4.5	6.7	12.9	13.4	18.0
	25~50	2.4	3.9	5.8	10.7	11.6	15.4
	50~150	2.4	3.4	5.1	8.8	10.2	13.6
	150~300	1.9	3.2	4.7	6.9	9.4	12.5
	300以上	1.8	3.0	4.5	6.2	8.9	11.8
3~4	10~15	4.5	7.5	11.3	17.1	23.0	30.0
	15~25	3.3	6.2	9.3	14.3	19.0	25.0
	20~30	3.2	5.3	8.0	12.5	15.9	21.2
	30~50	2.7	4.5	6.8	10.7	13.6	18.1
	50~120	2.4	3.9	5.8	9.0	11.6	15.4
	120~300	2.1	3.4	5.1	7.3	10.2	13.5
	300以上	1.9	3.2	4.8	5.9	9.5	12.6

【例14-2】 某教室长为12m，宽为6m，层高为3.9m，课桌平均照度为200lx，试确定布灯方案和灯具功率。

【解】 （1）选择灯型及布灯。

教室应选带反射罩荧光灯 YG2-1 型。最大允许距高比值，查表14-19得

A-A 为 1.46。

B-B 为 1.28。

其光通量为 2400lm。

计算高度 $h = (3.9 - 0.6 - 0.8)\text{m} = 2.5\text{m}$。

荧光灯的轴线与窗线平行，设置两排。教室灯具布置图如图14-6所示。

纵向 $L_1 = 1.46h = (1.46 \times 2.5)\text{m} = 3.65\text{m}$。

取间距为3.6m，灯与墙之间的距离为1.2m。

横向 $L_2 = 1.28h = (1.28 \times 2.5)\text{m} = 3.2\text{m}$

取灯间距为3m；灯与墙之间的距离为1.5m。

可见，教室共布置15套荧光灯灯具。

（2）计算灯具功率采用单位容量法

根据房间面积 $A = (12 \times 6)\text{m}^2 = 72\text{m}^2$

荧光灯的最大允许距高比见表14-19，部分照明灯具的最小照度系数 Z 值见表14-20。

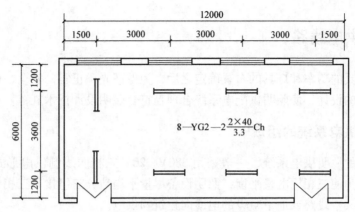

$$8 - YG2 - 2\frac{2 \times 40}{3.3}Ch$$

图 14-6 教室灯具布置图

计算高度 h 为 2.5m，平均照度为 200lx。查表 14-18 得单位面积安装功率为 13.6W/m²。

题中给出平均照度，要考虑最小照度系数 Z 值，查表 14-20 得 $Z = 1.28$。

房间总安装功率为 $P = 13.6 \times 72/1.28W = 731.6W$

每盏灯的功率为 $P_N = 731.6/8W = 91.4W$

考虑 40W 荧光灯的镇流器消耗 8W 功率，故该教室选择 8 套 YG2 - 2 型 2 × 40W 带反射罩荧光灯。

表 14-19　荧光灯的最大允许距高比

序号	名称	功率/W	型号	效率（%）	光通量/lm	L/h_c		图例
						A - A	B - B	
1	简式荧光灯	1 × 40	YG1 - 1	81	2400	1.62	1.22	
2		1 × 40	YG2 - 1	88	2400	1.46	1.28	
3		2 × 40	YG2 - 2	97	2 × 2400	1.33	1.28	
4	封闭型	1 × 40	YG4 - 1	84	2400	1.52	1.27	
5	封闭型	2 × 40	YG4 - 2	80	2 × 2400	1.41	1.26	
6	吸顶式	2 × 40	YG6 - 2	86	2 × 2400	1.48	1.22	
7	吸顶式	3 × 40	YG6 - 3	86	3 × 2400	1.50	1.26	
8	塑料格栅嵌入	3 × 40	YG15 - 3	45	3 × 2400	1.07	1.05	
9	铝格栅嵌入	2 × 40	YG15 - 2	63	2 × 2400	1.28	1.20	

表 14-20　部分照明灯具的最小照度系数 Z 值

灯具类型 ＼ 距高比照度系数	L/h			
	0.8	1.2	1.6	2.0
乳白玻璃罩万能型灯	1.27	1.22	1.33	1.55
磨砂罩万能型灯	1.20	1.15	1.25	1.50
深照罩型灯	1.15	1.09	1.18	1.44
荧光灯	1.00	1.00	1.28	1.28

14.5 照明供电线路

在照度、灯具的功率和灯具的布置确定之后，为保证光源正常、安全、可靠地工作，需要进行照明线路的设计，使照明供配电系统合理且符合照明设计技术规范。

14.5.1 照明供电系统的组成

建筑物内部的照明供电系统，一般采用380V/220V三相四线制供电形式，由于整幢建筑用电量很大，为使三相用电量平衡，照明设备尽量平均地分三组接入三相电源中。低压供电线路通过户外架空线路或地下敷设的电缆向建筑物供电。

照明供电系统一般由接户线、进户线、总配电箱、配电干线、分配电箱、支线和用电设备（灯具、插座等）所组成，如图14-7所示。

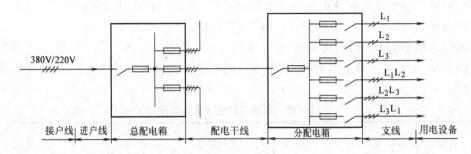

图14-7 照明供电系统

14.5.2 照明供电系统的接线方式

照明配电系统（网络）有放射式、树干式和混合式等接线方式。

放射式接线是各个分配电箱均由总配电箱各用一条干线连接，或者各个用电设备均由分配电箱各用一条支线连接。放射式结线供电可靠性较高，但耗用导线材料及控制保护设备较多，投资较大。

树干式接线是各分配电箱均由同一条干线供电，或者各用电设备均由同一条支线供电。树干式接线耗用的导线材料和控制保护设备较少，比较经济，但供电可靠性较差。

混合式接线是放射式与树干式两种接线混合使用的一种接线方式，如图14-8所示，其优缺点介于放射式与树干式之间，在实际中应用最为广泛。

照明系统应设有应急照明。应急照明可与工作照明同时照明，但当工作电源因故停电时，应急照明可自动或手动地投入备用电源（如蓄电池

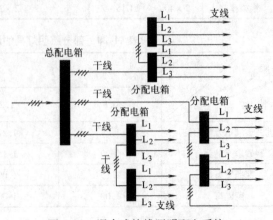

图14-8 混合式接线照明配电系统

等）。图14-9a、b为由一台和两台变压器供电的设有应急照明的配电系统。

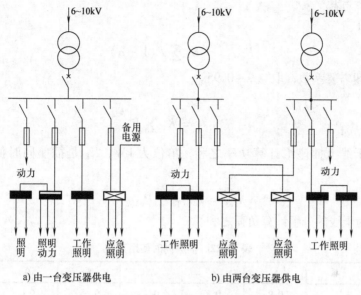

a) 由一台变压器供电　　　　　　b) 由两台变压器供电

图 14-9　设有应急照明的照明系统

14.5.3　照明负荷计算

第13章中已经提到，计算负荷是按发热条件选择供电系统的导线和电气设备的基本依据。为了使供电系统能安全、正常运行，又杜绝浪费，必须正确计算负荷。下面介绍应用需要系数法进行照明负荷计算。

负荷计算应由负载端开始，经支线、干线至进户线或母干线。下面就根据这个顺序来介绍：

1. 各个灯具的计算负荷

$$P_{c1} = \sum P(1 + \alpha)$$

式中，P_{c1}是灯具的计算负荷，单位为 kW；P是灯具的额定功率，单位为 kW。

若采用考虑气体放电光源，还需计入的电光源的功率损耗系数 α，见表14-21。

表 14-21　电光源的功率损耗系数

光源种类	损耗系数 α	光源种类	损耗系数 α
白炽灯、卤化物灯	0	金属卤化物灯	0.14 ~ 0.22
荧光灯	0.2	涂荧光物质的金属卤化物灯	0.14
荧光高压汞灯	0.07 ~ 0.3	低压钠灯	0.2 ~ 0.8
自镇流荧光高压汞灯	—	高压钠灯	0.12 ~ 0.2

2. 支线的计算负荷

$$P_{c2} = K_d \sum P(1 + \alpha)$$

式中，P_{c2}是支线的计算负荷，单位为 kW；$\sum P$是支线上照明设备的额定功率之和，单位为 kW；K_d 是支线需要系数，取 1。不同电光源应先按类型分组计算后，再求和。

3. 干线计算负荷

照明设备组

$$P_{c3(1)} = K_d \sum P(1 + \alpha)$$

式中，K_d 是干线需要系数，取 0.9～0.95。

插座组

$$P_{c3(2)} = K_T \sum P$$

式中，$\sum P$ 是干线上插座组计算功率之和，单位为 kW；K_T 是插座同时使用系数，查表 14-22可得

$$P_{c3} = P_{c3(1)} + P_{c3(2)}$$

干线计算负荷为干线的分组计算负荷之和。

表 14-22　插座同时使用系数

插座个数	4	5	6	7	8	9	10
K_T	1	0.9	0.8	0.7	0.65	0.6	0.6

4. 进户线或低压母干线计算负荷

$$P_{c4} = K_d \sum P_{c1}$$

式中，P_{c4} 是进户线或低压母干线计算负荷，单位为 kW；$\sum P_{c1}$ 是各个灯具的计算负荷之和，单位为 kW；K_d 是进户线或低压母干线需要系数，查表 14-23 可得。

在设计之初，为了制订供电方案，计算负荷还可根据图 14-24 所列的单位建筑面积照明用电计算负荷进行估算。

表 14-23　民用建筑照明负荷需要系数

建筑物名称		需要系数 K_d	备　注
一般住宅楼	20 户以下	0.6	单元式住宅，多数为每户两室，两室户内插座为 6～8 个，装户表
	20～50 户	0.5～0.6	
	50～100 户	0.4～0.5	
	100 户以上	0.4	
高级住宅楼		0.6～0.7	
集体宿舍楼		0.6～0.7	一开间内 1～2 盏灯，2～3 个插座
一般办公楼		0.7～0.8	一开间内 2 盏灯，2～3 个插座
高级办公楼		0.6～0.7	
科研楼		0.8～0.9	一开间内 2 盏灯，2～3 个插座
发展与交流中心		0.6～0.7	
教学楼		0.8～0.9	三开间内 6～11 盏灯，1～2 个插座
图书馆		0.6～0.7	
托儿所、幼儿园		0.8～0.9	

（续）

建筑物名称	需要系数 K_d	备　注
小型商业、服务业用房	0.85~0.9	
综合商业、服务楼	0.75~0.85	
食堂、餐厅	0.8~0.9	
高级餐厅	0.7~0.8	
一般旅馆、招待所	0.7~0.8	一开间一盏灯，2~3个插座，集中卫生间带卫生间
高级旅馆、招待所	0.6~0.7	
旅游宾馆	0.35~0.45	单间客房4~5盏灯，4~6个插座
电影院、文化馆	0.7~0.8	
剧场	0.6~0.7	
礼堂	0.5~0.7	
体育练习馆	0.7~0.8	
体育馆	0.65~0.75	
展览馆	0.5~0.7	
门诊楼	0.6~0.7	
一般病房楼	0.65~0.75	
高级病房楼	0.5~0.6	
锅炉房	0.9~1	

表 14-24　单位建筑面积照明用电计算负荷

建筑物名称	计算负荷/(W/m²)		建筑物名称	计算负荷/(W/m²)	
	白炽灯	荧光灯		白炽灯	荧光灯
一般住宅楼	6~12		餐厅	8~16	
高级住宅楼	10~20		高级餐厅	15~30	—
单身宿舍	—	5~7	内部食堂	5~9	
一般办公楼	—	8~10	旅馆、招待所	11~18	
高级办公楼	15~23		高级宾馆、招待所	20~35	—
科研楼	20~25	—	文化馆	15~18	
技术交流中心	15~20	20~25	电影院	12~20	
教学楼	10~23	—	剧场	12~27	—
图书馆	15~25	—	礼堂	17~30	
托儿所、幼儿园	6~10		体育练习馆	12~24	
大、中型商场	13~20	—	展览馆	16~40	
综合服务楼	10~15	—	门诊楼	12~15	
照相馆	8~10	—	病房楼	8~10	
服装店	5~10	—	服装生产车间	20~25	
书店	6~12	—	工艺品生产车间	15~20	
理发店	5~10	—	库房	5~7	
浴室	10~15	—	车房	5~7	
粮店、副食店 邮政所、储蓄所 洗染店、综合修理店	—	8~12	锅炉房	5~8	

14.6　照明工程识图

14.6.1　电气照明施工图概述

电气照明施工图是电气照明工程施工安装依据的技术图样，包括电气照明供电系统图、电气照明平面布置图、非标准件安装制作大样图及有关施工说明、设备材料表等。

（1）电气照明供电系统图　电气照明供电系统图又称照明配电系统图，简称照明系统图，是用国家标准规定的电气图用图形符号概略地表示电气照明系统的基本组成、相互关系及其主要特征的一种简图，最主要的是表示其电气线路的连接关系。

（2）电气照明平面布置图　电气照明平面布置图又称照明平面布线图，简称照明平面图，是用国家标准规定的建筑和电气平面图图形符号及有关文字符号表示照明区域内照明灯具、开关、插座及配电箱等的平面位置及其型号、规格、数量、安装方式，并表示照明线路的走向、敷设方式及其导线型号、规格、根数等的一种技术图样。

（3）非标准件安装制作大样图　对于标准图集或施工图册上没有的需自制或有特殊安装要求的某些元器件，则需在施工图设计中提出其大样图。非标准件安装制作大样图应按照制图要求以一定比例绘制，并标注其详细尺寸、材料及技术要求，便于按图制作施工。

（4）施工说明　施工说明只作为施工图的一种补充文字说明，主要是施工图上未能表述的一些特定的技术内容。

（5）设备材料表　通常按照明灯具、光源、开关、插座、配电箱及导线材料等分门别类列出。表中需有编号、名称、型号规格、单位、数量及备注等栏。设备材料表是编制照明工程概（预）算的基本依据。

14.6.2　电气照明施工图识图

1. 图例及符号

电气照明施工图中采用大量统一图例和符号表示线路和各种电气设备，以及敷设方式及安装方式等，因此首先必须了解这些图例及文字符号所代表的内容和意义。图例及文字符号均采用国际电工委员会（IEC）的通用标准，表14-25～表14-29为照明常用图例及符号。

表14-25　灯具安装方式的文字标注含义

序号	名　称	旧代号	新代号	英　文
1	线吊式	X	CP☆	Wire（cord）Pendant
2	自在器线吊式	X	CP	Wire（cord）Pendant
3	固定线吊式	X1	CP1	
4	防水线吊式	X2	CP2	
5	吊线器式	X3	CP3	
6	链吊式	L	Ch☆	Chain Pendand
7	管吊式	G	P	Pipe（conduit）Erected
8	壁装式	B	W☆	Wall Mounted

（续）

序号	名　称	旧代号	新代号	英　文
9	吸顶式或直附式	D	S☆	Ceiling Mounted（Absorbed）
10	嵌入式（嵌入不可进人的顶棚）	R	R☆	Recessed in
11	顶棚内安装（嵌入可进人的顶棚）	DR	CR☆	Coil Recessed
12	墙壁内安装	BR	WR	Wall Recessed
13	台上安装	T	T	Table
14	支架上安装	J	SP	
15	柱上安装	Z	CL	Column
16	座装	ZH	HM	

表 14-26　照明灯具的标注方法

标 准 方 式	说　明
一般标注方法 $$a-b\frac{c\times d\times l}{e}f$$	a ——灯数 b ——型号或编号 c ——每盏照明灯具的灯泡数 d ——灯泡容量（W） e ——灯泡安装高度（m） f ——安装方式（壁灯灯具中心与地距离/吊灯灯具底部与地距离） l ——光源种类 IN——白炽灯 FL——荧光灯 IR——红外灯 UV——紫外灯
灯具吸顶安装 $$a-b\frac{c\times d\times L}{}$$	Ne——氖灯 Xe——氙灯 Na——钠灯 Hg——汞灯 I ——碘灯 ARC ——弧光灯 LED ——发光二极管

表 14-27　电力和照明标注方法

一般标注方法 $$a\frac{b}{c}或\ a-b-c$$	a——设备编号 b——设备型号 c——设备功率（kW） d——导线型号
当需要标注引入线的规格时 $$a\frac{b-c}{d\ (e\times f)\ -g}$$	e——导线根数 f——导线截面积（mm²） g——导线敷设方式及部位

表 14-28　照明灯具图例

灯和信号灯的一般符号		⊗	防水防尘灯	⊗
荧光灯	一般符号	 ⊢——⊣	球形灯	●
	三管荧光灯	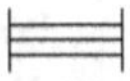 ≣	局部照明灯	◑
	五管荧光灯	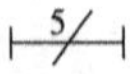 ⊢—5—⊣	弯灯	 ⟋○
广照型（配照型）灯		⌓	壁灯	⊖
深照型灯		⌽	安全灯	⊖
			隔爆灯	◉

表 14-29　插座和开关图形符号

插座或插孔的一般符号		 ⊥ ⋎	开关的一般符号		 ○⟋
单相插座	一般符号	 ⟑	单极开关	一般符号	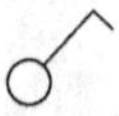 ○⟋
	暗装	 ◖		暗装	 ●⟋
	密闭（防水）	 ⟑		密闭（防水）	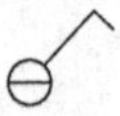 ⊖⟋
	防爆	 ◖		防爆	 ◖⟋
带接地插孔的单相插座	一般符号	 ⟑	双极开关	一般符号	 ○⟋
	暗装	 ◖		暗装	 ●⟋
	密闭（防水）	 ⟑		密闭（防水）	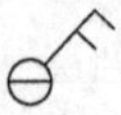 ⊖⟋
	防爆	 ⟑		防爆	 ◖⟋
带接地插孔的三相插座	一般符号	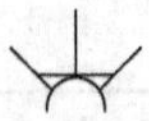 ⟱	三极开关	一般符号	 ○⟋
	暗装	 ◣		暗装	 ●⟋
	密闭（防水）	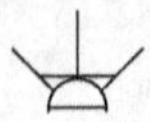 ⟱		密闭（防水）	 ⊖⟋
	防爆	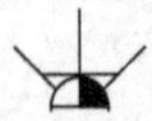 ⟱		防爆	 ◖⟋

2. 照明线路的配置

照明线路的配置主要由照明电源的接户线、进户线、配电箱、室内配电干线、支线、灯具、开关和插座的安装等组成，见表 14-30。

表 14-30　照明线路的配置

名　称	定　义	选用导线	安　装
接户线	从低压架空线上引下，到建筑物的第一个支持点（进户点）的一段线路称为接户线	BX / BBX	距地 > 2.5m
进户线	由进户点到建筑物的总配电箱的一段线路，称为进户线	BLX / BBLX	
配电箱	用电量小的可只设一个配电箱，多层建筑可设一个总配电箱，主要为隔离电源分断短路作用。内装断路器、刀开关、熔断器等	BV / BLV	暗装底边距地 1.5m
干线	从总配电箱到分配电箱的一段线路，叫做干线。有放射式、树干式、混合式布置三种	BV / BLV	明设或暗设穿管
支线	从分配电箱到灯具的一段线路，称为支线。每支线电流应不超过 15A；每支线灯具数少于 20 盏；每支线插座回路不大于 10 个；支线电流大于 30A 时，应选三相四线配电。各支线容量应均匀分配到三相电路	BV / BLV	明设或暗设穿管

3. 电气照明供电系统图

它是对整个建筑物内的配电系统和容量分配情况、所用的配电装置、配电线路、总的设备容量等进行绘制的电气施工图之一。绘制时必须遵循有关标准如 GB 50034—2013《工业企业照明设计标准》关于照明供电的有关规定，并结合设计对象的照明要求，合理布线。一般采用单线图形式绘制，图上标出了各级配电装置和照明线路，各配电装置内的开关、熔断器等电器的规格、导线型号、截面积、敷设方式、所用管径、安装容量等。

在阅读电气施工图时，要结合电气系统图和施工说明，分析电气施工平面图，了解各种配电管线的敷设方法和敷设要求，了解各电器设备安装方法和技术要求，特别是电气工程对土建施工配合的要求。防止因暗配管线和暗装配电设备及灯具开关插座没有及时预埋、预留造成工程质量问题。

4. 电气照明线路平面布置图

它是在土建施工用的平面图上绘出电气照明分布图，即在土建平面图上画出全部灯具、线路和电源的进线，配电盘（箱）等的位置、型号规格，穿线管径、数量、容量大小、敷设方式，干支线的编号、走向、开关、插座、照明器的种类、安装高度和方式等。

14.6.3　电气照明施工图示例

本节从有关资料中选取了一些照明系统图和平面图供参考。

1. 住宅楼照明供电系统图和平面图示例

图 14-10 是该住宅楼照明供电系统图，图 14-11 是住宅楼标准层电气照明平面布置图。

（1）系统特点　系统采用三相四线制，架空引入，导线为 3 根 35mm² 加 1 根 25mm² 的橡皮绝缘铜线（BX），引入后穿直径为 50mm 的水煤气管（SC）埋地板（FC），引入到第 1 单元的总配电箱。第 2 单元总配电箱的电源是由第 1 单元总配电箱经导线穿管埋地板引入的，导线为 3 根 35mm² 加 2 根 25mm² 的塑料绝缘铜线（BV），35mm² 的导线为相线，25mm² 的导线 1 根为中性线，1 根为 PE 线。穿管均为直径 50mm 的水煤气管。其他三个单元总配电箱的电源的取得与上述相同。

（2）照明配电箱　照明配电箱分两种，首层采用 XRB03 - G1（A）型改制，其他层采

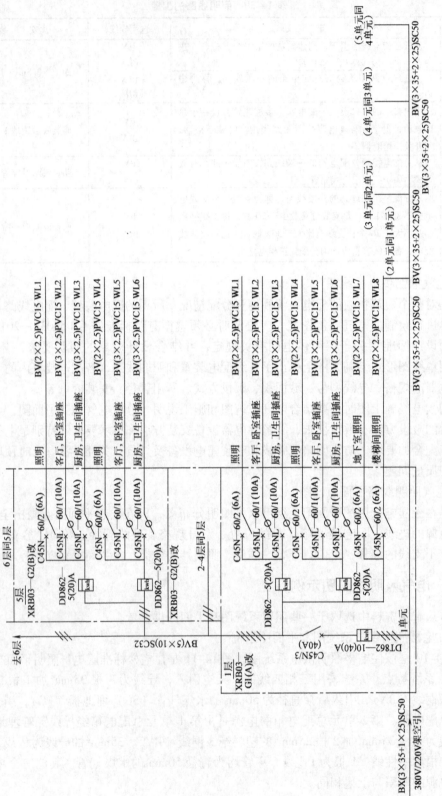

图14-10　住宅楼照明供电系统图

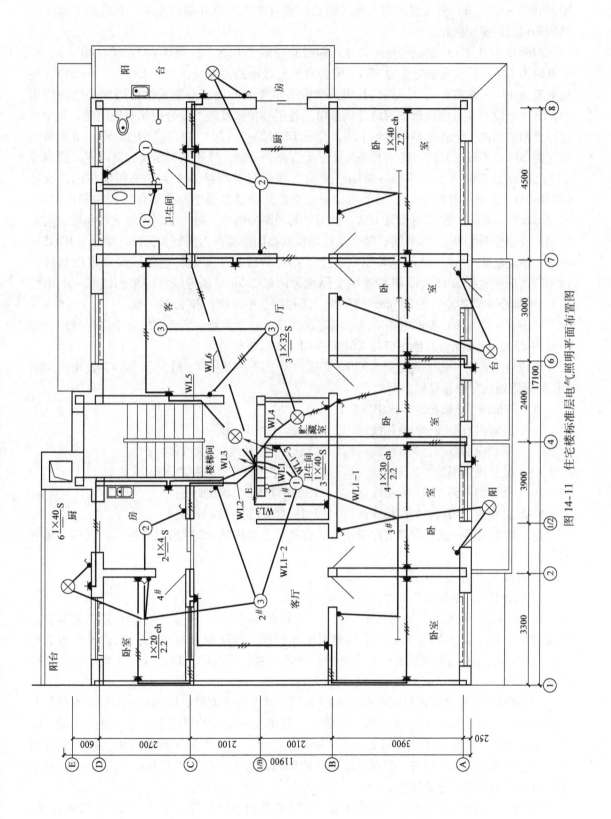

图 14-11　住宅楼标准层电气照明平面布置图

用 XRB03 – G2 （B）型改制，其主要区别是前者有单元的总计量电能表，并增加了地下室照明和楼梯间照明回路。

XRB03 – G1 （A）型配电箱配备三相四线总电能表 1 块，型号 DT862 – 10 （40）A，额定电流为 10A，最大负载电流为 40A；配备总控三极断路器 1 块，型号 C45N/3 （40A），整定电流为 40A。该箱有三个回路，其中两个配备电能表的回路分别是供首层两个住户使用的，另一个没有配备电能表的回路是供该单元各层楼梯间及地下室公用照明使用的。其中供住户使用的回路，配备单相电能表 1 块，型号 DD862 – 5 （20）A，额定电流 5A，最大负载电流为 20A，不设总开关。每个回路又分三个支路，分别供照明、客厅及卧室插座。厨房及卫生间插座，支路标号为 WL1 ~ WL6。照明支路设双极断路器作为控制和保护用，型号 C45N – 60/2，整定电流为 6A；另外两个插座交路均设单极漏电断路器作为控制和保护用，型号 C45NL – 60/1，整定电流为 10A。公用照明回路分两个支路，分别供地下室和楼梯间照明用，支路标号为 WL7 和 WL8。每个支路均设双极断路器作为控制和保护，型号为 CN45 – 60/2，整定电流为 6A。从配电箱引自各个支路的导线均采用塑料绝缘铜线穿阻燃塑料管（PVC），保护管径为 15mm，其中照明支路均为两根 2.5mm² 的导线（一根相线和一根中性线），而插座支路均为三根 2.5mm² 的导线，即相线、中性线、PE 线各一根。

XRB03 – G2 （B）型配电箱不设总电能表，只分两个回路，供每层的两个住户使用，每个回路又分三个支路，其他内容与 XRB03 – GI （A）型相同。

该住宅为 6 层，相序分配上 A 相 1 ~ 2 层，L_2 相 3 ~ 4 层，L_3 相 5 ~ 6 层，因此由 1 层到 6 层竖直管路内导线是这样分配的：

进户四根线，3 根相线 1 根中性线；

1 ~ 2 层管内五根线，3 根相线，1 根中性线，1 根 PE 线；

2 ~ 3 层管内四根线，2 根相线（L_2、L_3），1 根中性线，1 根 PE 线；

3 ~ 4 层管内四根线，2 根相线（L_2、L_3），1 根中性线，1 根 PE 线；

4 ~ 5 层管内三根线，1 根相线（L_3），1 根中性线，1 根 PE 线；

5 ~ 6 层管内三根线，1 根相线（L_3），1 根中性线，1 根 PE 线。

这里需要说明一点，如果支路采用金属保护管，管内的 PE 线可以省掉，而利用金属管路作为 PE 线。

2. 标准层平面图的识读

以左侧①~④轴房号依次进行说明。

1）根据设计说明中的要求，图 14-11 中所有管线均采用焊接钢管或 PVC 阻燃塑料管沿墙或楼板内敷设，管径为 15mm，采用塑料绝缘铜线，截面积为 2.5mm²，管内导线根数按图中标注，在黑线（表示管线）上没有标注的均为两根导线，凡用斜线标注的应按斜线标注的根数计。

2）电源是从楼梯间的照明配电箱 E 引入的，共有三个支路，即 WL1、WL2、WL3。与系统图对应，但是其中 WL3 引出两个分路，一是引至卫生间的插座上，另一是经③轴沿墙引至厨房的 2 只插座，③轴内侧 1 只，D 轴外侧阳台 1 只，实际工程也应为直接埋楼板引去，不必沿墙拐直角弯引去。按照设计说明的要求，这 3 只插座的安装高度为 1.6m，且卫生间应采用防溅式，全部暗装。

3）WL1 支路引出后的第一接线点是卫生间的玻璃罩吸顶灯（①1#）40W、吸顶安装，

标注为 $3\dfrac{1\times40}{-}$S，这里的 3 是与相邻房号卫生间共同标注的。然后再从这里分散出去，共有三个分路，即 WL1 - 1、WL1 - 2、WL1 - 3。还有引至卫生间入口处的一管线，接至单联单控翘板防溅开关（　）上，这一管线不能作为一分路，因为它只是控制 1# 灯的开关。该开关暗装，标高 1.4m，图中标注的三根导线，其中一根为保护线。

　　WL1 - 1 分路是引至 A - B 轴卧室照明的电源，在这里 3# 又分散出，共有两个分支。其中一路是引至另一卧室荧光灯（├────┤）的电源，另一路是引至阳台平灯口吸顶灯（⊗）的电源。WL1 - 1 分路的三个房间的入口处，均有一单联单控翘板开关（　），控制线由灯盒处引来，分别控制各灯。其中荧光灯为 30W，吊高为 2.2m，链吊安装（ch），标注为 $4\dfrac{1\times30}{2.2}$ch，这里的 4 是与相邻房号共同标注的；而阳台平灯口吸灯为 40W，吸顶安装，标注为 $6\dfrac{1\times40}{-}$S，标注在 WL1 - 2 分路的阳台上，见该图左上角 D - E 轴的阳台。而单控翘板开关均为暗装，标高 1.4m。这里的 6 包括贮藏室和楼梯间的吸顶灯。

　　WL1 - 2 分路是引至客厅、厨房及 C - E 轴卧室及阳台的电源。其中，客厅为一环形荧光吸顶灯③2#（32W），吸顶安装，标注为 $3\dfrac{1\times32}{-}$S，写在相邻房号的客厅内，它的控制开关为一单联单控翘板开关，安装于进口处，暗装，同前。从 2# 灯将电源引至 C - D 轴的卧室一荧光灯处，该灯为 20W，吊高为 2.2m，链吊，其控制为门口处的单联单控翘板开关，暗装同前。从该灯 4# 又将电源引至阳台和厨房，阳台灯具同前阳台，厨房灯具为一平盘吸顶灯，40W，吸顶安装，标注为 $2\dfrac{1\times40}{-}$S，又为共同标注，控制开关于入口处，安装同前。

　　WL1 - 3 分路是引至卫生间本室内④轴的二极扁圆两用插座，全暗装，安装高度为 2.3m（为了与另一插座取得一致，应为 1.6m）。

　　由上分析可知，1#、2#、3#、4# 灯处有两个用途，一是安装本身的灯具，二是将电源分散出去，起到分线盒的作用，这在照明电路中是最常用的。再者，从灯具标注上看，同一张图样上同类灯具的标注可只标注一处，这在识图中要注意。

　　4）WL2 支路引出后沿③轴、C 轴、①轴及楼板引至客厅和卧室的二、三极两用插座上，实际工程均为埋楼板直线引入，没有沿墙直角弯，只有相邻且于同一墙上安装时，才在墙内敷设管路见①轴墙上插座。插座回路均为三线（一相线、一保护 PE 线、一中性线），全部暗装，安装高度厨房和阳台为 1.6m，卧室均为 0.3m。

　　5）楼梯间照明为 40W，平灯口吸顶安装，声控开关距顶为 0.3m；配电箱暗装，下皮距地面为 1.4m。

　　右侧④~⑧轴房号的线路布置及安装方式基本与①~④轴相同，只是灯具及管线较多而已，需要说明一点的就是于 1/7 轴上的 2 只翘板开关对应安装，标高一致即可。

　　综上所述，可以明确看出，标注在同一张图样上的管线，凡是照明及其开关的管线均是由照明箱引出后上翻至该层顶板上敷设安装，并由顶板再引下至开关上；而插座的管线均是是照明箱引出后下翻至该层地板上敷设安装，并由地板上翻引至插座上，只有从照明回路引出的插座才从顶板上引下至插座处。

本 章 小 结

（1）照明工程中常用的物理量及其单位见表14-31。

表 14-31　照明工程中常用的物理量及其单位

光学量	计算公式	单位	定义
光通量	—	流［明］/lm	当光源以555nm的波长的单色光辐射，且辐射功率为1/683W时，称为一个流明
发光强度	$I = \dfrac{\mathrm{d}\Phi}{\mathrm{d}\Omega}$	坎［德拉］/cd	1坎［德拉］$= \dfrac{1\ 流明}{1\ 球面度}$　　1cd $= \dfrac{1\mathrm{lm}}{1\mathrm{sr}}$
照度	$E = \dfrac{\mathrm{d}\Phi}{\mathrm{d}A}$	勒［克斯］/lx	1勒［克斯］$= \dfrac{1\ 流明}{1\ 平方米}$　　1lx $= \dfrac{1\mathrm{lm}}{1\mathrm{m}^2}$
亮度	$L_\theta = \dfrac{\mathrm{d}I_\theta}{\mathrm{d}A\cos\theta}$	坎［德拉］/平方米 (cd/m²)	

（2）照明用电光源分热辐射光源和气体放电光源两大类。应根据环境要求和使用的场所来选择电光源和灯具。目前在各种照明中应用最广的是热辐射光源中的白炽灯和气体放电光源中的荧光灯。其他种类光源主要用在高大建筑物和大面积照明场所。

（3）灯具的布置应配合建筑物的结构和装饰来进行选择，达到协调和统一，有均匀布置、局部布置和混合布置。在均匀布置中，常用最佳距高比选择灯位，用单位容量法确定灯位的容量值。

（4）电气照明施工图包括电气照明供电系统图、照明电气平面布置图、非标准件安装制作大样、施工说明、设备材料表以及电气外线总平面图和防雷接地系统图等。

（5）照明工程识图

1）电气照明供电系统图。读图时要先了解总说明，并注意以下几个问题：

① 供电电源。主要区分三相供电还是单相供电。如 3N ～、50Hz、380V/220V，表示为三相交流、工频50Hz、线电压为380V、相电压为220V。

② 配线方式。从图中可看出干线配线采用的方式（放射式、树干式或混和式）。

③ 导线的敷设。系统图中干线及支线都标注导线的型号、截面积及根数、穿管直径及材质、敷设方式及部位。如 BV－5×6－PC25－WC 表示为铜芯塑料绝缘导线，5 根 6mm² 穿塑料管 25mm，沿墙内暗设。

④ 配电箱。配电箱主要由电能表、断路器、刀开关、熔断器等组成。计量用电能表，一般应设于总开关前。各类开关图形符号处应标注型号规格及电流整定值。说明中还要标注配电箱的敷设方式（明、暗），安装的高度。

2）电气照明平面布置图。注意以下几个问题：

① 照明平面布置图分为户外平面布置图、干线平面布置图、各层平面布置图、标准层平面布置图及局部房间平面布置图。

② 图中采用统一规定的电气图例符号及文字标注的形式来反映电源的进户点、总配电箱和分配电箱的位置。

③ 灯具、开关和插座的规格、种类及安装位置。

④ 导线的截面积、根数和敷设方式等。

习　题

14-1　某教室长为 9m、宽为 6m、高为 3.6m，试为其均匀布置灯具。

14-2　试用单位容量法（取 $E = 150lx$），为题 14-1 确定每盏灯具的容量和型号。

14-3　某微机室长为 12m、宽为 6m、高为 4.2m，选塑料格栅荧光灯嵌入顶棚安装。试为其均匀布置灯具，并确定每盏灯具的容量（取 $E = 200lx$）。

14-4　试对你学校或居民楼的照明系统进行调查，并绘出电气照明竣工图。

第 15 章　智能建筑概述

15.1　智能建筑的产生

建筑物一般是指供人们进行生产、生活或其他活动的房屋或场所。它必须符合人们的一般使用要求并适应人们的特殊活动要求。按照《智能建筑设计标准》GB 50314—2015 的规定，可根据建筑物的不同功能，分为办公建筑、商业建筑、文化建筑、媒体建筑、体育建筑、医院建筑、学校建筑、交通建筑、住宅建筑、通用工业建筑。

人类社会活动的需求是建筑不断发展进步的根本动力。今天的建筑已不仅限于居住栖身性质，它已成为人们学习、生活、工作、交流的场所，人们对建筑在信息交换、安全性、舒适性、便利性和节能性等诸多功能提出了更高更多的要求。现代科学技术的飞速发展为实现这样的建筑功能提供了重要手段。

自 20 世纪 80 年代开始，世界由工业化社会向信息化社会转型的步伐明显加快。很多跨国公司纷纷采用新技术新建或改建建筑大楼。1984 年 1 月美国联合科技集团 UTBS 公司将美国康涅狄格州福德市的旧金融大厦改建成都市大厦（City Place），当时该大厦中开创性地安装了计算机、移动交换机等先进的办公设备和高速信息通信设施，为客户提供诸如语言通信、文字处理、电子邮件、信息查询等服务，同时大厦内的暖通、给水排水、安防、电梯以及供配电系统均采用计算机进行监控。都市大厦成为世界上公认的第一座智能建筑。日本 1985 年开始建造智能大厦，并建成了电报电话株式会社智能大厦（NTT – IB），同时制定了从智能设备、智能家庭到智能建筑、智能城市的发展计划，成立了"建设省国家智能建筑专业委员会"及"日本智能建筑研究会"，加快了建筑智能化的建设。欧洲国家的智能建筑发展基本上与日本同步启动，到 1989 年在西欧的智能建筑面积中，伦敦占 12%，巴黎占 10%，法兰克福和马德里分别占 5%。新加坡政府为推广智能建筑，拨巨资进行专项研究，计划将新加坡建成"智能城市花园"。韩国准备将其半岛建成"智能岛"。印度于 1995 年开始在加尔各答的盐湖城建设"智能城"。

随着信息技术的不断发展，城市信息化应用水平不断提升，智慧城市建设在世界各国应运而生。我国近年来也出台了多项相关政策促进智慧城市的健康发展。智慧城市的建设离不开智能建筑的支撑，建筑的高效运转和节能环保是智慧城市的重要组成部分，在构建智慧城市中，智能建筑不再仅仅是一个概念，而是人们所在城市的一道风景。在智能化、现代化、生态化、和谐化的可持续发展思路指导下，智能建筑将在我国未来的城市现代化建设和居民生活水平提升等方面发挥日益重要的作用，成为我国智慧城市建设的根基。

15.2　智能建筑的定义

智能建筑是建筑技术与现代控制技术、计算机技术、信息与通信技术结合的产物，随着科技水平的迅速发展，人们对于信息、环保、节能、安全的观念和要求在不断地提高，对建筑的"智能"也提出了更高的期盼，因而智能建筑的内涵和定义也在不断地发展完善。

按照《智能建筑设计标准（GB 50314—2015）》的定义，智能建筑（Intelligent Building）是指以建筑物为平台，基于对建筑各种智能信息化综合应用，集架构、系统、应用、管理及其优化组合，具有感知、推理、判断和决策的综合智慧能力及形成以人、建筑、环境互为协调的整合体，为人们提供安全、高效、便利及延续现代功能的环境。

美国智能建筑学会定义为：智能建筑是对建筑物的结构、系统、服务和管理这四个基本要素进行最优化组合，为用户提供一个高效率并具有经济效益的环境。经过十几年的发展，美国的智能建筑已经处于更高智能的发展阶段，进入"绿色建筑"的新境界。智能只是一种手段，通过对建筑物智能功能的配备，强调高效率、低能耗、低污染，在真正实现以人为本的前提下，达到节约能源、保护环境和可持续发展的目标。若离开了节能与环保，再"智能"的建筑也将无法存在，每栋建筑的功能必须与由此功能带给用户或业主的经济效益密切相关，智能建筑的概念逐渐被淡化。

欧洲智能建筑集团定义为：智能建筑是使其用户发挥最高效率，同时又以最低的保养成本、最有效的管理本身资源的建筑，并能够提供一个反应快、效率高和有支持力的环境，以使用户达到其业务目标。

日本智能大楼研究会将智能建筑的定义为：智能建筑提供商业支持功能、通信支持功能等在内的高度通信服务，并通过高度的大楼管理体系，保证舒适的环境和安全，以提高工作效率。

新加坡政府的公共设施署对智能建筑的定义为：智能建筑必须具备三个条件：一是具有保安、消防与环境控制等自动化控制系统以及自动调节建筑内的温度、湿度、灯光等参数的各种设施，以创造舒适安全的环境；二是具有良好的通信网络设施，使数据能在建筑物内各区域之间进行流通；三是能够提供足够的对外通信设施与能力。

智能建筑是一个发展中的概念，它随着科学技术的进步和人们对其功能要求的变化而不断更新。智能建筑的概念中有四个基本要素，它们是：

（1）结构　建筑环境结构。它涵盖了建筑物内外的土建、装饰、建材、空间分割与承载。

（2）系统　实现建筑物功能所必备的机电设施。如给水排水、暖通、空调、电梯、照明、通信、办公自动化、综合布线等。

（3）管理　是对人、财、物及信息资源的全面管理，体现高效、节能和环保等要求。

（4）服务　提供给客户或住户居住生活、娱乐、工作所需要的服务，使用户获得到优良的生活和工作的质量。

这四个要素是相互联系的。其中，结构是其他三个要素存在和发挥作用的基础平台。它对建筑物内各类系统的功能发挥起着最直接的作用，直接影响着智能建筑的目标实现，影响着系统的安置的合理性、可靠性、可维护性和可扩展性等。系统是实现智能建筑管理和服务的物理基础和技术手段，是建筑"先天智能"最重要的组成部分，系统的核心技术是所谓的"3C"技术，即现代计算机技术（Computer）、现代通信技术（Communication）和现代控制技术（Control）。管理是使智能建筑发挥最大效益的方法和策略，是实现智能建筑优质服务的重要手段，其优劣将直接影响建筑物的"后天智能"。服务是前三项的最终目标，它的效果反映了智能建筑的优劣。

只有综合考虑四要素的相关性及相互约束，充分应用现有的技术及人们的相关知识，对智能建筑的目标进行正确的观察、思考、推理、判断、决策，合理投资，满足用户的需求，所建设的智能建筑才是具有可持续发展能力的。

15.3　智能建筑的特点

智能建筑相对于传统建筑具有以下几个方面的特点：

1. 提供安全、舒适和高效便捷的环境

智能建筑具有强大的自动监测与控制系统。该系统可对建筑物内的动力、电力、空调、照明、给水排水、电梯、停车库等机电设备进行监视、控制、协调、运行管理；智能建筑中的消防报警自动化系统和安防自动化系统可确保人、财、物的高度安全，并具备对灾害和突发事件的快速反应能力。智能建筑提供室内适宜的温度、湿度、新风以及多媒体音像系统、装饰照明、公共环境背景音乐等，使楼内工作人员心情舒畅，从而可显著地提高工作、学习、生活的效率和质量。其优美完善的环境与设施能大大提高建筑物使用人员的工作效率与生活的舒适感、安全感和便利感，使建造者与使用者都获得很高的经济效益。

2. 节约能源

节能是智能建筑的基本功能，是高效高回报率的具体体现。据统计，在发达国家中，建筑物的耗能占社会总耗能的 30% ~ 40%。而在建筑物的耗能中，采暖、空调、通风等设备是耗能大户，约占 65% 以上；生活热水占 15%；照明、电梯、电视占 14%；其他占 6%。在满足使用者对环境要求的前提下，智能建筑通过其能源控制与管理系统，尽可能利用自然光和大气冷量（或热量）来调节室内环境，以最大限度地减少能源消耗。根据不同的地域、季节，按工作行程编写程序，在工作与非工作期间，对室内环境实施不同标准的自动控制。例如，下班后自动降低照度与温度、湿度控制标准。一般来讲，利用智能建筑能源控制与管理系统可节省能源 30% 左右。

3. 节省设备运行维护费用

通过管理的科学化、智能化，使得建筑物内的各类机电设备的运行管理、保养维修更趋自动化。建筑智能化系统的运行维护和管理，直接关系到整座建筑物的自动化与智能化能否实际运作，并达到其原设计的目标。而维护管理工程的主要目的，即是以最低的费用去确保建筑内各类机电设备的妥善维护、运行、更新。根据美国大楼协会统计，一座大厦的生命周期为 60 年，启用后 60 年内的维护及营运费用约为建造成本的 3 倍；依据日本的统计，一座大厦的管理费、水电费、煤气费、机械设备及升降梯的维护费，占整个大厦营运费用支出的 60% 左右，且这些费用还将以每年 4% 的幅度递增。因此，只有依赖建筑智能化系统的正常运行，发挥其作用才能降低机电设备的维护成本。同时，由于系统的高度集成，系统的操作和管理也高度集中，人员安排更合理，使得人工成本降到最低。

4. 提供现代通信手段和信息服务

智能建筑具有功能完备的通信系统。该系统可以多媒体方式高速处理各种图、文、音、像信息，突破了传统的地域观念，以零距离、零时差与世界联系；其办公自动化系统通过强大的计算机网络与数据库，能高效综合地完成行政、财务、商务、档案、报表等处理业务。

15.4　我国智能建筑的发展与现状

1. 起始阶段

我国对智能建筑的研究始于 1986 年。国家"七五"重点科技攻关项目中就将"智能化办公大楼可行性研究"列为其中之一，这项研究由中国科学院计算技术研究所 1991 年完成并通过了鉴定。

这一时期智能建筑主要是针对一些涉外的酒店等高档公共建筑和特殊需要的工业建筑，其所采用的技术和设备主要是从国外引进的。在此期间人们对建筑智能化的理解主要包括：在建筑内设置程控交换机系统和有线电视系统等通信系统将电话、有线电视等接到建筑中来，为建筑内用户提供通信手段；在建筑内设置广播、计算机网络等系统，为建筑内用户提供必要的现代化办公设备；同时利用计算机对建筑中机电设备进行控制和管理，设置火灾报警系统和安防系统为建筑和其中人员提供保护手段等。这时建筑中各个系统是独立的，相互没有联系。

1990 年建成的 18 层北京发展大厦可认为是我国智能建筑的雏形。北京发展大厦已经开始采用了建筑设备自动化系统（Building Automation System，BAS），通信网络系统（Communication Network System，CNS）和办公自动化系统（Office Automation System，OAS），但并不完善。三个子系统没有实现统一控制。1993 年建成的位于广州市的广东国际大厦具有较完善的"3A"系统及高效的国际金融信息网络，通过卫星可直接接收美联社道琼斯公司的国际经济信息，并且还提供了舒适的办公与居住环境。

这个阶段建筑智能化普及程度不高，主要是产品供应商、设计单位以及业内专家推动建筑智能化的发展。

2. 普及阶段

在 20 世纪 90 年代中期房地产开发热潮中，房地产开发商在还没有完全弄清智能建筑内涵的时候，发现了智能建筑这个标签的商业价值，于是"智能建筑""5A 建筑"、甚至"7A 建筑"的名词出现在他们促销广告中。虽然其中不乏名不符实，甚至是商业炒作，但在这种情况下，智能建筑迅速在中国推广起来。20 世纪 90 年代后期沿海一带新建的高层建筑几乎全都自称是智能建筑，并迅速向西部扩展。可以说这个时期房地产开发商是建筑智能化的重要推动力量。

从技术方面讲，除了在建筑中设置上述各种系统以外，主要是强调对建筑中各个系统进行系统集成和广泛采用综合布线系统。应该说，综合布线这样一种布线技术的引入，曾使人们对智能建筑的概念产生某些紊乱。例如，有的综合布线系统的厂商宣传，只有采用其产品，才能使大楼实现智能化等，夸大了其作用。其实，综合布线系统仅是智能建筑设备的很小部分。但不可否认综合布线技术的引入，确实吸引了一大批通信网络和 IT 行业的公司进入智能建筑领域，促进了信息技术行业对智能建筑发展和关注。同时，由于综合布线系统对语音通信和数据通信的模块化结构，在建筑内部为语音和数据的传输提供了一个开放的平台，加强了信息技术与建筑功能的结合，因此对智能建筑的发展和普及也产生了一定的推动作用。

这一时期，政府和有关部门开始重视智能建筑的规范，加强了对建筑智能化系统的管理。1995 年上海市建委审定通过了《智能建筑设计标准》（DBJ 08—47—1995）；建设部在1997 年颁布了《建筑智能化系统工程设计管理暂行规定》（建设［1997］290 号），规定了承担智能建筑设计和系统集成必须具备的资格。2000 年建设部出台了国家标准《智能建筑设计标准》（GB/T 50314—2000）；同年信息产业部颁布了《建筑与建筑群综合市线工程设计规范》（GB/T 50311—2000）和《建筑与建筑群综合布线工程验收规范》（GB/T 5312—2000）；公安部也加强了对火灾报警系统和安防系统的管理。2001 年建设部在 87 号令《建筑业企业资质管理规定》（中华人民共和国建设部令第 87 号）中设立了建筑智能化工程专业承包资质，将建筑中计算机管理系统工程、楼宇设备自控系统工程、保安监控及防盗报警系统工程、智能卡系统工程、通信系统工程、卫星及共用电视系统工程、车库管理系统工程、综合布线系统工程、计算机网络系统工程。广播系统工程、会议系统工程、视频点播系统工程、智能化小区综合物业管理系统工程、可视会议系统工程、大屏幕显示系统工程、智能灯光与音响控制系统工程、火灾报警系统工程、计算机机房工程等 18 项内容统一为建筑智能化工程，纳入施工资质管理。

3. 发展阶段

我国的智能建筑在 20 世纪 90 年代的中后期形成建设高潮，上海市的一个浦东区，仅1997 年内就规划建设了上百座智能型建筑。我国在 2000 年 10 月正式实施《智能建筑设计标准》（GB/T 50314—2000）。2007 年 7 月 1 日开始执行《智能建筑设计标准》（GB/T 50314—2006），2015 年底开始执行《智能建筑设计标准》（GB 50314—2015）。智能建筑直接服务于人，将建筑与生态环境、可持续性城市发展融为一体，已成为智慧城市实现与实践的基石。随着各国智慧城市的不断建设，智能建筑已成为其重要支撑，节能舒适的未来绿色智能建筑，已成为智慧城市发展可持续发展战略助力。在构建智慧城市中，智能建筑已经不再仅仅是一个概念，而是变成了人们所在城市的一道风景。在智能化、现代化、生态化、和谐化的可持续发展思路指导下，智能建筑将在我国未来的城市现代化建设和居民生活水平提升等方面发挥日益重要的作用，成为我国智慧城市建设的根基。智能建筑也将作为智慧城市发展的重点产业，为推动我国的经济发展和和谐社会建设发挥更加重要的作用。未来，智能建筑应适应建筑的低碳、节能、绿色、环保、生态等需求同时结合"智慧城市"大环境、融入"物联网""云计算"高科技，以新应用、新目标、新技术、新方式对行业进行整理创新。

15.5 建筑智能化系统工程的构成要素

建筑智能化系统工程的构成要素包括信息化应用系统、智能化集成系统、信息设施系统、建筑设备管理系统、公共安全系统、机房工程和建筑环境等智能建筑主体配置要素及其各相关辅助系统等。表 15-1 是智能化系统工程配置分项表。

表 15-1 智能化系统工程配置分项表

信息化应用系统	通用应用	公共服务系统
		智能卡应用系统
	管理应用	物业运营管理系统
		信息设施运行管理系统
		信息安全管理系统

（续）

		通用业务系统
信息化应用系统	业务应用	专业业务系统
		其他业务应用系统
智能化集成系统	管理应用	集成信息应用系统
	信息集成设施	智能化信息集成（平台）系统
信息设施系统	公共信息设施	信息接入系统
		信息通信系统 — 信息网络系统
		信息通信系统 — 电话交换系统
		信息通信系统 — 综合布线系统
		信息通信系统 — 无线对讲系统
		移动通信室内信号覆盖系统
		卫星通信系统
		有线电视接收系统
		卫星电视接收系统
		公共广播系统
		信息综合管路系统
	应用信息设施	会议系统
		信息导引及发布系统
		时钟应用系统
		其他应用信息设施系统
		其他公共信息设施系统
建筑设备管理系统	管理应用	绿色建筑能效监管系统
	应用设施	建筑设备综合管理（平台）系统
	基础设施	建筑机电设备监控系统
公共安全系统	火灾自动报警系统	
	安全技术防范系统	安全防范综合管理（平台）系统
		基础设施 — 入侵报警系统
		基础设施 — 视频安防监控系统
		基础设施 — 出入口控制系统
		基础设施 — 电子巡查管理系统
		基础设施 — 访客及对讲系统
		基础设施 — 停车库（场）管理系统
		其他特殊要求安全技术防范系统
	应急响应系统	
机房工程	机房设施	信息（含移动通信覆盖）接入机房
		有线电视（含卫星电视）前端机房

（续）

			信息系统总配线房
机房工程	机房设施		智能化总控室
			信息中心设备（数据中心设施）机房
			消防控制室
			安防监控中心
			用户电话交换机房
			智能化设备间（弱电间）
			应急响应中心
			其他智能化系统设备机房
	机房管理	基础管理	机电设备监控系统
			安全技术防范系统
			火灾自动报警系统
		环境保障	机房环境综合管理系统
		绿色机房	绿色机房能效监管系统

1. 信息化应用系统

信息化应用系统（information application system，IAS）是为满足建筑的信息化应用功能需要，以智能化设施系统为基础，具有各类专业化业务门类和规范化运营管理模式的多种类信息设备装置及与应用操作程序组合的应用系统。其主要功能有

1）提供快捷、有效的业务信息运行。

2）具有完善的业务支持辅助的功能。

信息化应用系统的业务主要包括：工作业务应用系统、物业运营管理系统、公共服务管理系统、公众信息服务系统、智能卡应用系统和信息网络安全管理系统等其他业务功能所需要的应用系统。

2. 智能化集成系统

智能化系统集成（Intelligented Integration System，IIS）是为实现建筑的建设和运营及管理目标，以建筑内外多种类信息基于统一信息平台的集成，从而形成具有信息汇聚、资源共享、协同运行、优化管理等综合应用功能的系统。其主要功能有：

1）以满足建筑物的使用功能为目标，确保对各类系统监控信息资源的共享和优化管理。

2）以建筑物的建设规模、业务性质和物业管理模式等为依据，建立实用、可靠和高效的信息化应用系统，以实施综合管理功能。

智能化集成系统配置应符合下列要求：

1）应具有对各智能化系统进行数据通信、信息采集和综合处理的能力。

2）集成的通信协议和接口应符合相关的技术标准。

3）应实现对各智能化系统进行综合管理。

4）应支撑工作业务系统及物业管理系统。

5）应具有可靠性、容错性、易维护性和可扩展性。

3. 信息设施系统

信息设施系统（Information Infrastructure System，IIS）是为适应信息通信需求，对建筑内各类具有接收、交换、传输、处理、存储和显示等功能的信息系统予以整合，从而形成实现建筑应用与管理等综合功能之统一及融合的信息设施基础条件的系统。

信息设施系统主要包括：信息接入系统、电话交换系统、信息网络系统、综合布线系统、室内移动通信覆盖系统、卫星通信系统、有线电视及卫星电视接收系统、广播系统、会议系统、信息导引及发布系统、时钟系统和其他相关的信息通信系统。《智能建筑设计标准》（GB 50314—2015）对上述各系统分别提出了相应的具体要求。

4. 建筑设备管理系统

建筑设备管理系统（Building Management System，BMS）是为实现绿色建筑的建设目标，具有对建筑机电设施及建筑物环境实施综合管理和优化功效的系统。主要功能有

1）应具有对建筑机电设备测量、监视和控制功能，确保各类设备系统运行稳定、安全和可靠并达到节能和环保的管理要求。

2）一般采用集散式控制系统。

3）具有对建筑物环境参数的监测功能。

4）能满足对建筑物的物业管理需要，实现数据共享，以生成节能及优化管理所需的各种相关信息分析和统计报表。

5）具有良好的人机交互界面及采用中文界面。

6）共享所需的公共安全等相关系统的数据信息等资源。

建筑设备管理系统主要对下列建筑设备情况进行监测和管理：

1）压缩式制冷机系统和吸收式制冷系统。

2）蓄冰制冷系统。

3）热力系统。

4）冷冻水系统。

5）空调系统。

6）变风量（VAV）系统。

7）送排风系统。

8）风机盘管机组。

9）给水排水系统。

10）供配电及照明控制系统。

11）公共场所的照明系统。

12）电梯及自动扶梯系统。

13）热电联供系统、发电系统和蒸汽发生系统。

5. 公共安全系统

公共安全系统（Public Security System，PSS）是综合运用现代科学技术，应对危害建筑物公共环境安全而构建的技术防范或安全保障体系的系统。其主要功能有

1）具有应对火灾、非法侵入、自然灾害、重大安全事故和公共卫生事故等危害人们生命财产安全的各种突发事件，建立起应急及长效的技术防范保障体系。

2）以人为本、平战结合、应急联动和安全可靠。公共安全系统主要包括火灾自动报警系统、安全技术防范系统和应急联动系统等。

6. 机房工程

机房工程（Engineering of Electronic Equipment Plant，EEEP）是为提供各智能化系统设备及装置等安置或运行的条件，建立确保各智能化系统安全、可靠和高效地运行与便于维护而实施的综合工程。

机房工程范围主要包括：信息中心设备机房、数字程控交换机系统设备机房、通信系统总配线设备机房、消防监控中心机房、安防监控中心机房、智能化系统设备总控室、通信接入系统设备机房、有线电视前端设备机房、弱电间（电信间）和应急指挥中心机房及其他智能化系统的设备机房。

机房工程内容主要包括机房配电及照明系统、机房空调、机房电源、防静电地板、防雷接地系统、机房环境监控系统和机房气体灭火系统等。

15.6　建筑智能化技术与绿色建筑

绿色建筑首先强调节约能源，不污染环境，保持生态平衡，体现可持续发展的战略思想，其目的是节能环保。建筑智能化技术是信息技术与建筑技术的有机结合，为人们提供一个安全的、便捷的和高效的建筑环境，同时实现建筑的健康和环保。在节能环保意识已成为世界性问题的今天，建筑必须朝着生态、绿色的方向发展，而在发展过程中，绿色建筑的内涵也在逐渐丰富。

当前，建筑智能化技术和绿色建筑的有机结合已经成为未来建筑的发展方向，"绿色"是概念，"智能"是手段，合理应用智能化技术的绿色建筑，可大大提高绿色建筑的性能。如在绿色建筑中采用电动百叶窗和智能遮阳板，既可满足室内采光，又可防止太阳光的直接照射，增加室内空调的负荷，从而实现节能。又如，通过设备监控系统，对空调、给水排水设备和照明等设备的工作状态进行监控，根据其负荷的变化情况实现温度、流量和照度的自动调节，从而提高能源利用率。在绿色建筑中，经常会应尽可能使用可再生能源，如果采用智能化控制技术，对地热能、太阳能等分布式能源进行优化利用，可使绿色建筑的能耗进一步降低。

15.7　BIM 技术推动智能建筑的变革

BIM（Building Information Modeling）即建筑信息模型，是建筑设施的物理与功能特征的数字化表示，它作为共享的建筑信息资源，为建筑全生命周期的各种决策提供了可靠的基础。BIM 技术，是一项建筑业信息技术，可以自始至终贯穿建筑的全生命周期，实现全过程信息化、智能化，为建筑的全过程精细化管理提供了强大的数据支持和技术支撑。

信息技术已经成为智能建筑的重要工具手段，以云计算、移动应用、大数据、BIM 技术等为代表并快速发展的信息技术，为现代建筑业的发展奠定了技术基础。2015 年 7 月 1 日，住房和城乡建设部工程质量安全监管司发布《关于推进 BIM 技术在建筑领域应用的指导意见》，明确至 2016 年，政府投资的 2 万 m^{2}以上大型公共建筑以及申报绿色建筑项目的设计、施工和运维均要采用 BIM 技术。

新型城镇化建设是以城乡统筹、城乡一体、节约集约、生态宜居、和谐发展为基本特征的发展思路，作为中国未来战略发展支点的新型城镇化倡导走集约、智能、绿色、低碳的建设之路，其对建筑行业提出了更高的要求，建设绿色节能的智能建筑是建筑业的未来发展之路。

附　　录

附录 A　S7 系列电力变压器的主要技术数据

型号	容量/kV·A	额定电压/kV		重量/t	
		高压	低中压	油重	总重
S7—30/10	30	6, 6.3, 10	0.4	0.080	0.295
S7—50/10	50	6, 6.3, 10	0.4	0.105	0.400
S7—63/10	63	6, 6.3, 10	0.4	0.125	0.480
S7—80/10	80	6, 6.3, 10	0.4	0.135	0.560
S7—100/10	100	6, 6.3, 10	0.4	0.165	0.645
S7—125/10	125	6, 6.3, 10	0.4	0.170	0.695
S7—160/10	160	6, 6.3, 10	0.4	0.185	0.820
S7—200/10	200	6, 6.3, 10	0.4	0.235	1.010
S7—250/10	250	6, 6.3, 10	0.4	0.265	1.110
S7—315/10	315	6, 6.3, 10	0.4	0.295	1.130
S7—400/10	400	6, 6.3, 10	0.4	0.365	1.585
S7—500/10	500	6, 6.3, 10	0.4	0.395	1.820
S7—630/10	630	6, 6.3, 10	0.4	0.545	2.385
S7—800/10	800	6, 6.3, 10	0.4	0.655	2.950
S7—1000/10	1000	6, 6.3, 10	0.4	0.850	3.685
S7—1250/10	1250	6, 6.3, 10	0.4	1.000	4.340
S7—1600/10	1600	10	6.3	1.100	5.070
S7—630/10	630	10	6.3	0.545	2.385
S7—800/10	800	10	6.3	0.630	3.060
S7—1000/10	1000	10	6.3	0.745	3.530
S7—1250/10	1250	10	6.3	0.770	3.795
S7—1600/10	1600	10	6.3	0.960	4.800
S7—2000/10	2000	10	6.3	1.135	5.395
S7—2500/10	2500	10	6.3	1.335	6.340
S7—3150/10	3150	10	6.3	1.735	3.975
S7—4000/10	4000	10	6.3	1.905	4.820
S7—5000/10	5000	10	6.3	2.335	5.805
S7—6000/10	6000	10	6.3	2.640	7.235

附录 B　S9 系列低损耗油浸式铜绕组电力变压器的主要技术数据

额定容量/ kV·A	额定电压/kV			联结组标号	损耗/W		空载电流 （%）	阻抗电压 （%）
	一次		二次		空载	负载		
800	11, 10.5, 10, 6.3, 6		0.4	Yyn0	1400	7500	0.8	4.5
				Dyn11	1400	7500	2.5	5
	11, 10.5, 10		6.3	Yd11	1400	7500	1.4	5.5
1000	11, 10.5, 10, 6.3, 6		0.4	Yyn0	1700	10300	0.7	4.5
				Dyn11	1700	9200	1.7	5
	11, 10.5, 10		6.3	Yd11	1700	9200	1.4	5.5
1250	11, 10.5, 10, 6.3, 6		0.4	Yyn0	1950	12000	0.6	4.5
				Dyn11	2000	11000	2.5	5
	11, 10.5, 10		6.3	Yd11	1950	12000	1.3	5.5
1600	11, 10.5, 10, 6.3, 6		0.4	Yyn0	2400	14500	0.6	4.5
				Dyn11	2400	14000	2.5	6
	11, 10.5, 10		6.3	Yd11	2400	14500	1.3	5.5
2000	11, 10.5, 10, 6.3, 6		0.4	Yyn0	3000	18000	0.8	6
				Dyn11	3000	18000	0.8	6
	11, 10.5, 10		6.3	Yd11	3000	18000	1.2	6
2500	11, 10.5, 10, 6.3, 6		0.4	Yyn0	3500	25000	0.8	6
				Dyn11	3500	25000	0.8	6
	11, 10.5, 10		6.3	Yd11	3500	19000	1.2	5.5
3150	11, 10.5, 10		6.3	Yd11	4100	23000	1.0	5.5
4000	11, 10.5, 10		6.3	Yd11	5000	26000	1.0	5.5
5000	11, 10.5, 10		6.3	Yd11	6000	30000	0.9	5.5
6300	11, 10.5, 10		6.3	Yd11	7000	35000	0.9	5.5
50	35		0.4	Yyn0	250	1180	2.0	6.5
100	35		0.4	Yyn0	350	2100	1.9	6.5
125	35		0.4	Yyn0	400	1950	2.0	6.5
160	35		0.4	Yyn0	450	2800	1.8	6.5
200	35		0.4	Yyn0	530	3300	1.7	6.5
250	35		0.4	Yyn0	610	3900	1.6	6.5
315	35		0.4	Yyn0	720	4700	1.5	6.5
400	35		0.4	Yyn0	880	5700	1.4	6.5
500	35		0.4	Yyn0	1030	6900	1.3	6.5
630	35		0.4	Yyn0	1250	8200	1.2	6.5
800	35		0.4	Yyn0	1480	9500	1.1	6.5
			10.5 6.3 3.15	Yd11	1480	8800	1.1	6.5
1000	35		0.4	Yyn0	1750	12000	1.0	6.5
			10.5 6.3 3.15	Yd11	1750	11000	1.0	6.5

（续）

额定容量/ kV·A	额定电压/kV		联结组标号	损耗/W		空载电流（%）	阻抗电压（%）
	一次	二次		空载	负载		
1250	35	0.4	Yyn0	2100	14500	0.9	6.5
		10.5 6.3 3.15	Yd11	2100	14500	0.9	6.5
1600	35	0.4	Yyn0	2500	17500	0.8	6.5
		10.5 6.3 3.15	Yd11	2500	16500	0.8	6.5
2000	35	10.5 6.3	Yd11	3200	16800	0.8	6.5
2500	35	3.15	Yd11	3800	19500	0.8	6.5
3150	38.5，35	10.5 6.3 3.15	Yd11	4500	22500	0.8	7
4000				5400	27000	0.8	7
5000				6500	31000	0.7	7
6300				7900	34500	0.7	7.5

附录 C 树脂浇注干式电力变压器主要技术数据

项目		SCL 型	SCL$_1$ 型	SC 型	英国 CNC 公司
绝缘耐温等级		B/F 级	B 级	F 级	B 级
噪声/ dB	200kV·A	55	58	58	
	500kV·A	59	60	60	62
	1000kV·A	61	64	64	63
空载 损耗/ W	200kV·A	970($U_z=4\%$)	830($U_z=4\%$)	600($U_z=4\%$)	
	500kV·A	1850($U_z=4\%$)	1600($U_z=4\%$)	1200($U_z=4\%$)	1750($U_z=4\%$)
	1000kV·A	2800($U_z=6\%$)	2400($U_z=6\%$)	2000($U_z=6\%$)	2400($U_z=5\%$)
	1600kV·A	3950($U_z=6\%$)	3400($U_z=6\%$)	2800($U_z=6\%$)	3350($U_z=5\%$)
负载 损耗/ W	200kV·A	2350 ($U_z=4\%$)	2350 ($U_z=4\%$)	2600 ($U_z=4\%$)	
	500kV·A	4850 ($U_z=4\%$)	4850 ($U_z=4\%$)	4000 ($U_z=4\%$)	4500 ($U_z=4\%$)
	1000kV·A	9200 ($U_z=5\%$)	7300 ($U_z=6\%$)	9100 ($U_z=6\%$)	11000 ($U_z=5\%$)
	1600kV·A	13300 ($U_z=5.5\%$)	10500 ($U_z=6\%$)	13700 ($U_z=6\%$)	15650 ($U_z=5\%$)

附录 D 绝缘导线芯线的最小截面积

线路类别		芯线最小截面积/mm^2		
		铜心软线	铜线	铝线
照明用灯头引下线	室内	0.5	1.0	2.5
	室外	1.0	1.0	2.5
移动式设备线路	生活用	0.75	—	—
	生产用	1.0	—	—

附录 E　绝缘导线芯线的最小截面积（固定敷设）

线路类别			芯线最小截面积/mm²		
			铜芯软线	铜线	铝线
敷设在绝缘支持件上的绝缘导线（L 为支持点间距）	室内	L≤2m	—	1.0	2.5
	室外	L≤2m	—	1.5	2.5
		2m<L≤6m	—	2.5	4
		6m<L≤15m	—	4	6
		15m<L≤25m	—	6	10
穿管敷设的绝缘导线			1.0	1.0	2.5
沿墙明敷的塑料护套线			—	1.0	2.5
板孔穿线敷设的绝缘导线			—	1.0 (0.75)	2.5
PE 线和 PEN 线	有机械保护时		—	1.5	2.5
	无机械保护时	多芯线	—	2.5	4
		单芯干线	—	10	16

附录 F　架空裸导线的最小截面积

线路类别		导线最小截面积/mm²		
		铝及铝合金线	钢芯铝线	铜绞线
35kV 及以上线路		35	35	35
3~10kV 线路	居民区	35	25	25
	非居民区	25	16	16
低压线路	一般	16	16	16
	与铁路交叉跨越挡	35	16	16

附录 G　10kV 铝芯电缆的允许持续载流量
（据 GB 50217—2007）

绝缘类型		黏性油浸纸		不滴流纸		交联聚乙烯			
钢铠护套		有		有		无		有	
缆芯最高工作温度/℃		60		65		90			
敷设方式		空气中	直埋	空气中	直埋	空气中	直埋	空气中	直埋
缆芯额定截面积/mm²	16	42	55	47	59	—	—	—	—
	25	56	75	63	79	100	90	100	90
	35	68	90	77	95	123	110	123	105

（续）

绝缘类型	黏性油浸纸		不滴流纸		交联聚乙烯			
钢铠护套	有		有		无		有	
缆芯最高工作温度/℃	60		65		90			
敷设方式	空气中	直埋	空气中	直埋	空气中	直埋	空气中	直埋
缆芯额定 截面积/mm² 50	81	107	92	111	146	125	141	120
70	106	133	118	138	178	152	173	152
95	126	160	143	169	219	182	214	182
120	146	182	168	196	251	205	246	205
150	171	206	189	220	283	223	278	219
185	195	233	218	246	324	252	320	247
240	232	272	261	290	378	292	373	292
300	260	308	295	325	433	332	428	328
400	—	—	—	—	506	378	501	374
500	—	—	—	—	579	428	574	424
环境温度/℃	40	25	40	25	40	25	40	25
土壤热阻系数/℃·m·W⁻¹	—	1.2	—	1.2	—	2.0	—	2.0

附录 H　绝缘导线明敷、穿钢管和穿塑料管时的允许载流量

（单位：A）

1. BLX 和 BLV 型铝芯绝缘线明敷时的允许载流量（导线正常最高允许温度为65℃）

芯线截面积 /mm²	BLX 型铝芯橡皮线				BLV 型铝芯塑料线			
	环境温度							
	25℃	30℃	35℃	40℃	25℃	30℃	35℃	40℃
2.5	27	25	23	21	25	23	21	19
4	35	32	30	27	32	29	27	25
6	45	42	38	35	42	39	36	33
10	65	60	56	51	59	55	51	46
16	85	79	73	67	80	74	69	63
25	110	102	95	87	105	98	90	83
35	138	129	119	109	130	121	112	102
50	175	163	151	138	165	154	142	130
70	220	206	190	174	205	191	177	162
95	265	247	229	209	250	233	216	197
120	310	280	268	245	283	266	246	225
150	360	336	311	284	325	303	281	257
185	420	392	363	332	380	355	328	300
240	510	476	441	403	—	—	—	—

（续）

2. BLX 和 BLV 型铝芯绝缘线穿钢管时的允许载流量（导线正常最高允许温度为65℃）

导线型号	芯线截面积 /mm²	2根单芯线 环境温度				2根穿管管径 /mm		3根单芯线 环境温度				3根穿管管径 /mm		4~5根单芯线 环境温度				4根穿管管径 /mm		5根穿管管径 /mm	
		25℃	30℃	35℃	40℃	G	DG	25℃	30℃	35℃	40℃	G	DG	25℃	30℃	35℃	40℃	G	DG	G	DG
BLX	2.5	21	19	18	16	15	20	19	17	16	15	15	20	16	14	13	12	20	25	20	25
	4	28	26	24	22	20	25	25	23	21	19	20	25	23	21	19	18	20	25	20	25
	6	37	34	32	29	20	25	34	31	29	26	20	25	30	28	25	23	20	25	32	
	10	52	48	44	41	25	32	46	43	39	36	25	32	40	37	34	31	25	32	32	40
	16	66	61	57	52	25	32	59	55	51	46	32	32	52	48	44	41	32	40	40	(50)
	25	86	80	74	68	32	40	76	71	65	60	32	40	68	63	58	53	(40)	(50)	40	—
	35	106	99	91	83	32	40	94	87	81	74	32	(50)	83	77	71	65	40	(50)	50	—
	50	133	124	115	105	40	(50)	118	110	102	93	50	(50)	105	98	90	83	50	—	70	—
	70	164	154	42	130	50	(50)	150	140	129	118	50	(50)	133	124	115	105	70	—	70	—
	95	200	187	173	158	70	—	180	168	155	142	70	—	160	149	128	126	70	—	80	—
	120	230	215	198	181	70	—	210	196	181	166	70	—	190	177	164	150	70	—	80	—
	150	260	243	224	205	70	—	240	224	207	189	70	—	220	205	190	174	80	—	100	—
	185	295	275	255	233	80	—	270	252	233	213	80	—	250	233	216	197	80	—	100	—
BLV	2.5	20	18	17	15	15	15	18	16	16	14	15	15	15	14	12	11	15	15	15	20
	4	27	25	23	21	15	15	24	22	20	18	15	15	22	20	19	17	15	20	20	20
	6	35	32	30	27	15	20	32	29	27	25	15	20	28	26	24	22	20	25	25	25
	10	49	45	42	38	20	25	44	41	38	34	20	25	38	35	32	30	25	25	25	32
	16	63	58	54	49	25	25	56	52	48	44	25	32	50	46	43	39	25	32	32	40
	25	80	74	69	63	25	32	70	65	60	55	32	32	65	60	56	51	32	40	32	(50)
	35	100	93	86	79	32	40	90	84	77	71	32	40	80	74	69	63	40	(50)	40	—
	50	125	116	108	98	40	50	110	102	95	87	40	(50)	100	93	86	79	50	(50)	50	—
	70	155	144	134	122	50	50	143	133	123	113	40	(50)	127	118	109	100	50	—	70	—
	95	190	177	164	150	50	(50)	170	158	147	134	50	—	152	142	131	120	70	—	70	—
	120	220	205	190	174	50	(50)	195	182	168	154	50	—	172	160	148	136	70	—	80	—
	150	250	233	216	197	70	(50)	225	210	194	177	70	—	200	187	173	158	70	—	80	—
	185	285	266	246	225	70	—	255	238	220	201	80	—	230	215	198	181	80	—	100	—

（续）

3. BLX 和 BLV 型铝芯绝缘线穿硬塑料管时的允许载流量（导线正常最高允许温度为65℃）

导线型号	芯线截面积/mm²	2根单芯线 环境温度				2根穿管管径/mm	3根单芯线 环境温度				3根穿管管径/mm	4～5根单芯线 环境温度				4根穿管管径/mm	5根穿管管径/mm
		25℃	30℃	35℃	40℃		25℃	30℃	35℃	40℃		25℃	30℃	35℃	40℃		
BLX	2.5	19	17	16	15	15	17	15	14	13	15	15	14	12	11	20	25
	4	25	23	21	19	20	23	21	19	18	20	20	18	17	15	20	25
	6	33	30	28	26	20	29	27	25	22	20	26	24	22	20	25	32
	10	44	41	38	34	25	40	37	34	31	25	35	32	30	27	32	32
	16	58	54	50	45	32	52	48	44	41	32	46	43	39	36	32	40
	25	77	71	66	60	32	68	63	58	53	32	60	56	51	47	40	40
	35	95	88	82	75	40	84	78	72	66	40	74	69	64	58	40	50
	50	120	112	103	94	40	108	100	93	86	50	95	88	82	75	50	50
	70	153	143	132	121	50	135	126	116	106	50	120	112	103	94	50	65
	95	184	172	159	145	50	165	154	142	130	65	150	140	129	118	65	80
	120	210	196	181	166	65	190	177	164	150	65	170	158	147	134	80	80
	150	250	233	215	197	65	227	212	196	179	75	205	191	177	162	80	90
	185	282	263	243	223	80	255	238	220	201	80	232	216	200	183	100	100
BLV	2.5	18	16	15	14	15	16	14	13	12	15	14	13	12	11	20	25
	4	24	22	20	18	20	22	20	19	17	20	19	17	16	15	20	25
	6	31	28	26	24	20	27	25	23	21	20	25	23	21	19	25	32
	10	42	39	36	33	25	38	35	32	30	25	33	30	28	26	32	32
	16	55	51	47	43	32	49	45	42	38	32	44	41	38	34	32	40
	25	73	68	63	57	32	65	60	56	51	40	57	53	49	45	40	50
	35	90	84	77	71	40	80	74	69	63	40	70	65	60	55	50	65
	50	114	106	98	90	50	102	95	88	80	50	90	84	77	71	65	65
	70	145	135	125	114	50	130	121	112	102	50	115	107	99	90	65	75
	95	175	163	151	138	65	158	147	136	124	65	140	130	121	110	75	75
	120	206	187	173	158	65	180	168	155	142	65	160	149	138	126	75	80
	150	230	215	198	181	75	207	193	179	163	75	185	172	160	146	80	90
	185	265	247	229	209	75	235	219	203	185	75	212	198	183	167	90	100

注：1. BX 和 BV 型铜芯绝缘导线的允许载流量约为同截面积的 BLX 和 BLV 型铝芯绝缘导线允许载流量的 1.29 倍。

2. BLX 和 BLV 铝芯绝缘线穿钢管时的钢管 G ——焊接钢管，管径按内径计；DG ——电线管，管径按外径计。

3. BLX 和 BLV 铝芯绝缘线穿管时，4～5 根单芯线穿管的载流量，是指三相四线制的 TN—C 系统、TN—S 系统和 TN—C—S 系统中的相线载流量，其中性线（N）或保护中性线（PEN）中可有不平衡电流通过。如果线路是供电给平衡的三相负载，第四根导线为单纯的保护线（PE），则虽有四根导线穿管，但共载流量仍应按 3 根线穿管的载流量考虑，而管径则应按 4 根线穿管选择。

4. 管径在工程中常用英制尺寸（英寸 in）表示。

附录 I　常见普通白炽灯的光电参数

光源型号	电压/V	功率/W	初始光通量/lm	平均寿命/h	灯头型号
PZS220—15		15	110		
25		25	220		E27 或 B22
40		40	350		
100		100	1250		
500		500	8300		E40/45
PZS220—36		36	350		
60		60	715		E27 或 B22
100	220	100	1350		
PZM220—15		15	107	1000	
40		40	340		
60		60	611		E27 或 B22
100		100	1212		
PZQ220—40		40	345		
60		60	620		E27
100		100	1240		
JZS36—40	36	40	550		E27
60		60	880		

注：PZ 指普通白炽灯泡，PZS 指双螺旋普通白炽灯泡，PZQ 指球形普通白炽灯泡，JZS 指双螺旋低压 36V 普通白炽灯泡。

附录 J　常见卤钨灯的光电参数

灯头型号	功率/W	电压/V	光通量/lm	平均寿命/h	灯头型号	直径/mm	全长/mm
LZG 200—300	300		4800	1000		10	117.6/141
500	500		8500	1000		10	117.6/141
1000	1000	220	22000	1500	R7s/Fa4	12	189.1/212.5
1500	1500		33000	1000		12	254.1/277.5
2000	2000		44000	1000		12	330.8/334.4

附录 K　常见荧光灯的光电参数

类型	型号	电压/V	功率/W	光通量/lm	平均寿命/h	灯管直径×长度 (ϕ/mm) × (L/mm)
	YZ8RR		8	250	1500	16×302.4
	15RR		15	450	3000	26×451.6
直管形	20RR	220	20	775	3000	26×604
	32RR		32	1295	5000	26×908.8
	40RR		40	2000	5000	26×1213.6

（续）

类型		型号	电压/V	功率/W	光通量/lm	平均寿命/h	灯管直径×长度 (ϕ/mm) × (L/mm)
环形		YH22		22	1000	5000	
		22RR		22	780	2000	
单端内 起动型	H形	YDN5—H	220	5	235		27×104
		7—H		7	400	5000	27×135
		11—H		11	900	5000	27×234
	2D形	YDN16—2D		16	1050	5000	138×141×27.5

附录L 带反射罩的多管荧火灯技术参数

灯型示意		发光强度/cd （光源为1000lm）		顶棚反射系数	0.30	0.50	0.70	
				墙面反射系数	0.10	0.30	0.50	
				地面反射系数	0.10	0.30	0.10	0.30
	θ (°)	I_r (纵轴)	I_θ (横轴)	室形指数 i	利用系数 u			
	0	242	242	0.6	0.25	0.29	0.34	0.36
				0.7	0.29	0.33	0.38	0.40
	5	241	241	0.8	0.33	0.36	0.42	0.44
	15	230	241	0.9	0.35	0.39	0.45	0.47
	25	215	237	1.0	0.38	0.42	0.47	0.50
				1.1	0.40	0.44	0.50	0.53
配光曲线示意	35	190	216	1.25	0.43	0.48	0.53	0.57
				1.5	0.47	0.52	0.57	0.61
	45	158	183	1.75	0.51	0.54	0.60	0.65
				2.0	0.54	0.57	0.62	0.68
	55	119	139	2.25	0.56	0.59	0.64	0.70
	65	76	93	2.5	0.57	0.60	0.65	0.72
				3.0	0.60	0.63	0.67	0.75
	75	40	40	3.5	0.62	0.65	0.69	0.78
	85	0	10	4.0	0.64	0.66	0.70	0.80
	90	0	0	5.0	0.66	0.69	0.72	0.82

利用系数表 $s/h = 1.0$

有效顶棚反射系数(%)	70				50				30				10				0
墙反射系数（%）	70	50	30	10	70	50	30	10	70	50	30	10	70	50	30	10	0
室空间比（RCR）																	
1	0.93	0.89	0.86	0.83	0.89	0.85	0.83	0.80	0.85	0.82	0.80	0.78	0.81	0.79	0.77	0.75	0.73
2	0.85	0.79	0.73	0.69	0.81	0.75	0.71	0.67	0.77	0.73	0.69	0.65	0.73	0.70	0.67	0.64	0.62
3	0.78	0.70	0.63	0.58	0.74	0.67	0.61	0.57	0.70	0.65	0.60	0.56	0.67	0.62	0.58	0.55	0.53
4	0.71	0.61	0.54	0.49	0.67	0.59	0.53	0.48	0.64	0.57	0.52	0.47	0.61	0.55	0.51	0.47	0.45
5	0.64	0.55	0.47	0.42	0.62	0.53	0.46	0.41	0.59	0.51	0.45	0.41	0.56	0.49	0.44	0.40	0.39
6	0.60	0.49	0.42	0.36	0.57	0.48	0.41	0.36	0.54	0.46	0.40	0.36	0.52	0.45	0.40	0.35	0.34

（续）

<table>
<tr><td colspan="10" align="center">利用系数表 $s/h = 1.0$</td></tr>
<tr><td>有效顶棚反射系数(%)</td><td colspan="4" align="center">70</td><td colspan="4" align="center">50</td><td colspan="4" align="center">30</td><td colspan="5" align="center">10</td><td>0</td></tr>
<tr><td>墙反射系数（%）</td><td>70</td><td>50</td><td>30</td><td>10</td><td>70</td><td>50</td><td>30</td><td>10</td><td>70</td><td>50</td><td>30</td><td>10</td><td>70</td><td>50</td><td>30</td><td>10</td><td>0</td></tr>
<tr><td>室空间比（RCR）</td><td colspan="17"></td></tr>
<tr><td>7</td><td>0.55</td><td>0.44</td><td>0.37</td><td>0.32</td><td>0.52</td><td>0.43</td><td>0.36</td><td>0.31</td><td>0.50</td><td>0.42</td><td>0.36</td><td>0.31</td><td>0.48</td><td>0.40</td><td>0.35</td><td>0.31</td><td>0.29</td></tr>
<tr><td>8</td><td>0.51</td><td>0.40</td><td>0.33</td><td>0.27</td><td>0.48</td><td>0.39</td><td>0.32</td><td>0.27</td><td>0.46</td><td>0.37</td><td>0.32</td><td>0.27</td><td>0.44</td><td>0.36</td><td>0.31</td><td>0.27</td><td>0.25</td></tr>
<tr><td>9</td><td>0.47</td><td>0.36</td><td>0.29</td><td>0.24</td><td>0.45</td><td>0.35</td><td>0.29</td><td>0.24</td><td>0.43</td><td>0.34</td><td>0.28</td><td>0.24</td><td>0.41</td><td>0.33</td><td>0.28</td><td>0.24</td><td>0.22</td></tr>
<tr><td>10</td><td>0.43</td><td>0.32</td><td>0.25</td><td>0.20</td><td>0.41</td><td>0.31</td><td>0.24</td><td>0.20</td><td>0.39</td><td>0.30</td><td>0.24</td><td>0.20</td><td>0.37</td><td>0.29</td><td>0.24</td><td>0.20</td><td>0.18</td></tr>
</table>

附录 M　电气工程图中通用图形符号

<table>
<tr><td colspan="2" align="center">新符号</td><td align="center">说　明</td><td align="center">IEC</td><td align="center">旧符号</td></tr>
<tr><td colspan="2"></td><td>开关（机械式）</td><td>=</td><td></td></tr>
<tr><td colspan="2"></td><td>多极开关一般符号单线表示</td><td>=</td><td></td></tr>
<tr><td colspan="2"></td><td>多极开关一般符号多线表示</td><td>=</td><td></td></tr>
<tr><td colspan="2"></td><td>接触器（在非动作位置触点断开）</td><td>=</td><td></td></tr>
<tr><td colspan="2"></td><td>接触器（在非动作位置触点闭合）</td><td>=</td><td></td></tr>
<tr><td colspan="2"></td><td>负荷开关（负荷隔离开关）</td><td>=</td><td></td></tr>
<tr><td colspan="2"></td><td>具有自动释放功能的负荷开关</td><td>=</td><td></td></tr>
<tr><td colspan="2"></td><td>熔断器式断路器</td><td>=</td><td></td></tr>
</table>

（续）

新符号	说　明	IEC	旧符号
	断路器	=	
	隔离开关	=	
	熔断器一般符号	=	
	跌开式熔断器	=	
	熔断器式开关	=	
	熔断器式隔离开关	=	
	熔断器式负荷开关	=	
	当操作器件被吸合时延时闭合的动合（常开）触点	=	
	当操作器件被释放时延时断开的动合（常开）触点	=	

（续）

新符号		说　明	IEC	旧符号
		当操作器件被释放时延时闭合的动断（常闭）触点	=	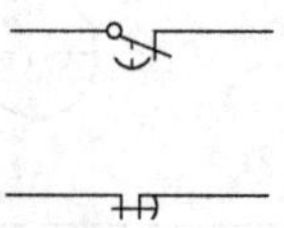
		当操作器件被吸合时延时断开的动断（常闭）触点	=	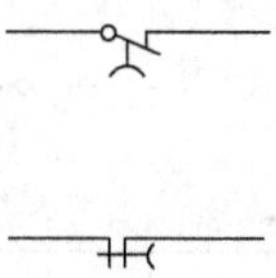
		当操作器件被吸合时延时闭合和释放时延时断开的（常开）触点	=	
		按钮（不闭锁）	=	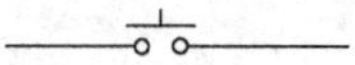
		旋钮开关、旋转开关（闭锁）	=	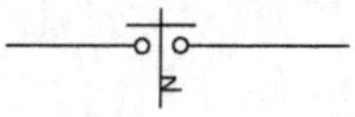
		位置开关，动合（常开）触点限制开关、动合（常开）触点	=	
		位置开关，动断（常闭）触点限制开关、动断（常闭）触点	=	
		热敏开关，动合（常开）触点注：θ可用动作温度代替	=	
		热敏自动开关，动断（常闭）触点注：注意区别此触点和下图所示热继电器的触点 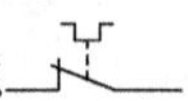	=	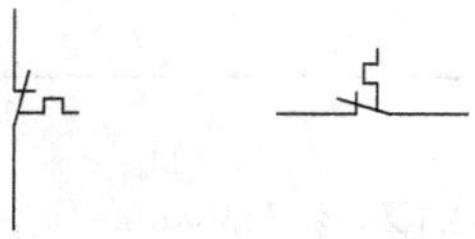

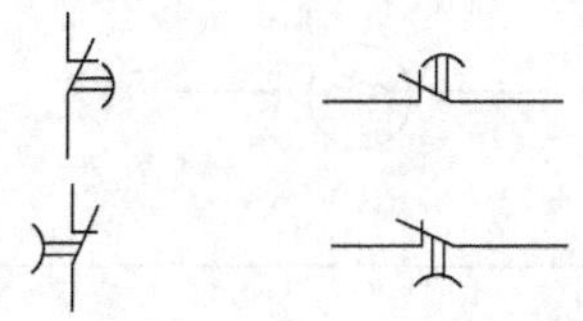

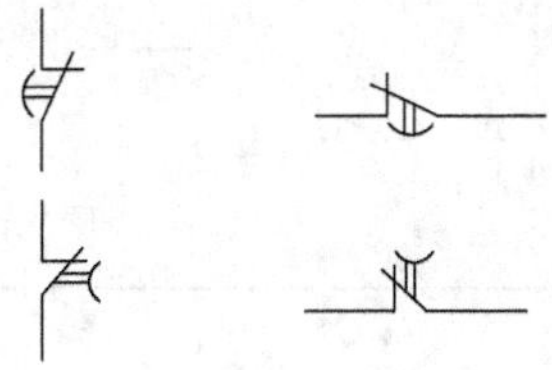

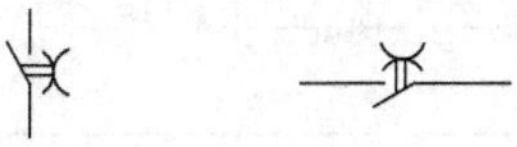

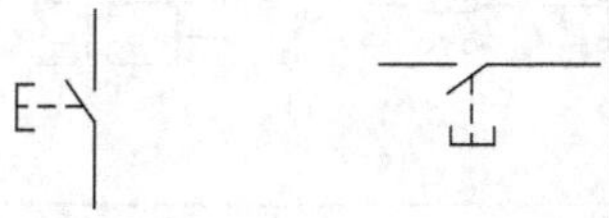

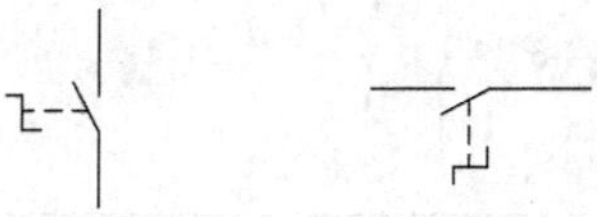

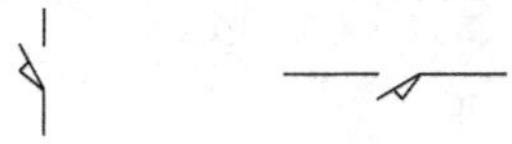

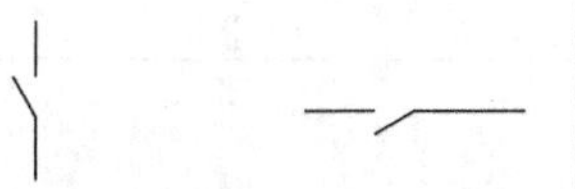

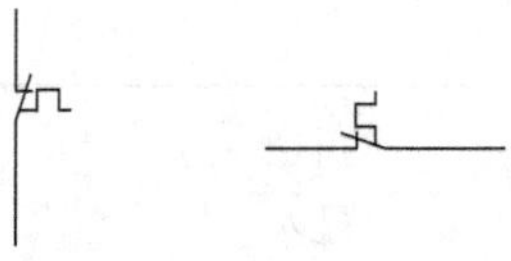

（续）

新符号	说　明	IEC	旧符号
	具有热元件的气体放电管荧光灯起辉器	=	
	动合（常开）触点 注：本符号也可以用作开关一般符号	=	
	动断（常闭）触点	=	
	先断后合的转换触点	=	
	当操作器件被吸合或释放时，暂时闭合的过渡动合（常开）触点	=	
	双绕组变压器	=	
	三绕组变压器	=	
	自耦变压器	=	
	电抗器 扼流圈	=	

（续）

新符号	说　明	IEC	旧符号
	电流互感器 脉冲变压器	=	
	具有两个铁心和两个二次绕组的电流互感器	=	
	三相变压器 星形 – 三角形联结	=	

附录 N　电气工程平面图常用图形符号

图形符号	说　明	IEC	图形符号	说　明	IEC
	单相插座	=		带接地插孔的三相插座	=
	暗装			暗装	
	密闭（防水）			带接地插孔的三相插座 密闭（防水）	
	防爆			防爆	
	带保护接点插座 带接地插孔的单相插座	=		插座箱（板）	
	暗装				
	密闭（防水）			多个插座（示出三个）	=
	防爆				

（续）

图形符号	说明	IEC	图形符号	说明	IEC
	具有护板的插座	=		三极开关	
	具有单极开关的插座	=		暗装	
	具有联锁开关的插座	=		密闭（防水）	
	具有隔离变压器的插座（如电动剃刀用的插座）	=		防爆	
	电信插座的一般符号 注：可用文字或符号加以区别 如：TP——电话 ◁——扬声器 TX——电传 M——传声器 TV——电视 FM——调频	=		单极拉线开关	=
				单极双控拉线开关	
	带熔断器的插座			单极限时开关	
	开关一般符号	=		双控开关（单极三线）	
	单极开关			具有指示灯的开关	
	暗装			多拉开关（如用于不同照度）	
	密闭（防水）			中间开关 等效电路图	
	防爆				
	双极开关	=		调光器	
	暗装			限时装置	
	密闭（防水）			定时开关	
	防爆				

（续）

图形符号	说明	IEC	图形符号	说明	IEC
	钥匙开关			电缆交接间	
	投光灯一般符号	=		架空交接箱	
	聚光灯	=		落地交接箱	
	泛光灯	=		壁龛交接箱	
	示出配线的照明引出线位置	=		分线盒的一般符号 注：可加注 $\dfrac{A-B}{C}D$ A——编号 B——容量 C——线序 D——用户数	
	在墙上的照明引出线（示出配线向左边）	=			
	荧光灯一般符号			室内分线盒	
	3 管荧光灯	=		室外分线盒	
	5 管荧光灯				
	防爆荧光灯			分线箱	
	在专用电路上的事故照明灯	=			
	自带电源的事故照明灯装置（应急灯）	=		壁龛分线箱	
	气体放电灯的辅助设备 注：仅用于辅助设备与光源不在一起时	=		避雷针	
	警卫信号探测器			电源自动切换箱（屏）	
	警卫信号区域报警器			电阻箱	
	警卫信号总报警器			鼓形控制器	
				自动开关箱	

（续）

图形符号	说明	IEC	图形符号	说明	IEC
	刀开关箱			局部照明灯	
	带熔断器的刀开关箱			矿山灯	
	熔断器箱			安全灯	
	组合开关箱			隔爆灯	
	深照型灯			天棚灯	
	广照型灯（配照型灯）			花灯	
	防水防尘灯			弯灯	
	球形灯			壁灯	

参 考 文 献

[1] 秦曾煌. 电工学 [M]. 7 版. 北京：高等教育出版社，2009.

[2] 唐介. 电工学（少学时）[M]. 3 版. 北京：高等教育出版社，2009.

[3] 段玉生，王艳丹，何丽静. 电工电子技术与 EDA 基础：上 [M]. 北京：清华大学出版社，2004.

[4] 白公. 怎样阅读电气工程图 [M]. 3 版. 北京：机械工业出版社，2012.

[5] 赵连玺，樊伟梁，赵小玲. 建筑应用电工 [M]. 5 版. 北京：中国建筑工业出版社，2012.

[6] 魏明. 建筑供配电与照明 [M]. 2 版. 重庆：重庆大学出版社，2012.

[7] 颜伟中. 电工学（土建类）[M]. 北京：高等教育出版社，2002.

[8] 李柏龄. 电工学（土建类）[M]. 3 版. 北京：机械工业出版社，2015.

[9] 陈志新，李英姿. 现代建筑电气技术与应用 [M]. 北京：机械工业出版社，2004.

[10] 王晓丽，刘航，孙宇新. 建筑供配电与照明：上册 [M]. 北京：中国建筑工业出版社，2013.

[11] 郭福雁，黄民德. 建筑供配电与照明：下册 [M]. 北京：中国建筑工业出版社，2014.

[12] 谢秀颖. 电气照明技术 [M]. 2 版. 北京：中国电力出版社，2008.